화려한 화학의 시대

화려한 화학의 시대

기근과 질병을 극복하려다가 많은 사람들을 희생시키고,
자연과의 관계를 변화시킨 화학자들의 이야기

프랭크 A. 폰 히펠

이덕환 옮김

까치

THE CHEMICAL AGE : How Chemists Fought Famine and Disease, Killed Millions, and Changed Our Relationship with the Earth
by Frank A. von Hippel

Copyright © 2020 by The University of Chicago
All rights reserved.
This Korean edition was published by Kachi Publishing Co., Ltd. in 2021 by arrangement with The University of Chicago Press, Chicago, Illinois, U.S.A. through KCC(Korea Copyright Center Inc.), Seoul.

이 책은 (주)한국저작권센터(KCC)를 통한 저작권자와의 독점계약으로 (주)까치글방에서 출간되었습니다. 저작권법에 의해 한국 내에서 보호를 받는 저작물이므로 무단전재와 복제를 금합니다.

역자 이덕환(李悳煥)
서울대학교 화학과 졸업(이학사). 서울대학교 대학원 화학과 졸업(이학석사). 미국 코넬 대학교 졸업(이학박사). 미국 프린스턴 대학교 연구원. 서강대학교에서 34년 동안 이론화학과 과학커뮤니케이션을 가르치고 은퇴한 명예교수이다.
저서로는 『이덕환의 과학세상』이 있고, 옮긴 책으로는 『거의 모든 것의 역사』, 『같기도 하고 아니 같기도 하고』, 『아인슈타인—삶과 우주』, 『춤추는 술고래의 수학 이야기』, 『양자혁명 : 양자물리학 100년사』 등 다수가 있으며, 대한민국 과학문화상(2004), 닮고 싶고 되고 싶은 과학기술인상(2006), 과학기술훈장웅비장(2008), 과학기자협회 과학과 소통상(2011), 옥조근정훈장(2019), 유미과학문화상(2020)을 수상했다.

화려한 화학의 시대

저자 / 프랭크 A. 폰 히펠
역자 / 이덕환
발행처 / 까치글방
발행인 / 박후영
주소 / 서울시 용산구 서빙고로 67, 파크타워 103동 1003호
전화 / 02·735·8998, 736·7768
팩시밀리 / 02·723·4591
홈페이지 / www.kachibooks.co.kr
전자우편 / kachibooks@gmail.com
등록번호 / 1-528
등록일 / 1977. 8. 5
초판 1쇄 발행일 / 2021. 11. 17
    4쇄 발행일 / 2022. 12. 26
값 / 뒤표지에 쓰여 있음
ISBN 978-89-7291-756-4 93430

캐시와 다음 세대에게

일러두기

본문에 나오는 번호 주는 저자가 인용한 문헌의 번호이고, 각주는 역자의 주이다.

차례

제4부 생태계

서문

훌륭한 발명가인 토머스 미즐리 주니어*는 1921년 휘발유에 테트라에틸납**을 넣으면 내연기관 자동차의 노킹(knocking) 문제가 해결되고, 성능이 크게 향상된다는 사실을 알아냈다.[1] 그러나 첨가한 납 화합물이 연소되면서 생성되는 산화납이 엔진에 달라붙으면 점화 플러그와 배기 밸브가 손상되는 새로운 문제가 발생했다. 미즐리와 그의 개발 팀은 연소 과정에서 납에 결합하여 배기 가스와 함께 배출시켜주는 역할을 하는 제거제로 쓸 수 있는 염소나 브로민 화합물을 찾으려고 노력했다. 그들은 1925년 에틸렌 다이브로마이드(ethylene dibromide)가 이상적인 제거제가 될 수 있다는 사실을 발견했다. 그런데 대량의 제거제를 생산하려면 바닷물에서 브로민을 추출하는 기술이 필요했다. 미즐리는 곧바로 적절한 기술을 개발했다.[2] 개발 팀은 마케팅 전략에 따라서 독특한 붉은색으로 착색한 새로운 연료를 에틸 휘발유***라고 불렀다.[1]

미즐리는 유연 휘발유를 개발하던 중에 납에 중독되었지만, 다행히 잠시

---

* 프레온(CFC)과 유연 휘발유를 개발한 화학자이다.

** Tetraethyl lead : 옥탄 값(octane value)을 올림으로써 노킹을 방지하고자 휘발유에 사용하던 첨가제이다.

*** 우리나라에서는 납을 첨가제로 사용한 휘발유라는 뜻에서 "유연(有鉛)" 휘발유라고 불렀는데, 환경에 대한 관심이 높아지면서 1987년 7월부터 생산과 판매가 금지되었다.

연구를 중단하고 휴가를 다녀온 후에는 회복되었다.[2] 그러나 3곳의 생산 현장에서는 작업자들이 사망하거나 정신병에 걸리는 사건이 발생했다.[3] 그럼에도 불구하고 스탠더드 오일과 듀퐁은 엄청난 양의 연료를 생산했고, 그로부터 반세기 동안 전 세계의 운전자들은 자동차의 연료 탱크를 25조 리터의 유연 휘발유로 채웠다.[4] 결과적으로 자동차 배기구에서 배출된 납 오염 물질에 의한 비가역적인 지능 손실을 겪고, 충동적이고 공격적인 행동을 하는 아이들이 늘어났다.[5, 6] 훗날 과학자들은 납에 의한 대기오염 때문에 나타나는 신경학적 증상이 오염된 환경에서 성장한 아이들의 범죄, 폭력, 혼전 임신의 증가에 영향을 미쳤다는 사실을 밝혀냈다.[7-15]

미즐리의 또다른 화학적 발명도 비슷한 경로를 따랐다. 1920년대에 사용하던 냉매(冷媒)*는 독성이 강했고, 화재나 폭발을 일으킨다는 골치 아픈 단점이 있었다.[16] 미즐리의 개발 팀은 휘발성이 강하고, 화학적으로 비활성이면서, 독성이 없는 대체 물질을 찾기 위해서 여러 가지 물질들을 합성했다. 그들은 1930년에 고작 3일 동안의 실험으로 해결책을 찾아냈는데, 그것은 탄화수소에 플루오린을 결합시킨 최초의 클로로플루오로탄소(CFC)인 다이클로로다이플루오로메테인(CCl_2F_2)**이었다.[16, 17] 제너럴 모터스와 듀퐁은 그 화합물을 프레온(Freon)이라는 상품명으로 판매했다. 미즐리는 프레온의 안전성을 확인시켜주기 위해서 많은 사람들 앞에서 직접 프레온을 흡입한 후에 뱉어낸 날숨으로 촛불을 끄는 모습을 보여주기도 했다.[17]

그러나 기존의 냉매를 프레온과 그후에 개발된 여러 종류의 CFC로 대체한 것은 유감스러운 일로 밝혀졌다. 위험한 자외선으로부터 지구의 생물들

---

* 주로 이산화황, 염화메틸, 암모니아 등을 사용했다. 대형 냉동창고나 냉동선(冷凍船)에서는 아직도 값싼 암모니아를 냉매로 사용한다.
** 몬트리올 의정서에 의해서 선진국에서는 1996년, 개발도상국에서는 2010년부터 생산이 금지되었다.

을 보호해주는 성층권의 오존층이 CFC에 의해서 파괴되는 것으로 확인되었기 때문이다. 미즐리가 프레온을 처음 합성하고 거의 반세기가 지난 1974년, 멕시코의 마리오 몰리나와 미국의 프랭크 셔우드 롤런드는 CFC가 지구 전체를 위협하는 위험 요소라는 사실을 밝혀냈다.[18] 몰리나와 롤런드는 지구를 살려낸 업적으로 1995년 노벨 화학상을 받았다.[19] 몰리나와 롤런드가 CFC로 인해서 오존층이 파괴된다는 점을 밝혀낸 이듬해에는 다른 과학자에 의해서 CFC가 지구 온난화를 악화시키는 심각한 온실 기체라는 사실도 증명되었다.[20]

환경역사학자 J. R. 맥닐은 미즐리가 "지구의 역사에서 지구 대기에 가장 많은 영향을 미친 유기체의 개체"라고 주장했다.[4] 세상을 더욱 살기 좋은 곳으로 만들려고 노력했던 미즐리가 엉뚱하게도 수많은 아이들에게 신경학적 손상을 입히고, 지구를 더 이상 생명이 살 수 없는 곳으로 만들어버릴 수 있는 제품들을 발명했다는 것이다. 그러나 그는 자신이 개발한 발명품의 부정적인 측면을 직접 확인할 정도로 오래 살지 못했다. 1940년에 소아마비에 걸린 탓에 그는 몸을 자유롭게 움직일 수가 없었다.[17] 타고난 발명가였던 그는 스스로 침대에 오르내릴 수 있도록 해주는 기계를 설계했다. 1944년 11월 2일, 당시 쉰다섯 살이던 미즐리는 자신이 만든 기계장치의 로프가 목에 감긴 탓에 질식해서 사망했다.

토머스 미즐리 주니어의 이야기는 몹시 어려운 문제를 해결하기 위해서 개발했던 놀라운 제품이나 기술이 뜻밖의 심각한 부작용을 초래하고 말았던 수많은 화학자와 화학공학자들이 이룩한 긴 역사의 일부이다. 이 책은 그런 역사와 함께 기근이나 감염성 질병, 그리고 화학과 대립하는 여러 문제들을 해결하기 위해서 노력했던 과학자들에 대한 이야기이다. 순수한 의도에서 출발했지만 깊고 어두운 실패의 늪에 빠져버린 과학자들도 있었다. 기근이나 질병을 예방하겠다는 의도로 설계한 화학물질들이 결과적으로는 해악을 끼치는 데에 이용되었고, 해악을 위해서 설계했던 화학물질들이 훗날 좋은 일에 사용된 경우도 불편할 정도로 많았다.

이 책은 또한 인간의 어리석음, 편견, 노예제도, 학살에 대한 이야기, 인종 집단의 해체와 자연의 파괴에 대한 이야기, 그리고 기근과 질병이 없는 세상을 만들기 위해서 열심히 노력하는 과학자들의 이야기이기도 하다. 한편, 이 책은 최초의 발명가가 되기 위한 과학자들의 치열한 경쟁의 이야기이며, 자신들의 그런 경쟁이 주위에서 벌어지는 전쟁에 비하면 얼마나 사소한 것인지를 이따금씩 깨닫게 되는 과학자들의 이야기이기도 하다. 그리고 이 책은 기근, 전염병, 전쟁의 역사가 화학물질과 어떻게 관련이 있고, 인류와 유해 동물의 불편한 공존과 유해 동물을 박멸하기 위한 오랜 투쟁이 어떻게 역사를 변화시켰고, 농약이 어떻게 새로운 생태학적 각성의 시대를 열었는지에 대한 뒤얽힌 이야기이기도 하다.

이 책에서는 주로 1845년부터 1964년까지의 기간을 살펴보지만, 더 최근의 일이나 기원전 2700년까지의 일도 소개한다. 역사적으로는 아일랜드의 감자 기근에서부터 레이철 카슨의 『침묵의 봄(Silent Spring)』 출간으로 엄청난 논란이 일어나기까지의 기간을 주로 살펴볼 것이다. 이 책에서는 과학자들에게 화학물질로 기근을 예방하는 긴급한 임무를 떠맡긴 비극에서부터 시작해서, 전염병이 인류 사회의 계층들을 관통한 몇 세기의 기간을 살펴본다. 질병을 일으키는 병원체와 동물에 의한 전파 경로를 발견한 덕분에 우리는 비극을 끝낼 수 있는 수단을 갖추게 되었다. 곧바로 그런 동물 매개체들을 죽이는 농약들이 개발되었다. 당연히 과학자들은 그렇게 개발한 화학물질들 중에 전쟁무기로 쓸 수 있는 물질도 있다는 사실을 깨달았고, 세계는 그런 현대의 화학무기들이 국경을 휩쓸면서 발생한 혼란의 물결을 경험하게 되었다. 농약과 화학무기 사이의 복잡한 쌍방향 관계가 고착화되었고, 화학 기업들은 부와 권력을 축적하게 되었다. 전쟁에서 화학물질을 사용한 경험이, 평화 시기에는 화학의 힘을 이용한 해충 퇴치 노력으로 이어졌다. 그러는 사이에 화학적 발견은 점차 새로운 세상을 열어주었다. 기근과 질병은 점점 더 작은 지역의 문제로 변했고, 화학무기는 점점 더 많은 교전국들에게 공급되었으며, 지속적으로 피해를 주는 오염물질이 지구의 가장 외딴 거주 지역까지도 오염시키게 되었다. 이 책은 농약이 인류와 생태학적 건강의 가장 중요한 기반을 훼손하여 때로는 인간적인 비극으로 이어지거나, 생물종의 멸종을 부추기게 된다는 사회적인 인식의 등장과 함께 끝을 맺는다.

화학을 이용해서 해충이나 적군과 싸우는 과학자들은 누구였을까? 새로운 화학물질의 합성에 꼭 필요했던 과학은 대부분 19세기와 20세기의 제국주의적 야망이라는 문화적 맥락에서 등장했다. 국가적 갈등에 포획되고, 찬사와 명성에 익숙했던 과학자들은 엄청난 발견을 위해서 끔찍한 위험이라도 기꺼이 감수했다. 새로운 화학물질이 인간과 환경에 미치는 위해성은 인간을 대상으로 한 의도적인 실험을 통해서 밝혀지기도 했지만, 예리한 관찰자들에 의해서 우연히 밝혀지기도 했다.

예리한 관찰자들 중에서 가장 중요한 역할을 했던 사람이 바로 레이철 카슨이었다. 화학의 위험성을 세상에 알리려고 했던 그녀의 노력이 환경 운동으로 이어졌고, 살아 움직이는 생태계가 인간의 건강에 결정적인 영향을 미친다는 사실을 확인시켜주었다. 그녀의 노력은 자연 세계에서 인간의 위치에 대한 전일적(全一的) 사고를 일깨워주었다. 우리의 미래를 위해서 매우 중요한 이 사고는 농약의 이야기에서 시작된다. 결국 이 책은 맹독성 화학물질과의 오랜 격동적 관계라는 맥락에서 시작된 아이디어의 탄생에 관한 것이다. 이것은 바로 좋든 싫든 세상을 화학의 시대로 변화시킨 사람들의 이야기이다.

저자의 노트

인용 : 이 책에서는 14세기까지 거슬러올라가는 1차 문헌 자료를 사용했다. 이 책에 소개된 모든 사실은 출처를 분명하게 밝혔다. 출처를 밝히지 않은 사실은 같은 문단의 바로 앞에 소개된 문헌에서 인용한 것이다. 이 책에서는 1차 문헌 자료뿐만 아니라 비(非)영어 문헌의 번역 원문과 주제 영역을 종합한 학술 연구도 활용했다.

측정 단위 : 이 책에서 소개한 단위는 1차 문헌 자료에서 사용한 단위이다.

제1부

기근

1

감자 잎마름병*

(1586-1883)

나는 북아메리카 보호구역에 남아 있는 장엄했던 레드맨**의 폐허도 방문했고, 수모와 억압에 시달리던 흑인들의 "니그로 거주지"도 살펴본 적이 있었지만, 에리스***의 흙구 덩이에 사는 사람들처럼 극심한 빈곤 속에서 육체적으로 철저하게 쇠약해진 모습을 본 적은 없었다. _ **제임스 H. 튜크, 1847년의 가을****** [21]

감자는 세계에서 네 번째로 중요한 작물이고, 감자가 주식인 나라도 있다. 그런데 감자는 여러 해충들에 취약해서 가끔씩 심각한 기근을 일으키기도 한다. 감자와 해충의 이야기는 교역의 세계화, 기근과 치명적인 질병의 발

---

* 편모균류에 속하는 피토프토라 인페스탄스(*Phytophthora infestans*)에 의해서 발생하는 감자 전염병으로 '감자 역병'이라고 부르기도 한다. 잎에 생기는 갈색 반점이 다습한 환경에서 급속하게 확산되면서 감자의 줄기와 잎이 모두 썩으면서 말라 죽는다.

** '아메리카 인디언'을 뜻하는 고어(古語)이다.

*** 아일랜드 북부의 습지 지역이다.

**** 영국의 자선 사업가 제임스 튜크가 1847년 아일랜드 서부의 코노트 지역에서 직접 확인한 아일랜드 대기근의 참상을 더블린의 퀘이커 교회 구호위원회에 소개하기 위해서 쓴 편지를 모은 『1847년 가을의 코노트 방문(*A Visit to Connaught in the Autumn of 1847*)』.

생, 감자를 먹어치우거나 질병의 매개체 역할을 하는 식물 병원체와 곤충을 죽이는 화학 작용제의 개발에 관한 것이다. 그런 화학 작용제가 바로 농약이고, 농약은 한 세기 넘게 이어진 굶주림이나 질병과의 전쟁을 거치면서 이루어진 발전에 대한 이야기와 뒤엉켜 있다. 농약은 또한 현대의 무기와 환경 파괴의 역사와도 연결되어 있다. 농약의 역사는 감자의 연대기와 아일랜드가 감자 때문에 겪은 기근에서 시작하는 것이 합당하다.

감자의 역사는 8,000년 동안 토착민들이 수천 종의 감자를 진화시킨 안데스에서 시작되었다.[22] 안데스의 일부 농민들은 같은 밭에서 최대 200종의 감자를 재배하기도 했다. 16세기의 스페인 탐험가들이 잉카 제국에서 스페인으로 가져온 감자가 플로리다로 전해졌고, 그곳의 식민주의자들에 의해서 버지니아까지 전해졌다. 여러 곳을 돌아다닌 감자는 버지니아에서 다시 유럽으로 돌아갔다. 1586년에 월터 롤리 경의 동료인 토머스 해리엇 경이 감자를 처음 영국으로 가져갔다.[23] 몇 년 후에 스위스의 유명한 식물학자 가스파르 바우힌이 감자에 솔라눔 투베로숨(Solanum tuberosum)이라는 학명을 붙였다. 솔라눔은 "완화시키다" 또는 "진정시키다"라는 뜻의 라틴어에서 유래되었지만, 덩이줄기의 미래는 완화나 진정과는 거리가 멀었다.

유럽에서의 감자 재배는 아일랜드의 코크 지역에서 처음 시작된 이래 대륙의 농장으로 확산되었다. 그러나 감자가 치명적인 독성을 가진 가짓과의 벨라도나(belladonna)에 속한다는 사실이 감자의 명성에 그림자를 드리웠다.[23] 실제로 많은 사람들이 감자 때문에 나병을 비롯한 여러 질병들이 발생한다고 믿었다. 일부 귀족들의 노력 덕분에 감자에 대한 사회적 인식이 개선되기는 했지만, 그마저도 역시 쉬운 일은 아니었다. 월터 롤리 경이 엘리자베스 1세를 설득해서 감자를 왕실의 식탁에 올렸다. 그러나 그런 노력도 결국 실패로 끝나고 말았다. 1906년에 감자의 역사에 대한 책을 저술한 저자들에 따르면, "손님들은 예의상 낯선 음식을 거절하지 못했지만,

감자를 싫어했던 것이 분명했다. 그들은 덩이줄기의 독성에 대한 이야기를 열심히 퍼트렸고, 우리는 감자를 식탁에 올리려는 시도가 되풀이되었다는 이야기를 확인할 수 없었다."[24] 아일랜드에서는 감자가 뿌리를 내렸지만, 영국에서는 기근이 닥쳐올 경우에 감자가 유용하다는 이유로 왕립학회가 감자의 재배를 권장하기 시작한 1663년이 되어서야 사정이 달라지기 시작했다.[23]

권위적인 육군 제약사 앙투안-오귀스탱 파르망티에*가 감자를 적극적으로 홍보하는 일을 시작할 때까지는 프랑스에서도 감자 재배가 금지되어 있었다. 파르망티에는 프로이센에서 포로 생활을 하는 동안 감자를 먹었다.[25, 26] 프랑스로 돌아온 그는 1772년 파리 의과대학을 설득해서 감자를 먹어도 된다고 선언하도록 했다. 그러나 대중의 인식을 바꾸는 일은 쉽지 않았다. 그래서 파르망티에는 사람들에게 감자를 먹어도 안전하다는 사실을 설득하기 위한 꾀를 썼다. 그는 루이 16세의 군대가 자신의 감자밭에 경비를 서도록 허가를 받아냄으로써 사람들의 호기심을 자극했다.[23] 그는 병사들에게 감자를 원하는 사람들로부터 뇌물을 받도록 허용해주었고, 밤에는 사람들이 감자를 훔쳐갈 수 있도록 의도적으로 군대를 철수시켰다.[25, 26]

파르망티에는 자신의 밭에서 재배한 감자로 잔치를 벌였다. 벤저민 프랭클린과 같은 영향력 있는 인사들을 초청해서 감자를 먹어도 된다고 설득했다.[23] 단춧구멍에 감자 꽃으로 만들어진 장식을 꽂은 루이 16세는 사람들에게 덩이줄기를 받아들여서 대규모로 재배하도록 명령했다. 농업중앙회는 1813년에 프랑스 제국에서 재배 중이던 100종이 훨씬 넘는 감자 종자를 수집했다. 프랑스에서 감자는 "땅의 사과"라는 뜻에서 폼므 드 테르(pomme

---

* 감자 재배를 적극적으로 권장하고, 사탕수수에서 설탕을 생산하는 기술을 개발하고, 천연두 백신 보급에 노력한 인물이다. 감자를 사용한 요리를 모두 '파르망티에(Parmentier)'라고 부르기도 한다.

de terre)로 알려졌다.

아일랜드에서는 다른 작물을 기르기에 적합하지 않은 밭에서도 감자 재배가 가능했기 때문에 감자는 특히 중요했다.[21] 아일랜드 사람들은 오래전부터 좋은 밭을 영국인 부재지주(不在地主)들에게 빼앗겼다. 영국인 부재지주들은 빼앗은 밭에서 소를 키워서 영국 시장에 팔았다. 인구가 급증하던 아일랜드 사람들에게 감자는 습지나 산자락의 거친 밭에서도 잘 자라고 영양가도 높은 훌륭한 식량이었다. 1779년에서 1841년 사이에 아일랜드의 인구는 172퍼센트나 늘어나서 800만 명에 이르렀다.[21, 27] 아일랜드는 유럽에서 인구 밀도가 가장 높았고, 경작지의 인구 밀도는 19세기 중엽의 중국보다 더 높았다.[27]

당시 인구의 95퍼센트를 차지했던 아일랜드 농민들에게는 초만원 상태인 섬의 토양에서 재배한 감자 이외에는 다른 식량이 없었다는 것이 심각한 문제였다.[21] 실제로 인구가 너무 많이 늘어난 탓에 한 가족이 차지할 수 있는 토지의 면적이 줄어들었고, 결국 감자는 가난한 아일랜드 가족의 유일한 먹거리가 되었다. 그러나 감자의 성공은 잔인하고 지속적인 의존성으로 이어졌다. 아일랜드 감자 대기근의 역사를 연구한 역사학자 세실 우드햄-스미스에 따르면, 아일랜드에서 "경작지의 세분화, 최하층 인구의 밀집, 높은 소작료, 치열한 토지 경쟁을 비롯한 열악한 사회구조가 만들어진 것은 감자 때문이었다."[27]

세계화의 첫 산물들 중의 하나였던 감자가 1845년 부패 곰팡이의 표적이 되면서 역사상 최악의 기근이 시작되었다. 아일랜드 농민의 주식이 하룻밤 사이에 썩어서 치명적인 곤죽으로 변해버렸다. 아일랜드의 어느 주민은 이렇게 한탄했다. "역사상 이런 일은 없었다. 사람들이 먹는 자연식품이 제대로 여물기도 전에 썩는 일은 역사 기록에서 찾아볼 수 없다."[21]

몇 세기에 걸친 영국 정부의 차별 정책과 아일랜드의 현실에 대한 공식적인 무관심이, 감자 잎마름병(blight)이 밀어닥친 1845년 아일랜드의 상황을 최악으로 내몰았다. 차별은 아일랜드의 가톨릭과 영국의 프로테스탄트 사이의 종교적 갈등에서 비롯되었다. 아일랜드의 가톨릭 신자들은 1829년 해방령(Act of Emancipation)*이 선포되고 나서야 의회의 의석을 확보할 수 있었다. 그때까지 적용되었던 1695년의 제한법(Penal Law)은 "일련의 엄격한 법률을 통해서 아일랜드의 가톨릭을 말살하는 것이 목표"였다.[27] 제한법은 가톨릭 신자들의 군 입대, 공직 진출, 투표, 선출직 취임, 토지 매입은 물론이고 학교 입학도 금지했다. 가톨릭 신자가 사망하면, 그가 소유하던 토지를 모든 아들들에게 분할해서 상속해야 한다는 법 때문에 가톨릭 신자의 부동산은 "해체될 수밖에 없었다." 큰아들이 프로테스탄트로 개종하는 경우에만 사망한 아버지의 모든 토지를 상속받을 수 있었다.

아일랜드 사람들의 상황은 1829년의 가톨릭 해방 이후에도 여전히 개선되지 않았다. 소작인들은 대체로 그 지역에 살지도 않는 지주들에게 귀리, 밀, 보리로 소작료를 지불했고, 자신들은 오로지 감자만으로 근근이 연명했다.[21, 27] 아일랜드 사회의 구조는 산업이나 생산성과는 거리가 멀었다. 소작인들이 토지를 개량해서 얻은 수익도 지주의 몫으로 인정되어서 소작료를 인상하는 구실이 되었다. 결국 경제적 상황을 개선해야 할 동기가 존재하지 않았다. 지주들은 소작료 지불 능력에 상관없이 소작인들을 마음대로 쫓아내기도 했다. 아일랜드 사람들은 극심한 불안과 분노에 시달릴 수밖에 없었다.[27] 당시 유력했던 어느 경제학자에 따르면, 하층 계급을 "지속적인 우려와 공포"에 떨게 만들었던 밀린 "연체 소작료"가 "대단한 억압의 수단들 가운데 하나"였다.[27] 일단 가족을 쫓아내고 나면, 그들이 살던 집은 철거해버렸다. 폐허 근처를 어슬렁거리던 가족은 물론이고 근처의 웅덩이나 구

---

* 웰링턴 총리가 선포한 가톨릭 차별 금지 법령이다.

덩이로 피신한 사람들까지도 다시 쫓아냈다. 영국 법의 눈에 그들은 유해 동물에 지나지 않았다. 토리당의 대법관이었던 클레어 백작은 "사유 재산의 몰수는 지주들의 관습적인 권리"라고 주장했다.[27]

아일랜드의 감자 농사는 여러 차례의 흉년을 겪었다. 특히 1728년, 1739년, 1740년, 1770년, 1800년, 1807년, 1821년, 1822년, 1830-1837년, 1839년, 1841년, 1844년의 흉년은 광범위한 기근과 이듬해의 흉작으로 이어졌다. 사람들이 씨감자까지 먹어치울 수밖에 없었기 때문이다.[21, 27] 그러나 그런 사정도 와이트 섬에서 처음 시작되어 아일랜드 전체로 확산된 1845년 8월과 9월의 감자 잎마름병과는 비교조차 할 수 없었다.[27]

잎마름병 곰팡이는 수백 년 전에 멕시코에서 시작되어 남쪽에 있는 안데스까지 전파되었을 가능성이 크다.[28] 잎마름병은 1841-1842년 남아메리카에서 미국 대서양 연안의 북쪽 지역으로 전파되었고, 1843년에 처음으로 필라델피아와 뉴욕 근처의 해안 지역에서 대규모로 발생한 것으로 보인다. 이후에 잎마름병 곰팡이는 1843-1844년에 미국이나 남아메리카 또는 두 곳 모두에서 대서양을 건너 유럽으로 퍼지기 시작했다.

잎마름병은 처음에 푸사리움(*Fusarium*)이라는 곰팡이에 의한 건부병(乾腐病)*과 바이러스성 질병으로 줄어든 수확량을 채우기 위해서 수입한 감자를 통해서 벨기에로 유입된 것으로 보인다. 1830년대부터 수입이 시작된 구아노**를 통해서 유입되었을 가능성도 있다.[28] 어느 경로로 전파가 되었는지와 상관없이 잎마름병은 두 대륙 사이에서 감자를 운반하던 상선과 같은 속력으로 대서양을 건너갔다.[21, 23] 상선의 속도가 결정적인 요인일 수

---

* 감자, 고구마, 양파나 수선화 등 구근류의 덩이줄기, 덩이뿌리, 비늘줄기가 수분을 잃고 말라 죽는 병이다.

** 바닷새의 배설물에 의해서 해안 지역에 형성된 초석(硝石)으로, 질산과 인산의 함량이 높아서 비료나 폭약의 원료로 사용되었다.

도 있었다. 증기선이 정기적으로 대서양을 건너다니기 시작한 시기는 아일랜드 기근보다 7년 앞선 1838년부터였다.[29] 더욱이 상인들은 배에 실은 감자에 얼음을 채워두었기 때문에 잎마름병 곰팡이가 대서양을 건너는 동안에도 죽지 않고 견딜 수 있었던 것으로 보인다.[30, 31]

잎마름병 곰팡이는 쾌속 범선이나 증기선을 통해서 북아메리카에서 확산의 중심지였던 볼티모어, 필라델피아, 또는 뉴욕에서 아일랜드로 전파되었을 것이다. 아일랜드의 감자 기근에 의한 굶주림과 티푸스 감염에 시달리던 아일랜드 사람들은 곧바로 자신들에게 잎마름병을 전해준 미국의 도시들로 이주하기 시작했다. 아일랜드와 달리 미국 사회는 감자에만 목숨을 걸지는 않았다. 아일랜드의 32개 지역을 묶어주던 사슬이 잎마름병에 의해서 끊어지면서 나라 전체가 공중 분해된 셈이었다. 기근을 의도적으로 발생시키더라도 그보다 더 잘할 수는 없었을 것이다. 기근이 일어나기 전부터 시행되던 정부의 정책이 기근을 "일시적이고 부분적인" 것이 아니라 "전면적이고 압도적인" 것으로 만들었다.[21] 1845년에는 절반 정도로 줄어들었던 감자 수확량이 이듬해인 1846년에는 완전히 줄어들면서 수많은 사람들이 굶어 죽었다.

잎마름병이 하룻밤 사이에 전국을 휩쓴 것처럼 보였다. 아일랜드를 돌아보았던 한 성직자는 1846년 7월 27일, 감자가 "풍년을 기대할 수 있을 정도로 무성하게 자라고 있다"고 썼다.[32] 그러나 일주일 후에 같은 지역을 다시 살펴본 그는 정반대의 기록을 남겼다. "말라 죽은 작물이 남긴 엄청난 양의 쓰레기를 보고 깊은 슬픔에 사로잡혔다. 곳곳에서 가련한 사람들이 썩어가는 밭의 울타리에 앉아서 두 손을 움켜쥐고, 자신들의 식량을 모조리 앗아간 참혹한 파괴에 통곡하고 있었다." 1845년 기근 이후에 처음으로 수확하게 될 감자가 "불과 며칠 사이에 완전히 썩어서 악취를 풍기고 있었다."[21, 27]

토리당에 이어서 휘그당이 집권한 후에도 영국 정부는 아일랜드의 구호에 충분히 신경을 기울이지 않았다. 영국의 지도자들은 즉각적이고 충분한 지원이 자유무역을 무너뜨려서 오히려 아일랜드의 역경과 제국의 경제에 악영향을 미칠 것이라고 믿었다. 영국 정부는 굶주리는 소작농의 토지 문제를 해결하기 위해서 영국 부재지주들의 권리를 제한하려고 하지도 않았다. 굶주림과 질병에 시달리던 100만 명 이상의 아일랜드 주민들이 사방으로 흩어졌다.

많은 아일랜드 사람들이 굶주림과 함께 티푸스나 회귀열(回歸熱)*과 같은 "기근열(飢饉熱)"을 피해서 영국, 스코틀랜드, 웨일스, 영국령 북아메리카(캐나다), 미국으로 이주하고 싶어했다. 절망에 빠진 아일랜드 사람들을 태운 무역상의 배들이 항구에 도착했을 때에는 이미 4분의 1, 절반, 또는 그 이상의 승객들이 굶주림과 전염병으로 사망한 뒤였다. 영국의 상선 에린 퀸 호의 승객은, "이 배에서 본 참혹한 광경은 아프리카 해안에서 본 병에 찌든 수많은 노예들의 모습과 조금도 다르지 않았다"라고 썼다.[21] 리버풀, 글래스고, 퀘벡 시, 몬트리올, 보스턴, 필라델피아, 뉴욕의 항구에 도착한 궁핍한 이민자들이 자리를 잡으면서 새롭게 세워진 아일랜드 빈민가의 지하실에서는 티푸스가 창궐하기 시작했다. 아일랜드 이민자들은 치명적인 열병과 불결함 때문에 공포와 경멸의 대상이 되었다.

아일랜드 사회는 기근과 질병의 협공을 견뎌낼 수가 없었고, 기근과 질병이 서로 상승작용을 일으켰다. 아일랜드에서는 기근이 시작되면 언제나 티푸스와 회귀열이 창궐했다. 감자 잎마름병에 의한 기근이 계속되는 동안에도 그런 질병이 마을을 초토화시켰고, 죽어가는 사람들을 도우려고 용감

---

* 3일에서 7일 정도의 주기로 고열이 반복되는 열대 풍토병으로 재귀열(再歸熱)이라고 부르기도 한다.

하게 나섰다가 티푸스나 회귀열에 감염된 의사, 간호사, 성직자들도 대단히 많았다. 두 질병은 이(蝨, louse)*에 의해서 전파되었지만, 당시에는 그 사실이 알려져 있지 않았다. 아일랜드의 굶주린 농민들은 갈아입을 옷도 없이, 불결한 집에서 많은 사람들이 밀집해서 살았기 때문에 이가 창궐할 수밖에 없었다. 기근과 함께 시작된 전염병이 "수백 년간 누적되어온 적폐를 갑자기 폭발시켰다."[27] 기근이 끝나갈 무렵에는, 100만 명 이상의 아일랜드 사람들이 사망했고, 또다른 100만 명 이상의 사람들이 이민을 떠났다.[21] 1902년 기근의 역사에 대한 책을 쓴 아일랜드 작가의 기록에 따르면, "이 나라의 모든 주민들을 미국과 무덤이 나누어 흡수해버린 것처럼 보였다."[21]

감자와 잎마름병 곰팡이를 아일랜드에 전해준 것은 무역의 세계화였다. 영국이 만든 아일랜드 농민들의 소작 제도 때문에 재배할 작물을 신중하게 선택할 수 없었던 농민들에게, 감자는 작은 소작 농지로 많은 식구들을 먹여 살릴 수 있는 유일한 선택지였다. 불행하게도 토지 소유권이나 안정적인 임대권을 기대할 수 없었던 농민들은 자식들에게 물려줄 재산을 모을 수도 없었다. 최후의 일격이었던 잎마름병이 마지막 희망까지 빼앗았다. 감자 잎마름병이 기근을 촉발했고, 기근은 전염병을 불러왔다.

1845년은 시기적으로 절망의 순간이었다. 감자 잎마름병이나 기근과 관련된 전염병의 정체도 파악하지 못했고, 전염병을 물리쳐줄 화학약품도 없었다. 미생물과 식물 병원체의 자연발생설**을 믿었고, 곤충이 질병을 매개하기도 한다는 사실을 이해하지 못했던 1845년의 과학자와 의사들은 어떠

---

* 사람의 몸에 기생하는 머릿니, 몸니, 사면발니를 가리킨다.
** 민달팽이, 개구리, 쥐와 같은 생물이 무기물로부터 자연적으로 발생한다는 아리스토텔레스의 주장이다. 많은 논란에도 불구하고 2,000년 가까이 정론으로 인정되었던 생물의 자연발생설은 19세기 후반 루이 파스퇴르의 실험에 의해서 부정되고 생물속생설(生物續生設)이 정립되었다.

한 해결책도 찾아낼 수 없었다. 얼마 지나지 않아서 해결책이 멀지 않은 곳에 있다는 사실이 밝혀졌지만, 아일랜드 사람들에게는 너무 늦은 일이었다. 실제로 과학적 사고방식의 놀라운 변화가 바로 코앞에 있었다.

수생균(1861)

잎마름병이 처음 발생한 1845년 가을에 영국의 총리 로버트 필 경은 케인, 린들리, 플레이페어 교수에게 그 질병의 정체를 연구해서 감자가 썩지 않도록 해줄 수 있는 최선의 방법을 제시할 것을 요청했다. 그들은 그런 질병은 인간의 지식이나 능력을 벗어난 재앙이라는 결론을 내놓았다. 과학이나 경험에서 생각해낼 수 있는 모든 수단을 동원했지만 소용이 없었고, 가장 극단적인 처방을 쓰더라도 감자는 여전히 녹아서 사라졌다.

_ 찰스 트리벨리언, 기근이 계속되던 1848년 1월의 영국 재무부 차관[32]

사람들은 또다른 대규모 기근을 피하느라 정신이 없었지만, 잎마름병은 영국의 모든 감자종을 파괴시켰다. 잎마름병을 도무지 막아낼 수 없었던 농민들은 "질병을 막아낼 만큼 충분한 생장력을 가진" 새로운 품종을 개발하기 위해서 적극적으로 노력했다.[23] 윌리엄 패터슨은 1850년대 말에 "뛰어난 품질을 가진 훌륭한 작물"이자, "실질적으로 질병에 저항력을 가진" 패터슨 빅토리아라는 신품종을 개발했다. 패터슨은 1869년의 보고서에서 "잎마름병은 직접적인 치료법이 없고, 전적으로 식물의 대기(大氣) 작용에 의한 것이며, 어느 정도의 피해를 감수할 수밖에 없다는 것이 나의 확고한 생각"이라고 주장했다.[23]

불행히도 패터슨의 품종을 비롯한 다른 품종의 감자들도 결국 잎마름병으로 인해서 "본래의 생장력"을 잃어버리면서 그들의 노력은 실패하고 말았다.[23] 패터슨 빅토리아 이외에도 니콜 챔피언(1870년대 초), 서턴 마그눔 보눔(1876)을 비롯해서 여러 저항성 품종들이 10-20년 동안 좋은 작황을 보였다. 재앙적인 1879년이 끝난 후에 캐스카트 경은 "신품종의 개발은 국가적으로 중요한 일"이라고 밝혔다.[23] 많은 사람들이 그렇게 생각했고, 핀들레이 더 브루스, 업투데이트, 브리티시 퀸을 비롯한 여러 신품종들이 영국의 감자밭을 장식했다.

투기꾼들이 극성을 부리면서 저항성 품종의 가격이 크게 올랐고, 1902-1904년의 감자 호황기에는 금값보다 더 비싼 감자도 있었다. 미국의 현대 학자들이 분석한 결과에 따르면, 신품종 감자 1개가 500달러에 팔리기도 했고, 감자 1파운드가 800달러, 감자 새싹 1개가 20달러에 거래된 경우도 있었다.[23] 감자 1개에서 돋아난 새싹 1,000개를 이 가격에 판매한 감자 품종 개발자도 있었다. 감자 1개의 가격이 오늘날의 가치로 환산하면 무려 1만 5,000달러였던 셈이다. 당시의 기록에 따르면, "신품종에 대한 대중의 욕망은 채울 수 없는 것으로 보였다. 대부분 구품종에 새 이름을 붙인 수준이었던 신품종들이 시장에 쏟아져 나왔고, 농민들은 엄청난 가격의 신품종을 구입해야만 했다."[23] 1911년에는 "7.5펜스의 가치도 되지 않는 몇 가지 신품종을 37.40펜스에 산 것으로 만족했다"라고 쓴 농민도 있었다.[23] 아일랜드에서 재배하는 감자 품종의 저항성을 연구한 교수에 따르면, "당시 시장에 나와 있거나, 나올 가능성이 있던 감자 품종들 중에서 실제로 저항성이 입증된 것은 없었다."[23] 새로 개발한 저항성 품종들 역시 잎마름병을 견디지 못했기 때문에, 결국 감자를 보호할 다른 방법이 필요했다. 먼저 잎마름병의 원인을 찾아내야 했다.

여기에는 다양한 이론들이 있었다. 배 바닥에 고인 물처럼 "황 냄새"가 나는 아일랜드의 하얀 "마른 안개(dry fog)"에 감자를 병들게 만드는 유체(流體)가 들어 있다고 생각하는 사람들도 있었다.[21] 잎마름병이 "공기 중에 떠다니는 미세 곤충" 혹은 "전염성 물질이나 대기 중의 독소 때문에 발생하는 콜레라와 같은 전염병"이라는 주장도 있었다.[33] "전기적 매개체"를 탓하는 유명한 의사도 있었다.[21] 그는 1845년 가을에 이렇게 주장했다. "지난 계절에 구름에 지나치게 많은 전기가 채워졌지만, 과잉 전기를 대기 중으로 방출시킬 수 있는 천둥은 많이 발생하지 않았다. 습기가 많고 변덕스러운 가을이 되면서 촉촉하고 수분이 많으며, 잎이 뾰족한 감자가 남아도는 전기적 물질을 빨아들였다." 전기 이론에는 연기에서 발생하는 정전기나 당시에 발명된 기관차의 증기 등을 비롯한 다양한 메커니즘이 동원되었다.[27] 땅속 깊은 곳의 "보이지 않는 화산"이 "치명적인 기체"를 내뿜는 것이므로, 지구 자체가 원인일 수도 있었다.[27] 잎마름병은 수입 구아노 비료와 관련이 있을 가능성도 있었고,[28] 넘쳐나는 빗물을 감자가 충분히 흡수하지 못해서 발생하는 "습식 부패"의 결과일 수도 있었다.[27] 어느 유명한 연구자는 "약한 빛", "춥고 변덕스러운 날씨", 계속된 비와 같은 "뜻밖의 상황들이 결합되어 발생하는 재앙"이라고 주장하기도 했다.[33] "몇 년 동안 이런 전염병이 일어난 적이 없었다. 이런 사실을 고려하면, 한꺼번에 일어나는 경우가 거의 없는 날씨의 지나친 변동이나 화학적 효능이 없는 빛과 같은 몇 가지 조건들이 결합되어 발생하는 복합적인 재앙임에 틀림이 없다"라고 주장하는 사람도 있었다.[34] 그러나 감자 잎마름병은 식물의 조직에서 자연 발생적으로 나타나는 것이기 때문에 감수할 수밖에 없다는 것이 가장 일반적인 견해였다.

감자 재배 전문가인 존 타운리는 1847년 당시에 제시되었던 원인들을 모두 반박했다.[35] 그는 잎마름병이 알 수 없는 대기 때문에 발생한다는 주장을 반박하는 것은 "잎마름병이 달빛이나 요정 때문에 발생한다는 주장을 반증하는 것만큼이나 쉬운 일"이라고 지적했다. 타운리는 잎마름병이 갑자기 나타난다는 사실은 그것이 국경을 넘나드는 사람에 의해서 전파되는 매개체와 관련이 있다는 뜻이라고 생각했다. 해결책을 찾으려면 반드시 그 파괴적인 매개체를 찾아내야 했다. 그는 "검댕, 소금, 석회, 엡섬 염(鹽)*

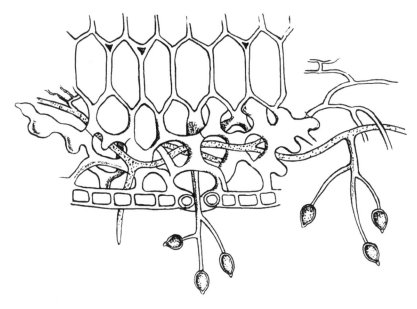

그림 1.1. 감자잎 아래쪽으로 뻗어나오는 감자 잎마름병 곰팡이를 묘사한 버클리의 그림
이다.[33]

이 흔히 사용되는 치료제"라고 주장했다. "연기, 뜨거운 물, 탄산, 적은 양
의 구리 염, 비소, 오리 떼가 좋다는 제안도 있다. 이런 것들이 병의 완화에
도움이 될 가능성이 있다면 시도해보아도 좋을 것이다. 그러나 나는 그런
방법들이 효과적일 것이라고 말하기는 어렵다고 생각한다."

당시에도 잎마름병의 원인을 찾아낸 사람들이 있었다. 그중에서도 벨기
에의 샤를 모렌 교수와 영국의 M. J. 버클리 목사가 가장 중요한 인물로
꼽힌다. 곰팡이의 권위자로 유명했던 버클리는 수천 종의 곰팡이를 연구한
사람이자, 1836년 비글 호를 탔던 찰스 다윈이 수집한 모든 종을 포함한

---

* 영국 서리 지역의 엡 섬에서 생산된 황산 마그네슘 수화물의 속칭으로, 비료 등으로 사용되
  었다.

수백 종의 곰팡이에 대한 최초의 기록을 남긴 인물이다.[36] 버클리에 따르면, "감자 잎마름병은 상당히 오래 전부터 있었지만 아무도 관심을 가지지 않았던 병일 가능성이 있다. 어쨌든 단순히 대기의 영향 때문이라고 주장하는 사람들이 생각하듯이 어느 해에 갑자기 나타날 수 있는 병은 아니다."[33] 버클리는 이렇게 지적했다. "인디언 원주민들이 감자에 거의 전적으로 의존해서 살고 있는 보고타에서도 비가 많이 내리는 해에는 그런 병이 나타나는 것으로 잘 알려져 있다.……이는 그 질병도 식물계의 다른 병과 마찬가지로 아메리카에서 시작되었을 것이라는 모렌 박사의 주장을 확인시켜 준다."[33]

버클리는 1845년 여름에 병이 든 식물에서 자라는 작은 곰팡이를 발견했고, 그해 겨울에는 그 곰팡이가 잎마름병을 일으키는 매개체라고 주장했다.[33] 그러나 곰팡이는 단순히 부패의 결과물일 뿐이라고 생각했던 당시의 권위자들은 대부분 그의 주장을 인정하기보다는 오히려 비웃었다. 한 비평가는 버클리의 논문을 살펴보지도 않고 이렇게 주장했다. "감자 잎마름병의 원인을 확실하게 밝혀낼 것이라는 희망이 없어 보이고,……세상은 운명에 맡겨둘 수밖에 없다. '고칠 수 없는 병은 견뎌낼 수밖에 없고', 감자 잎마름병도 그런 종류의 사악함에 속한다."[35]

버클리는 극심한 비판에도 불구하고 자신의 주장을 굽히지 않았다. "권위자들이 그들과는 다른 편에 있는 이들에게 쏟아내는 어느 정도의 철학적인 의문을 고려하더라도, 나는 곰팡이 이론이 진실이라고 믿는다고 고백할 수밖에 없다.……전능하신 하느님도 때로는 인간의 입장에서 경멸스러울 수 있는 방법으로 자신의 목적을 달성하게 된 것을 기뻐할 것이다."[33] 곰팡이에 대한 저항성을 길러서 감자의 생장력을 되살려야 한다고 주장하던 타운리가 학술적으로 버클리에게 상당한 도움을 주었다.[35] 불행하게도 버클리는 곰팡이의 접종 실험에 실패했다. 결국 그는 곰팡이가 잎마름병보다 먼저 등장하는지를 알아내지 못했고, 덩이줄기가 어떻게 감염되는지도 밝혀내지 못했다.[33] 버클리의 주장에 대한 이론적인 기반이 완성되기까지 시간이 걸렸고, 그래서 그의 주장은 15년 동안이나 확인되지 못한 채로 남아 있었다.

사실 덴마크의 식물학자 요한 크리스티안 파브리치우스는 아일랜드 기근이 발생하기 훨씬 전인 1774년에 발표한 식물 병리학 논문에서 식물 병원체를 발견할 수 있는 틀을 마련했다.[37] 파브리치우스는 병든 식물 덩어리에서 발견되는 곰팡이가 죽은 식물의 조직이 아니라 독립된 생명체라는 사실을 정확하게 밝혀냈다. 불행하게도 그의 논문은 그로부터 세 세대 동안이나 과학계에서 인정을 받지 못했다.[38] 그러나 1850년대 말에는 과학자들도 대체로 곰팡이를 분명한 생명체로 인정했고, 자연발생설에 대한 믿음은 무너졌다.

자연발생설에 대한 믿음은 수천 년간 이어졌다. 고대의 학자들 중에서 아리스토텔레스는 "물에 젖을 수 있는 모든 마른 물체와 마를 수 있는 모든 젖은 물체는 동물을 낳는다"라고 주장했다.[39] 그리스 신화의 아르켈라오스는 부패하는 척추에서 뱀이 태어난다고 적었다.[40] 베르길리우스는 벌이 황소의 내장에서 태어난다고 주장했다. 17세기의 네덜란드 연금술사 판 헬몬트는 "습지의 바닥에서 올라오는 냄새가 개구리, 민달팽이, 풀과 같은 것들을 만들어낸다"라고 적었다.[39] 판 헬몬트에 따르면, 밀을 쥐로 바꾸려면 옥수수가 담긴 항아리에 더러운 셔츠를 넣어두면 된다. 마찬가지로 빻은 바질 가루를 햇볕에 노출시키면 전갈로 만들 수도 있다. 그러나 이탈리아의 의사 프란체스코 레디는 고깃덩어리에 거즈를 덮어서 파리를 막으면 구더기가 생기지 않는다는 사실을 증명했다. 그의 실험 때문에 자연발생설을 옹호하던 학자들도 우리가 볼 수 있는 동물은 자연적으로 발생되지 않는다는 사실을 인정했지만, 미시 생물의 경우에는 여전히 그렇지 않다고 우겼다.

현미경의 발명이 자연발생설 옹호자들에게 유용한 도구가 된 것은 역설적이었다. 미시 동물을 비롯해서 동물이라고 여기던 다른 작은 유기체를 뜻하는 "극미동물(animalcules)"이 부패하는 식물이나 동물에서 번성한다는 사실을 설명해줄 다른 방법은 없다는 것이 당시의 상식이었다.[39] 1858년 프랑스 루앙 자연사박물관의 관장이었던 펠릭스-아르키메드 푸셰는 물과 산소를 넣고 수은으로 밀폐한 후에 끓을 때까지 가열한 건초에서 극미동물이 자연발생적으로 나타나는 실험에 성공했다고 밝혔다. 건초를 오염시키는 외부 공기의 유입이 수은에 의해서 차단되었는데도 미생물이 등장했다는 것이었다. 푸셰는 상당한 영향력이 있었지만, 오래 지나지 않아 그의 증명에 오류가 있음이 밝혀졌다.

자연발생설은 감자 잎마름병에 대한 연구를 포함해서 여러 영역에서의 발전에 걸림돌이었다. 그 사실을 알고 있었던 버클리는 1846년 자신의 주장이 틀렸다고 지적하기 위해서는 "무기력해지거나 병든 조직에서 생명이 저절로 등장한다는 자연발생설 또는 우연발생설*을 활용해야만 할 것"이라고 말했다. "그래서 결국 문제는 여전히 미궁에 빠져 있지만, 나의 판단으로는 부분적으로 베일이 벗겨질 때마다 그 모든 것들이 궁극적으로 생명체 발생의 더 많은 부분을 지배하는 동일한 보편법칙을 드러내고 있는 것으로 보인다."[33]

찰스 다윈이 1859년 기념비적인 저서, 『자연선택에 의한 종의 기원, 즉 생존 경쟁에서 유리한 종족의 보존(On the Origin of Species by Means of Natural Selection or the Preservation of Favoured Races in the Struggle for Life)』을 발간해서 그 베일을 벗겨주었다.[41] 다윈은 모든 생물이 진화의 과

---

* 생물종이 아무 상관없는 다른 종으로부터 발생할 수 있다는 주장이다.

정에 의해 서로 연결되어 있다고 주장했고, 자연발생에 의해 새로운 생명들이 연속적으로 형성된다면, 그런 연결성은 불가능하다는 아이디어의 이론적 기반을 제공했다. 루이 파스퇴르 역시 1859년에 자연발생설 논란에 뛰어들었다. 그의 친구 장–바스티스 비오는 파스퇴르가 자연발생설을 연구할 계획이라는 이야기를 듣고 그에게 시간을 낭비하지 말라고 하면서 그의 계획을 극구 반대했다. 비오는 "절대 그것에서 벗어나지 못할 것"이라고 예언했다.[39]

파스퇴르는 가열된 백금 관이 연결된, 길고 구부러진 관이 달린 유리병을 이용했다.[39] 유리병으로 들어가는 공기는 반드시 뜨거운 열기로 모든 미생물을 제거해주는 관을 통과해야 했다. 뜨거운 열기로 모든 미생물을 제거한 영양액은 그런 유리병 속에 넣어두어도 썩지 않는다는 사실이 확인되었다. 즉, 미생물은 자연적으로 발생하지 않았다. 소변을 비롯한 여러 가지 "부패하기 쉬운 액체"를 이용한 실험도 반복했다. 한편 공기 중의 먼지를 모아서 살균한 영양액에 넣으면, 먼지와 그 속에 들어 있는 미생물에 의해서 영양액이 썩었다. 다양한 조건에서 똑같은 실험을 반복한 그는, 영양액에 미생물이 대량으로 서식해야만 생명이 등장한다는 사실을 분명하게 확인했다. 자연발생설이 틀렸다는 사실을 증명하는 실험을 통해서 파스퇴르는 1860년 프랑스 과학원으로부터 "자연발생설 문제를 반박하기 위한 훌륭하게 설계된 실험에 성공한" 과학자에게 주는 상을 받았다.[39]

그러나 그런 실험이 모든 사람을 설득시키지는 못했다. 푸셰는 만약 지극히 작은 공기 방울에 미생물이 들어 있다면, 공기 중의 미생물이 "철처럼 밀도가 큰 짙은 안개를 만들 수도 있을 것"이라고 주장했다.[39] 파스퇴르는 그런 반론을 반박하기 위해서 영양액을 미생물이 거의 없는 높은 산을 포함한 여러 지역의 공기에 노출시키는 실험을 했다. 파스퇴르는 1864년의 기조 강연에서 푸셰의 실험을 비판했다.[39] "이 실험은 나무랄 데가 없지만,

저자가 관심을 가진 쟁점에 대해서만 그렇다. 오류가 있던 푸셰의 실험은 항아리에 더러운 셔츠를 넣어두었던 판 헬몬트의 실험처럼 완전한 환상에 불과한 것이었다. 나는 쥐가 어디로 들어갔는지를 보여줄 수 있다." 파스퇴르는 미생물이 수은의 표면에 붙어 있던 먼지를 통해서 푸셰의 플라스크로 들어갔다는 사실을 증명했다.

자연발생설에 대한 주장을 모두 반박한 파스퇴르는 이렇게 선언했다. "반대 입장을 고집하는 사람들은 자신들이 알아차리지 못했던 오류가 포함된 잘못된 실험이나 착각에 속아 넘어갔을 뿐이다. 자연발생설은 키메라(chimera)이다."[39] 자연발생설에 대한 파스퇴르의 연구는 열을 이용해서 미생물을 죽일 수 있다는 사실을 증명했고, 저온살균법을 비롯한 중요한 실용적인 기술에 활용되었다.[42]

파스퇴르는 다섯 자녀들 중에서 장티푸스로 사망한 두 아이를 포함하여 총 세 아이를 잃은 후부터 질병의 치료법을 찾는 일에 전념했다.[42] 파스퇴르는 우유를 상하게 만드는 것과 마찬가지로, 미생물이 질병의 발생과도 관계가 있으리라고 추론했다. 1870년대에 파스퇴르와 그의 경쟁자인 독일의 로베르트 코흐는 탄저병이 미생물에 의한 질병이라는 사실을 각자 밝혀내서 감염성 질병의 미생물 유래설*을 정립했다.[43] 파스퇴르와 코흐의 경쟁은 단순히 개인적인 것이 아니었다. 프로이센-프랑스 전쟁에서 독일이 프랑스를 물리친 직후부터 더욱 치열해진 학문적 경쟁에서 두 과학자는 각자 조국의 권위를 대표했다. 코흐는 1905년에 노벨상을 받았다. 만약 첫 노벨상이 수여되기 전에 사망하지 않았더라면 파스퇴르 역시 노벨상을 받았을 것이다.

---

* germ theory : 감염성 질병이 세균 또는 미생물의 감염에 의해서 발생한다는 파스퇴르의 이론이다.

미생물이 감염성 질병을 일으킨다는 파스퇴르와 코흐의 이론을 토대로, 미생물이 몸속으로 침입하는 경로를 차단하는 것이 중요하다는 즉각적이고 결정적인 결론이 얻어졌다. 영국의 조지프 리스터는 그런 논리적 추론을 근거로 1867년 수술용 소독 기술을 개발했다.[44] 한편 파스퇴르는 탄저병, 닭 콜레라, 광견병의 백신을 개발했다. 1885년 광견병에 걸린 개에게 물린 조지프 마이스터라는 아홉 살 소년에게 처음 사용된 광견병 백신은 성공적이었다.[42] 훗날 마이스터는 파스퇴르 연구소의 경비원으로 채용되었다. 그는 파스퇴르가 자신의 생명을 구해주고 55년이 지난 후에 나치 침략자들이 파스퇴르가 안치된 성당의 지하실 문을 열도록 강요하기 전에 총으로 자살했다.*

　무한히 작은 생물체가 한 국가의 농작물을 완전히 파괴할 수 있다거나 전염병을 일으킬 수 있다는 사실은 사람들이 상상하기 어려운 것이었다. 파스퇴르는 미생물이 자연발생적으로 생기지 않고, 사람에게 질병을 일으키기도 한다는 점을 증명함으로써 그런 오해를 해소했다. 식물에 발생하는 병에도 똑같은 원리가 적용되는 것이 분명했다.

　파스퇴르가 자연발생설을 반박하는 기념비적인 실험을 발표한 해에, 다른 훌륭한 미생물학자가 아일랜드 감자에 잎마름병을 일으키는 병원체를 발견했다.[38] 독일의 안톤 데 바리는 스물두 살이던 1853년에 식물에 생기는 녹병(綠病)**이나 깜부기병***과 관련된 곰팡이가 자연적으로 발생하지 않으며, 병의 결과가 아니라는 사실을 증명하는 획기적인 연구 결과를 발표하여 처음으로 자신의 이름을 알리고, 명성을 얻었다. 곰팡이는 질병의 결과

---

* 마이스터가 자살한 실제 이유는 피난을 보낸 가족들이 죽었을 것이라는 추측 때문이라고 알려진다. 그러나 그가 자살한 날 그의 가족들은 안전하게 돌아왔다고 한다.
** 녹이 슨 것처럼 갈색 가루가 뭉쳐진 덩어리가 잎이나 줄기에 생기는 병이다.
*** 이삭이 숯처럼 까맣게 변하는 병이다.

가 아니라 원인이었다. 데 바리는 평생의 연구를 통해서 놀라울 정도로 다양한 식물 질병과 곰팡이 사이의 인과관계를 찾아냈다. 그의 연구 덕분에 곰팡이를 연구하는 근대적 균류학(菌類學)이 정립되었다. 사실 파스퇴르의 자연발생설에 대한 연구도 그의 발견이 있었기 때문에 가능했다. 데 바리는 1861년에 피토프토라 인페스탄스(*Phytophthora infestans*)가 감자 잎마름병을 일으키는 병원체임을 증명하는 논문을 발표했다.[36, 45]

1845년 8월 30일 파리에서 개최된 학술원의 학술회의에서 잎마름병의 병원체를 처음 확인하고 그것에 이름을 붙인 사람은 나폴레옹 육군의 원로 의사인 카미유 몽타뉴 박사였다.[36] 그는 그 병원체를 보트리티스 인페스탄스(*Botrytis infestans*)라고 불렀고, 다른 사람들이 며칠 늦게 제안한 보트리티스 바스타트릭스(*Botrytis vastatrix*)와 보트리티스 팔락스(*Botrytis fallax*)라는 이름은 인정을 받지 못했다. 병원체 발견에 대한 몽타뉴의 논문은 버클리의 학술서를 통해서 발간되었다.[33] 그후에 곰팡이의 이름은 페로노스포라 인페스탄스(*Peronospora infestans*)로 바뀌었다.[36] 그러나 데 바리는 잎마름병의 병원체가 페로노스포라 속(屬)의 다른 곰팡이들과 결정적인 차이가 있기 때문에 전혀 다른 속으로 분류해야 한다는 사실을 발견했다. 그는 잎마름병 병원체의 이름을 피토프토라 인페스탄스(*Phytophthora infestans*)로 바꾸었다. 새 이름은 "식물"을 뜻하는 phyto와 "부패시키는 것"을 뜻하는 phthora를 결합한 단어에 "공격적인", "적대적인" 또는 "위험한"이라는 뜻을 가진 infestans를 합친 것이다.

피토프토라 인페스탄스는 사실 진정한 곰팡이가 아니라 난균강(卵菌綱, Oomycota)이라는 수생균에 속하는 곰팡이와 유사한 생물체이다.[46] 데 바리는 감자의 잎, 줄기, 덩이줄기에 병원체의 포자를 접종해서 감자 잎마름병이 발생하는 과정을 추적했다.[36] 그는 피토프토라 인페스탄스가 식물에서 기체의 교환이 일어나는 작은 기공("입"을 뜻하는 그리스어에서 유래된 단

수형의 "stoma" 또는 복수형의 "stomata")을 통해서 감자의 잎으로 들어간다는 사실을 밝혀냈다. 기생충의 균사체(菌絲體 : 실 모양의 균사로 구성된 식물의 성장 부위)가 가지를 뻗으면서 수많은 균사를 만드는데, 이 균사가 잎의 세포 속으로 파고들어 영양분을 소진시킨다.[23] 그런 후에 균사가 다시 기공을 통해서 밖으로 뻗어나가면 배[梨] 모양의 열매체(sporangia : 포자낭)가 달린 가지가 생긴다. 열매체는 쉽게 분리되어 땅으로 떨어지거나 바람에 날려간다. 다른 감자잎에 떨어진 열매체는 빗물이나 이슬의 자극에 의해서 성장을 시작할 수 있을 때까지 시간을 벌면서 기다린다. 수생균에게는 두 가지 길이 있다. 첫째는, 균사가 자라나와 기공을 통해서 잎으로 들어가 스스로의 재생 과정을 반복하는 것이다. 둘째는, 성장을 하면서 감염성 포자를 방출하는 것이다. 포자들이 물방울에 의해서 토양의 입자 사이로 움직여 다니다가 감자를 만나면 부패가 시작된다. 잎마름병이 지나친 습기로 인해서 발생한다고 알려진 이유도 이 때문이었다.

농민들은 잎에 "묽은 산(酸)이 빗방울처럼 떨어진 듯이" 보이는 노란색이나 갈색의 점이 나타나야만 뒤늦게 감염 사실을 알게 된다.[21] 반점의 크기가 점점 커지고, 색이 검게 변하면 잎이 말려 올라가면서 부패가 시작되고, 특유의 불쾌한 악취가 풍긴다. 아일랜드의 감자 흉작을 경고하는 보고서에는 끔찍한 냄새를 설명하는 표현이 자주 등장한다. 썩어버린 잎의 가장자리에서 발견되는 흰 곰팡이는, 감자밭을 산불이 휩쓴 것처럼 변할 때까지 감염을 가속화시키는 포자가 달려 있는 갈라진 균사였다. 버클리는 감자의 전멸이 잎마름병에 의해서 시작된다는 사실을 지적했다. 잎마름병에 감염되면, "표면이나 썩은 덩어리 속에 자리잡은 다른 곰팡이가, 썩어가는 주름버섯처럼 지독한 악취를 풍기고, 세포들의 덩어리가 해체되면, 극미동물이나 진드기가 등장해서 결국에는 모든 것이 역겹게 부패한 덩어리로 변한다."[33]

아일랜드의 1848년 여름은 1845년이나 1846년의 여름과 똑같았다. 교구 성직자의 기록에 따르면, "[7월] 13일 아침의 광경은 누구에게나 놀라운 것이었다. 전날 저녁까지만 해도 무심한 사람들까지도 기쁘게 해줄 듯했던 감자밭이 폭격을 맞은 것처럼 검게 시들어서 마치 저주를 받은 것처럼 변했고, 결과적으로 나라 전체가 경악과 혼란에 빠졌다."[27] "타르를 뿌려놓은 듯이 검게 변해버린" 감자밭에 대한 소식이 쏟아졌고, 과거에도 그랬듯이 흉물스러운 풍경에서는 "견딜 수 없는 악취"가 풍겼다.[27] 감자는 "확실하게 썩거나, 부분적으로 부패해서 벌레가 기어 다니거나, 아니면 얼린 살코기처럼 군데군데가 갈색으로 변했다."[33]

19세기 말, 여러 진화론 학자들은 자연의 모든 사물의 진화에는 목적이 있다는 잘못된 주장을 했다. 아무리 고약한 것이어도 그렇다고 믿었다. 그것은 생물의 진화를 이끄는 존재를 인정함으로써, 창조론에 대한 믿음과 현대적 진화의 교리를 결합시켜보겠다는 철학이었다. 진화가 정해진 목적을 향해서 진행된다는 생각은 사람들을 편안하게 해주었고, 이는 인류가 창조의 정점을 차지하고 있다는 믿음에 잘 어울리는 것이었다. 그런 철학은 또한 사람들에게 감자 잎마름병을 병든 종을 제거하고, 튼튼한 종을 널리 퍼뜨려주는 긍정적인 힘이라고 생각하도록 만들었다. 당시에는 곰팡이를 식물이라고 간주했다. 데 바리가 피토프토라 인페스탄스를 발견하고 9년이 지난 후에 어느 감자 재배 전문가의 주장에 따르면, "스스로 온전한 식물이면서 숲속의 오크처럼 나름대로의 기능을 수행할 수 있는 다양한 흰 곰팡이류가 존재하도록 만든 자연의 목표는, 병든 품종의 확산을 억제해서 더 건강한 식물이 자랄 수 있는 자리를 만들고, 약한 식물을 분해시켜 토양을 더 비옥하게 하기 위함이 분명하다.······감자의 질병은 원인이 아니라 결과이고, 우연하게 또는 어떤 이유로 약해진 식물들을 제거함으로써 그런 종의 확산을 막는 역할을 하는 것처럼 보인다."[47]

진화의 목적과 발전에 대한 그런 아이디어는 다윈의 진화론에 대한 오해에서 비롯되었지만, 20세기에 들어서도 한동안 지속되었다. 사실 파스퇴르, 코흐, 데 바리, 다윈은 특수 창조론*과 종(種) 고정설**과 같은 낡은 사고방식을 무너뜨렸다. 생물이 무생물적인 물질에서 자연발생적으로 등장하지 않고, 미생물이 식물과 동물 모두에게 질병을 일으킬 수 있으며, 생명은 진화한다는 세기적인 패러다임의 전환은 치열한 과학 발견의 경쟁을 촉발했고, 그런 경쟁은 이후로 한번도 멈추지 않았다.

보르도 소독액***(1883)

프랑스에 흰 곰팡이가 나타난 1878년부터 나는 놀라운 힘을 가진 진화의 과정에서 취약점을 찾아내기 위해서 페로노스포라에 대한 연구를 한번도 중단하지 않았다. _ 피에르 마리 알렉시 밀라르데, 1885년[48]

데 바리가 정체를 밝혀낸 감자 잎마름병의 병원체는 매력적인 목표가 되었다. 피토프토라 인페스탄스를 죽일 수 있는 물질을 개발할 수 있다면, 앞으로 감자 기근을 피할 수 있게 될 것이다. 그런 무기의 개발은 감자와 아무 관계가 없는 이상한 과정으로 진행되었다.

필록세라(*Phylloxera* : "잎 건조"를 뜻하는 그리스어에서 유래)라고 불리는 작은 진드기는 원산지인 북아메리카 동부에서 자라는 포도나무의 잎이나 뿌리에서 수액을 빨아먹고 산다.[36] 1850년대에 영국의 포도주 애호가들이 아메

---

* 생물종은 천지가 창조된 6일 동안 개별적으로 만들어져서 오늘날까지 변화하지 않았다는 주장이다.
** 생물은 독립적으로 창조되었기 때문에 자신과 똑같은 종에 속하는 생물만 발생시킨다는 주장이다.
*** 19세기 말 포도의 노균병(露菌病) 치료제로 개발된 황산구리와 생석회를 물에 녹인 농약이다.

리카 포도나무의 식물 표본을 가져오는 과정에서 필록세라도 함께 따라왔다. 그러나 아메리카 포도나무와 달리 유럽의 포도나무들은 해충에 저항력을 가지고 있지 않았다. 1865년에 프랑스의 포도나무는 필록세라의 본격적인 공격이 시작되기도 전에 말라죽었다. 프랑스의 포도주 양조장들은 포도대(大)잎마름병으로 모두 망해버렸다. 그로부터 몇 년 동안 유럽의 포도주 생산량은 크게 줄었고, 250만 에이커의 포도밭이 피해를 입었다. 피해를 막아야 했던 프랑스의 포도 농장에서는 포도나무의 독성을 제거하기 위해서 살아 있는 두꺼비를 나무 밑에 묻기도 했고, 흙에 이황화탄소*를 뿌리기도 하는 등의 여러 가지 시도를 했다. 그러나 어떤 시도도 소용이 없었다. 진디라고 알려지기도 했던 필록세라를 제거할 수 있는 방법은 없는 듯 보였다.

프랑스의 식물학자이며 균류학자인 피에르 마리 알렉시 밀라르데가 포도 잎마름병의 치료에 도전했다. 1854년의 콜레라 유행으로 아버지를 잃은 후에 어머니와 동생들을 부양하기 위해서 파리에서 의학을 공부한 그에게는 잘 어울리는 일이었다.[49] 당시의 의대에서는 약용식물 수업을 필수로 이수해야 했다. 젊은 의사였던 밀라르데는 하이델베르크에서 공부를 했고, 프라이부르크에서 데 바리와 함께 연구를 한 후에 1869년 스트라스부르 대학교의 식물학 교수로 부임했다.[50, 51] 밀라르데는 프로이센-프랑스 전쟁이 시작된 이듬해에 프랑스 군의 의무장교로 복무하게 되었다. 프랑스는 비참하게 패배했고, 알자스 전체와 로렌의 많은 지역을 독일에 빼앗겼다. 스트라스부르 대학교는 독일의 대학교가 되었다.[51] 결국 밀라르데는 1872년에 낭시에서 새로운 직장을 얻었고, 1874년에는 필록세라 감염을 연구하

---

* 목탄에 황을 섞은 후에 섭씨 800도로 가열해서 얻을 수 있는 노란색 액체로 살충제로 사용되기도 했다.

기 위해서 보르도로 갔다. 밀라르데는 필록세라 연구를 시작하고 2년 후에 보르도 대학교의 식물학과 학과장으로 부임했다.

밀라르데는 아메리카 포도나무를 프랑스 포도나무와 접목하면 필록세라에 저항성을 가진 잡종이 만들어진다는 사실을 밝혀냈다.[50] 그러나 안타깝게도 밀라르데는 1878년에 프랑스에서 수입한 일부 아메리카 포도나무 또한 피토프토라 인페스탄스와 마찬가지로 아메리카에서 건너왔고, 수생균인 노균병 곰팡이에 감염되었다는 사실을 발견했다. 노균병 곰팡이는 필록세라가 병을 일으키지 않은 곳에서 집중적으로 문제를 발생시키며 프랑스 전역으로 확산되어 포도 농장을 파괴했다. 밀라르데의 관심은 필록세라의 정복에서 노균병 곰팡이의 퇴치로 바뀌었다.

밀라르데는 1882년 10월 생쥘리앵앙메도크 포도밭에서 도로 가까이에 있는 포도나무의 조직에는 흰 곰팡이가 피지 않았지만, 도로에서 멀리 떨어진 곳에 있는 포도나무는 노균병 곰팡이에 의한 부패가 심각하다는 사실을 알아냈다.[48] 그는 포도 재배 전문가들에게 감염되지 않은 포도나무의 잎에서 관찰되는 "푸르스름한 백색의 분말"이 무엇인지를 물어보았다.[48] 그들은 보행자들이 포도를 도둑질해가지 못하도록, 눈에 띄고 쓴맛이 나는 생석회와 황산구리 혼합물을 도로를 따라 뿌렸다고 밀라르데에게 알려주었다.[51] 그 혼합물이 노균병 곰팡이로부터 식물을 보호해준 것은 대단한 행운이었다.

우연한 발견으로 무장한 밀라르데는 생석회에 구리와 철의 여러 가지 염(鹽)을 다양하게 혼합한 생석회 분말이나 용액으로 실험을 해보았다.[52] 그는 훗날 보르도 소독액으로 알려지게 된 황산구리와 생석회의 특정한 혼합물이, 식물이나 포도에는 피해를 주지 않으면서 노균병 곰팡이를 효과적으로 막아준다는 사실을 밝혀냈다.[51] 그는 화학자 울리스 게옹과 함께 가장 효과적인 배합 비율을 찾아내기 위한 연구를 했다.[51, 52]

보르도 소독액을 살포한 포도잎에 내려앉은 노균병 곰팡이는 곧바로 죽거나, 죽지 않더라도 정포자(精胞子)가 포도잎의 표피를 뚫고 들어갈 발아관(發芽管)을 만들지 못하게 된다.[52] 감염은 중단되었다. 밀라르데의 기록에 따르면, "잎은 아름다운 녹색으로 건강했고, 포도는 검은색으로 완전히 익었다. 반대로 보르도 소독액을 뿌리지 않은 포도나무는 참혹한 모습으로 변했고, 대부분의 잎이 떨어졌다. 남아 있는 몇몇 잎도 반쯤 말라버렸고, 여전히 붉은색이 남아 있는 포도로는 떫은 포도주 이외에는 아무것도 만들 수 없었다."[48]

처음 연구를 시작한 밀라르데는 또한 노균병 곰팡이의 생식기관이 수돗물, 빗물, 이슬, 증류수에서는 문제없이 자랐지만, 자신의 집에 있는 우물의 물에서는 자라지 않는다는 사실도 발견했다.[52] 보르도 소독액을 개발하고 나서야 그는 그 이유를 설명할 수 있었다. 구리 펌프로 퍼올린 우물물에는 1리터당 5밀리그램의 구리와 주변의 암석에서 녹아나온 생석회가 들어 있었다.[52] 우연하게도 밀라르데의 우물물 자체가 구리와 생석회가 들어 있는 보르도 소독액이었던 것이다.

보르도 소독액은 값이 싸고, 효율도 좋았다. 50리터만 있으면 1,000그루의 포도나무를 소독할 수 있었고, 소독약과 인건비도 5프랑으로 충분했으며, 포도나무의 "가장 약한 부위에도 부작용 걱정 없이 사용할 수 있었다."[48] 한 번만 뿌려주면 노균병 곰팡이로부터 포도나무를 보호할 수 있었다. 그러나 노균병 곰팡이는 포도의 잎 속에서 자라기 때문에 예방적으로 뿌려주어야만 했다.[48,52] 밀라르데의 연구로 세계 최초의 상업용 살진균제(殺眞菌劑)가 개발되었고, 더 일반적으로는 식물 병원체를 효과적으로 제거해주는 세계 최초의 농약이 개발되었다.[50,51]

밀라르데는 소독약을 뿌린 포도나무는 노균병 곰팡이에 감염되지 않는다는 똑같은 사실을 자신보다 2년 늦게 관찰한 샤트리 드 라 포스 남작과 같은 경쟁자들과의 우선권 다툼에 많은 신경을 쓰고 있었다.[53] 다윈이 자연선택 현상을 독립적으로 발견해서 먼저 논문을 발표하겠다고 위협했던 앨프리드 러셀 월리스 때문에 『종의 기원』의 발간을 서둘렀던 것과 마찬가지로, 밀라르데 또한 자신의 연구 결과를 서둘러서 발표했다.[48] 밀라르데는 보르도 소독액의 발견에 대한 우선권을 확실하게 차지하기 위해서, 누가 무엇을 언제 발견했는지를 월 단위로 자세하게 적은 연대표가 필요하다고 생각했다.[53] 그가 남긴 기록에 따르면, "구리 치료법을 처음 고안했고, 처음 실험했으며, 기술을 처음으로 제안한 명예는 나에게 있다. 또한 가능하다면, 내가 1878년에 M. 플랑숑과 동시에 프랑스에서 흰 곰팡이의 존재를 처음 관찰했다는 사실도 밝혀두고 싶다. 그렇게 하는 것이 우리 지식인들에게 지위와 소중한 명성이 되기 때문이다. 그 이후로 나는 끊임없이 우선권 문제에 신경을 써왔다."[53]

19세기의 공중보건 연구계는 넓지 않았기 때문에 과학자와 국가 사이에 연구에 대한 복잡한 혼선이 빚어졌다. 중요한 성과를 무시해서 수많은 사람들이 희생되기도 했고, 성공의 기회를 잡아서 널리 활용되기도 했다. 후자의 사례가 보르도 소독액이었다. 이것은 프랑스의 포도에서부터 아일랜드의 감자에 이르기까지 널리 사용되었다. 사실 밀라르데는 그런 결정적인 결과를 충분히 예상했다. 그의 기록에 따르면, "포도나무의 페로노스포라와 감자나 토마토에 질병을 일으키는 병원체 사이의 깊은 연관성을 알고 있었던 나는 감자와 토마토에 생긴 질병에 대한 진정한 예방이 가능할 것이라고 기대했다."[48] 포도나무에 효과가 있던 기술이 감자에도 적용되었다. 새로운 아이디어에서 영감을 얻은 아일랜드의 연구자들은 피토프토라 인페스탄스를 퇴치하기 위해서 감자에도 보르도 소독액을 뿌렸고, 이로 인해서 "그 방법이 질병을 예방하거나, 적어도 실질적인 피해를 줄여주는 무한한 가치를 가지고 있다는 사실이 가장 확실하게 증명되었다."[23]

보르도 소독액은 쉽게 만들 수 있다. 황산구리 12파운드와 바로 구워낸 생석회 약 8파운드를 총 75-100갤런의 물에 따로 녹인 후에 함께 섞어서 중화하면 된다. 농민들은 잎마름병이 발생하기 전에 보르도 소독액을 여러 차례 뿌려주기만 하면 잎마름병이 창궐하는 해에도 문제없이 작물을 수확할 수 있었다. 1845-1849년에도 보르도 소독액이 있었더라면 아일랜드의 비극은 피할 수 있었을 것이고, 아메리카는 엄청난 수의 아일랜드 이민자들이 사는 곳이 아니라 전혀 다른 곳이 되었을 것이며, 아일랜드 이민자들이 정착한 도시에 티푸스 유행에 따른 피해가 발생하지도 않았을 것이고, 아일랜드와 영국의 분단에 의한 격렬한 갈등도 덜 심각해졌을 것이다. 사실 과학자들은 기근이 일어났을 때에도 구리 염을 사용했지만,[35] 농도와 혼합 방식이 적절하지 않았다.

19세기의 농민들에게는 피토프토라 인페스탄스 때문에 발생한 잎마름병이 유일한 적이 아니었다. 반점병, 창가병, 건부병(푸사리움 잎마름병), 백건병(리족토니아), 묵임병(유럽 사마귀병)과 같은 여러 가지 질병들이 감자밭을 감염시켰다.[23] 감자 뜀벼룩 딱정벌레, 콜로라도 감자 딱정벌레, 감자벌레, 감자줄기 바구미, 감자 선충, 메뚜기, 심지어 유충이 자신의 분비물로 만들어진 껍질 속에 사는 세줄무늬 잎풍뎅이와 같은 해충도 많았다.[47] 곤충의 유충이 감자 속으로 파고 들어간 경로를 통해서 병원성 곰팡이에 감염되기도 했다. 피토프토라 인페스탄스가 감자를 따라 전 세계로 확산되었듯이, 이런 해충들도 전 세계로 퍼져나갔다. 1870년 어느 감자 전문가의 분석에 따르면, "문명이 로키 산맥을 넘어가면서 그 지역에서 감자 재배가 시작되었고, [콜로라도 감자벌레가] 재배한 감자를 먹고사는 습성을 가지게 되었다. 감자벌레는 감자밭을 따라 퍼지면서 해마다 동쪽으로 약 60마일씩 확산되었고, 이제는 인디애나 주에서부터 로키 산맥의 과거 서식지까지 전국적으로 확실하게 자리를 잡았다. 감자벌레는 대략 12년 안에 대서양 연안에 도착하게 될 것이다."[47]

여러 적들과 싸워야 했던 세기말의 감자 재배 농민들에게 보르도 소독액은 정원 창고에 가지고 있던 유일한 화학적 수단은 아니었다. 염화수은, 폼알데하이드, 파리 그린*, 비소산 납, 비소 밀기울을 비롯한 다양한 살충제도 있었다.[23] 그리고 보르도 소독액은 잎마름병에 효과가 있었을 뿐만 아니라 다른 감자 병원체의 퇴치에도 사용되었고, 감자의 성장을 촉진시키기도 했다. 어느 전문가는 "작물을 어디에서 재배하는지, 실제로 질병이 발생했는지 그렇지 않은지와 상관없이 상당한 수확량을 기대할 수 있다는 점에서 소독액의 사용을 권장하고 싶다"라고 했다.[23] 감자벌레와 유충을 죽이기 위해서 비소산 납과 함께 보르도 소독액을 "마음껏 적극적으로" 사용하기를 권장하는 전문가도 있었다.[23] "측면에서의 공격도 위험하기 때문"에 두 가지 혼합물을 모든 방향에서 살포해야만 했다.

감자 질병에 대한 화학적 예방과 치료 기술의 발전이 아이언 에이지(Iron Age) 살포차, 라이딩(Riding) 경운기, 감자 파종기, 감자 수확기와 같은 농기계의 발전과 결합되면서 북아메리카와 유럽 전체에서의 농업 수확량이 크게 늘어났다.[23] 산업혁명과 더불어 기계화된 살충제 살포기가 개발되기 시작했고, 반드시 구입해야 할 새로운 기계가 늘 개발되고 있는 것처럼 보였다. 농약을 살포한 덕분에 늘어난 수확량은 무시할 수가 없었다. 예를 들면, 1912년 미국 학자들의 계산에 따르면, 재배 기간 동안 한 번에 1.25달러의 비용을 들여서 보르도 소독액을 다섯 번 살포한 저지 섬의 감자밭에서는 1에이커당 13톤의 감자가 생산되었다. 두 번만 살포한 인근의 밭은 잎마름병 때문에 농사를 망쳐버렸다.

---

* Paris green : 아세트산 구리와 비소산 구리를 주성분으로 하는 녹색 안료로 살충제로도 사용되었다.

열광적인 재배농들은 "체격이 좋은 사람의 손을 가득 채울 수 있을 만큼 큰 감자"를 재배하고 싶어했다.[23] 콜로라도의 잡지에서는 "앵글로색슨에게 빵과 고기 다음으로 중요한 식품은 감자이다"라고 했다.[23] 수요가 충분했기 때문에 살충제를 활용한 효율적인 재배법으로 많은 이익을 챙길 수 있었다. 세기 초에 워싱턴 주에서 재배한 감자는 늘어난 수요 덕분에 톤당 가격이 10달러 이상으로 유지되었고, 농민들은 에이커당 15-20달러의 이익을 얻을 수 있었다.[23] 농민들은 살충제에 의해서 실현된 놀라운 농업혁명으로 1845년의 기근에서 벗어나 반세기 만에 넉넉한 이윤을 챙기게 되었다.

1845-1849년의 아일랜드 감자 기근은 잎마름병을 일으키는 병원체를 찾아내게 만들었다. 파스퇴르는 1861년에 자연발생설이 틀렸다는 사실을 증명했고, 같은 해에 데 바리는 수생균인 피토프토라 인페스탄스가 감자를 썩게 만든다는 사실을 알아냈다. 20여 년이 지난 후에는 밀라르데가 세계 최초의 효과적인 항진균제를 개발했다. 처음에 유럽의 포도밭을 구한 보르도 소독액이 훗날 감자 기근을 물리쳐주었고, 마지막으로 전 세계 감자 생산 사업의 이윤을 증대시켰다. 밀라르데는 마치 마술 같은 작용을 하는 화학물질을 사람들이 만들 수 있다는 사실을 입증했다. 기근과 감염성 질병을 물리치는 문이 활짝 열렸고, 수많은 훌륭한 과학자들이 인류의 가장 절박한 문제를 해결하기 위해서 그 문을 향해 달려갔다.

제2부

감염성 열병

2

습지열

(기원전 2700-기원후 1902)

오늘날의 질병 "미생물 유래설"의 입장에서 보면, 모깃과의 곤충에 찔려서 생긴 상처는 파스퇴르 바늘* 때문에 생긴 상처와 마찬가지로, 혈액을 감염시키고, 특정한 열병을 일으킬 수 있는 박테리아나 다른 미생물이 인체로 침입하는 통로가 될 가능성이 있다는 점을 고려해볼 필요가 있다. _ 앨버트 프리먼 아프리카누스 킹, 1883년[54]

말라리아**는 아프리카에서 인류의 조상과 함께 진화했고, 현생 인류가 유라시아를 거쳐서 세계의 다른 지역으로 이주하는 과정에서 전파되었다.[55] 말라리아는 농경의 발달과 함께 형성된 고대 인류의 거주지를 휩쓴 최초의 치명적인 감염성 질병이었을 것이다.[56] 수자원에 의존해야 했던 인류는 어쩔 수 없이 말라리아를 전파하는 아노펠레스(*Anopheles*) 모기의 산란장 근처에 마을과 도시를 세울 수밖에 없었다. 농업에 의해서 인구밀도가 높아지

---

* 포도의 발효가 포도 껍질에 묻어 있는 효모에 의한 현상이라는 사실을 증명하기 위해서 파스퇴르가 사용했던 주삿바늘이다.
** 플라스모디움(*Plasmodium*)에 속하는 말라리아 원충에 의해서 발생하는 급성 열병으로 오늘날에도 전 세계적으로 매년 40만 명의 사망자가 발생한다.

면서 말라리아의 감염 속도도 더욱 빨라졌다.

전형적인 주기성 발열 증상이 나타나는 말라리아는 기원전 2700년까지 거슬러올라가는 중국의 의서(醫書)에도 기록되어 있다.[55] 그리스의 의사 히포크라테스도 기원전 5세기에 말라리아에 대해서 자세하게 설명했다. 그는 "계절의 전체적인 특징과 특히 하늘의 상태", 환자의 꿈, "배가 더부룩할 때 나는 소리" 등의 여러 가지 요인들을 고려해서 질병의 양상을 판단했다.[57] 질병에 대한 지식의 발전에 기여했던 고대의 인도, 아시리아, 아라비아, 그리스, 로마 제국의 유명한 학자들도 말라리아와 습지의 관계를 주목했다.[55] 그래서 말라리아는 "습지열"로 알려지게 되었다.

습지와의 연관성은 말라리아의 전파를 설명하는 여러 가지 가설들로 이어졌다. 대부분의 가설에는 히포크라테스가 땅에서 방출되는 독가스라는 의미로 사용한 "미아스마(miasma)"가 포함되어 있었다.[55] 독성 공기가 말라리아를 일으킨다는 믿음에서 비롯된 이름으로, 이탈리아어로 "나쁜 공기"를 뜻하는 말라 아리아(mala aria)에서 유래되었다.[58] 말라리아의 원인으로 알려졌던 미아스마는 문학작품에도 종종 등장한다. 셰익스피어의 『템페스트(The Tempest)』에는 "태양이 수렁, 늪, 갯바닥에서 빨아들이는 / 모든 독기가 프로스퍼에게 떨어져서, 그를 / 몸 구석구석까지 병들게 하여라!"라는 구절이 있다.[59]

말라리아에 대한 "처방"은 다양했고, 신비적인 처방도 많았다. 기원후 3세기의 로마 황제 카라칼라의 시의(侍醫)였던 퀸투스 세레누스 삼모니쿠스는, 말라리아 환자들에게 "아브라카다브라"*라고 적힌 부적을 9일 동안 몸에 지니고 다닌 다음 그 부적을 동쪽으로 흐르는 강물에 어깨 너머로 던져버리게 했다.[60] 그런 후에 환자의 피부에 사자의 기름을 바르거나, 노

---

* "말한 대로 이루어질 것이다" 또는 "말한 대로 된다"라는 뜻의 주문이다.

란 산호와 녹색 에메랄드로 치장한 고양이 가죽을 목에 걸고 다니게 했다.

사람들은 모기가 어떻게 말라리아를 전파하는지를 알아내지 못했다. 그러나 질병을 관찰하는 과정에서 발견한 패턴을 근거로 말라리아를 줄이기 위해서 노력했다. 로마 사람들은 습지의 물을 뺐고, 압바스 왕조는 바그다드의 하수구를 고쳤다.[56] 동남 아시아 사람들은 모기가 날아다니지 않는 높은 기둥 위에 집을 지었다. 말라리아가 문화적 풍경을 바꾸어놓기도 했다. 산악 지역의 사람들은 말라리아가 창궐하는 계절에는 높은 지대에서 지냈다. 말라리아가 습지나 저지대와 관계가 있다는 사실을 알고 있었기 때문이다. 결과적으로 그런 관행이 산악 지역과 저지대 사람들 사이에 문화적인 단절을 심화시키는 원인이 되기도 했다.

치명적인 열대성 말라리아의 원충(原蟲)은 아프리카 노예무역을 통해서 아메리카에 전파되었고, 말라리아도 구대륙의 다른 질병과 함께 원주민의 말살에 기여했다.[56] 아프리카 노예들은 말라리아에 대한 유전적 저항성을 비롯해서 여러 가지 열대성 질병에 대한 면역력을 가지고 있었다. 노예무역을 통해서 아메리카에 유입된 질병으로 인구 붕괴가 심각해지면서 노예무역은 더욱 가속화되었다. 면역력이 없었던 원주민 노예와 유럽 출신의 계약 노동자들의 자리를 아프리카 노예들이 차지했다. 질병에 대한 아프리카 사람들의 저항성이 그들을 노예 신세로 전락시킨 것이었다. 심지어 열대성 질병에 대한 유전적 저항성과 획득 저항성을 모두 가지고 있었던 아프리카 사람들은 노예선의 선원으로 고용되기도 했다.

말라리아는 다른 질병들과 함께 아메리카 식민지에서 일어난 정치적 사건들의 향방에 결정적인 역할을 했다. 1655년 자메이카에서 스페인 군을 제압한 영국군의 병사들이 이듬해에는 대부분 말라리아와 이질에 걸렸다.[56] 17세기 말에는 북아메리카 식민지에서 다른 어떤 질병보다 말라리아에 희생된 사람들이 훨씬 더 많았다.[61] 1794-1795년 프랑스 식민지에서 일어난 노예 폭동을 진압하기 위해서 생도맹그로 진격한 영국군은 말라리아와 황열(黃熱)*로 10만 명의 병사를 잃었다. 영국군이 힘을 잃자 살아남은 노예들이 1801년에 아이티를 건국했다.[56] 프랑스가 아이티를 공격한 1802년에는 6만 명이던 나폴레옹 군대가 말라리아와 황열 때문에 1만 명으로 줄어들었다.

말라리아는 유럽 왕국들 사이의 전쟁, 아프리카의 식민 전쟁, 미국의 남북전쟁, 제1차 세계대전, 러시아 내전, 제2차 세계대전을 비롯한 수많은 전쟁에서 비슷한 역할을 했다.[56] 말라리아가 전쟁에 미친 영향을 연구한 역사학자의 1910년 논문은 1864년 영국군의 서아프리카 침략 전쟁을 이렇게 설명했다. "군대가 적을 만나지도, 화약을 써보지도 못했던 그 전쟁은 전쟁이라고 부를 수도 없었다. 우리 군은 대체로 예방할 수 있어야만 했던 질병에 패했다."[62] 1895년 마다가스카르에 주둔한 프랑스 군 중에서 전장에서 사망한 병사는 13명이었는데, 말라리아에 희생된 병사는 4,000명이 넘었다.[63] 제1차 세계대전 중의 마케도니아 전투에서 프랑스, 영국, 독일의 군대는 말라리아 때문에 3년 동안이나 꼼짝도 할 수 없었다. 프랑스 병사들의 80퍼센트가 병에 걸려 입원했다. 영국군의 경우, 말라리아로 입원한 병사는 16만2,512명이었지만, 전사하거나 포로가 되거나 실종된 병사는 고작 2만3,762명뿐이었다. 전후에는 감염된 병사들이 집으로 걸어가는 동안 모기에 물려서 새로운 말라리아 유행이 시작되기도 했다.

심지어 말라리아 때문에 벌어진 정치적 상황으로 전쟁이 발발한 경우도 있었다. 예를 들면, 미국 남부 주들의 말라리아 감염률이 높아지면서 경제적인 이유 때문에 말라리아에 저항성을 가진 아프리카 노예에 대한 수요가

---

* 이집트 숲모기가 매개하는 황열 바이러스에 의한 열대성 열병으로, 지금도 매년 5만 명 정도가 황열로 사망한다.

증가하게 되었다. 그러나 아프리카 노예가 늘어나면서 말라리아는 더욱 심각해졌다. 결국 지리적으로 남부 주와 북부 주들 사이의 정치적 경계가 반영된 면역학적 경계가 그어졌다.

말라리아는 임상적으로 유사한 증상을 나타내는 다른 질병들과 구분하기가 어렵다는 점이 말라리아 연구에 심각한 걸림돌이 되었다. 17세기 초 예수회 신부들은 페루 원주민들로부터 남아메리카의 나무껍질이 당시에 "간헐열"이라고 알려져 있던 말라리아에 특효가 있다는 사실을 배웠다. 예수회 신부들은 그 나무를 신코나(cinchona)*라고 불렀다. 나무껍질을 이용해서 말라리아를 치료한 페루 총독 부인의 이름을 붙인 것이었다. 예수회 신부들은 1640년 무렵에 신코나 껍질을 유럽으로 가져갔다. 그러나 당시의 과학자들은 그 치료법을 인정하지 않고 비웃었다.[64] 어쨌든 그 발견에서 영감을 얻은 18세기 초의 영리한 연구자들은 말라리아를 다른 열병과 구분했고, 말라리아의 진행 과정을 과거보다 훨씬 더 정확하게 기록하기 시작했다.[65, 66]

미국 남북전쟁에 참전했던 영국 군의관이 신코나 껍질에 대한 논란을 글로 남겼다. "헤세 용병들**은 모두 그 나무의 껍질을 싫어했지만, 영국의 일부 외과 의사들은 그것을 아주 조금씩 활용하기도 했다.……헤세의 용병대는……조지아에 주둔한 1년 동안 이 질병의 부작용으로 병사의 3분의 1을 잃었다. 영국 부대는 4분의 1 이상을 잃었지만, 20분의 1도 잃지 않은 부대도 있었다. 그 부대도 같은 임무를 수행했지만, 모든 병사들은 미국에서 이방인이었다. 나무껍질을 사용했다는 점을 제외하면 치사율이 그렇게 달라야 할 분명한 다른 이유는 없었다."[67]

---

* '키나'라고 부르기도 하는 나무의 껍질에서 키니네(퀴닌)를 채취한다.
** 미국 남북전쟁에서 영국군으로 참전했던 3만 명의 독일 용병을 의미한다.

프랑스의 화학자 피에르-조제프 펠르티에*와 조제프 비에네메 카방투는 1820년 신코나 껍질의 네 가지 활성 성분** 중에서 키니네(quinine)와 신코닌(cinchonine)이라는 두 성분의 추출에 성공했다.[56, 64, 68] 얼마 지나지 않아서 신코나 재배농장과 키니네를 추출하는 사업이 등장했다. 유럽과 미국에서 키니네를 생산하는 화학 회사들이 세워졌고, 현대적인 화학 산업이 탄생했다. 특정 질병을 치료하기 위해서 생산된 최초의 서구 의약품이던 키니네가 현대적 의약품 산업을 위한 길을 열어주었다.[56] 키니네를 쉽게 구할 수 있게 되면서, 유럽의 아프리카 식민지화와 미국의 아메리카 원주민 정복이 본격화되었다.

17세기 말, 현미경이 개발되기 전까지는 말라리아 매개체의 정체를 밝혀낼 수 없었다. 그러나 실제로 매개체를 발견하기까지는 200년이 더 걸렸다. 먼저 1850년대의 연구자들이 현미경을 통해서 말라리아 환자의 혈액에 있는 검은색 입자들을 발견했다. 몸속에 들어 있는 검은 색소라는 뜻에서 그 입자를 멜라닌(melanin)이라고 불렀다.[69] 그리고 1870년대에 파스퇴르와 코흐가 매개체에 대한 이론적인 근거를 마련해주었다. 질병의 미생물 유래설이 정립되면서, 1890년까지 탄저병, 회귀열, 결핵, 폐렴, 장티푸스, 디프테리아, 파상풍, 아시아 콜레라 등을 일으키는 병원성 박테리아들이 속속 발견되었다. 세균학자들은 말라리아를 일으키는 미생물을 찾기 위해서 애를 썼다. 그러나 말라리아를 일으키는 미생물은 박테리아가 아니었다. 박테리아가 원인일 것이라고 믿은 그들의 연구는 출발부터 잘못된 것이었다.

말라리아 병원체에 대한 결정적인 실마리는 말라리아에 걸린 환자의 혈

---

* 키니네, 카페인, 스트리크닌 등을 발견하고, 클로로필(엽록소)이라는 이름을 처음 사용한 화학자이다.
** 알칼로이드에 속하는 신코닌, 키니네, 다이하드로키니네와 타닌에 속하는 신코타닌산을 말한다.

액에 있는 멜라닌의 존재였다. 말라리아의 발생 원인을 추적하던 프랑스의 화학자 샤를 루이 알퐁스 라브랑의 화려한 활약은 1870년에 시작되었다. 당시 스물다섯 살이던 그는 프로이센-프랑스 전쟁 중에 프랑스 의무부대의 군의관으로 복무했다.[69] 전쟁이 끝난 후에 그는 군의학교에서 아버지가 맡고 있던 군 질병 및 전염병학과의 학과장이 되었다. 1878년 알제리아의 프랑스 군병원으로 파견된 그는 멜라닌을 말라리아를 진단하는 수단으로 사용하고 싶었다. 그는 멜라닌이 말라리아 환자의 몸에서만 발견되는지를 확인하는 일에 착수했다. 말라리아 환자의 혈액을 세밀하게 관찰하던 그는 1880년에 과거에는 한번도 관찰된 적이 없던 새로운 개체를 발견했고, 그것이 말라리아 원충이라는 사실을 알아냈다.[70] 라브랑은 원충을 더욱 잘 보이도록 해주는 염료를 사용하지는 못했다. 그러나 그는 원충이 적혈구 속에서 성장하는 과정에서 붉은색의 적혈구를 파괴하면서 검은 멜라닌이 만들어진다는 사실을 밝혀냈다.[69]

라브랑은 말라리아의 원충이 원핵생물인 박테리아가 아니라 단세포 진핵생물인 원생동물이라는 사실을 알아냈다. 1882년에 이탈리아의 습지를 방문했던 라브랑은 말라리아 환자의 혈액에서도 똑같은 원충을 발견했고, 그 원충이 말라리아의 매개체라고 확신하게 되었다. 그는 1884년에 자신의 연구 결과를 논문으로 발표했다.[71] 처음에는 회의적이던 다른 과학자들도 그의 실험이 재현된다는 사실을 확인했다. 그는 사실이 인정된 1889년에 프랑스 과학원으로부터 브레앙 상을 받았다.[69]

완벽한 시기에 등장한 라브랑은 원생동물에 초점을 맞춘 감염성 질병을 연구하는 새로운 분야를 개척했다. 결과적으로 (그리스어로 "송곳 몸체"라는 뜻의) 트리파노소마(trypanosoma, 편모충)로 알려진 원생동물이 동물과 사람에게 수면병(睡眠病)을 비롯한 수많은 질병들을 일으키는 것으로 확인되었다.[69] 다양한 종의 파리들이 편모충 질병의 매개체임이 드러났고, 결국 그의 발견은 농약 개발의 중요한 목표를 제공했다. 1907년 노벨상을 받은 라브랑은 상금의 절반을 파스퇴르 연구소의 열대 의학 실험실 설립을 위해서 기부했다.

라브랑은 1880년에 사람의 몸에서 말라리아 병원체를 발견한 것이 말라리아의 치료법을 찾는 첫 단계일 뿐이라는 사실을 알고 있었다. 그의 다음 목표는 인간의 몸 바깥에서 기생충을 찾아내는 것이었다. 그는 습지의 물, 토양, 공기를 살펴보았지만 실패했다.[69] 심지어 몸에 습지의 더러운 물을 주입하고, 그 사람이 말라리아에 걸리는지를 직접 확인한 과학자도 있었다.[65] 습지에서 기생충을 찾아내지 못한 라브랑은 1884년 모기가 기생충을 매개할 것이라는 결론을 내렸다.[69] 어쨌든 기생충을 한 사람의 혈액에서 다른 사람의 혈액으로 옮겨주는 매개체가 있어야 했고, 모기는 습지의 어디에나 있었다. 다른 유명한 과학자들도 거의 같은 시기에 똑같은 아이디어에 관심을 가지기 시작했다.

열대 의학의 아버지로 알려진 스코틀랜드의 의사 패트릭 맨슨은 1876년 중국에서 모기가 상피병*으로 알려진 림프성 사상충병을 일으키는 사상충(Filaria)을 확산시킨다는 점을 밝혀냈다.[72] 맨슨은 사상충에 감염된 자신의 정원사가 잠을 자는 동안 모기가 그를 물도록 했다. 그는 정원사와 모기의 몸에서 기생충을 발견했고, 사상충의 생활 주기를 밝혀냈다. 놀랍게도 사상충의 배아들은 낮 시간에는 몸속 깊은 곳의 혈관에 숨어 있다가 해가 진 직후부터 자정 무렵까지 말초 혈액으로 엄청나게 몰려들었다. 맨슨의 기록에 따르면, "자연이 사상충에게 모기의 습관에 적응하도록 해주었다는 사실은 경이롭다. 배아들은 모기의 식사 시간에 맞춰서 혈관으로 모여든

---

* 피부의 결합조직이 비정상적으로 증식되어 단단하고 두꺼운 코끼리 피부처럼 변형되는 질병이다.

다."[73] 맨슨은 1894년 사상충에 대한 자신의 연구를 근거로 모기가 말라리아를 전파하는 범인일 수도 있다는 가설을 제시했다.[74] 당시 영국에 살고있었기 때문에 자신의 아이디어를 직접 시험해볼 수가 없었던 그는 "인도처럼 말라리아 환자와 모기 같은 곤충이 많은 지역에서 활동하는 의료인들이 나의 가설에 관심을 가져주면 좋겠다"라고 요구했다.[74]

코흐 역시 모기가 말라리아의 매개체 역할을 하리라고 생각했지만, 자신의 가설을 논문으로 발표하지는 않았다.[65] 사실 그런 의견은 훨씬 이전인 19세기 초에 이미 등장했다.[54] 심지어 곤충이 말라리아의 매개체라는 생각은 2,000년 전에 제기되었다는 기록도 있고, 이탈리아의 농부들도 수세기동안 모기를 의심해왔다.[58] 코흐의 주장에 따르면, 아프리카 중부의 고원지대 원주민들도 같은 생각을 가지고 있었고, 에티오피아에서는 원주민 코끼리 사냥꾼들이 말라리아가 창궐하는 지역을 안전하게 지나가기 위해서 매일 황(黃)으로 몸을 훈증했다.[75] 마찬가지로 시칠리아에서 황을 캐는 사람들의 말라리아 감염률은 다른 직업에 종사하는 주민들보다 훨씬 낮았고, 그리스에서는 황 광산 근처에 있는 인구 4만 명에 달하던 도시가 광산이 폐광된 후에 말라리아가 창궐하여 통째로 사라진 경우도 있었다.

모기 가설을 가장 잘 발전시킨 사람은 앨버트 프리먼 아프리카누스 킹이었다(그의 이름은 아프리카의 식민지화에 관심이 많던 그의 아버지가 지었다). 스물네 살의 미국 육군의 보조 외과 의사였던 킹은 존 윌크스 부스가 에이브러햄 링컨 대통령을 저격한 워싱턴 DC의 포드 극장으로 달려갔다. 킹은 치명상을 입은 대통령을 치료한 3명의 의사 중 한 사람이다.[76]

킹은 말라리아의 지리적 분포와 모기의 생활사 사이의 밀접한 관계를 바탕으로 1883년에 독립적으로 모기 가설을 제시했다.[54] 킹의 분석은 대부분 정확했다. "병원체는 바늘 머리에 100만 마리가 올라앉을 수 있을 정도로 작으리라는 것"이 킹의 추정이었다.[54]

킹이 발전시킨 모기 가설은 당시의 여러 가설들 중에서 가장 완벽했지만, 그의 분석에는 자연의 목적에 대한 19세기의 환상적인 아이디어가 반영되어 있었다. 예를 들면, 그는 "자연환경에서 토착 공기를 흡입하는 것이 아무 경고도 없는 죽음의 수단이 될 수는 없기" 때문에 독성 공기가 말라리아의 원인이 될 수 없다고 주장했다.[54] 자연은 뱀이 내는 달그락 소리처럼 인간에게 위험을 경고해주어야 했다. 그에 따르면, "남성은 자연적으로 아름다운 것과 여성과 꽃을 좋아한다. 그러나 뱀도 역시 아름답고, 지나칠 정도로 매끄럽고, 모양이 가늘고, 우아하게 탄력이 있고, 대칭성이 절대적이고, 물결처럼 움직인다. 뱀에서도 여성에게서 찾을 수 있는 아름다움의 요소는 모두 찾을 수 있다. 그런데도 우리는 여성은 좋아하지만, 뱀은 싫어한다."

킹은 말라리아 전파에서 모기의 역할에 대한 철저한 조사를 근거로, 모기 박멸 등의 여러 가지 보호 대책을 제시했다. 그러나 실험주의자가 아니었던 킹은 자신의 아이디어를 검증해볼 수가 없었다.[77] 그의 아이디어는 무시되고 말았다.

아노펠레스 모기(1894-1902)

중요성이나 단순성에 상관없이 사람들이 새로운 아이디어를 이해하기까지는 적어도 10년이 걸린다. 말라리아에 대한 모기 이론은 처음에는 비웃음의 대상이었고, 모기 이론을 이용해서 인간의 생명을 구하겠다는 시도는 무시, 질투, 반발에 부딪혔다. _ **로널드 로스**, 1910년[78]

실험을 통해서 모기 가설을 완성하는 일은 엉뚱하게도 로널드 로스라는 스코틀랜드의 과학자에게 맡겨졌다. 영국군 장군의 아들인 로스는 형편없는 학점으로 대학을 졸업한 1881년에 인도 의무대에 입대했다.[69, 79] 이미 라브랑이 1년 전에 말라리아 원충의 존재를 확인했지만, 멀리 떨어진 인도에서 첨단 과학에 대한 소식을 들을 수 없었던 로스는 원충이 관련되어 있다는 사실을 모르고 있었다.[65] 그러나 말라리아의 지리적 분포가 기존의 독성 공기 가설에 맞지 않는다는 사실을 알게 된 로스는 1889년부터 말라리아를 더 자세하게 연구하기 시작했다. 우선 그는 자신의 "장(腸) 내성 중독" 가설*을 설명하는 여러 편의 논문을 발표했다.[80-84] 그는 1892년에 라브랑이 원충을 발견했다는 사실을 알게 되지만, 영국으로 돌아간 1894년까지도 그 사실을 믿지 않았다. 그는 어느 선배의 설명을 듣고서야 라브랑이 옳았다고 확신하게 되었다. 로스의 선배는 그에게 맨슨과 연락을 해보라고 조언했다.[65]

맨슨은 로스에게 원충을 보여주면서 자신의 모기 가설을 설명했다.[65] 말라리아의 전파 방법을 파악하는 문제가 매우 중요하다는 사실을 알고 있었던 로스는 모기 가설에 대한 설명을 듣고 "즉각적이고 강력한 충격"을 받았다.[65] 라브랑 역시 같은 견해를 가지고 있음을 떠올린 그는 맨슨에게 그 사실을 알렸다. 로스는 "질병에 대해서 대단한 경험을 가지고 있었던 야만족들"도 모기 가설을 알고 있었다고 말했다.[85] 로스에 따르면, "침입 경로를 알지 못했던 우리는 만족스럽지 않은 경험을 근거로 말라리아를 예방해야만 했다. 만약 그 경로를 정확하게 알아낼 수 있다면, 우리는 가장 위험한 환경에서도 전염병의 완전한 퇴치를 기대할 수 있을 것이다."[65]

로스와 맨슨은 계획을 세웠다. 로스는 인도로 돌아가서, (어떤 종의 모기가 문제인지를 모르기 때문) 다양한 종의 모기들을 채집해서 말라리아 환자를 물게 만들고, 모기의 조직이나 모기가 알을 낳는 물에서 원충을 찾

---

* 장에서 음식물이 분해되는 과정에서 발생한 독성 물질이 정상적으로 배출되지 못하고 체내에서 축적되어 질병이 발생한다는 주장이다.

아보기로 했다.[65] 로스는 관찰을 통해서 원충이 어떻게 물에서 인간으로 이동하는지를 알아내고 싶었다. 그러나 그런 계획은 맨슨의 잘못된 믿음에 따른 것이었다. 그는 모기가 알을 낳고 죽기 전에 단 한 번 사람의 피를 빨아먹고, 그 과정에서 사람의 몸에 있던 원충이 모기의 알을 오염시키고, 그런 알이 들어 있는 물을 마신 사람이 말라리아에 감염된다고 생각했다.[74]

1895년 인도로 돌아간 로스는 인도 출신 장병들의 말라리아 감염률이 높은 부대에서 의무장교로 근무했다.[65] 19세기 말(1876-1878년과 1896-1900년)의 영국령 인도에서는 심한 가뭄으로 기근이 발생했다.[56] 아일랜드에서 기근을 경험했던 영국 정부는 "시장의 힘"으로 문제가 해결되도록 방치했다. 결국 대략 1,200만 명에서 2,900만 명의 인도인들이 희생되었다. 아일랜드에서와 마찬가지로 대부분의 죽음은 열병에 의한 것이었다. 인도에서는 말라리아가 문제였다.

로스는 포획 상태에서 길렀기 때문에 감염이 되지 않은 모기에게 말라리아 환자를 물도록 했다. 그는 모기의 몸속에서 기생충이 성장하는 과정을 파악하기 위해서 환자를 문 모기를 다양한 시간 간격을 두고 해부했다.[65] 로스는 현미경과 힘겨운 씨름을 했지만 1895년 말까지도 모기의 조직에서 말라리아 원충을 찾아내지 못했다.[86] 좌절한 로스는 뒤늦게 자신이 무엇을 찾아야 하는지에 대해서 선입견이 없어야 한다는 점과 어쩌면 모기 몸속의 기생충은 사람의 몸속에 있을 때와는 전혀 다른 모양일 수도 있다는 사실을 깨달았다. "기생충의 다양한 변화는 자연이 기생충의 이익을 위해서 특이한 변환을 허용하기도 한다는 점을 일깨워준다."[65]

로스는 상당한 전문성을 갖추고 있었지만 모기의 조직에서 기생충 세포를 찾아내려면 적어도 2시간을 전념해야 했다.[65] 로스의 설명에 따르면, 배율이 1,000배일 경우에 "모기는 말처럼 크게 보인다."[65] 더욱이 그는 말라리아 환자를 물었던 모기와 건강한 사람을 물었던 모기를 서로 비교해야만 했다. "나는 내가 찾고 있는 대상의 모양이나 형태에 대해서 어떠한 실마리도 없었다. 심지어 나는 내가 찾고 있는 종류의 곤충이 도대체 감염을 일으킬 수 있는지조차 알지 못했다. 나는 이 매질(媒質) 속에 들어 있는지 여부도 알지 못하는 상태에서 모양도 모르는 대상을 찾고 있었다."[65]

로스와 맨슨은 모기가 기생충으로 물을 오염시키고 나면, 그 물이 사람을 감염시킨다고 추론했다. 그 추론을 시험해보기 위해서, 로스는 1895년에 말라리아 환자를 물었던 모기를 물이 담긴 병 속에 넣어서 모기가 죽을 때까지 기다렸다. 이론적으로는 병 속의 물이 감염되었을 것이다.[65] 그리고 오염된 물을 마신 인도 원주민 자원자들이 말라리아에 걸렸는지를 확인하는 검사를 했다.[87] 당시 다른 사람들과 달리 로스는 인체 실험의 윤리에 대해서도 고민했다. 그는 "말라리아에 걸린 원주민들은 적절한 치료를 받으면 증세가 호전되기 때문에 이 실험은 정당하다고 할 수 있다"라고 주장했다.[65] 22명의 자원자들 중에서 3명이 말라리아에 오염된 물에 약간의 반응을 보였지만, 로스는 그 결과를 신뢰할 수 없다고 판단했다. 실제로 검사 대상자들은 대부분 인도 사회의 낮은 계급에 속하는 사람들이었고, 실험에 참여하고 받은 돈으로 술을 너무 많이 마신 탓에 과거에 걸렸던 말라리아가 재발했을 수도 있었다.

로스는 말라리아가 습지의 물에 의해서 사람에게 전파되는 것이 아니라, 사람에서 사람으로 전파되는 것이 분명하다는 결론에 도달했다. 그는 모기가 고인 물에서 산란하기 때문에 말라리아가 습지와 관련이 깊다는 점을 알고 있었다.[65] 로스는 모기와의 연결 고리를 규명하기 위해서 다양한 실험을 했다. 심지어 그는 의심스러운 여러 종류의 모기가 세 종류의 말라리아 보유자인 환자를 물도록 한 후, 방갈로르 병원의 보조 외과 의사인 자원자를 그 모기들에 "여러 차례" 노출시켰다.[65] 그러나 그 자원자는 여전히 말라리아에 감염되지 않았다.

한편 로스는 자신의 발견을 부정하고 비난하는 (주로 아미코 비냐미, 주세페 바스티아넬리, 조반니 바티스타 그라시를 비롯한) 이탈리아 과학자들과의 경쟁에 정신이 팔렸다. 로스는 또한 당시에 유행하던 콜레라를 퇴치하는 공식 업무에도 시달렸고, 자신의 말라리아 실험 결과가 계속 부정적이라는 사실에도 실망했다. "방갈로르에서의 임기가 끝나갈 무렵에 나는 거듭되는 실패로 내 연구의 모든 것에 대해 재고해볼 수밖에 없었다."[65] 그러나 맨슨은 로스에게 모기 가설을 입증하는 일을 서두르라고 압박했다. (라브랑을 비롯한) 프랑스 과학자들과 이탈리아 과학자들이 그의 연구에 많은 관심을 보인 것이다. 그래서 맨슨은 로스에게 재촉하는 편지를 보냈다. "제발 서둘러서 오랜 전통의 영국에게 월계관을 씌워주기를 바랍니다.……지금 서두르지 않으면 모든 것이 허사가 됩니다."[88]

로스는 연구지를 인도에서 말라리아 감염이 가장 심각한 곳으로 옮기기로 결정했다. 그러나 아프리디* 부족과의 전쟁으로 의무장교의 역할이 매우 중요해졌다고 생각한 인도 정부는 로스의 요청을 거절했다.[65] 로스는 그동안 사용하지 않았던 두 달의 휴가와 개인적으로 마련한 자금을 활용해서 (인도 남부의 닐기리 산맥에 있는) 닐게리 힐스에서 말라리아를 연구했다. 로스는 말라리아를 예방하기 위해서 해발 5,500피트의 고지대에 있는 휴게소에서 잠을 자고, 낮 시간에만 저지대를 방문했다. 그러나 그는 말라리아 지역을 처음 방문하고 나서 곧바로 병에 걸리고 말았다. 그는 키니네를 이용해서 자가 치료를 했고, 2주일 후에는 회복했다. 그는 그 지역에 모기가 많지 않는데도 거의 모든 사람들이 말라리아에 감염되었다는 사실을 발견했다. 연구를 하는 동안 그는 새로운 종의 모기 한 마리를 발견했다. 그러나 당시에는 그것이 바로 자신이 찾고 있던 모기라는 사실을 알지

---

* 현재 파키스탄과 아프카니스탄에 거주하는 민족이다.

못했다.

부대로 복귀한 로스는 자신이 닐게리 힐스에서 발견한 새로운 모기 종과 비슷하게 생긴 다른 모기를 찾아냈다.[65] 그리고 두 종 모두 ("아무 소용이 없다"라는 뜻의 그리스어에서 유래된) 아노펠레스 속(屬)에 속한다는 사실이 밝혀졌다. 그러나 로스는 모기의 분류학에 익숙하지도 않았고, 관련된 문헌을 찾아볼 수도 없었다. 그는 이름에 신경을 쓰지 않고 서로 다른 종에 속하는 모기들의 모양과 행동을 꼼꼼하게 기록하는 작업을 했다. 그는 그 모기를 "얼룩무늬 날개 모기"라고 불렀다.

아노펠레스 모기는 매우 흔했고, 부대원들 중에서 말라리아에 걸린 사람들도 많았다. 그러나 그는 실험에 사용할 유충을 찾을 수가 없었다.[65] 그는 자신의 실험을 반복하기 시작했다. 과거에 실험했던 종들의 유충을 다시 모아서 키운 성충이 ("미신을 믿는 인도의 원주민들에게는 쉬운 일이 아니었지만, 기꺼이 모기에 물리도록 훈련을 받은") 말라리아 환자들을 물게 한 다음 서로 다른 시간이 지난 후에 해부를 했다. 그러나 결과는 모두 부정적이었다.[65] 로스는 모기들의 장기, 배설물, 그리고 심지어 내장의 내용물까지 모든 것들을 더욱 세심하게 살펴보았다. 이 작업이 너무 힘들었던 나머지, 로스는 하루 일을 마치면 앞이 잘 보이지 않을 정도였다고 한다. 땀 때문에 현미경을 고정하는 나사에 녹이 슬기도 했고, 접안 렌즈가 깨지기도 했다. "두 손으로 현미경을 잡고 있는 나를 파리 떼들이 제멋대로 괴롭혔다."[65]

마침내 로스는 1897년 8월에 결정적인 단서를 발견했다.[89] 그는 어느 보조원이 찾아낸 아노펠레스 유충 몇 마리를 부화시켜서 말라리아 환자를 물게 했다. 몇 차례의 실수 끝에 살아남은 두 마리의 모기를 살펴볼 수 있었다. 로스는 첫 번째 모기에서는 아무것도 찾지 못했다. 그런데 거의 포기하려던 찰나에 곤충의 복부 벽에서 착색된 세포들을 발견했다.[65] 살아남은 두 번째 모기의 복부에도 똑같은 세포가 있었다. "두 번의 관찰로 말라리아 문제가 해결되었다. 물론 이야기가 완성되지는 않았지만, 그 관찰이 충분한 실마리를 제공했다. 그동안 알아내지 못했던 두 가지 사실, 즉 말라리아와 관련된 모기의 종과 기생충이 붙어 있는 위치와 그 모양을 모두 알아낼 수 있었다. 가장 큰 어려움이 완전히 해결되었다. 그 이후에 얻은 여러 가지 중요한 결과들은 모두 같은 실마리를 통해서 얻었으며 어린아이에게 맡겨도 될 정도로 쉬운 일이었다."[65]

로스는 신이 났다. "비밀의 스프링을 건드리자 문이 활짝 열렸고, 앞으로 향하는 길이 환하게 드러났으며, 과학과 인류가 새로운 영토를 찾아냈음이 분명해졌다."[65] 다음의 결정적 단계는 기생충의 생활사를 연구하는 것이었다. 많은 경험을 가진 연구원, 병원에서의 실험에 적응한 환자들, 그리고 새로 찾아낸 아노펠레스 모기의 산란장을 모두 갖춘 로스는 몇 주일 안에 연구를 마칠 수 있으리라고 확신했다. 그러나 정부는 아무 예고나 설명도 없이 그를 1,000마일이나 떨어진 오지의 부대로 전출시켰다. "다른 사람들은 그런 잔인한 조처가 불러올 피해를 가늠조차 하지 못했을 것이다."[65]

그러는 동안 로스의 이탈리아 경쟁자들은 말라리아의 전파방식을 찾아내는 경쟁에서 그를 밀어내려고 애를 썼다. 과학 학술지를 통해서 그를 격렬하게 비난하고, 그의 발견에서 별것 아닌 부분에 대한 트집을 잡는 논문들을 발표했다. 로스에 따르면, "내 관찰을 부정하고 싶어하는 사람들이 내 논문은 물론 개인적인 편지까지도 샅샅이 뒤져서 무차별적으로 분석하고 있는 것이 분명했다. 그때까지 자신들이 알게 된 모든 것들을 자신들이 비판하려고 분석하고 있는 내 논문을 통해 배운 사람들이었다. 그들은 자신들의 목적을 위해서 가능한 모든 계략을 동원했다."[65]

로스는 좌절의 5개월을 보낸 후에야 다시 말라리아 연구에 몰두할 수 있게 되었다. 맨슨이 자신의 영향력을 동원해서 로스에게 1년 동안 말라리아를 연구할 수 있는 직책을 마련해주도록 인도 정부와 인도 의료원을 설득했다.[65] 그러나 로스는 다시 좌절할 수밖에 없었다. 이번에는 관료, 과학계의 경쟁자, 적절한 모기의 부족과 같은 이유가 아니었다. 폭동이 일어났기 때문이다. 인도에서 림프절 흑사병이 창궐했다. 로스가 새로운 직책을 맡기 직전에 인도 정부는 캘커타 주민들에게 실험용 흑사병 예방약을 접종하려고 시도했다. "대부분의 유럽인들은 권총으로 무장하고 다녀야 한다고 느낄 정도"로 폭동은 격렬했다.[65] 로스의 기록에 따르면 "영국 정부가 자신들에게 흑사병 예방약이 아니라 흑사병 균을 접종하고 있다고 생각한 무지한 사람들은 유럽인 하킴(의사)을 보기만 해도 발작을 일으킬 정도로 공포에 떨었고, 주사기 비슷한 것만 보아도 질겁했다."[65] 로스는 병원에 입원 중인 말라리아 환자들을 대상으로 연구를 할 수 없게 되었다.

결국 로스는 말라리아에 걸린 인도 거지 몇 명을 돈으로 매수해서 연구에 참여시켜야 했다. "그러나 내가 혈액 검사를 위해서 손가락을 주삿바늘로 찔러야 한다고 말하면, 그들은 대부분 받았던 돈을 다시 내놓고, 지팡이를 집어들고 한마디 말도 없이 가버렸다."[65] 결국 로스는 맨슨의 요청에 따라서 인간 말라리아와 매우 비슷한 조류 말라리아를 연구하기 시작했다. 맨슨은 로스에게 사람 자원자 대신 새를 이용하면 더 이상 "살인 혐의"를 걱정할 필요가 없다는 사실을 알려주었다.[88]

로스는 연구실에서 기른 모기들이 말라리아에 걸린 종달새, 제비, 까마귀, 비둘기 등을 물도록 하는 실험을 통해서 실제로 모기가 말라리아를 전파한다는 점을 확인했다.[65] 그는 모기에게 혈액을 먹이면 며칠이 아니라 한 달까지도 모기를 기를 수 있다는 사실도 발견했다. 그의 발견은 모기가 사람에서 사람으로 질병을 전파할 수 있을 만큼 충분히 오래 살 수 있음을 보여주는 결정적인 증거였다. 그 덕분에 로스는 말라리아 원충의 발생에 대해서 자세하게 알아냈고, 사람을 연구하던 다른 연구자들도 황열의 감염 경로를 찾아낼 수 있었다.

로스는 서둘러 자신이 발견한 사실들을 정리해서 "이런 관찰들은 패트릭 맨슨 박사가 자세하게 설명한 모기 가설을 증명해준다"라는 결론의 논문을 준비했다.[65] 그러나 영국 관료들이 다시 한번 로스를 방해했다. 인도 국방 장관의 허가를 받아야만 로스의 발견을 논문으로 발표할 수 있다는 것이었다. 그래서 로스는 맨슨에게 자신의 결과를 대신 발표해달라고 요청했다. 그 논문은 마침내 "과거에는 거의 인정을 받지 못했던" 로스의 연구에 대해서 긍정적인 관심을 불러일으키도록 해주었다.[65] 부정적인 분위기를 알고 있었던 맨슨은 로스의 발견을 자세하게 소개하는 자신의 논문에서 "나는 비정상적인 쥘 베른 같은 사람이라는 비판을 받았고, '추론적 사고'에 압도되었으며, '선입관에 사로잡혀서 점괘를 따른다'는 지적도 받았다"라고 밝혔다.[90]

로스가 새롭게 얻은 명성과 로스의 연구가 가진 결정적인 중요성(인도에서 말라리아의 치사율은 하루 1만 명 정도로 추정되었다)에도 불구하고, 정부는 로스의 지원 요청을 거부했다.[65] 라브랑과 맨슨을 비롯한 여러 전문가들은 로스의 연구를 모기 이론의 증거로 인정했지만, 정부는 그의 결과가 "확인되기" 전까지는 로스를 지원하지 않겠다는 것이었다. 로스의 주장에 따르면, 지원 부족으로 후속 연구는 1년 이상 지연되었고, 인도에서의 적절한 예방 조치는 몇 년 동안이나 늦어졌다. "어떤 알 수 없는 이유 때문에, 사람들은 자신들을 파괴하는 이 끔찍한 질병의 원인에 대한 연구의 초월적 중요성을 인식하지 못했다는 것이 진실이다."[65]

그럼에도 로스는 연구를 계속할 수 있었다. 그는 1898년 7월에 말라리아 원충의 포자들이 모기의 침샘에 모인다는 사실을 발견했다.[65, 91] 모기가 사람이나 새를 물면, 침샘에 모여 있는 포자가 침과 함께 혈액으로 들어가서 말라리아 감염을 일으킨다. 그는 말라리아에 감염된 모기가 건강한 새를

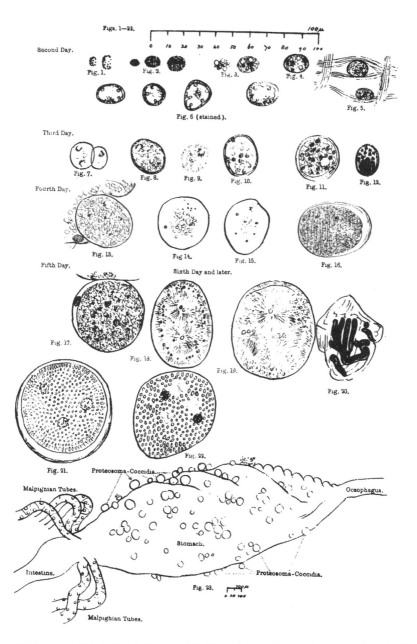

그림 2.1. 모기에서 말라리아 원충이 성장하는 모습을 그린 로스의 스케치이다. 6일 된 모기의 배 속에 붙어 있는 원충의 그림도 포함되어 있다.

물어서 원충을 전파시킨다는 사실을 실험적으로 증명했다.[91] "매년 수백만 명의 사람들을 희생시키고, 대륙 전체를 암흑 상태로 만드는 이 끔찍한 질병의 정확한 감염 경로가 밝혀졌다."[65] 그는 맨슨에게 전보로 자신의 기념비적인 발견을 알려주었다(1895년부터 1899년까지 로스와 맨슨은 200통 이상의 편지를 주고받았다).[79, 92]

당시 로스는 사람도 새와 마찬가지로 말라리아에 감염될 수 있음을 증명하는 한 가지 연구를 더 수행해야 했다. 그러나 로스는 다른 질병을 연구하라는 지시 때문에 다시 한번 좌절했다. 당시 로스를 비판하던 많은 사람들이 그가 영국과 프랑스로 보낸 표본들을 분석하기 시작했고, 로스의 발견을 재확인한 후에는 그 명예까지 차지해버렸다.[65] 로스와 경쟁하던 이탈리아의 과학자들은 몇 년 동안 로스의 연구로 명성을 얻었다. 그러나 로스는 그들의 실험이 "엉성하고 신뢰할 수 없다"는 점을 알게 되었다. 그는 이탈리아 과학자들이 "가설의 유혹에 빠져서 근본적인 오류를 저질렀다"라고 주장했다.[65] 로스는 그들이 자신의 명예를 차지했다는 사실에 분노했다. "발견은 발견이다. 비슷한 사실들을 밝혀내고, 세부적인 사항들을 채워넣고, 멋있는 삽화를 논문으로 발표하고, 이미 확실하게 밝혀진 사실들에 대한 공식적인 증명을 제공하는 일도 유용하지만, 그런 것이 발견을 구성하지는 않는다."[65]

이탈리아 과학자들 가운데 한 사람인 아미코 비냐미는 1898년 말에 감염된 모기를 이용해서 사람을 감염시키는 데에 성공했다.[93] 그가 모기에 의한 사람의 말라리아 전파에 대한 최초의 실험적 증명을 제공했다고 알고 있는 사람들이 많다. 그러나 로스의 입장에서 그런 결과는 자신이 먼저 밝혀낸 모기에 의한 새의 감염을 고려하면 너무나도 당연한 것이었다. 로스에 따르면 "비냐미의 실험은 이미 성공을 확실하게 예견할 수 있었던, 단순히 형식적인 것에 지나지 않았다."[65]

로스는 1898년 말에야 캘커타로 돌아와서 말라리아 연구를 하도록 허가를 받았다. 그러나 그는 이미 끊임없는 업무와 스트레스로 에너지를 소진했고, 건강도 나빠진 상태였다.[65] "한 가지 주제에 대한 길고 어려운 연구를 통해서 얻은 노력과 실망, 심지어 성공까지도 모두 나에게는 힘겨운 것들이었다."[65]

로스가 속한 나라의 정부는 그의 일에 관심이 거의 없었지만, 다른 나라의 정부는 그렇지 않았다. 얼마 지나지 않아서 코흐를 비롯한 유명한 과학자들이 후속 연구를 시작했다.[65] 모기 전파에 대한 로스의 발견을 처음으로 재현한 사람은 코흐였고, 이탈리아 과학자들과 마찬가지로 코흐도 모기 가설에 대한 자신의 공로를 주장했다.[65, 88] 그러나 코흐는 노벨상 경쟁에서는 이탈리아 과학자들이 아니라 로스를 지지했다.[88]

1900년에 맨슨은 (이탈리아에서 말라리아에 감염시켜서 영국으로 보낸) 매우 특별한 자원자였던 자신의 큰아들 패트릭 서번 맨슨에게 아노펠레스 모기에 물리도록 했다.[58, 94] 맨슨의 아들은 말라리아에 걸렸지만, (마지막 신체검사를 통과할 며칠 전에) 키니네로 잘 회복이 되었다. 그러나 9개월 후에 말라리아가 재발했고, 사냥 휴가 기간에는 두 번째로 재발했다. 그것이 재발 사례에 대한 최초의 실험적 기록이었다.[79, 95, 96] 그 실험은 이탈리아 과학자들의 실험을 반복한 것이기도 했다. 그러나 그 실험은 말라리아가 발생하지 않은 영국에서 수행된 것이었고, 따라서 우연한 노출에 의한 증상이 나타날 가능성은 없었기 때문에 모기 가설에 회의적이던 사람들에게도 상당한 설득력이 있었다. 맨슨의 아들은 말라리아 실험을 하고 2년이 지난 후에 크리스마스 섬에서 일어난 총기 사고로 사망했다. 당시에 그는 겨우 스물다섯 살이었다.[58, 96]

맨슨은 말라리아가 발생하는 이탈리아에서 말라리아 모기를 제거하는 실험도 수행했다. 이웃 사람들은 모두 말라리아에 걸렸지만, 밤에 모기장

을 치고 그 안에서 지낸 그의 자원 봉사자들은 말라리아에 걸리지 않았다.[94]
이탈리아 과학자들은 1900년에 더욱 적극적인 증명을 위한 실험을 수행했
다. 113명의 철도 노동자들은 모기에 물리지 않도록 보호를 받았지만(아무
도 말라리아에 걸리지 않았다), 보호를 받지 못한 50명 중 49명은 말라리아
에 걸렸다.[97] 흥미로운 연구를 계속하던 코흐는 자바의 암바라와 계곡에서
어린아이는 말라리아에 감염되지만, 성인들은 병에 걸리지 않는다는 사실
을 발견했다. 어른들은 면역력을 획득했다는 뜻이었다.[98]

그후 코흐를 비롯한 다른 과학자들은 열대지방의 원주민 아이들이 유럽
식민주의자들에게 말라리아 원충을 전파한다는 사실을 알아냈다. 영국, 독
일, 프랑스, 벨기에 사람들은 열대 아프리카에서 거주하는 유럽인들을 원
주민과 분리시키기 시작했다. 심지어 유럽인이 거주하는 집 근처에 있는
원주민들의 움막을 부숴버리기도 했다.[99] 나이지리아에서 말라리아를 연구
하던 영국 연구팀은 "유럽인들을 모든 원주민들로부터 멀리 떨어진 곳에
거주하도록 하는 것이 질병에 대한 확실한 예방을 보장할 수 있는 유일한
방법"이라고 했다.[99] 코흐는 또한 독일령 동아프리카에서 키니네가 말라리
아 원충의 퇴치에 유용하게 사용된다는 사실을 알아냈고, 키니네가 독일의
식민지 개척에 도움이 될 수 있음을 밝혀냈다.[56] 다른 식민 국가들도 키니
네 치료와 함께 분리 거주 정책을 시행했다.

정부로부터 말라리아 연구에 필요한 더 이상의 지원을 받지 못하게 된
로스는 어쩔 수 없이 영국으로 돌아왔다. 인도를 떠나기 전에 그는 자신의
연구를 근거로 인도 정부에 말라리아 예방을 위해서 모기장을 사용하고
아노펠레스 모기는 제거하라고 조언했다.[65] 그의 조언은 무시되었다. 그러
나 로스는 자신의 연구 결과의 핵심을 알고 있었다. 모기가 사람에서 사람
으로 말라리아를 전파시킨다는 점이 아니라, 고인 물에서 산란하는 특정한
종의 모기가 말라리아의 주범이라는 점이 중요했다. 로스는 아노펠레스 모

기의 박멸로 말라리아를 퇴치할 수 있게 된 것을 기뻐했다. "우리가 얼마나 좋은 무기를 손에 쥐게 되었는가!"[65]

리버풀 열대 의학 대학의 첫 강사가 된 로스는 1899년 8월부터 서아프리카의 식민지 시에라리온에서 그의 결정적인 말라리아 연구를 완성하기 위한 일을 시작하게 되었다. "나는 여러 신들의 반대 때문에 많은 어려움을 겪고 나서야 마침내 [호메로스의 오디세이아에 등장하는 오디세우스처럼] 나의 이타카*에 도착했다."[65] 로스는 고작 몇 주일 만에 감염된 아노펠레스 모기를 찾아냈고, 그 속에 있는 말라리아 원충을 확인했으며, 사람을 무는 실험을 했고, 아노펠레스 모기가 고인 물에서만 산란한다는 점을 밝혀냈다.[100, 101] 로스는 이렇게 썼다. "위험한 모기가 아노펠레스 속(屬)에만 한정된다는 사실이 증명된다면, 문제는 훨씬 간단해질 것이다. 아노펠레스 속 전체에 대한 전쟁을 선포하는 것이 바람직할 것이다. 이성적인 유럽인들이라면 누구라도 아노펠레스 모기의 유충을 알아볼 수 있다."[85]

아노펠레스 유충이 있다는 사실만으로도 처리해야 할 물웅덩이를 알아낼 수 있었다.[65] 로스의 연구진은 열대 지역에서 사용할 수 있는 효율적인 공중보건 원칙을 확립했다. 아노펠레스가 산란하는 웅덩이의 물을 빼버리거나 (모기를 표적으로 하는 농약인) "모기약"을 뿌리고, 유럽인을 분리하여 거주시키고, 공공건물에 모기창을 설치하고, 말라리아 환자들을 격리하고, 개인용 모기장을 사용하는 것이었다.[100] 로스는 또한 병의 이름을, 잘못된 전파방식을 뜻하는 "말라리아"에서 아메바를 닮은 병원체가 혈액을 감염시킨다는 뜻을 담고 있는 "헤모아메바증(haemamoebiasis)"으로 바꾸려고 했다.[101] 그러나 그가 제안한 용어는 받아들여지지 않았다. 그는 "모기"를 뜻하는 고(古)영어에서 유래된 "모기열(gnat-fever)"이라는 이름도 제안했다.

---

* 그리스 신화의 영웅 오디세우스의 고향이다.

말라리아에 감염된 사람들과 모기가 새로운 기술에 의해서 빠르게 확산되면서, 이 질병은 전례 없는 속도로 퍼져나갔다. 유럽인들의 아프리카를 비롯한 열대 식민지 진출은 철도망의 확장과 말라리아 발생률의 증가로 이어졌다. 철도 엔지니어들이 말라리아에 특히 심하게 시달렸다.[101] 철로를 깔고 나면, 선로를 쌓아올리는 데에 이용된 흙을 파낸 구덩이가 생긴다. 모기의 입장에서는 서식이 불가능했던 지역에 이상적인 산란지가 생기고, 피를 빨아먹을 수 있는 사람들도 많아진 셈이었다. 더욱이 감염된 사람들의 몸속에 숨어 있던 말라리아 원충이, 확장되는 철도망을 따라서 더 넓은 지역으로 퍼져나가면서 새로운 지역을 감염시켰다.[56]

로스는 말라리아가 국가 경제에 미치는 영향을 걱정했다. "말라리아가 만연한 지역은 발전할 수 없다. 부유한 사람들은 그곳을 외면할 것이고, 남아 있는 사람들은 병이 들어서 힘든 일을 할 수 없게 된다. 그 지역에는 결국 비참한 주민들 몇 사람만 남고 모두 떠날 것이다."[78] 그는 말라리아가 "열대 지역 전체를 문명이 꽃을 피울 수 없는 곳"으로 만들 것이라고 경고했다.[78] 로스는 1902년에 노벨상을 받았다. 그는 수상 연설에서 말라리아에 대해서 이렇게 지적했다. "말라리아는 특별히 비옥하고, 물이 풍부하고, 풍요로워서 사람들에게 대단히 가치가 있는 지역에서 주로 출몰한다. 그런 지역에서는 야만적인 원주민뿐만 아니라, 농장주, 무역상, 선교사, 군인을 비롯한 문명의 개척자들도 목숨을 빼앗길 것이다. 결국 말라리아는 가장 중요하고 거대한 야만의 동반자이다. 이 질병만큼 문명에 치명적인 황무지나 야만족이나 지리적인 험지는 없다."[65]

로스는 아프리카에서의 말라리아 확산을 각별히 걱정했다. "말라리아가 인류로부터 거대하고 비옥한 아프리카 대륙 전체를 빼앗았다고 할 수 있을 것이다. 우리가 검은 대륙이라고 부르는 곳은 사실 말라리아 대륙이라고 불러야 마땅하다. 수백 년에 걸쳐서 아시아, 유럽, 아메리카에 범람하고,

그곳을 비옥하게 만들어주었던 문명의 파도가 치명적인 말라리아가 만연한 아프리카의 해안에서는 아무런 힘도 발휘하지 못했다."[65]

로스는 놀라운 과학적 업적을 이룩한 후에도 적극적인 모기 박멸 캠페인을 벌였고, 모기 유충을 제거해줄 더 효과적이고, 저렴한 살충제 개발의 필요성을 강조했다. "살충제는 값싼 고형 물질이어야 하고, 고등동물에게 피해를 주지 않고 유충만 죽일 수 있어야 하며, 살충제를 살포한 곳에 생기는 물웅덩이에서는 오랜 기간 유충이 살 수 없게 만들어야 한다."[101] 그러나 이번에도 역시 정부의 고집이 그의 힘을 꺾어버렸다.

로스는 모기가 자라는 물웅덩이의 물을 빼고, 당시에 가장 쉽게 구할 수 있는 모기약인 등유를 뿌리도록 권고했다.[101] 테레빈유*를 섞은 올리브유, 황산철, 타르, 석회, 박하유**를 쓰도록 제안하는 사람들도 있었다. 영국 정부는 로스에게 모기 박멸은 불가능한 일이라고 통보했다. 그러나 실제로 이러한 의견을 받아들인 이집트와 쿠바의 도시에서는, 말라리아가 80퍼센트나 감소했다는 연구 보고가 발표되었다. 아바나에서는 1760년부터 끊임없이 주민들을 감염시켰던 황열의 발생률이 1901-1902년 동안의 모기 박멸 노력 덕분에 획기적으로 줄어들었다.[65] 로스는 1902년에 이렇게 밝혔다. "말라리아에 대한 투쟁은 원래 황열에 대한 투쟁만큼이나 심각했지만, 이제 끝이 나고 있다."[65]

이집트와 쿠바에서의 성공에도 불구하고, 당시에는 사용할 수 있는 살충제가 없었다. 1901년 영국이 나이지리아에서 실시한 말라리아 탐사대의 보고에 따르면, 주택의 살충제 소독은 "모기보다 유럽인을 쫓아낼 가능성이 더 컸다."[99] 모기 유충을 죽이는 중요한 화학 농약으로, "파리 그린(Paris

---

* 소나무의 송진이나 소나무 가지를 수증기로 증류해서 얻을 수 있는 무색의 정유(精油)이다.
** 페퍼민트의 잎과 꽃에서 추출한 정유이다.

그림 2.2. 1901년 영국의 나이지리아 말라리아 탐사대가 알에서 방출된 아노펠레스 유충의 발달 과정을 찍은 사진이다.[99]

green)"이라고 부르던 페인트 안료인 아세트비소산 구리가 추가되었다. 파리 그린은 미국에서 콜로라도 감자 딱정벌레를 퇴치하기 위한 살충제로 사용하고자 1868년에 처음으로 대량 생산되었다.[102] 파리 그린은 국화꽃에서 채취해서 성체 모기를 죽이는 데에 사용되던 천연 농약인 제충국과 함께 쓰면 효과가 더욱 좋았다.[56] 그러나 제충국의 효과는 일시적이었기 때문에 대규모로 사용하기에는 실용적이지 않았다.

맨슨과 로스의 협업에 안타까운 일이 벌어졌다. 맨슨이 의사로서 로스의 임상 실력을 깎아내리면서(로스도 자신의 발견에 맨슨이 기여한 결정적인 역할을 폄하했다), 두 사람의 관계가 틀어진 것이다. 결국 로스는 맨슨을 명예훼손으로 고소했다.[88] 동료나 경쟁자들과의 힘겨운 관계에도 불구하고, 로스는 더 나은 의학 연구에 대한 희망을 버리지 않았다. 어쩌면 두 사람의 관계 때문에 더욱 그랬을 수도 있다. 그는 이렇게 주장했다. "모든 인간의 가장 중요한 적(敵)인 질병에 대한 연구만큼 인류의 전반적인 삶에 초월적으로 중요한 영향을 미칠 수 있는 산업은 없다.……이 분야의 성실한 학생들이 앞으로 내가 받은 것보다 조금 더 나은 지원을 받을 수만 있다면, 그동안의 내 노력은 충분한 보상을 받은 셈이 될 것이다."[65]

3

흑색 구토열

(1793-1953)

저녁이 되면, 나는 아침이기를 바랐다. 아침이 되면, 나는 하루 동안 해야 할 일에 대한 걱정 때문에 저녁이 오기를 간절히 바랐다. _ 벤저민 러시 박사, 필라델피아, 1794년[103]

황열이라고도 부르는 "흑색 구토열"의 이야기는 말라리아와 닮은꼴이다. 아프리카에서 등장한 황열은 유럽의 식민지 개척을 좌절시켰다.[104] 황열은 군인, 상인, 식민지 주민, 노예들을 따라서 신대륙으로 확산되었고,[105] 결국 아메리카 원주민들에게도 엄청난 피해를 입혔다.[104] 아프리카 노예들은 강한 면역력 덕분에 가치가 더욱 올라갔다. 황열이 노예제도의 고착화에 기여한 셈이다. 황열이 신대륙 식민지의 정치적 지형에 영향을 미쳤다는 사실은 초기 미국에서 나타난 효과를 통해서 가장 분명하게 확인할 수 있다.

1793년 (훗날 아이티가 된) 생도맹그에서 노예 반란이 일어나면서 프랑스 식민주의자들은 피신을 해야만 했다. 그해 여름 황열에 감염된 일부 조난자들이 필라델피아에 도착했고, 황열을 일으키는 이집트 숲모기(*Aedes aegypti*)의 유충들도 그들이 타고 온 배의 물통 속에 숨어 있었다. 필라델피아에서는 그해 8월부터 황열이 유행하기 시작했고, 11월 초에는 필라델피아 주민의 10퍼센트가 사망했다.[106]

알렉산더 해밀턴 재무부 장관과 그의 아내도 9월 5일에 증상이 나타났고, 이름이 알려진 다른 주민들도 마찬가지였다.[106] 경제적으로 여유가 있는 사람들을 포함해서 주민의 40퍼센트가 도시를 떠났다. 남은 사람들은 가난하거나, 병이 들었거나, 아니면 다른 사람들을 돕겠다는 용감한 이들이었다. 재난에 대한 소문이 퍼지면서 동부의 다른 도시와 마을들이 외부인, 특히 필라델피아에서 오는 사람들을 차단하겠다고 선언했다. 델라웨어 주의 밀퍼드에 들어가려던 어느 필라델피아 여성은 석탄재를 뒤집어쓰고 쫓겨났고, 근처 마을의 주민들은 필라델피아에서 출항해서 해안으로 다가오는 배를 침몰시켰다.

도시의 의사를 비롯한 의료 종사자들도 대부분 도망쳤다. 이전에 노예였던 이들이 새로 조직한 자유 아프리카인회가 아픈 사람들을 간호하겠다고 자원한 유일한 조직이었지만, 사태가 마무리된 후에는 사람들로부터 주민들에게 바가지를 씌우고 도둑질을 했다는 비난을 받아야 했다.[106] 전염병이 끝나가던 1793년 11월에 발간된 베스트셀러에서 매슈 케리는 엄청난 수가 희생된 흑인 간호사들을 이렇게 비하했다. "간호사의 수요가 많았던 틈을 타서 부도덕한 흑인들이 민폐를 끼치는 사례가 있었다. 그들은 하루를 돌봐주고 2-4달러, 심지어 5달러를 착취하기도 했다. 그런 일에는 1달러 정도를 지불하는 것이 관행이었다. 병든 사람들의 집에서 도둑질을 한 사람들도 있었다."[107] 노예제도를 반대하는 책과 흑인 작가들의 책을 발간하고, 전염병이 돌던 때에는 시청의 업무를 감독하는 위원회에서 자원 봉사도 했던 케리에게 그런 인종주의적 비난은 어울리지 않는 것이었다.[106]

자유 아프리카인회의 지도자인 압살롬 존스와 리처드 앨런은 1794년 1월에 케리의 글에 대한 반론인 "1793년 필라델피아에서 일어난 끔찍한 재난들 가운데 흑인들의 활동에 대한 이야기 : 일부 출판물을 통해서 제기된 비난에 대한 반박"을 썼다.[108] 이 글은 아프리카 출신 미국인들이 인종주의적적 비난에 도전한 최초의 글이었다.[106] 노예 출신인 존스와 앨런은 그 글을 통해서 "필요한 때에는 최소한의 도움도 주지 않던 사람들이 우리가 제공한 서비스의 대가로 받은 비용에 대해서 멋대로 쏟아낸 극단적인 욕설 때문에 우리는 고통을 받고 있다"라고 주장했다.[108]

실제로 지나치게 비싼 대가를 치른 경우도 있었다. 그러나 그런 경우는 아픈 사람들이 간호를 받으려고 서로 경쟁을 벌이면서 발생한 일이었고, 오히려 자유 아프리카인회는 자신들이 제공한 지원 활동 때문에 재정적인 부담을 떠안아야 했던 경우도 있었다. 존스와 앨런은, 만약 케리가 도시에 남아서 아픈 사람을 돌보고, 죽은 사람을 묻어주었더라면 무엇을 요구했을 것인지를 물었다. 그들은 케리가 백인들의 도둑질에 대해서는 한마디도 하지 않으면서 흑인들을 도둑으로 몰아붙이고, "우리를 실제보다 훨씬 더 검게 만들려고 했던……부당한 시도"에 크게 실망했다. "우리에게 모범이 되어야 했던 많은 백인들이 사실은 사람들을 몸서리치게 만드는 행동을 했다." 예를 들면 "시신을 운구할 때 자신의 집 앞을 지나가면 우리를 쏴버리겠다고 협박한 백인도 있었다. 우리는 3일 후에야 그를 묻어줄 수 있었다." 이웃과 친구들이 서로 도와주기를 거부하는 경우도 많았으며, 백인 환자를 돌보다가 병에 걸린 흑인 간호사는 길에 내던져졌고, 부모를 잃은 아이들은 방치되었다. 존스와 앨런은 "나쁜 평판은 거두는 것보다 퍼트리기가 더 쉽다"는 점을 지적하면서 흑인들의 영웅적인 행동을 사례별로 소개했다.

흑인들이 황열의 결과에 대해서 비난을 받은 것은 처음이 아니었다. 사실 황열과 노예무역의 관계를 들먹이면서 "니그로의 몸"에서 배출되는 "유독성 공기" 때문에 황열에 걸린다고 주장하는 유명한 의사들도 있었다.[105] "많은 수의 니그로들을 제한된 공간에 가둬두면 공기가 매우 역겨워지고, 악취가 풍기게 된다. 니그로의 신체 구조와 피부에 집중된 배설기관 때문이다. 습기가 많고 따뜻한 환경에서는 더욱 그렇다. 사실 그렇게 오염된 공기를 들이마시는 것보다 더 역겹고 우울한 일은 상상하기 어렵다."[105] 결국 흑인이 공기를 오염시키기 때문에 백인들이 황열에 걸린다는 것이 그의 결론이었다.

필라델피아에 남아서 환자들을 돌본 가장 유명한 의사는 독립선언문에 서명을 했고, 미국 최초의 독립된 흑인 교회를 설립했으며, 존스와 앨런을 도와준 벤저민 러시였다.[109] 환자를 돌보는 일은 악몽과도 같았다. 존스와 앨런의 기록에 의하면, 환자들은 "다른 사람을 보기만 해도 화를 내고 두려워했고", 간호사들은 "피를 토하고, 공포에 떨 정도로 비명을 지르는" 환자들을 돌보아야 했다. 러시에 따르면 "이성을 완전히 잃고 미친 듯이 날뛰면서 화를 내다가 심한 경련을 일으키면서 죽어가는 사람도 있었다."[108] "한밤중에 잠에서 깨어난 환자가 부러진 촛대의 희미한 불빛 속에서 저 멀리 방구석에 잠들어 있는 흑인 간호사 이외에는 누구도 볼 수 없고, 이웃 사람이나 친구를 무덤으로 운구하는 소리 이외에는 아무 소리도 들을 수 없다면, 그 환자에게 어떤 약이 효과가 있겠는가?"[103]

미국의 헌법 제정자들도 전염병이 퍼지기 시작한 초기에 새 나라의 수도였던 필라델피아를 떠났다. 조지 워싱턴은 연방정부의 핵심 인물들 대다수에게 "갑자기 자리를 비울 수밖에 없는 중요한 개인적인 업무"가 생겼다는 내용을 전하는 편지를 제임스 매디슨에게 보냈다.[110] 며칠 후에는 워싱턴도 필라델피아를 떠나 마운트버넌의 집으로 돌아가기로 결정했다. 그가 정부의 운영을 위임했던 헨리 녹스 전쟁부 장관 역시 필라델피아를 떠났다.

결국 워싱턴이 필라델피아를 포기하면서 심각한 헌정 위기가 발생했다. 토머스 제퍼슨과 (훗날 전염병 때문에 과부가 된 돌리 페인 토드와 결혼한) 제임스 매디슨은, 워싱턴이 필라델피아 이외의 지역에서 의회를 소집할 수 없다고 주장했다. 결국 혼란의 시기에 연방정부는 폐쇄되고 말았다.[106, 110] 그들의 명분은 타당했다. 영국의 국왕들이 아무 예고도 없이 멀리 떨어진 곳에서 의회를 소집하는 정치적 계략을 폈기 때문이었다. 전염병이 잦아든 후에 헌법 제정자들이 워싱턴 근교의 저먼타운에 모였고, 제퍼슨, 매디슨, 제임스 먼로는 사람들이 넘쳐나는 여관의 바닥이나 의자에서 잠을 자야만 했다.[106] 상황이 안정된 후에 필라델피아에서 의회가 소집되었고, 응급 상황인 경우에는 대통령이 필라델피아 이외의 지역에서도 의회를 소집할 수 있도록 허용하는 법률이 통과되었다.

위기가 계속되는 동안에 연방정부만 마비된 것은 아니었다. 고위 관료들이 사망하거나 떠나버린 펜실베이니아의 주 정부와 필라델피아의 시청도 문을 닫았다. 남아 있던 매슈 클라크슨 시장이 임의로 특별위원회를 구성해서 시청을 운영했다.[111] 위원회는 "그 지역에 산다는 사실 이외에는 아무것도 알려지지 않은" 남성들로 구성되었다.[106] 전염병이 발생하면서 지도자의 지위가 공백이 된 상태에서는 그들이 시정을 담당할 수밖에 없었다.

필라델피아의 황열은 다음 해인 1794년에도 재발했고, 이후 1796년, 1797년, 1798년에도 다시 발생했다.[106] 연이은 전염병으로 정부의 기능이 위협받을 것이라는 전망 때문에 필라델피아는 수도로서의 매력을 상실했다. 제퍼슨은 러시에게 "황열이 우리 나라의 훌륭한 도시들이 성장하는 데에 걸림돌이 되겠지만", 도시가 "사람들의 도덕, 건강, 자유에 지극히 성가신 존재"라면 그 일이 반드시 나쁜 것은 아닐 수 있다는 편지를 보냈다.[112]

존 애덤스도 미국과 프랑스 사이의 긴장이 최고조에 이르고, 신생 공화국의 안정이 위협받던 시기에 시작된 전염병에 긍정적인 측면이 있다고 지적했다. 실제로 전염병 때문에 정치적 갈등은 오히려 사소한 일이 되어버렸고, 프랑스와의 관계에 대한 격렬한 논쟁도 흐지부지되었다. 애덤스가 제퍼슨에게 보낸 편지에 따르면 "심지어 필라델피아의 퀘이커 교도들 중에서 가장 냉정하고 단호한 사람들마저도 나에게 황열 이외의 어떤 것도…… 미국 정부의 혁명을 막지는 못했을 것이라는 의견을 밝혔다."[113]

많은 유력 인사들이 필라델피아의 더러운 물 때문에 전염병이 발생한다고 주장했다. 따라서 시 정부는 상수도 시설이 필요하다고 결정했다. 벤저민 라트로브가 1799년 미국 최초의 지역 상수도 시설을 건설했다.[114] 오염된 물이 황열을 일으키지는 않았지만, 필라델피아에 상수도가 건설되면서 수많은 우물과 물통이 사라졌고, 모기의 산란장도 제거되었다.

라트로브는 미국 최초의 전문 건축가였다. 필라델피아 상수도를 건설한 그는 워싱턴 DC의 의사당 건설을 감독했고, 1814년 영국군이 파괴한 의사당을 재건하는 건축가로도 활동했다. 라트로브는 1820년 뉴올리언스에서 황열에 걸려서 사망했다.[114]

프랑스는 아메리카 식민지에서 잡았던 행운을 황열 때문에 놓쳐버렸다. 이는 초기 미국의 정치에 미친 영향보다 훨씬 더 중요한 일이었다. 프랑스는 본격적으로 북아메리카 제국을 확장하기 위해서 아이티에 군대를 주둔시키려고 했다. 그러나 아이티의 노예 반란과 프랑스 식민주의자들의 탈출로 계획에 차질이 생겼다. 나폴레옹은 1801년 아이티 반란을 진압하기 위해서 자신의 처남인 르 클레르 장군이 이끄는 막강한 군대를 파병했다.[106] 프랑스 군은 과거의 노예들을 진압하는 과정에서 아이티인 15만 명을 살육했다. 그러나 황열 때문에 르 클레르 장군을 포함한 대략 5만 명의 병사들이 사망했다.[115] 살아남은 수천 명의 프랑스 병사들이 탈출한 이후 독립을 되찾은 아이티의 노예들은 세계 최초로 자유 흑인들의 공화국을 건설했다. 결국 프랑스는 신대륙의 군사 요새를 잃었다. 힘을 잃은 나폴레옹은 1803년 루이지애나 준주(準州)를 고작 1,500만 달러를 받고 미국에 팔아버렸다.[115] 루이지애나의 매입으로 미국의 영토는 멕시코 만과 캐나다, 그리고 미시시피 강과 로키 산맥 사이에 있는 15개 주로 늘어났고, 그 면적도 2배 이상 넓어졌다.

그후 1881년부터 1889년까지 파나마 지역에서 황열과 말라리아로 3만 명의 인부들이 사망했고, 파나마를 가로지르는 운하를 건설하려던 프랑스의 노력도 좌절되었다.[106] 운하 굴착과 프랑스인들이 사용하던 물통 때문에 수많은 모기 번식장이 생겼고, 운하를 건설하기 위해서 전 세계에서 모여든 인부들이 모기에게 필요한 혈액을 제공해서 전염병 발생원의 역할을 해주었다. 이는 미국에 새로운 기회가 되었다. 미국은 1904년에 운하 건설을 재개했고, 대서양과 태평양 사이의 선박 운항을 관리하는 미국 운하령(American Canal territory)을 만들었다. 프랑스가 실패하고 20년도 지나지 않아서 미국이 성공할 수 있었던 것은 말라리아와 황열의 모기 매개체 발견과 깊은 관계가 있었다.

그러나 미국도 역시 황열로 엄청난 고통을 겪었다. 황열은 필라델피아를 쇠퇴시켰을 뿐만 아니라, 나라 전체를 한 세기 넘게 반복적으로 괴롭혔다.[116] 맨해튼에서는 1791년부터 1821년까지 매년 황열이 발생했고, 1858년에도 황열이 재발했다.[106] 아일랜드 이민자들이 문제였다. 병든 아일랜드 사람들은 스태튼 섬에 있는 해양 격리 병원으로 보내졌다. 황열에 대한 공포가 극심했던 1858년 9월 1일에는 1,000명이 넘는 성난 폭도들이 환자들을 쫓아내고, 병원을 완전히 불태워버렸다.[117] 그들은 의사들의 관사와 근처의 병원도 불태웠고, 경찰과 소방대가 불을 끄고 난 후에도 다시 돌아와서 마지막까지 불을 질렀다.

19세기에는 황열이 보스턴, 볼티모어, 모빌, 몽고메리, 노퍽, 포츠머스, 사바나, 찰스턴, 잭슨빌까지 휩쓸었다.[106] 1853년에는 뉴올리언스에서 8,000명이 사망했고, 1873년과 1878년에는 멤피스에서 7,000명이 죽었다. 뉴올리언스는 한 세기 동안 39차례의 황열 유행을 겪었다. 1850년부터 1900년 사이에는 7년을 제외하고 해마다 미국의 남부 항구도시들에서 황열이 발생했다. 다만 1861년 남북전쟁 당시에는 북부군의 차단 덕분에 남부군이 황열 피해를 입지 않았다.[119]

황열의 확산을 막기 위한 일상적인 조처는 병원체나 매개체에 대해서 매우 비효율적이었고, 아무 효과가 없었다. 예를 들면, 남부 지역에서 황열이 만연하면 남부에서 오는 우편물을 폼알데하이드로 소독했다.[106] 남부의 일부 지역에서는 감염자들을 차단하기 위해서 철로를 뜯어내고 교량을 불태우기도 했다.[120]

대부분의 다른 전쟁에서와 마찬가지로 미국 남북전쟁의 희생자도 대부분 질병으로 사망했다. 이 전쟁에서는 황열을 생물 무기로 사용하기도 했다.[121] 남부 연합군 이중간첩의 정보에 따르면, 켄터키의 의사 루크 프라이어 블랙번은 북부 도시에서 황열을 발생시키기 위해서, 버뮤다에서 황열 환자가 입었던 오염된 의복을 북부 도시로 보냈다.[122] 그는 링컨 대통령을 같은 방법으로 암살하기 위해서 오염된 옷을 소포로 보내기도 했다.

전쟁 후에 블랙번은 황열이 유행한 남부의 몇몇 지역에서 환자들을 치료했다. 1873년 황열이 유행하던 멤피스에서 그는, "산모가 사망했거나 위중한 경우에는 출생하기 전의 태아에게도 세례를 줄 수 있다면서 제왕절개수술을 집도하겠다고 나선" 유일한 의사였고, 그 덕분에 그는 영웅으로 알려지기도 했다.[123] 그런 면에서 그는 "산모에 대한 동정심이 부족해서 신이 인간에게 준 이중적 삶의 기회를 박탈했던" 다른 의사들과는 확연히 달랐다. 블랙번은 경쟁관계인 의사가 자신의 진료 행위를 방해했다는 이유로 공개 석상에서 지팡이로 상대의 머리와 어깨를 때리기도 했던 것으로 알려졌다. 당시의 사람들은 그의 그런 행동에도 감동했다.[123] 그는 또한 전염병이 번지던 동안에 자신이 치료한 12명의 가족 중에서 유일하게 살아남은 열 살 소녀를 돌보겠다고 약속하기도 했다. 그는 그 소녀와 함께 루이지애나의 고향 마을을 행진하는 모습을 언론에 소개한 후, 그녀를 천주교 기숙학교에 보냈지만 학비는 한 푼도 대주지 않았다. 당시에 그는 켄터키 주지사였다.

"황열"이라는 질병의 이름은 희생자의 피부색에서 유래했다. 동의어인 "흑색 구토"의 의미는 설명이 필요 없었다. 18세기 말 자메이카에서 어느 식민지 의사가 황열이 진행되는 과정을 적어놓은 기록에 따르면, "몸 전체가 빠르게 노래지면서 오렌지나 아메리카의 야만인들처럼 피부색이 짙게 변했고, 불안감은 표현할 수 없을 정도였고, 구토는 어쩔 수가 없었다. 커피 찌꺼기와 같은 것을 토해내는 증상은 끔찍했고, 결국에는 토사물의 색깔이……검댕처럼 시커먼 색으로 변했다."[67] 필라델피아의 의사는 이렇게 적었다. "환자는 끊임없이 욕지기를 느꼈고 구토를 하면서 짙은 색의 토사물을 쏟아냈다. 조금씩 뱉어내기도 했지만 파인트, 쿼트, 심지어 갤런을 뱉어내기도 했다.……손발은 차가워졌고, 피부는 쭈그러들었고, 몸에서는 시체가 썩는 냄새가 났고, 가슴, 목, 얼굴, 팔, 그리고 몸의 거의 모든 부분이 짙은 황색으로 변했다.……오래 지나지 않아 숨이 끊어지고, 구역질이 날 정도로 부패한 살점만 남았다."[124] 이런 증상에 대한 참혹한 기록이 많았지만, 1804년의 기록에는 환자의 얼굴이 "라파엘이나 호가스의 연필이나 셰익스피어의 글로도 표현할 수 없을 정도"라고 적혀 있었다.

의사들은 구분이 어려운 여러 종류의 열병들 때문에 혼란에 빠졌고, 따라서 효과적으로 병을 치료하지도 못했다. 말라리아는 신코나 껍질 덕분에 다른 열병들과 임상적으로 구분이 되었지만, 대부분의 다른 열성(熱性) 질병들은 여전히 초보적인 치료에 의존할 수밖에 없었다. 18세기 말의 한 의사는 "의학 저술가들이 2,000년 이상 여러 가설들 사이에서 우왕좌왕했지만, 우리는 아직도 이런 가설들 중에서 어느 것이 진실에 가까운지를 짐작조차 하지 못하고 있다"라고 실토했다.[67]

황열을 치료하기 위해서 사혈(瀉血)을 포함하여 매운 겨자로 목욕하기, 차[茶], 소금, 브랜디나 럼에 적신 담요 몸에 두르기, 아편과 포도주 처방하기, 머리를 깎고 따뜻한 물로 목욕을 한 환자의 몸에 차가운 소금물을 쏟아붓기 등의 다양한 치료법이 활용되었다.[67, 125] 환자로부터 병을 몰아낸다는 핑계로 구토와 설사를 일으키는 수은과 독초를 처방하는 의사도 있었다.[124] 1878년 황열이 유행하던 멤피스의 지역 신문은 독자들에게 몸을 차갑게 하고, 저질 위스키를 피하고, 일상적인 활동을 계속하면서 "가능한 한 즐겁게 지내고 많이 웃을 것"을 권하기도 했다.[106] 심지어 "술에 취하거나 늦게 자거나 도박에 빠지거나, 방탕한 생활을 하는 것이 병을 확산시키고 사망률을 증가시킨다"라고 지적하는 의사도 있었다.[126]

의사들은 자신들이 선호하는 치료법의 효과를 두고 격렬한 논쟁을 벌였다. 벤저민 러시는 적극적인 사혈을 좋아했다. 버지니아에 황열이 번졌을 때, 벤저민 프랭클린[106]이 사혈의 효과를 경험했다는 어느 의사의 편지[127] 때문이었다. 필라델피아에 황열이 번졌을 때에는 (러시의 프린스턴 동창인) 유명한 의사가 러시의 극단적인 사혈을 비판하면서 "모기가 다리를 물어 자신의 배를 채우는 정도의 하찮은 의식으로" 헬멧을 가득 채울 정도의 피를 빼냈다고 주장했다.[109] 사혈이 "많은 시민들을 다른 세상으로 보내버릴 수 있는 치명적인 치료법"이라고 비판한 의사도 있었다.[106] 러시는 그런 비판에 적극적으로 대응했다. 그는 아내에게 "최근 내 친구들의 시샘과 증오가 끓어오르기 시작했다"라는 편지를 보냈다. "그들은 자신들의 실수를 부끄러워하고 죽은 사람을 가엾게 여겨야 한다. 그들은 공개적으로 용서를 구하는 대신, 오히려 문제를 일깨워준 사람에게 자신들의 죄책감과 광기를 퍼붓고 있다."[128]

러시의 사혈과 정화 요법에 대한 수요가 너무 많았던 나머지 환자들은 길거리에서 피를 흘려야만 했다. 결국 러시는 자유 아프리카인회에 환자 800명의 사혈을 관리하게 했다.[108] 다른 의사들도 사혈을 가능한 치료법이라고 생각했다. 혈액을 "온스가 아니라 파운드까지 마음 놓고 뽑아도 된다"라고 적은 의사도 있었다.[124]

필라델피아에서는 식초에 담근 손수건으로 코를 덮거나, 화약을 태워서 공기를 정화하는 등의 다양한 예방 수단도 사용되었다.[106] 질병을 물리치기 위해서 담배를 피우는 사람들도 있었고, 마늘을 씹어 먹거나 집에서 머스킷 총을 쏘거나, 마루를 흙으로 덮는 사람들도 있었다. 당시의 의사들은 자신들이 활용할 수 있는 수단이 턱없이 부족하다는 사실을 알고 있었다. "우리의 일상적인 의료 자원은 매우 빈약하고, 도움이 된다고 알려진 치료들도 의사들의 상식으로는 경솔한 것이다."[67] 질병의 확산이 막바지에 이르면, "우리의 노력은 모두 시신을 소생시키려는 것과 다르지 않았다"라며 안타까워했다. 그럼에도 불구하고 일반 대중은 "심리적인 우울증"에 빠지지 않았다. 오히려 그들은 "최악의 감염병이 유행한 상황에서도 치사율이 25퍼센트가 넘는 경우는 드물다는 사실을 잊지 않았다. 다시 말해서 한 사람이 사망하더라도 세 사람은 생존할 가능성이 있음을 기억한 것이다."[126]

1870년대에 미생물 유래설이 정립되면서 황열도 살아 있는 유기체에 의해서 발생하는 질병이라고 의심하는 전문가들이 있었다. 그러나 실망스럽게도 그런 유기체를 찾아내는 일은 불가능해 보였다. 1876년에 황열 전문가는 이렇게 주장했다. "병원체를 어떤 방법으로도 만질 수도 없고, 무게를 잴 수도 없고, 알아볼 수도 없다면, 우리는 여전히 그 독(毒)의 근본적인 본질에 대해서 아무것도 모르는 것과 마찬가지이다."[129]

당시에는 일단 감염이 되면 질병의 진행을 멈출 수 있는 의학적인 방법이 없었으므로 질병의 예방을 더 강조할 수밖에 없었다. 끔찍한 황열 유행이 반복되는 기간에 루이지애나에서 활동했던 의사는 1878년 논문에서 치료의 목적을 "어딘가에 존재하는 병원체를 사람들에게 상처를 남기지 않으면서 하등생물에게만 파괴적인 방법으로 공격하는 것"이라고 제시했다.[116] "보이지 않는 적"을 공격하는 목적으로 선택된 소독약은 아황산가스, 황산철, 석회, 그리고 묽은 석탄산*이었다.[116, 126, 130] 그러나 안타깝게도 파괴해야 할 해충은 오염된 옷에 붙어서 전파되는 "날개 없는 작은 동물"이 아니라 모기의 몸속을 통해서 전파되는 바이러스였다. 그들의 값비싼 노력은 효과를 기대할 수 없는 것이었다.

10만 명의 미국인을 병들게 하고, 그중 5분의 1을 희생시킨 1878년의 황열 유행을 겪은 미국 의회는 원인을 밝혀내고, 해결책을 찾아내기 위해서 황열 조사위원회를 구성했다.[131] 황열은 보스턴에서 처음 발생했던 것으로 추정되는 1693년 이후 미국 영토 내에서만 적어도 88차례나 발생했다. 대부분 서인도제도에서 수입품을 싣고 들어온 선박 때문이었다. 선박들은 특별히 위험했다. "당시까지 필수였던 환기, 소독, 정화 등의 모든 노력에도 불구하고 황열은 선박과 놀라울 정도로 밀착되어 있었다." 위원회의 보고서에 따르면 "황열은 생명을 위협하고, 상업과 산업을 무너뜨리는 적으로 여겨야만 한다.……황열로 미국만큼 재앙적인 피해를 입은 국가는 지구상에 없다." 황열은 어떤 상황에서는 "유행 단계로 확산되지 않기도 하기 때문에" 인과관계를 분명하게 규명할 수 없었다. 위원회는 "황열을 발생시키는 미지의 원인을 밝혀내는 것은 인류에 대한 위대한 기여가 될 것"이라고 밝혔다.

이집트 숲모기(Aedes aegypti, 1880-1902)

전쟁부 장관의 지시에 따라서, 쿠바 섬에 만연한 감염성 질병과 관련된 과학적 연구를 수행하기 위한 의료 장교들의 조사위원회가 쿠바의 케마도스에 있는 캠프 컬럼비아에서 개최되었다. 조사위원회의 위원은 다음과 같았다.

월터 리드 소령, 미국 육군;

제임스 캐럴 부의무감 대리, 미국 육군;

---

* 1874년 콜타르에서 처음 분리했던 페놀의 다른 이름이다.

아리스티데스 아그라몬테 부의무감 대리, 미국 육군;

제시 W. 러지어 부의무감 대리, 미국 육군.

조사위원회는 리드 소령을 통해서 전달되는 육군 의무감의 일반 지시에 따라 운영될
것이다. _ 육군 본부 특별명령 제122호, 1900년 5월 24일[132]

인류에게 위협적인 질병을 일으키는 해충을 둘러싸고 있는 짙은 베일을 걷어내고 그것
을 합리적이고 과학적으로 이해할 수 있도록 만드는 것이 나와 위원들에게 주어진 임무
입니다.……내가 언젠가 어떤 방법으로든 인류의 고통을 덜어주는 일을 할 수 있도록
해달라는 20년이 넘는 나의 기도가 실현된 것입니다! _ 월터 리드가 아내에게 보낸 편
지, 1900년 12월 31일[133]

말라리아와 마찬가지로 황열도 모기와 관련이 있을 것이라는 점에 오래
전부터 주목했던 영리한 사람들이 있었다. 앨라배마에서 활동하던 조사이
아 놋은 1848년 곤충이 황열을 비롯한 "말라리아성" 열병의 독을 퍼트린다
는 가설을 제시했다.[134] 놋은 공기 중의 독으로는 전염의 패턴을 설명할 수
없다는 사실을 다음과 같이 지적했다. "1842년과 1843년의 황열은 세금
징수원처럼 한 달 이상 집집마다 찾아다녔고, 날씨의 영향을 많이 받았다.
열병과 세금 징수원은 모두 빗속에 돌아다니는 것은 좋아하지 않았지만
바람의 방향에는 신경을 쓰지 않았다." 마찬가지로 1854년 프랑스의 과학
자 루이-다니엘 보페르튀도 모기가 무는 과정에서 퍼트리는 더러운 것 때
문에 황열이 발생한다고 주장했다.[135] 보페르튀의 모기 가설을 검토한 어느
위원은 "그는 거의 제정신이 아니다"라고 평가했다.[132]

거의 모든 사람들은 놋의 주장을 무시했지만, 쿠바의 의사인 카를로스
핀레이는 검토해볼 가치가 있다고 생각해서, (당시에는 스테고미이아 파시
아타[Stegomyia fasciata]로 알려져 있던) 이집트 숲모기를 집중적으로 연구했

다. 핀레이는 이집트 숲모기가 황열이 번진 지역에 많이 서식하고, 여러 차례 피를 빨아먹으며, 황열이 주로 발생하는 온도에서 매우 활동적이라는 사실을 주목했다.[136] 핀레이는 필라델피아에서 전염병이 퍼졌을 때에 "(우울한 가을에 흔히 나타나는) 모기가 비정상적으로 많았다"는 벤저민 러시의 관찰을 근거로 모기가 문제라는 아이디어를 처음 제시했다.[103]

핀레이는 1880년 황열 환자를 물었던 모기가 (자신을 포함한) 5명의 건강한 사람들을 물게 하는 실험을 했다.[136] 그중 한 사람에게 가벼운 황열 증상이 나타났다. 그러나 황열이 사람과 사람의 직접 접촉에 의해서 전파된다고 믿었던 사람들은 모기가 황열의 매개체라는 그의 논문을 심하게 비판했다. 결국 모기 가설이 진지하게 받아들여지기까지는 20여 년이 더 걸렸다.

역설적이지만, 인간 대 인간의 전파방식은 거의 한 세기 전에 펜실베이니아 대학교 의과대학의 박사 과정 학생이던 스터빈스 퍼스에 의해서 이미 사실이 아님이 입증되었다. 필라델피아에서 황열이 발생한 1802년과 1803년에 퍼스는 황열 환자의 검은 토사물과 혈액을 모아서 자신의 팔과 다리에 낸 상처에 발랐다(그는 고양이와 개에게도 비슷한 실험을 했다).[124] 그는 검은 토사물을 쇠 냄비에 넣고 그것을 익힐 때에 나는 냄새를 코로 들이마시기도 했고, 토사물을 알약으로 만들어서 직접 먹어보기도 했으며, 방금 채취한 토사물과 혈액을 먹기도 했고, 토사물을 자신의 오른쪽 눈에 넣어보기도 했다. 그런 시도에도 불구하고 질병이 발생하지 않자, 퍼스는 황열 환자로부터 채취한 혈액, 침, 땀, 담즙과 소변을 자신에게 직접 주사했다.

퍼스는 1804년 자신의 학위 논문에서 그런 실험들을 근거로 황열은 감염병이 아니라고 주장했다. 그는 그 결과가 매우 중요하다고 생각했다. 왜냐하면 "열병에 걸린 사람들은 즉시 가장 가까운 친구와 친척들로부터 격리된다. 또한 아내는 남편의 방에 들어가지 않고, 남편은 아내의 방에 들어가지 않으며, 아이들은 부모의 방에 들어가지 않고, 부모는 아이들의 방에 들어가지 않는다. 환자들은 돈에만 관심이 있는 냉혹한 흑인이나 술 취한 간호사에게 맡겨지기"때문이었다.[124] 또한 퍼스는 황열이 감염병이 아니라는 사실을 밝혀내면 경제에 심한 타격을 주는 검역 관련 법규들이 폐지되리라고 생각했다. 한 세기 후의 연구에 따르면, 퍼스의 주장은 부분적으로만 맞았다. 자신이 다양한 체액에 의해서 감염되지 않을 것이라는 그의 예감은 대체로 옳았다. 그러나 감염된 혈액은 예외였다. 실제로 퍼스는 혈액 주입 실험에서도 감염을 피할 수 있었다. 의도하지는 않았지만, 퍼스는 고인 웅덩이를 없애고 습지의 물을 빼는 것이 황열의 퇴치 수단이 된다고 제안했다. 사실 그가 관심을 둔 부분은 모기 박멸이 아니라 깨끗한 환경을 만드는 것이었다.

핀레이는 아무도 진지하게 받아들이지 않았던 모기 가설을 포기하는 대신에 자신의 가설을 공중보건의 수단이라고 믿었던 영역으로까지 확장시켰다. 핀레이는 황열에 걸린 모기를 이용하면 건강한 사람들에게 면역력을 가지게 할 수 있으리라고 생각했다.[137] 말라리아에 대한 비슷한 아이디어는 킹과 코흐도 제시한 바 있다.[75] 핀레이는 67명에게 이 아이디어를 시험했고, 자신의 모기 접종이 면역력을 제공한다고 주장했다.[138] 67명 가운데 4명이 황열에 걸렸고, 그중 1명은 사망했다. 그는 49명의 예수회와 카르멜회 신부들에게도 같은 실험을 반복했고, 그 결과를 모기 접종을 하지 않은 32명의 신부들로 구성된 대조군과 비교했다. 대조군의 신부들 중 5명은 황열로 사망했다. 그의 논문에 따르면, "오염된 모기가 건강한 사람을 물고 나면 오염의 정도가 부분적 혹은 전체적으로 사라지지만, 동일한 곤충이 황열 환자들을 반복적으로 물면 오염의 정도가 더 강화되는 것으로 보였다."[138] 핀레이의 실험 대상은 모두 황열이 만연한 환경에서 살고 있었고, 그는 환자가 황열을 모기에게 전이시키는 기간(감염 이후 처음 3일)이나 병원체가 모기 안에서 잠복하는 기간(모기가 감염성을 가지기까지 10일에서 16일)을 정확하게 알지 못했기 때문에 그의 결과는 명확한 결론에 이르지 못했다.[139]

미국 육군의 의무감이었던 조지 스턴버그는 1900년에 쿠바에서 미국 육군 황열 조사위원회를 조직했다. 미국은 스페인과의 전쟁에서 승리한 덕분에 쿠바를 점령했다. 조사위원회를 조직한 것은 쿠바에 주둔하고 있던 미군 병사들에게 황열이 발생했기 때문이다. 미군이 쿠바를 비롯한 열대 지역의 영토를 성공적으로 점령하기 위해서는 황열과의 싸움에서 이겨야만 했다. 스턴버그는 미국 육군 의무관이었던 월터 리드를 조사위원회의 위원장으로 임명했다.

성실하고, 똑똑했던 리드는 열일곱 살에 버지니아 대학교 의과대학을 1년 만에 졸업하고, 다시 1년 후 뉴욕 시에 있는 벨레뷰 병원 의과대학을 졸업했다.[140] 그는 뉴욕 시에서 의사로 활동하다가, 미국 육군의 보조 외과 의사가 되었다. 그는 여러 전선에서 복무했고, 아파치족의 유명한 지도자 제로미노를 치료하기도 했다. 리드는 심한 화상을 입고 버려진 네 살 혹은 다섯 살 정도의 인디언 소녀를 구하기도 했다. 그는 건강을 회복한 그녀에게 자신의 아이들을 돌보는 일을 맡겼다. 1906년 리드의 전기를 발간한 전기작가는 그의 자선 활동에 대해서 이렇게 썼다. "여성으로 성장한 인디언 소녀는 아파치족의 사나운 성격을 드러내기 시작했고, 결국에는 도망쳤다.……15년 동안의 친절하고, 점잖고, 세련된 생활만으로는 그녀가 속한 종족의 잔인하고 기만적인 특성을 바꿀 수 없다는 충분한 증거가 되었다."[140] 미국의 전방에 배치된 육군 의무대 소속으로 18년이나 근무한 후에 리드는 소령으로 진급해서 워싱턴 DC에 있는 육군 의무학교에 부임했다.

리드가 이끌었던 조사위원회에는 3명의 외과 의사 제시 러지어(당시 34세), 제임스 캐럴, 아리스티데스 아그라몬테가 있었다. 러지어는 모기가 말라리아의 매개체 역할을 한다는 2년 전의 발견에 대해서 알고 있었고, 모기가 황열을 전파한다는 가설을 주장한 핀레이의 1881년 논문도 읽었다. 질병을 매개하는 곤충들도 계속해서 밝혀졌다. 스코틀랜드의 패트릭 맨슨은 1878년 모기가 상피병(象皮病)을 전파한다는 사실을 발견했고,[72] 미국의 시어벌드 스미스와 프레더릭 킬본은 1892년 진드기가 소에게 혈뇨열(血尿熱)을 일으킨다는 사실을 밝혀냈다.[141] 영국의 데이비드 브루스는 1894년 체체파리가 아프리카의 수면병(睡眠病)을 퍼트린다는 사실을 알아냈다.[142] 러지어는 황열병에 대한 핀레이의 실험에서 오류를 찾아냈다. 그의 연구로는 분명한 결론을 얻을 수 없었고, 더 확실하게 통제된 재실험이 필요했다. 그러나 스턴버그와 리드는 모두 모기 가설이 믿기 어렵다는 사실을 발견했고, 심지어 스턴버그는 그의 가설을 "쓸모없는 연구"라고 평가했다.[143] 스턴버그와 리드는 이탈리아의 세균학자 주세페 사나렐리가 제안한 세균 가설을 우선시했다.

사나렐리는 황열 환자로부터 박테리아를 분리해서 "황달 병원체"라는 뜻으로 바실루스 익테로이데스(Bacillus icteroides)라고 불렀다.[140, 144] 사나렐리는 쥐, 기니피그, 토끼, 개, 고양이, 원숭이, 염소, 양, 노새, 말을 비롯한 다양한 동물들을 동원해서 실험했다.[144] 사나렐리는 또한 (동의를 하지 않은) 다섯 사람에게 미생물을 주입하는 실험도 했다. 그중 3명이 사망했지만 한동안 사나렐리는 황열의 원인을 찾아낸 유명한 과학자로 알려지기도 했다.[106] 그는 "충분하지는 않았지만 매우 성공적인 실험을 통해서 지금까지 너무 모호하고 잘못 해석되었던 모든 발병 메커니즘에 대한 실마리를 찾을 수 있었다"라고 자랑했다.[144] 그의 인체 실험이 범죄라고 생각한 사람들도 있었다. 그런데 황열 환자의 혈액을 연구하던 리드 조사위원회가 놀라운 사실을 밝혀냈다. 사나렐리가 발견한 박테리아가 사실은 혈액 시료를 오염시킨 돼지 콜레라의 일종이었다는 것이다. 결국 사나렐리에게 쏟아지던 찬사는 사라져버렸다.[132, 137, 145–147]

동의도 받지 않은 사람들을 이용해서 의학 연구를 진행한 사람은 사나렐리만이 아니었다. 거의 한 세기 전, 에드워드 제너는 선구적인 천연두 백신을 개발하기 전에 자신의 어린 아들에게 돼지 두창과 천연두를 감염시켰다. 건강이 나빠진 그의 아들은 결국 스물한 살에 사망했다.[143] 스턴버그와 리드도 1895년에 진행한 공동 연구에서 고아원의 아이들에게 천연두 백신을 시험했다.[148] 심지어 그들은 자기 감염 실험도 지지했다. 스턴버그는 (3명의 말기 환자를 포함해서) 자신의 요도에 임질 배양액을 바르는 실험을 했던 것으로 알려져 있다. 그는 물론 다른 사람에게서도 감염을 확인하지는 못했다.

사나렐리의 이론이 무너지고 나서야 리드는 러지어에게 모기 가설을 다시 연구하도록 허가했다. 조사위원회의 위원들은 자신들의 연구에 인체 실험이 꼭 필요하다는 데에 동의했고, 다른 사람들을 위험에 빠트리려면 윤리적으로 자신들도 연구 대상에 포함되어야 한다고 생각했다.[149] 그러나 조사위원회의 위원들 4명 중에서 자기 감염 실험을 할 수 있는 사람은 러지어 뿐이었다. 리드는 워싱턴에서 수행해야 할 업무가 있었고, 아그라몬테는 쿠바에서 출생했기 때문에 처음부터 면역력을 가지고 있을 것으로 보였고, 캐럴은 섬에서의 다른 업무에 참여하고 있었다.

러지어와 몇 사람의 자원자들은 황열 환자의 팔을 물었던 모기가 자신들의 팔을 물게 했다.[132] 그들은 병에 걸리지 않았다. 모기 가설에 회의적이던 캐럴도 결국 러지어의 모기가 자신의 팔을 물게 했다. 그런데 바로 그 모기가 감염성이었던 것으로 밝혀졌고, 캐럴은 실험을 통해서 감염된 최초의 사람이 되었다. 그러나 조사위원회는 모기가 문 것이 감염의 원인이라고 분명하게 결론을 내릴 수가 없었다.[137, 145] 실험을 통해서 감염된 두 번째 사람은 러지어가 모기를 준비하고 있었던 바로 그 시간에 러지어의 막사로 들어온 불운의 병사 윌리엄 딘이었다.[132] 딘은 "의사 선생님, 아직도 모기를

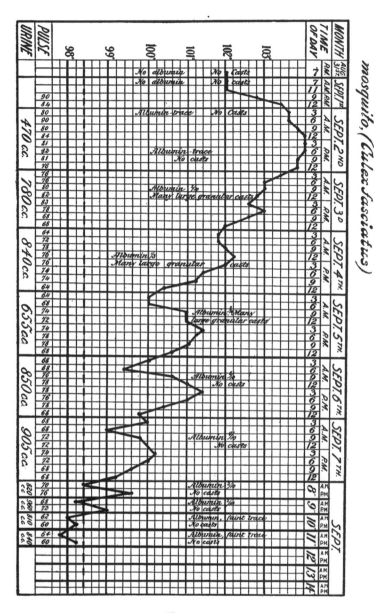

그림 3.1. 캐럴의 발열 차트이다.[137]

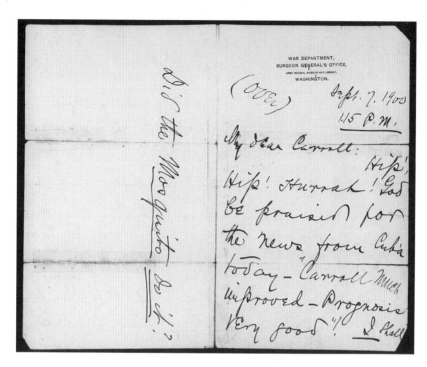

그림 3.2. 리드는 워싱턴 DC에서 캐럴의 회복 소식을 듣고, 그에게 "캐럴에게: 힙, 힙, 후레이! 오늘 '캐럴이 많이 좋아졌다. 예후가 아주 좋다'는 소식이 쿠바에서 왔네. 정말 고맙기도 하지!"라고 쓴 편지를 보냈다. 리드는 편지의 뒷면에 "모기가 한 일인가?"라고 썼다. 버지니아 대학교, 헨치 소장품.

가지고 놀고 계십니까?"라고 물었고, 러지어는 "그렇다네. 자네 한번 물려볼 텐가?"라고 말했다. 딘은 "그러지요. 저는 모기가 두렵지 않습니다"라고 대답했다. 딘의 용기 덕분에 조사위원회는 황열이 모기에 의해서 전파된다고 확신하게 되었다.[137] 캐럴은 거의 죽을 뻔했지만, 다행히 두 사람은 모두 회복했다. 화가 난 캐럴은 아내에게 조사위원회 위원들이 스스로 모기 실험을 실시할 때, 리드가 의도적으로 자리를 비웠다고 주장하는 편지를 썼다.[149] 조사위원회는 실험을 중단하기로 결정했다.

그런 후에 의도적이었는지 우연이었는지는 모르지만, 러지어가 모기에 물려서 황열에 걸렸다.[132, 137] 매사추세츠에서 둘째 아이를 출산하고 회복 중이던 그의 아내 마벨은 거의 2주일이 지난 후에 "러지어 박사가 오늘 저녁 8시에 사망했다"라는 전보를 받았다.[149] 그녀는 그가 황열에 걸린 사실도 모르고 있었다. 그녀는 캐럴에게 남편의 죽음에 대해서 알고 싶다는 편지를 보냈다. "[저는] 러지어 박사가 어떻게 황열에 걸리게 되었는지에 대해서 자세하게 알고 싶습니다. 어제 우드 장군이 보낸 편지에 따르면, 러지어 박사가 황열 환자를 물었던 모기가 자신을 무는 것에 동의했다고 합니다. 우드 장군이 잘못 알고 있었을 가능성이 있을까요? 저도 러지어 박사가 자신의 일을 좋아한다는 사실은 알고 있지만, 그렇게 무모한 일을 할 정도라고 생각하기는 어렵습니다."[150]

러지어의 실험 일지를 검토한 리드는, 그가 의도적으로 황열에 감염되었다고 추정했다. 그런 행동은 자살로 간주될 수 있었고, 그렇게 되면 그의 가족들은 생명보험금도 받을 수 없게 된다는 뜻이었다.[143] 리드의 사무실에서 감쪽같이 사라졌던 러지어의 실험 일지는 50년이 지난 후에야 다시 나타났다.

리드는 모기가 황열의 매개체라는 조사위원회의 증거를 자세하게 소개하는 논문을 급히 작성해서 발표했다.[137] 그의 논문은 상당한 비판을 받았다. 1900년 11월 2일 「워싱턴 포스트(*Washington Post*)」는 사설에서 이렇게 밝혔다. "지금까지 언론에 소개된 황열에 대한 어리석은 엉터리 이야기들 중에서 다른 것과 비교조차 할 수 없을 정도로 가장 어리석은 이야기가 바로 모기 가설을 근거로 하는 논거와 이론들이다."[106]

살아남은 3명의 위원들은 추가 연구가 필요하다는 사실을 알고 있었다. 아그라몬테는 "두 건의 실험과 한 건의 우연한 결과를 포함한 세 가지 사례만으로는 충분하게 증명할 수 없고, 의학계가 어설픈 증거에 근거를 둔 의견을 의심의 눈으로 바라보리라는 점은 우리도 충분히 알고 있었다"고 했다.[132] 리드는 모기 가설이 옳다는 사실을 의심의 여지가 없도록 확실하게 밝혀야 했다. 그는 캠프 러지어라고 부르게 된 쿠바의 새로운 시설에서 제대로 된 실험을 수행하기 위해서 1만 달러의 예산을 신청했다.

리드는 실험을 위해서 건강한 장병들을 선발해서 격리시켰다.[132] 격리가 끝난 3명의 장병들은 모기를 차단하는 모기장이 설치된 "감염동"에서 20일 동안 지냈다. 그들이 사용한 매트리스, 베개, 베갯잇, 침대보, 담요, 수건, 옷은 모두 황열 희생자들의 혈액, 검은 토사물, 소변, 땀, 배설물에 담가 두었던 것이었다. 첫날에 더러운 옷이 가득 들어 있는 가방을 열어본 한 장병은 구역질을 했다. 그러나 그들은 "말로 표현할 수 없는 불결함과 압도적인 악취 때문에 밤에도 잠을 잘 수 없었지만" 그곳에서의 생활을 견뎌냈다.[132] 그들은 물론이고, 후속 실험에 참여했던 다른 장병들도 모두 토사물에 찌든 더러운 물건들을 만졌지만 어느 누구도 황열에 걸리지 않았다.[151] 조사위원회가 예상했듯이, 황열은 감염된 옷, 침구, 공기를 통해서 퍼지는 것이 아니었다. 조사위원회의 실험으로 황열 희생자들의 유품을 버리거나 태워버리는 수백 년 동안의 관행이 쓸모없는 자원 낭비였다는 사실이 입증되었다.

다른 자원자들은 소독한 침구를 갖추어놓은 "모기동"에 수용되었다.[132] 아그라몬테는 병원에서 황열 환자들을 물었던 모기를 모기동으로 가져와서 자원자들을 물게 했다. 어느 날 아그라몬테가 감염된 모기가 들어 있는 통을 주머니에 넣고 모기동으로 가던 중에 그가 탄 마차를 끌던 말이 증기 기관차를 보고 놀라서 언덕을 마구 달려 내려가기 시작했다. 마차가 뒤집어지는 바람에 아그라몬테는 길 위로 내동댕이쳐졌다. 다행히 "모기는 안전했고, 캠프 러지어에 도착한 나는 캐럴에게 모기를 맡겼다."[132] 같은 건물에 마련된 모기가 없는 방에서 지내면서 대조군 역할을 했던 2명의 자원자는 황열에 걸리지 않았다.

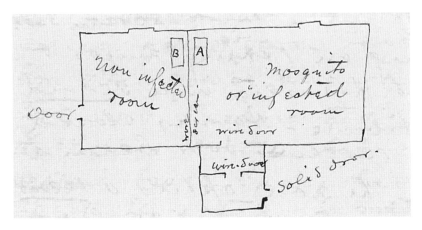

그림 3.3. 리드가 1900년 11월 27일 아내에게 보낸 편지에 그린 캠프 러지어의 2호 건물이다. 버지니아 대학교, 헨치 소장품.

조사위원회는 감염된 모기 실험에 참여할 자원자를 찾는 일에 어려움을 겪게 되었다. 아그라몬테에 따르면, "접종에 참여하겠다는 장병들이 몇 사람 있었지만, 선택의 시간이 되면 모두 모기동보다 '감염동' 실험을 원했다."[132] 그래서 아그라몬테는 캠프에서 잡일을 하기 위하여 부두에 내리는 스페인 이민자들을 모집했다. "그곳에 온 사람들은 잘 먹었고, 막사에서 지내고, 모기장 속에서 잤고, 하루에 8시간씩 충분히 쉬면서 굴러다니는 돌멩이를 줍는 작업을 했다." 그동안에 아그라몬테는 그들의 이력을 조사해서 미성년자이거나, 건강이 좋지 않거나, 열대 지역에서 살았거나, 부양자가 있는 사람들은 돌려보냈다. 그는 남은 사람들에게 모기에 물릴 수 있는 모기동에서 지내면 100달러를 주고, 병에 걸리면 추가로 100달러를 더 주겠다고 제안했다. "물론 혹시 발생하게 될 장례 비용에 대해서는 아무 말도 하지 않았다." 연구진이 도입한 피험자(被驗者) 동의서는 인체 실험에서 처음 사용된 것으로, 그 이후 인체 연구의 표준이 되었다.[149]

모기 실험에 참가했던 병사들 중에서 존 키신저 육군 이등병은 아무런 보상도 받지 않고 실험에 참여했다가 병에 걸린 최초의 자원자였다.[132] 그는 통제된 실험에서 황열에 걸린 최초의 사례였다. 그는 살아남았지만 남은 일생을 장애인으로 살았고, 정신적으로도 문제가 생겼다.[143] 키신저 이후의 다른 자원자들도 황열에 걸렸고, 과거에 그와 함께 방을 썼던 존 모런도 키신저와 마찬가지로 보상을 거절했다.[118] 미국에 도착한 아일랜드 이민자인 모런은 열 살부터 자립을 했고, 스물한 살에 미국 육군 의무대에 입대했다.[152] 리드는 열이 치솟은 모런에게 "모런 씨, 오늘은 내 일생에서 가장 행복한 날입니다"라고 말했다.[153] 키신저와 달리 모런은 완전히 건강을 되찾았다.

감염동의 자원자들이 모기동의 실험에 자원한 경우도 있었다.[132] 그들은 더러운 옷이나 침구와 접촉했을 때에는 아무 문제가 없었지만, 감염된 모기에 물리고 나서는 증상이 나타났다. 리드는 아내에게 편지를 썼다. "여보, 함께 즐거워합시다. 디프테리아 해독제, 그리고 코흐의 결핵균 발견과 함께 이것도 19세기의 가장 중요한 과학적 연구로 인정받게 될 것입니다. 허풍이 아닙니다. 나는 나에게 황열이 전파되는 훌륭한 방법을 알아낼 수 있도록 해준 하늘에게 정말 환호하고 싶습니다."[140]

스페인 이민자들이 모기동에서 황열 병동으로 옮겨지는 모습을 본 다른 스페인 자원자들은 놀라서 도망을 갔다.[132] 리드의 기록에 따르면 "모기를 '식탁 위를 천진난만하게 윙윙거리며 날아다니는 작은 파리'라고 부르던 훌륭한 스페인 친구들이 갑자기 과학의 발전에 대한 관심을 완전히 잃고, 자신들의 개인적인 기회까지 포기하면서 경솔하게 캠프 러지어와의 관계를 끊어버렸다. 개인적으로는 그들의 이탈이 매우 실망스러웠지만, 나는 그들이 우리의 통제에서 벗어나기로 한 것은 자신들의 건전한 판단력에 따른 것이라고 생각할 수밖에 없었다."[154] 실제로 사망한 사람은 러지어뿐이었다. 그러나 아바나에서는 리드의 연구에 지원했던 사람들의 뼈가 가득 담겨 있는 석회 가마에 대한 소문이 돌았고, 언론은 미국인들이 이민자들에게 독을 주사하고 있다고 보도했다.[132]

리드 조사위원회의 연구는 아직 완성되지 않았다. 모기 실험의 성과를 근거로 감염자들의 혈액에 황열의 병원체가 들어 있는 것이 틀림없다고 믿은 조사위원회는 혈액 주사 실험을 시작했다.[132] 그들은 황열 환자로부터 2cc의 혈액을 채취해서 자원자에게 주사했다.[155] 자원자가 병이 들면 그들은 환자로부터 다시 1.5cc의 혈액을 채취해서 다른 자원자에게 주사했다. 그렇게 하면 그 사람도 역시 병이 들었다. 몇 사람의 추가 자원자들에게도 똑같은 실험을 반복했고, 오직 한 사람만이 병에 걸리지 않았다.[132] 병원체는 혈액을 통해서 사람에게서 사람으로 전파될 수 있고, 인간이 전염병의 보균소 역할을 한다는 사실이 확인되었다.

황열 환자의 혈액 0.5cc를 주입한 다른 환자도 병에 걸렸다. 그런데 과거에 황열을 앓았던 4명의 자원자들(키신저, 모런 및 2명의 다른 사람들)은 감염된 혈액을 주사해도 병에 걸리지 않았다. 그들이 면역력을 가지게 되었다는 뜻이었다.[151] 리드는 최후의 자원자가 되기로 결심했지만, 마지막 순간에 존 앤드루스가 그를 대신해서 실험 대상이 되겠다고 나섰다. 앤드루스는 감염된 혈액 때문에 거의 죽을 뻔했지만 다행히 건강을 회복했다. 40년이 지난 후에 그는 전신이 마비된 상태로 워싱턴 DC의 월터 리드 병원의 침대에 누워 있었다. 그는 척추에 황열의 후유증이 남아 있었다고 확신했다.[143]

아그라몬테에 따르면 "우리의 모기 실험은 그렇게 종결되었다. 어쩔 수 없이 인간을 대상으로 수행되었지만 다행히 한 사람의 사망자도 없었다. 오히려 우리의 실험은 황열에 관한 모든 위생 수단에 혁명을 일으켰다."[132] 모기 퇴치의 유용성은 분명해졌다. 아그라몬테는 "단순히 환자가 모기에 물리지 않게 하고, 모기를 광범위하고 완벽하게 퇴치하면 지역사회에서 전염병을 종식시킬 수 있다. 국가가 이런 재앙을 영원히 막으려면 반드시 모기의 산란을 억제하고, 모기를 완벽하게 제거해야 한다"라고 썼다.[132]

리드 조사위원회의 실험은 명쾌했고, 그 덕분에 과학적 합의가 이루어졌다. 심지어 「워싱턴 포스트」도 모기가 황열의 매개체 역할을 한다는 사실을 인정했지만, 황열 조사위원회에 대해서는 비판적이었다. "학술적인 증명을 위해서 더 많은 사람들을 희생시키는 대신 매개체를 제거하는 일에 더 힘써야 하지 않았는가?"[143] 1793년의 유행 당시에 한 필라델피아 주민은 실제로 물통에 있는 모기 유충을 죽이자고 제안했지만[106] 다른 수많은 사람들의 반발에 묻혀서 잊혔다.

핀레이는 패트릭 맨슨 경과 비교되고, 리드는 로널드 로스와 비교되었다.[143] 핀레이는 노벨상 후보로 일곱 차례나 지명되었지만 상을 받지는 못했다. 그는 쿠바에서 가장 유명한 의사였다. 그를 위해서 열린 파티에서 핀레이는 자신의 연구를 종합하여 이렇게 설명했다. "20년 전에 내가 확신했던 증거에 따라서 나는 흥미로울 것도 없는 미지의 세계로 떠났다. 나는 그곳에서 거친 돌 하나를 발견했고, 그것을 집어서 유능하고 믿을 수 있는 동료인 클라우디오 델가두 박사와 함께 조심스럽게 다듬어서 살펴본 덕분에 우리가 거친 다이아몬드를 발견했다는 결론에 도달했다. 그러나 필요한 분야의 전문성을 갖춘 훌륭한 전문가들로 구성된 조사위원회가 등장해서 거친 조개껍데기 속에서 아무도 놓칠 수 없을 정도로 빛나는 보석을 찾아내기까지 몇 년 동안은 아무도 우리를 믿어주지 않았다."[156]

아그라몬테도 모기가 황열을 전파한다는 이론을 세운 핀레이의 공로를 인정했다. 그러나 핀레이의 실험은 쓸모가 없다고 생각했다. 아그라몬테에 따르면 "핀레이가 생각했던 (모기가 감염을 전파한다는 사실에 대한) 근본적인 진실은 미국 육군 조사위원회에 의해서 완벽하게 다듬어지고, 껍질이 벗겨진 후에야 알맹이가 그 모습을 드러낼 수 있었다. 그때까지 진실은 수

많은 오류, 가설, 추론으로 가득했던 당초의 제안 속에 감추어져 있었다. 핀레이와 델가두의 실험은 그런 껍질의 일부를 벗겨주었다."[157]

조사위원회가 성공을 거둔 직후부터 리드는 자신이 당연히 누려야 할 공로를 인정받지 못할 가능성에 대해서 걱정하기 시작했다. 그는 아내에게 스턴버그가 "자신이 지난 20년간 모기를 황열의 가장 유력한 원인이라고 생각했다는 논문을 쓸 것"으로 예상된다는 편지를 썼다.[140] 아니나 다를까 스턴버그는 1901년에 발표한 논문에서 자신이 공로를 인정받아야 한다고 주장했다.[139] 스턴버그는 발견의 공로로 자신에게 승진의 기회가 주어져야 한다고 주장했다. 그의 승진 요청서에 따르면, "황열이 모기에 의해서 전파된다는 중요한 발견을 제가 주도했다는 점에 주목해주기를 간곡하게 요청합니다. 월터 리드 소령과 그의 조수들이 훌륭한 실험을 통해서 그 발견을 증명했다는 사실을 포함하더라도, 그들의 연구가 본인의 추천으로 이루어졌고, 본인이 조사위원회의 위원들을 선임했다는 점은 공식 기록에서도 확인할 수 있을 것입니다. 나는 또한 조사위원회 위원장에게 개인적으로 지시를 했고, 그에게 실험의 방향을 제시했습니다."[143]

쿠바에서는 황열에 대한 연구가 계속되었다. 핀레이와 그의 동료인 후안 기테라스는 모기에게 한 번 물리면 경미한 황열 증상이 나타나지만, 여러 번 물리면 치명적인 증상이 나타난다고 믿었다.[143] 그들은 사람들을 감염된 모기에 물리게 해서 그들에게 면역력이 생길 수 있도록 시도했다.[158] 리드는 조사위원회의 연구를 근거로 한 번 물리는 것만으로 충분하다고 믿었다. "그들은 몇 명의 가련한 사람들이 죽은 후에야 생각을 바꿀 수 있었다."[143] 기테라스는 리드의 연구 방법을 이용해서 42명의 자원자들에게 실험을 했고, 그중 3명이 사망했다. 그중 한 사람은 연구에 참여한 미국인 간호사였다.[145, 158] 리드의 기록에 따르면 "나는 기테라스의 불행한 소식에 몹시 안타까움을 느꼈고, 희생자가 발생한 것에 대해서 그가 얼마나 정신적으로 고통스러웠을지 충분히 짐작할 수 있었다. 어쩌면 몇 사람의 희생 덕분에 더 많은 사람들을 위한 더욱 효율적인 예방법을 개발하게 될 수도 있을 것이다."[143] 기테라스의 연구는 황열의 변이에 따라서 치명도가 다르다는 사실과, 그와 핀레이가 생각했던 모기에 한 번 물리면 반드시 병에 걸린다는 가설이 틀렸다는 사실을 모두 증명해주었다. 캐럴에 따르면, "이 실험에서 확인된 높은 치사율은 모기에 물리는 것의 치명도에 대한 모든 의혹을 해결해주었고, 내가 직접 한 첫 희생자에 대한 부검을 통해서 특징적인 병변(病變)의 존재가 확인되었다."[145]

캐럴은 기테라스와 함께 질병을 일으키는 병원체를 확인하기 위한 연구를 수행했다. 황열의 병원체가 모기나 주사로 주입한 혈액을 통해서 전파된다는 정보가 널리 알려지게 된 것이 오히려 연구의 걸림돌이 되었다. 캐럴에 따르면 "기테라스 연구의 후반부에 발생했던 치명적인 결과에 대한 걱정 때문에 기꺼이 실험에 참여하겠다는 대상자를 찾는 일이 지나칠 정도로 어려워졌다."[145] 기테라스는 캐럴에게 모기를 이용한 의도적인 감염이 더 이상 정당화될 수 없다고 충고했지만, 캐럴의 생각은 달랐다.

캐럴은 감염된 모기를 이용해서 몇 사람을 황열에 걸리도록 했다. 그는 환자들의 혈액에서 박테리아를 걸러낸 후에 자원자들에게 박테리아를 제거한 혈액을 주사했지만, 그 사람들도 병에 걸렸다.[145] 병원체는 박테리아와 달리 필터를 통과할 정도로 작았고, 너무 작아서 현미경으로도 볼 수가 없는 것이었다. 캐럴은 인간의 질병이 바이러스에 의해서 발생할 수 있다는 사실을 최초로 증명했다.[159] 그러나 그는 논문에 그렇게 적을 수가 없었다. 당시에는 "바이러스"라는 단어를 그런 뜻으로 사용하지 않았을 뿐만 아니라, 그런 "초미세" 유기체를 볼 수 있는 방법도 없었다. 그의 실험은 모기에 의해서 전파되는 바이러스의 존재에 대한 최초의 설명이었다.

아시비 변이(1900-1953)

황열은 이번 세대에 완전히 없어지고, 다음 세대에는 역사적으로 흥미 있는, 이미 사라진 질병이 될 것처럼 보인다. 과거에는 존재했지만 앞으로는 지구상에 다시 나타날 가능성이 전혀 없는 발가락이 3개 달린 말을 우리가 보듯이, 미래 세대는 황열 기생충을 그렇게 볼 것이다. _ **윌리엄 C. 고가스**, 1911년[160]

리드 조사위원회는 특정한 종류의 모기가 황열을 전파한다는 사실은 발견했지만, 병원체 자체를 발견하지는 못했다. 조사위원회는 바실루스 익테로이데스라는 세균이 황열을 일으키는 매개체라는 사나렐리의 가설이 틀렸다는 사실을 확인했지만, 그에 대한 반론이 없었던 것은 아니었다. 윌리엄 매킨리 대통령이 가슴과 복부의 총상으로 사망하고 이틀 후에 리드는 1901년 미국 공중보건협회 학술회의에서 조사위원회의 획기적인 연구 결과를 발표했다.[161] 매킨리의 마취 의사였던 유진 워스딘은 매킨리의 임종 현장에서 그의 사망이 총알에 묻은 독 때문이라고 잘못 지적하고 나서 곧바로 학술회의에 도착했다.

사나렐리의 박테리아를 연구하기 위해서 구성된 대통령 직속 위원회의 위원이었던 워스딘은 박테리아가 황열의 원인이라고 확신하고 있었다. 학술회의에서 그는 "새로운 유기체가 발견될 것이라는 리드 박사의 주장을 진실이라고 인정할 수는 없다"라고 주장했다. "이미 유기체는 발견되었다. 사나렐리의 유기체가 황열을 일으킨다는 사실을 인정하는 것은 황열이 모기에 의해서 전파된다는 리드 박사의 증명에 어긋나지 않는다."[162] 워스딘은 모기 전파가 의류에 의한 전파와 마찬가지로 다른 감염 경로에 비해서 부수적인 것이고, 리드의 모든 발견 또한 사나렐리의 박테리아의 작용으로 설명할 수 있다고 주장했다. 실험을 마치고 얼마 되지 않았던 리드는 점점 조급해졌다. 그는 "이 문제에 대해서 열심히 노력한 워스딘 박사를 존중하지만, 내 입장에서는 이 박테리아가 황열의 원인이라고 생각하는 것은 시간 낭비일 뿐이다"라고 대답했다.[162]

매킨리가 암살되고, 리드와 갈등을 겪은 후 얼마 지나지 않아서 워스딘은 정신병 증세를 보이기 시작했고, 1911년 쉰두 살의 나이로 정신병원에서 사망했다.[163] 리드는 노벨상 후보로 고려되었지만, 1901년과 1902년의 제1회와 제2회 노벨상은 (디프테리아를 연구한) 폰 베링과 (말라리아를 연구한) 로스에게 돌아갔다. 리드는 1902년 쉰한 살의 나이에 맹장염으로 사망했다.[118] 쿠바 주둔군을 지휘하던 장군은 리드의 장례식에서 "앞으로는 포토맥 강의 어귀에서부터 리오그란데 강의 어귀에 이르는 지역에서 격리 수용소가 필요할 정도로 황열이 번지는 일은 불가능할 것"이라고 했다.[118] 알링턴 국립묘지에 있는 리드의 묘비에는 "그는 인류에게 황열이라는 끔찍한 전염병을 관리하는 능력을 주었다"라고 새겨져 있다.

쿠바에서의 인체 실험은 중단되었고(그러나 모기 실험과 혈액 주사 실험은 다른 곳의 연구자들에 의해 반복되면서 개선되었다),[145] 스턴버그가 지지했던 캐럴의 승진은 거부되었다.[143] 1907년 의회가 특별법을 제정해서 캐럴을 소령으로 진급시켰지만, 과거에 앓았던 황열 때문에 심장이 약해진 그는 그해 말에 사망했다. 그는 쉰세 살이었고, 유족으로 아내와 다섯 아이들이 있었다.[118, 132]

미국 정부는 리드와 그의 연구진과 자원자들을 위한 기념탑을 세웠다. 1793년부터 1900년까지 미국에서 발생한 황열 환자가 50만 명이나 되고, 전염병에 의한 경제적 손실이 1억 달러를 넘은 해가 있던 것을 고려하면 그런 예우는 당연했다.[118] 의회는 문제를 해결해준 리드 조사위원회의 공로를 인정하여 자원자와 유가족에게 매달 146달러의 수당을 지급하는 법을 제정했다. 스턴버그의 후임으로 부임한 미국 육군 의무감은 그런 보상을 비판했다. "화폐의 구매력이 지금보다 훨씬 컸던 한 세기 전에 영국 정부가 백신을 발명한 제너에게 3만 파운드 은화에 해당하는 상금을 준 사실과 비교하면, 이렇게 보잘것없는 보상은 매우 불명예스럽다."[118] 결국 의회는 1929년 22명의 자원자(또는 그들의 유족)에게 1,500달러의 연금과 함께 금장 명예 훈장을 수여했다.[152]

캐럴이 사망하면서 아그라몬테는 조사위원회 위원들 중에서 유일하게 생존한 위원이 되었다. 아그라몬테는 재정적인 보상을 받지는 못했지만, 여전히 아바나 대학교에서 세균학과 실험 병리학 교수로 재직했다. 그의 회고에 따르면 "어쩌면 스스로의 노력으로 충분히 좋은 성과를 거두었다는 기억과 그것으로부터 가장 내밀한 만족을 얻었다는 감정과 허무하게 살지는 않았다는 믿음을 가지게 된 것이 충분한 보상이라고 생각할 수도 있다. 나는 그런 생각이 확실하게 진실임을 안다."[132]

쿠바는 1880년에 핀레이의 실험을 시작하게 했고, 1900년에는 황열 조사위원회의 실험을 수용했다. 쿠바는 그런 노력으로 얻은 첫 성과의 혜택을 누리기도 했다. 황열 조사위원회가 성공을 거둔 후에 리드의 친구인 윌리엄 C. 고가스 소령은 즉시 아바나에서 이집트 숲모기 퇴치 작업을 시작했다.[164] 그의 동료들은 산란장을 제거하고 모기약의 사용을 확대했다.

이집트 숲모기 암컷은 하수관, 수조, 물통, 시궁창, 연못, 옥외 화장실, 깡통, 운하에 고여 있는 물에 알을 낳았다. 병사들은 적은 양의 물이 들어 있는 곳의 물을 빼거나, 부수거나, 치웠고, 많은 양의 물에는 등유를 뿌려서 모기 유충이 숨을 쉴 수 없도록 만들었다. 1901년 3월의 첫 보고서가 발간될 때까지 고가스 팀은 아바나에서 모기 유충이 들어 있는 2만6,000곳의 웅덩이를 찾아내서 처리했다. 그들은 물탱크에 차단막을 설치하고, 연못에는 모기를 잡아먹는 물고기를 넣었다. 황열 환자들은 모기장 속에 격리시켰고, 그들이 쓰던 방은 감염된 모기를 제거하기 위해서 제충국분, 담배, 황으로 소독했다. 5명으로 구성된 고가스의 팀은 2시간 만에 큰 집을 소독할 수 있었다. 사람들을 교육시키고 물통에서 모기를 제거한 정부는 소유지에서 모기 유충이 발견된 사람들에게 10달러의 벌금을 부과하기 시작했고, 그러한 정책이 개인의 노력을 부추기는 동기가 되기도 했다.

비록 19세기 말까지 농약은 대부분 등유, 제충국분, 담배, 황 등의 천연물로 제한되었지만, 고가스는 그런 농약을 효율적으로 활용했다. 그가 모기 퇴치 프로그램을 시작했을 때는 아바나가 한 세기 반 동안 거의 매년 황열의 습격을 받은 이후였다.[147] 아바나의 공식 기록에 따르면 지난 47년 동안 3만5,952명이 황열로 사망했다. 그러나 모기 퇴치 프로그램을 시작하고 3개월 만에 아바나는 실질적으로 황열에서 완전히 벗어났고, 말라리아 감염율도 빠르게 줄어들었다.[147, 164] 모기 퇴치 프로그램을 시작하고 10개월이 지난 후에는 모기 유충이 들어 있는 물웅덩이의 수가 2만6,000개에서 300개로 줄어들었다. 그것은 당시까지 실시했던 질병 매개체를 제거하려는 시도들 중에서 가장 성공적인 것이었다.

뉴올리언스에서 황열이 발생했던 1905년에는, 미국 공중보건국도 고가스와 똑같은 적극적인 모기 퇴치 정책을 도입했는데, 역시 등유를 살충제로 사용했다. 그런 시도는 미국과 전 세계의 모든 곳에서 빠르게 확산되었고, 텍사스 주, 영국령 온두라스, 브라질 등에서 큰 성공을 거두었다.[132]

20세기가 시작되면서, 스페인-미국 전쟁으로 파나마를 가로지르는 운하 건설에 대한 미국의 관심이 절정에 달했다. 당시 파나마는 컬럼비아의 일부였다. 태평양 함대의 군함들이 대서양 함대를 지원하려면 남아메리카 남단을 돌아가야만 했다. 운하 건설을 서두르기 위해서 (파나마에 대한 권리와 파나마를 가로지르는 철도를 팔고 싶어했던) 프랑스와 미국은 운하에 대한 상업적인 권리를 지키고 싶어했던 파나마 사람들과 공모해서 컬럼비아에 저항하는 혁명을 일으켰다. 1903년 11월에 미국은 신생국 파나마의 독립을 인정했고, 파나마 정부는 곧바로 미국에 운하 지역의 영구적이고 배타적인 사용권을 보장하는 조약에 서명했다. 파나마는 미국의 돈과 컬럼비아 군의 반격에 대한 군사적 보호를 보장받았다.

다음 해에 고가스는 운하 건설을 돕기 위해서 파나마에서 배수와 농약 살포 작업을 적극적으로 실시했다.[165] 프랑스가 운하를 건설했던 1880년대에는 프랑스 인부들의 30퍼센트가 황열과 말라리아와 같은 열병을 앓았지만, 미국의 운하 건설 과정에서는 고작 2퍼센트의 인부만이 병에 걸렸다.[106] 고가스 팀이 파나마에서 황열을 퇴치하기까지는 겨우 2년이 걸렸다.

그러나 파나마에서 고가스의 사업에 대한 정치학은 위험한 것이었다. 많은 사람들이 여전히 리드 조사위원회의 연구를 무시했고, 고가스의 모기 퇴치 노력을 어리석은 일이라고 생각했다. 결과적으로 윌리엄 H. 태프트 전쟁부 장관을 비롯한 많은 사람들이 고가스를 주저앉히기 위해서 시어도어 루스벨트 대통령을 설득했다. 그러나 스페인-미국 전쟁 동안 쿠바에서 황열이 어떤 것인지를 직접 경험했던 루스벨트는 태프트의 제안을 받아들이기 전에 자신의 친구이자 주치의인 알렉산더 램버트 박사의 의견을 듣기로 했다.[166]

루스벨트는 "그들은 고가스가 연못에 기름을 뿌려서 모기를 죽이는 일에 모든 시간을 쏟고 있다고 했다. 숀츠 위원장은 고가스가 파나마나 콜론을 청소하지 않았기 때문에, 옛날처럼 고약한 냄새가 난다면서 그를 사퇴시키라고 제안했다. 이 문제를 검토한 전쟁부 장관은 그의 제안에 동의했다"라고 말했다.[166] 대통령의 조사위원회는 황열과 말라리아가 악취와 오물에 의해서 확산된다는 낡은 생각으로 돌아간 것이다. 램버트는 루스벨트에게 과학적인 지식을 설명하고, 모기 퇴치 프로그램을 포기하면 운하를 건설할 수 없을 것이라는 사실을 강조했다. 그의 설명에 감동한 루스벨트는 운하에 처음으로 배가 운행한 1914년까지 고가스를 운하 지역의 의무관으로 남겨두었다.

고가스는 당시 벌써 6년째 미국 의학회의 회장을 맡고 있었다.[166] 제1차 세계대전과 1918년 인플루엔자가 대유행할 때, 그는 미국 육군의 의무감으로 있었다. 1920년에 새로운 황열 조사위원회의 일원으로 황열을 연구하러 아프리카로 가던 고가스는 조지 5세가 수여하는 작위를 받으러 런던에 들렀다. 그곳에 머무는 동안 고가스는 심장마비를 일으켰고, 왕이 수여한 작위를 병원에서 받아야만 했다. 그러나 그는 몇 주일 후에 그 병원에서 사망했다. 그의 아내는 이렇게 회고했다. "그의 오랜 노력으로 세상에서 황열을 제거해서 열대 지역을 백인에게도 안전한 곳으로 만들겠다는 꿈이 이루어지려는 순간을 눈앞에 두고 갑자기 모든 것이 멈춰버린 것은 매우 실망스러운 일이다."[166]

1920년 고가스의 황열 조사위원회 위원이었던 에이드리언 스토크스는 록펠러 재단이 "질병을 일으키는 유기체를 분리하기 위해서" 나이지리아로 파견한 1927년 연구진에 합류했다.[167] 그때부터 감염병에 대한 연구에서는 사람 대신 효과적인 동물 모델을 이용하기 시작했다. 1927년의 연구진은 황열 연구에 적절한 동물 모델을 개발하기 위해서 기니피그, 토끼, 쥐, 흰 쥐, 감비아 주머니쥐, 개, 고양이, 염소, 침팬지, 그리고 다양한 종의 원숭이에게 황열병 환자에게서 채취한 혈액을 주사했다.[168] 그중에서 황열에 취약한 붉은털원숭이가 연구에 적합한 동물이라는 사실이 밝혀졌다.

연구진은 1927년 6월 30일 열병에 걸린 아시비라는 이름의 남성(그는 회복했다)에게서 채취한 혈액을 아크라(골드코스트 또는 가나)에 있던 실험실로 가지고 가서 붉은털원숭이에게 주입했다.[168] 원숭이는 죽었고, 스토크스 연구진은 황열 진단을 확인하기 위한 부검을 했다. 죽은 원숭이의 혈액을 다른 원숭이에게 주입하자 그 원숭이도 죽었다. 그들은 30마리의 다른 원숭이들에게도 같은 실험을 반복했고, 오직 한 마리만 살아남았다. 그 후 연구진은 모기를 이용해서 원숭이들에게 황열을 확산시켰다. 원숭이가 황열 바이러스의 보균소 역할을 한다는 사실이 밝혀졌고, 밀림과 가까이에 있는 도시 지역의 주민들에게 감염병이 발생하는 이유를 설명할 수 있게 되었다. 연구진은 또한 감염된 모기는 살아 있는 동안 계속 감염력을 유지하고, 3개월 이상 생존한다는 사실도 알아냈다. 리드의 연구진도 과거에 똑같은 사실을 발견했다. "주민들이 떠난 건물이나 마을에서도 황열 감염력이 몇 달 이상 지속된다는 사실은 문헌에도 몇 차례 소개된 적이 있었지만, 우리가 처음으로 그 이유를 설명할 수 있게 되었다."[155]

1927년 9월 15일에 스토크스도 아시비 변이에 의한 황열에 걸렸다. 아마도 원숭이에게 물린 손의 상처를 통해서 감염된 혈액에 우연히 노출되었을 것이다.[169, 170] 라고스의 병실에 누워 있던 스토크스는, 동료들에게 모기가 자신을 물게 한 후에 그 모기로 실험용 원숭이를 물게 하고, 원숭이들에게 자신의 혈액을 주입하도록 요청했다. 두 실험 모두에서 원숭이들은 치명적인 황열에 걸렸다.[171] 그는 동료들에게 만약 자신이 사망하면 반드시 부검을 하도록 요청했다.[143] 실제로 감염은 치명적이었고, 부검을 통해서 피부를 통한 최초의 황열 감염 사례라는 사실이 확인되었다.[172] 스토크스의 동료들은 그의 사망 직후에 자신들의 발견을 논문으로 발표했고, 스토크스에게 제1저자의 명예를 안겨주었다.[168]

일본의 유명한 세균학자 히데요 노구치*를 포함한 4명의 록펠러 재단 연구자들은 연구 과정에서 황열에 감염되어 사망했다.[169, 173] 노구치는 거의 10년 동안 자신이 렙토스피라 익테로이데스(Leptospira icteroides)라고 불렀던 세균에 의해서 황열이 발생한다는 잘못된 결론으로 연구자들을 혼란에 빠뜨렸다.[172] 스토크스는 그것이 황열을 일으키는 병원체가 아니라는 사실을

---

* 매독의 병원체인 스피로헤타를 발견한 일본의 세균학자. 1900년 미국으로 건너가 펜실베이니아 대학교의 사이먼 플렉스너 교수의 조수로 활동한 후 록펠러 의학 연구소에서 연구했다. 가나의 아크라에서 황열을 연구하던 중에 감염되어 사망했다.

증명했고, 그에 대한 결정적인 증거를 마련하기 위해서 유명한 의사와 노구치에게 자신이 사망한 후에 부검을 해달라고 요청했다.[171] 스토크스는 의사에게 이렇게 물었다. "이제 당신은 황열이 렙토스피라라는 세균이 아니라 바이러스에 의해서 일어난다는 사실에 동의할 준비가 되셨습니까?"[171] 의사는 "나는 당신을 믿습니다. 그 이유를 설명할 수는 없지만, 당신이 황열에 걸렸고, 당신이 바이러스라고 부르는 것에 의해 실험실에서 감염이 되었음을 알고 있습니다"라고 대답했다.

그러나 노구치는 자신의 고집을 꺾지 않았다. 노구치는 스스로 렙토스피라를 주사했고, 따라서 자신이 황열에 대한 면역력이 있다고 생각했다. 그는 아크라의 실험실에서 연구를 시작했으나, 실제로 자신이 틀렸다는 사실을 직접 확인하고 말았다. 캐럴은 줄곧 황열이 세균에 의해서 감염되는 질병이 아니라고 주장해왔다. 스토크스가 사망한 직후에 노구치도 아크라에서 황열로 사망했다. 연구자들은 노구치의 감염 경로에 대해서 두 가지 견해를 제시했다. 하나는 이론에 담긴 엄청난 오류를 깨달은 후에 의도적으로 자신을 감염시켰다는 것으로, 일본의 전통적인 자살인 할복을 과학적으로 변형했다는 견해였다.[172] 훨씬 더 가능성이 높은 다른 견해는, 노구치의 실험실에 있던 제대로 관리하지 않은 실험용 상자에서 감염된 모기가 탈출했다는 것이었다.

얼마 지나지 않아서, 연구자들은 이집트 숲모기가 황열을 전파할 수 있는 유일한 모기가 아니라는 사실을 발견했다.[174] 배를 타고 신세계로 갔던 노예들은 (감염된 노예들의 몸속에 있던) 병원체와 함께 (이집트 숲모기라는) 매개체도 함께 옮겼다.[104] 노예 상인들은 아마도 17세기 중엽에 처음으로 황열 병원체를 아메리카에 소개했을 가능성이 크다. 그후에 감염된 모기가 미국에 사는 사람들과 원숭이들에게 병원체를 전파함으로써 질병의 항구적인 보균소가 구축되었을 것이다. 아메리카 열대 지방의 토착 모기들 중 일부도 감염병을 전파하기 시작했을 것이다. 이보다 더욱 고약했던 일은 이집트 숲모기가 황열에 대해서만 죄를 저지른 것은 아니었다는 점이다. 이집트 숲모기는 사람들에게 황열 바이러스와 비슷한 바이러스에 의해서 발생하는 뎅기열과 (스와힐리어로 "구부정하게 걷는다"라는 뜻의) 치쿤구니아(chikungunya)도 옮겼다.[175, 176]

　백신을 개발하는 과정에서도 여러 사람들의 희생이 필요했다. 1930년의 핵심적인 성과는 맥스 타일러*가 흰쥐를 황열 연구의 효율적인 모델 동물로 활용할 수 있다는 사실을 발견한 것이었다.[177-179] 원숭이와 비교해서 쥐는 더욱 적은 비용으로 훨씬 더 효과적인 연구를 할 수 있도록 해주었다. 다음 해에 타일러는 황열에 감염된 원숭이나 사람의 혈장을 흰쥐에게 주사함으로써 면역력을 가지도록 할 수 있다는 사실을 밝혀냈다. 그 덕분에 과학자들은 사람에게 발생하는 황열과 원숭이에게 발생하는 (사람에게 새로운 황열을 일으키도록 하는) 정글열을 극복할 수 있는 강력한 수단을 가지게 되었다. 타일러는 황열 바이러스가 쥐에서 쥐로 전파되는 과정에서 원숭이에게 백신으로 사용할 수 있을 정도로 독성이 줄어든다는 사실을 발견했다.[179] 그후 사람에게 사용할 수 있는 흰쥐 백신이 개발되었고, 1938년에는 타일러의 연구진이 실험실에서 일어난 우연한 돌연변이를 활용해서 아시비 변이로부터 사람에게 적용할 수 있는 두 번째 백신을 개발했다.[180, 181] 타일러도 황열에 걸렸지만, 그의 증상은 경미했다.[182] 미군은 제2차 세계대전 중에 병사들에게 백신을 접종했다. 비록 오염된 백신 때문에 84명이 사망했지만, 미군 중에는 단 1명도 황열에 걸린 병사가 없었다.[183] 프랑스 연구진도 역시 많은 사람들에게 효율적으로 접종할 수 있는 효과적인 백신을

---

* 남아프리카공화국 출신의 미국 바이러스 학자로 1937년 황열 백신을 개발한 공로로 1951년에 노벨 생리의학상을 수상했다.

개발했다.[184] 1953년까지 5,600만 명의 아프리카 사람들이 프랑스 백신을 접종했다.[185] 결국에는 17D 백신*이 일반적으로 가장 뛰어나다고 알려졌고, 프랑스 백신의 생산은 중단되었다.[182]

1948년 타일러는 훗날 세상에서 소아마비를 퇴출시킨 생(生)백신을 개발한 앨버트 세이빈에 의해서 노벨상 후보로 지명되었다.[186] 그러나 그해의 노벨상은 "여러 종류의 절지동물에게 접촉 독성을 나타내는 고효율의 DDT를 발견한" 파울 뮐러에게 주어졌다. 3년 후에 노벨 위원회가 추천인 접수를 마감하기 몇 시간 전에 위원장이 타일러를 지명했고, 자신이 지명한 후보에 대한 평가를 했다. 그의 지명은 성공적이었고, 타일러는 황열과 바이러스 백신에 대한 연구로 노벨상을 수상한 유일한 과학자가 되었다. 그리고 1950년대에 연구자들은 서아프리카의 골드코스트에서 아시비를 찾아냈고, 영국 식민주청은 황열 백신의 개발에 대한 공로로 그에게 연금을 지급했다.[172]

황열의 과학적인 연구는 난해한 경로를 따라서 진행되었다. 첫째, 놋이나 보페르튀 같은 선각자들이 19세기 중엽에 모기를 비롯한 곤충들이 병을 옮길 수도 있다는 가설을 제시했다. 핀레이는 그 가설을 더 발전시켜서 1881년에 이집트 숲모기라는 특정한 모기가 황열을 옮긴다고 정확하게 파악했고, 그것을 입증하기 위한 엉성한 실험을 시작했다. 리드 조사위원회가 결정적이고 명백한 실험을 수행하기까지 20여 년 동안 핀레이는 비웃음을 견뎌내야 했다. 이집트 숲모기가 황열을 옮긴다는 사실이 증명되자, 고가스가 즉시 아바나에서 황열을 퇴치하는 작업을 시작했고, 황열이 만연했던 파나마를 비롯한 지역에서 그와 비슷한 대규모 모기 퇴치 사업이 시작

---

* 1937년 맥스 타일러가 개발한 황열 백신이다. 브라질에서의 시험을 거쳐서 1939년에 100만 명 이상이 17D 백신을 맞았다.

되었다. 그러는 동안 캐럴은 병원체가 세균보다 더 작다는 사실을 알아냈지만, 20세기 초의 기술이 해결할 수 있는 범위를 넘어서는 병원체의 정체는 여전히 미지의 상태로 남아 있었다. 스토크스와 그의 동료들은 1927년에 원숭이와 정글열 발생의 관련성을 확인했고, 1928년에는 원숭이에서 황열 바이러스를 분리할 수 있었다.[187] (바이러스 유전체의 염기서열은 거의 60년이 지난 후에야 확인이 되었다.[188]) 1930년에 타일러와 그의 동료들은 흰쥐를 이용해서 황열을 연구했고, 8년 후에 17D 백신을 개발했다. 이제 황열에 전방위적으로 대응할 수 있게 된 것이다. 백신은 인간의 감염을 예방해주었고, 광범위한 농약의 사용을 비롯한 모기 퇴치 기술 덕분에 매개체의 수가 줄어들었다. 황열은 퇴치되었다. 적어도 한동안은 그러했다.

4

감옥열

(1489-1958)

병사들이 전쟁에서 승리하는 경우는 드물었다. 오히려 전염병 세례로 소탕되는 경우가
더 흔했다. 발진티푸스는 형제자매 격인 흑사병, 콜레라, 장티푸스, 이질과 함께 카이사
르, 한니발, 나폴레옹을 비롯해서 역사 속의 모든 위대한 지도자들보다 더 많은 전투의
승패를 결정지었다. 패배하면 전염병을 탓했고, 승리하면 장군들의 공이었다. 사실은
그 반대가 되어야만 했다. _ **한스 진서, 미국의 발진티푸스 연구자, 1934년**[40]

이(louse)는 감자 기근에 시달리던 아일랜드 사람들이 기근열이라고 부르던
두 가지 전염병인 발진티푸스와 회귀열을 퍼트렸다.[27] 아일랜드 사람들은
감자 농사에 실패할 때마다 유행했던 발진티푸스에 시달려야 했다. 놀랍게
도 대기근보다 30년 전에 600만 명의 아일랜드 사람들 중에서 70만 명이
발진티푸스에 걸렸다.[189] 그 이후에는 갑자기 감자 잎마름병이 시작될 때까
지 조용했다.

　기근이 계속되는 동안에는 이가 감염에 어떤 역할을 하는지를 알아내지
못했다. 파스퇴르와 코흐가 미생물 유래설을 정립한 것은 1870년대였다.
아마도 공중보건 연구의 역사에서 가장 획기적이었던 그다음 30년 동안에
말라리아, 황열, 림프절 흑사병을 비롯한 수많은 감염병을 일으키는 병원

체와 동물 매개체들이 무엇인지 밝혀졌다. 그러나 1900년까지도 발진티푸스의 병원체와 매개체는 절망적일 정도로 오리무중이었다.

그것은 앨버트 프리먼 아프리카누스 킹을 제외한 모두에게 오리무중이었다. 비록 인정을 받지는 못했지만, 킹은 모기 가설과 말라리아에 대해서도 선견지명이 있었고, 근거를 제시하지는 못했지만 발진티푸스와 황열도 같은 방식으로 전파될 것이라고 예측했다. 그의 1883년 기록에 따르면 "'미생물 유래설'에 대한 현재의 지식만으로도, 살아 있는 혼수상태든 사망한 직후든 상관없이 황열이나 티푸스열 환자의 몸에서 주삿바늘로 채취한 혈액을 자신이나 다른 사람의 혈액에 주입하는 것은 감히 한 번이라도 생각할 수 없는 일이다. 그런데 거의 모든 황열 전염에서 모기가 하는 일과, 티푸스가 퍼지는 더러운 감옥이나 배 안에서 벼룩이 하는 일이 정확하게 그런 것이다."[54]

"티푸스"라는 말은 "연기가 자욱한 또는 흐릿한"이라는 뜻의 그리스어 티포스(typhos)에서 유래된 것으로 감염된 환자의 정신 상태를 나타낸다.[189] 과거에는 붐비는 감옥에서 흔히 발생했기 때문에 티푸스를 "감옥열*"이라고 불렀다. 대기근이 발생하기 수백 년 전의 영국 법에서는 들치기, 말 도둑질, 편지 도둑질, 마술 사기를 포함해서 200가지 이상의 범죄를 사형으로 다스렸다. 올가미에 의한 사형보다 티푸스 때문에 목숨을 잃은 죄수가 훨씬 더 많았다.[190] 더욱이 죄수들은 재판을 받는 과정에서 법정의 관리들을 감염시켰기 때문에 "검은 순회 법정(Black Assizes)"이라는 말도 있었다.

검은 순회 법정의 사례들 중에서도 1577년 옥스퍼드의 롤런드 젠크스라

---

* 발진티푸스 리케차에 의해서 발열과 발진을 수반하는 감염병이다. 감옥에 수감된 죄수들에게 흔히 발생해서 '감옥열', 전쟁 중에 많이 발생해서 '전쟁열', 기근의 시기에 많이 발생해서 '기근열'이라고 부르기도 했다. 20세기에 들어선 후에도 제1차 세계대전과 러시아 혁명 당시에 수십만 명의 희생자가 발생했다.

는 죄수에 의해서 시작된 것이 가장 유명했다.[40] 가톨릭 제본업자였던 젠크스는 정부를 비판하고 신을 모독하고 교회를 회피한 죄로 체포되었다. 세균학자 한스 진서에 따르면 "당시의 상황을 고려하면, 그는 소신과 신념을 가진 사람이었던 것으로 보인다."[40] 그 사건은 대중의 상당한 관심을 불러 일으켰다. 불행하게도 젠크스는 재판에 참석한 사람들에게 티푸스를 퍼트리고 말았다. 그후 (하원의장을 지냈던) 재판관, 판사, 판사 대리, 대배심원들 중에서 2명을 제외한 전원, 옥스퍼드 칼리지의 교수 100명, 그리고 수백명의 다른 사람들이 티푸스로 사망했다. 경험주의 철학자 프랜시스 베이컨 경은 전염병을 조사한 후에 오염된 공기가 원인이라고 밝혔다.[191] 도시에 퍼진 "로마 가톨릭의 악한 마술"을 탓한 사람들도 있었다.[40] 그러나 현대 과학의 눈으로 보면, 그 사건의 진실은 "당시 옥스퍼드 칼리지의 적지 않은 교수들이 청결하지 않았다"라고 판단할 수밖에 없다.[40] 젠크스는 귀를 잘려야 했지만, 살아남아서 영국의 세속대학에서 33년간 제빵사로 일했다.

이와 비슷한 유형의 검은 순회 법정은 1522년 캔터베리, 1589년 엑서터, 1730년 톤턴, 1742년 랜스턴, 1750년 런던의 올드 베일리에서도 발생했다.[40, 192] 그 결과, 18세기 감옥 개혁을 주장해서 유명해진 존 하워드가 감옥의 환경 개선을 밀어붙인 덕분에 티푸스의 발생은 크게 줄어들었다.[40, 190] 그러나 1790년 하워드 자신은 우크라이나의 감옥을 점검하던 중에 티푸스에 걸려 사망했다.

티푸스는 기근이 계속되거나 생활환경이 더러운 경우에 발생했기 때문에 전쟁 중에 특히 자주 발생했고, 전쟁의 결과에 결정적인 영향을 미쳤다. 스페인의 페르디난도와 이사벨라 여왕의 군대가 1489-1490년 이슬람이 지배하던 그라나다를 점령했을 때, 그들은 전투에서 3,000명을 잃었는데 티푸스로 목숨을 잃은 병사가 1만7,000명에 이르렀다.[40, 193] 1528년 나폴리를 공격한 프랑스 군은 승리를 눈앞에 두고 있었지만, 대부분의 병사들이 티푸스의 유행에 희생되었다. 교황 클레멘스 7세는 스페인의 카를 5세에게 항복할 수밖에 없었고, 그 덕분에 카를 5세가 신성 로마 제국의 황제가 되었다.[40] 신성 로마 제국의 황제 막시밀리안 2세는, 1566년 헝가리의 술레이만 1세의 군대를 공격하기 위해서 소집한 8만 명의 군사들에게 티푸스가 퍼지면서 꿈을 접을 수밖에 없었다. 그해와 그 이듬해에 신대륙에서는 티푸스로 200만 명이 넘는 멕시코 원주민들이 희생되었다. 그러나 그것은 유럽인과 아프리카 노예들이 전파하여 신대륙의 원주민들을 대규모로 희생시킨 여러 차례의 전염병들 중의 하나였을 뿐이다.[189]

1632년 뉘른베르크 전투에서 만났던 스웨덴의 국왕 구스타브 아돌프와 신성 로마 제국의 알브레히트 폰 발렌슈타인 사령관의 군대는 티푸스에 의해서 유린되었다. 두 군대가 전투를 해보지도 못하고 후퇴하고 만 것은 전염병이 30년전쟁의 승패를 결정한 또 하나의 사례였다.[40] 30년전쟁에서는 티푸스와 림프절 흑사병 이외에도 이질, 장티푸스, 디프테리아, 천연두, 성홍열(猩紅熱)*의 피해도 심각했다.[40] 인구가 40만 명에서 4만8,000명으로 급감한 독일의 뷔르템베르크 지역이 눈에 띄는 사례였다.[192]

1741년 프라하가 프랑스에 점령당한 이유는 오스트리아 수비대의 병사 3만 명이 티푸스로 사망했기 때문이다.[40] 나폴레옹의 위력이 절정에 달하던 1812년에는 그의 막강한 군대가 티푸스 때문에 패배하면서 유럽 역사의 길이 달라졌다.[193] 나폴레옹의 침략군 50만 명 중에서 고작 8만 명만 모스크바에 도착했고, 프랑스로 귀환한 병사는 1만 명이 되지 않았다.[192] 크림 전쟁에서는 티푸스를 비롯한 전염병이 양쪽 모두에게 똑같이 피해를 입혔다. 1854년과 1856년 사이에 티푸스는 먼저 러시아 군대를 초토화시킨 후에,

---

* 연쇄구균에 의한 급성 발열성 질환으로 39도 이상의 고열이 나타나고 전신에 붉은 발진이 생긴다.

프랑스와 영국 군에게도 피해를 주었고, 그후에는 해군과 상선에서부터 육지의 병원을 휩쓸었고, 결국에는 일반 국민에게도 전염되었다.[40] 대략 6만 명의 프랑스 병사들이 전투에서 부상을 당하거나 전사했는데, 병에 걸리거나 병사한 인원은 거의 25만 명이었다. 영국과 러시아 군대의 사정도 비슷했다. 진서에 따르면 "티푸스는 전쟁과 혁명의 필연적이고 당연한 동반자였고, 어떤 주둔지나 야영군이나 포위된 도시도 티푸스를 피할 수가 없었다."[40] 그 시기에 티푸스나 다른 전염병에 걸린 사람들은 의사의 치료를 받지 않아야만 생존 가능성이 높아졌다. 사혈이나 비위생적인 수술과 같은 의학적 치료는 물론이고, 보건 시설에서의 병원체 확산으로 환자들의 상태가 더 나빠지는 경우가 많았기 때문이다.

18세기 말에 스코틀랜드의 선구적인 의사 제임스 린드*는 티푸스가 옷과 같은 소재에 의해서 전파된다는 결론을 얻었다.[40] 그는 병원의 막사를 정비하던 작업자들이 티푸스에 걸려서 사망했다는 사실과 티푸스가 병원선의 침구류를 통해서 퍼진다는 사실을 주목했다. 그는 티푸스를 퇴치하기 위해서 소독을 실시했지만, 당시에 그가 사용할 수 있었던 담배, 석탄, 식초, 역청(瀝青)**, 화약과 같은 소독제는 효과가 거의 없었다. 그러나 린드는 위생에 대한 노력을 통해서 질병을 퇴치하는 중요한 길을 열었다. 그는 의료 종사자들이 일상적으로 옷을 갈아입게 했다. 린드는 질병을 옮기는 곤충 매개체에 대해서는 알지 못했지만, 그의 세심한 관찰력과 통찰력이 티푸스를 거의 퇴치할 수 있도록 해주었다. 그러나 그는 효율적인 소독제를 찾지 못했고, 그의 노력은 실패하고 말았다.

티푸스는 극복해야 할 가장 중요한 질병들 가운데 하나였다. 19세기 말에

---

* 영국 해군에서 괴혈병을 라임 과즙으로 치료해서 보건위생학의 아버지로 알려진 의사이다.
** 방수용 도료나 벽돌 접착제 등으로 사용했던 아스팔트나 타르를 가리킨다.

말라리아, 황열, 림프절 흑사병의 원인이 속속 밝혀지면서 티푸스의 원인도 곧 밝혀질 것이라는 기대가 커졌다. 질병을 일으키는 병원체가 확인되면 백신과 같은 의학적인 해결책도 찾을 수 있을 것이었다. 동물 매개체가 확인되면 농약을 이용해서 감염 경로를 차단할 수 있을 것이었다. 프랑스의 미생물학자 샤를-쥘-앙리 니콜은 병원체보다 먼저 매개체를 찾아냈다.

니콜은 문학과 예술을 좋아했지만, 자신의 뒤를 이어 의사가 되기를 바라던 아버지의 기대를 외면할 수 없었다.[194] 니콜은 1893년 파리의 파스퇴르 연구소에서 의학 박사 학위를 받고, 교수로 일할 생각으로 고향인 루앙으로 돌아갔다. 그러나 그는 불안정한 일자리, 자신의 과학적 아이디어를 인정해주지 않는 동료들, 청력 상실로 청진기를 사용할 수 없게 된 상황 등으로 좌절했다. 니콜은 더 나은 경력을 쌓겠다는 기대로 파스퇴르 연구소가 새로 설립한 튀니스 분소의 소장직에 응모했다. 그의 형이 사양한 자리였다.

튀니스에 부임한 1902년에 니콜은 고작 서른여섯 살이었고, 1936년에 사망할 때까지 연구소의 소장으로 일했다.[194] 니콜은 북아프리카를 휩쓸었던 모든 전염병 중에서 "가장 절박하고, 가장 조사가 되지 않은 질병"이 티푸스라고 파악했다.[195] 그는 티푸스가 한 해 중에 비교적 서늘한 기간에 집중적으로 발생하는 계절적 특징을 나타내고, 가난한 사람들이 주로 피해를 입는다는 사실을 주목했다. 사람들이 붐비는 감옥, 정신병원, 임시 주거지들이 질병을 유인하는 자석과 같은 역할을 했고, 병원 직원과 의사들이 희생되는 경우도 잦았다. 튀니지의 의사들은 대부분 티푸스에 감염되었고, 그중 3분의 1은 티푸스로 사망했다.

니콜이 감옥에서 시작된 티푸스를 연구하기로 처음 계획한 1903년에는 그의 화려한 경력이 거의 중단될 뻔했다. 두 사람의 동료와 합류하기 직전에 피를 토했던 니콜은 결국 연구 참여를 취소했다. 감옥에서 하루를 지낸 그의 동료들은 티푸스에 걸려서 사망했다.[195] 니콜의 기억에 따르면 "거의 매일 환자들과 접촉한 내가 운이 좋게도 감염을 피할 수 있었던 것은 내가 곧바로 그 질병이 어떻게 전파되는지를 짐작했기 때문이다."[195]

니콜은 저소득층을 위한 지역 병원의 출입구와 대기실에서 사람들을 연구했다.[195] 그는 티푸스 환자들이 병원에서 몸을 씻고 깨끗한 옷으로 갈아입기 전까지의 과정에서 다른 사람들을 감염시킨다는 사실을 발견했다. 그 사이에 그들의 지저분한 옷을 처리한 병원 직원들이 병에 걸렸다. "병원 출입구와 병실 사이에서 무슨 일이 일어났는지에 대해서 스스로에게 질문을 던졌다. 그곳에서는 이런 일이 일어나고 있었다. 티푸스 환자들이 옷을 벗고, 면도를 하고, 목욕을 했다. 감염 매개체는 환자의 피부와 옷에 붙어 있지만, 비누와 물에 의해서 쉽게 제거될 수 있었다. 그렇게 될 수 있는 것은 이(louse)뿐이었다."[195]

마침내 이 가설이 전쟁이나 기근에서 거의 필연적으로 티푸스가 발생하는 이유를 설명해주었고, 수세기 동안 관용적으로 사용되던 "감옥열", "기근열", "아일랜드열", "캠프열", "선박열", "병원열"과 같은 이름의 의미도 이해할 수 있게 되었다. 영양 상태가 좋지 않은 사람들이 지저분한 환경에 모여 있으면, 이가 병원체를 전파시키는 속도가 유행 수준으로 빨라진다.

니콜은 자신의 이 가설을 시험하기 위해서 당시 파리의 파스퇴르 연구소 소장이었던 에밀 루에게 몇 마리의 침팬지를 요청했다. 침팬지가 도착한 날, 니콜은 그중 한 마리에게 감염된 환자에게서 뽑은 혈액을 주사했다.[195] 하루 뒤에 침팬지는 탈진해 누워 있었고, 고열과 피부 발진이 발생한 상태였다.[194] 니콜이 병든 침팬지에게서 떼어낸 이를 다른 침팬지에게 옮겨놓았더니 그 침팬지도 티푸스에 걸렸다.[196] 그런데 침팬지를 연구에 사용하기 위해서는 많은 돈을 지불해야 했다. 니콜은 병든 침팬지에게서 채취한 혈액을 저렴한 가격으로 구할 수 있는 스리랑카산 토크 원숭이에게 주입하는

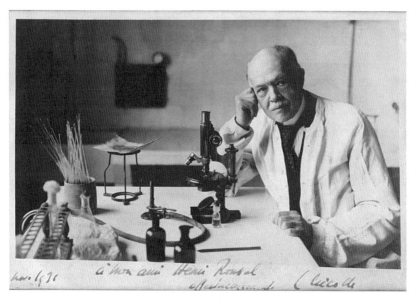

그림 4.1. 샤를-쥘-앙리 니콜.

실험을 시작했다.[195] 13일이 지난 후에 원숭이도 역시 열병에 걸렸다.[194] 그 후에 니콜은 29마리의 이를 병든 원숭이의 털에 옮겨놓고 기다렸다. 그 이를 다시 모아서 다른 원숭이에게 옮겼더니 그 원숭이도 병에 걸렸다. 그러나 티푸스에서 회복한 원숭이들은 면역력이 생겨서 더 이상 감염이 되지 않았다.[194, 195]

1909년 9월 니콜은 프랑스 과학원에서 티푸스가 이에 의해서 매개된다는 사실을 발표했고, 이를 제거하는 노력을 통해서 티푸스를 퇴치하는 문을 열었다.[197] 그는 또한 영장류보다 훨씬 저렴한 가격에 구할 수 있는 기니피그를 감염시키는 데에도 성공했다. 그 덕분에 티푸스에 대한 연구를 티푸스가 유행하는 기간뿐만 아니라 상시적으로 할 수 있게 되었다.[195]

니콜이 주장한 이 전파의 증거는 1년 후에 미국의 과학자 하워드 테일러 리케츠와 러셀 모스 와일더에 의해서 멕시코에서도 확인되었다.[198] 또한 니콜은 1910년에 병원체가 이의 내장에서 번식하고, 이의 배설물이 숙주를 감염시킨다는 사실도 밝혀냈다.[195] 브라질의 병리학자 엔히키 다 로샤-리마는 그런 결과들을 활용해서 1916년에 티푸스를 일으키는 병원체를 발견했다.[199] 로샤-리마는 티푸스를 연구하다가 티푸스에 감염되어 사망한 리케츠와 자신의 동료인 오스트리아의 과학자 스타니슬라우스 요제프 마티아스 폰 프로바제크[200]를 기리기 위해서 티푸스의 병원체를 리케차 프로바제키(*Rickettsia prowazeki*)라고 불렀다.[40]

사람의 몸니는 옷에 붙어서 살면서 내의에 알을 낳는다.[189] 알은 8일 후에 부화를 하고, 유충은 2주일에 걸쳐서 세 번의 탈피 과정을 거치며 성체로 자란다. 성체는 옷 속에서 안전하게 지내면서 사람의 피를 유일한 영양 물질로 빨아먹는다. 이는 감염된 사람의 혈액으로부터 티푸스에 감염되고, 며칠이 지나면 리케차 병원체가 이의 배설물에 섞여 나온다. 리케차는 그곳에서 몇 달을 생존할 수 있다.

이는 사람의 정상 체온을 좋아하기 때문에 고열에 시달리는 감염자로부터 감염되지 않은 사람에게 옮겨가서 기생하고, 같은 이유로 시신에 남아 있던 이도 더 따뜻한 곳을 찾아간다. 새로운 숙주를 찾은 이는 작은 상처를 내서 피를 빨아먹으면서 동시에 배설을 한다. 니콜은 이에 물린 사람이 물린 곳을 긁으면, 배설물이 상처로 들어가서 새로운 감염이 발생하게 된다는 사실을 밝혀냈다.[195] 또는 이의 몸 자체가 짓눌려서 상처에 들어가거나, 이의 배설물이 눈에 들어가는 경우에도 감염이 발생한다.[189, 195]

이를 통해서 전파된다는 니콜의 발견은 실질적으로 매우 중요한 가치가 있었다. 튀니스의 공중위생국은 적극적으로 이 퇴치 운동을 벌였고, 몇 년만에 도시, 광산, 심지어 감옥에서도 티푸스를 성공적으로 퇴치했다.[195] 튀니스에서와 같은 이 퇴치 노력은 전 세계적으로 확산되었고, 니콜의 발견은 수많은 사람들의 생명을 구했다.

니콜은 티푸스 병원체를 티푸스 생존자의 혈청과 섞어서 백신을 만들 수 있을 것이라고 믿었다.[196] 그는 그렇게 만든 혼합물을 자신에게 주사했지만 건강에 아무런 문제가 없었다. 다음에 그는 전염병에 대한 저항력이 더 큰 아이들에게 시험해보았다. "그 아이들이 티푸스에 걸렸을 때 내가 얼마나 놀랐는지 상상할 수 있을 것이다. 다행히 그 아이들은 회복되었다."[196] 니콜의 티푸스 백신은 적합하지 않았기 때문에 수용되지 않았다. 그러나 티푸스 백신의 실험에서 얻은 지식 덕분에, 니콜은 홍역에서 회복된 아이들의 혈청을 이용해서 효과적인 홍역 백신을 생산했다.[195]

티푸스가 이에 의해서 전파된다는 결정적인 발견과 다른 감염병에 대한 중요한 연구 이외에도 니콜은, 1911년에 감염병에 걸렸지만 아무 증상이 없는 사람들도 다른 사람을 감염시킬 수 있다는 사실에 관해서 설명했다.[195] 그는 티푸스에 감염된 기니피그에서 그런 "무증상 감염(inapparent infection)"을 발견했다. 티푸스에 감염된 기니피그들 가운데 몇 마리는 건강해 보였음에도 다른 기니피그에게 질병을 전염시켰다. 니콜은 쥐와 흰쥐에서도 보편적으로 티푸스에 대해서 무증상 감염이 일어난다는 사실을 발견했다. 그런 쥐들로부터 병원체가 전파된 다른 쥐와 흰쥐는 물론이고 기니피그에서 증상이 다시 나타나기도 했다. 니콜은 다양한 병원체에 의해서 발생하는 전염병에서도 그런 현상이 나타나리라고 추정했다. 다른 연구자들은 실제로 사람 역시 일부 전염병의 경우에는 무증상 감염이 나타난다는 사실을 확인했다.

전염병 발생의 동역학에 대한 결정적인 개념은 그렇게 정립되었다. 병에 걸리지 않은 사람들이라도 전염병을 광범위하게 전파할 수 있고, 동물은 전염병 발생의 보균소 역할을 할 수 있다는 것이다. 사람에게서 나타나는 무증상 감염이, 티푸스가 어떻게 자연에 지속적으로 남아 있으면서 계절에 따라서 확산이 되는지를 설명해주었다.[195] 니콜은 "내가 병리학에 도입한 무증상 감염이라는 새로운 개념이 내가 발견한 모든 것들 중에서 가장 중요한 것이었음은 의심할 여지가 없다"라고 주장했다.[195] 니콜은 어린아이들이 티푸스 전염에서 핵심적인 역할을 한다는 점도 밝혀냈다. 아이들은 매우 약한 형태의 티푸스에만 걸리고, 완전히 무증상인 경우도 있어서, 이가 병을 확산시키도록 해주는 보균소 역할을 하게 된다.

니콜이 티푸스의 매개체가 이라는 사실을 발견한 직후에, 그 발견을 대규모로 적용해볼 수 있는 비극적인 기회가 생겼다. 제1차 세계대전 동안에 티푸스는 발칸 전선과 동부전선을 따라서 세르비아, 오스트리아, 러시아 군을 휩쓸었는데, 유행이 절정에 이르렀을 때에는 치사율이 70퍼센트까지 치솟았다.[40, 193] 거의 모든 세르비아 의사들이 티푸스에 걸렸고, 그중 3분의 1이 사망했다. 그러나 이에 의해서 전파되는 또다른 (그러나 치명적이지는 않은) 질병인 참호열과 달리 티푸스는 서부전선까지 침투하지는 않았다.[40] 서부전선에서의 적극적인 이 퇴치 노력이 티푸스의 확산을 막았다. 그 직후 진서의 주장에 따르면 "이 전쟁에서 이에 의한 치사율은 세계 역사상 가장 높았을 것이다."[40]

니콜은 자신이 최근에 발견한 것이 무엇을 뜻하는지를 완벽하게 이해하고 있었다. "우리가 1914년에 티푸스의 전파방식에 대해서 알지 못했더라면, 전쟁은 피비린내 나는 승리로 끝나지 않았을 수도 있었다. 전쟁은 인류 역사에서 유례를 찾을 수 없는 가장 참혹한 재앙으로 끝났을 것이다. 전선에 배치된 병사는 물론이고 예비군, 죄수, 시민, 중립국들을 포함한 인류 전체가 무너졌을 것이다."[195]

그러나 이를 통제하지 않은 지역에는 티푸스가 퍼졌다. 전쟁 직후에 볼셰비키 적군(赤軍)과 백군(白軍) 사이에 일어난 1917-1923년 러시아 내전에서 티푸스는 3,000만 명을 감염시켰고, 300만 명의 목숨을 앗아갔다.[40] 마찬가지로 제2차 세계대전에서도 티푸스는 지저분하고 붐비던 나치 집단 수용소를 휩쓸었다. 나치 희생자들 가운데 가장 유명한 사람은 아마도 안네 프랑크였을 것이다. 비밀 별채의 다른 사람들은 독가스나 총에 의해서 사망했지만, 안네와 그녀의 언니 마고트는 아우슈비츠에서 베르겐-벨젠으로 이송되었고, 1945년 겨울 그곳에서 마고트에 이어서 안네도 티푸스로 사망했다.[201]

니콜이 발견한 이에 의한 전파는, 20년간 빠르게 이어졌던 수많은 전염병의 매개체 발견의 결론이 되었다. 곤충과 절지동물이 매개하는 전염병들이 문명을 무너뜨리기도 했고, 전쟁의 흐름을 바꾸기도 했으며, 많은 사람들을 이주시키기도 했고, 아메리카 정복을 실현시켜주기도 했다. 니콜은 실험을 통해서 티푸스 매개체를 확인한 공로를 인정받아 1928년 노벨 생리의학상을 받았다.

이가 들끓는 환경에서 살지 않았던 사람들에게 나타나는 티푸스와 비슷한 병이 1898년 뉴욕의 네이션 브릴에 의해서 발견되었다.[189] 이 질병은 주로 동유럽에서 이주한 유대인에게 나타났다. 진서는 젊어서 티푸스 유행에서 살아남은 사람들에게 티푸스가 재발한 것이라고 생각했다.[202] 희생자의 조직에 휴면 상태로 남아 있던 리케차가 되살아나서 병을 일으킨다는 것이었다. 재발된 티푸스는 브릴-진서 병으로 알려지게 되었다.[189] 진서는 이미 감염에서 회복한 사람들도 오랜 시간이 지난 후에, 이에 물려서 증상이 재발하면 티푸스를 전염시킬 수 있다는 가설을 제시했다.[202] 그런 경로로 티푸스 유행이 시작될 수 있다는 사실은 1958년 유고슬라비아에서 확인되었다.[189] 진서에 따르면, "티푸스는 수백 년을 살아남아서 인간의 어리석음과 잔인함이 기회를 주기만 하면 언제든지 계속해서 되살아날 것이다."[40]

티푸스는 리케차 질병군(疾病群)에 속한다.[192] 티푸스나 쥐에게 나타나는 발진열과 같은 경우에는 이나 벼룩을 통해서 전파된다. 다른 리케차 질병들은 진드기류에 의해서 전파된다. 1930년대에 알려진 발진열도 티푸스에 대한 도전의 새로운 목표가 되었다.

발진열은 특히 쥐와 같은 동물 보균소에 숨는다. 쥐에 기생하는 이나 쥐벼룩이 쥐들에게 발진열을 옮기는 매개체 역할을 한다. 쥐벼룩이 발진열을 사람에게 옮기기도 한다.[40] 쥐벼룩은 쥐를 좋아하지만, 숙주였던 쥐가 죽으면 사람에게 관심을 보이면서 발진열을 옮긴다. 따라서 쥐는 티푸스를 비롯한 끔찍한 질병의 발생에서 핵심적인 역할을 하면서, 인류의 고난에도 크게 기여해왔다. 쥐는 인류의 식량을 엄청나게 소비했고, 쥐의 수가 특별히 많았던 1615년 버무다, 1878년 브라질, 1881년 인도에서는 쥐가 기근의 원인이 되기도 했다. 굶주린 사람들은 티푸스와 같은 질병에 대해서 면역 기능이 효과적으로 대응할 수 없기 때문에 쥐는 전방위적으로 질병을 확산시킬 수 있다.

고대의 사람들은 쥐에는 악령이 숨어 있다고 의심했다. 흔히 사람들은 전염병을 화산 폭발, 지진, 또는 일식과 같은 자연현상이나 유대인의 음모와 같은 허구의 다양한 이유 때문에 발생한다고 잘못 인식했다. 그러나 역사적으로는 쥐나 흰쥐 때문에 전염병이 발생한다는 통찰력을 가진 사람들도 있었다. 설치류와 질병 사이의 연관성은, 왜 고대 유대인들이 모든 설치류를 더러운 동물로 분류했는지, 왜 조로아스터 교도들이 신을 섬기기 위해서 쥐를 잡았는지, 왜 그리스의 신 아폴로 스민테우스가 전염병을 예방하기 위해서 쥐를 죽였으며, 왜 초기 가톨릭 신봉자들이 흑사병과 쥐의 피해를 막기 위해서 성녀 거트루드*를 신봉했는지, 왜 15세기에 프랑크푸르트의 유대인들이 세금으로 매년 쥐꼬리 5,000개를 납부해야만 했는지를 설명해준다.[40] 그러나 쥐 때문에 발생한 가장 심각한 재앙은 티푸스가 아니라 구세계의 문명을 두 번이나 무너뜨렸던 유례없는 대유행(pandemic)이었다.

---

* 쥐를 표상으로 삼은 여행자의 수호성인으로 알려진 7세기의 성녀이다.

5

흑사병*

(541–1922)

온 성읍이 사망의 환란을 당함이라 거기서 하느님의 손이 엄중하시므로 죽지 아니한
사람들은 독종으로 치심을 받아 성읍의 부르짖음이 하늘에 사무쳤더라. _ **「사무엘서
상」** 5 : 11–12[203]

동양 쥐벼룩과 검은쥐로 암흑기가 시작되었다. 그들이 림프절 흑사병
(bubonic plague)이라는 이 세상에서 가장 파괴적인 전염병을 전파한 것이다.
"플라그(plauge)"는 "날려버리다", "치다", "부상" 또는 "불행"을 뜻하는 라틴
어 플라가(plaga)에서 유래되었다. 흑사병은 마지막 대황제인 유스티니아누
스가 다스리던 6세기의 로마 제국을 무너뜨렸다.[204] 이와 마찬가지로 페르
시아 제국의 붕괴도 촉발했다.

기원후 541–542년에 유행했던 유스티니아누스의 흑사병은 유럽과 중동

---

* 쥐에 기생하는 벼룩이 매개하는 흑사병 균(*Yersinia pestis*)에 의해서 발생하는 급성 열성
  감염병. 증상에 따라서 림프절 흑사병(bubonic plague), 패혈성 흑사병(septicemic plague),
  폐렴성 흑사병(pneumonic plague) 등으로 구분한다. 치료가 지연되면 다발성 장기부전 등
  으로 사망에 이르게 된다.

지역에서만 2,500만 명에서 1억 명을 희생시켰다.[115, 204] 무함마드의 군대들은 난공불락이었던 로마와 페르시아 군이 갑자기 공격하기 쉬운 상태가 되었다는 사실을 알아차렸다. 로마 제국은 중세의 민족국가로 와해되었고, 유럽 문명은 인문주의의 아버지이자 초기 이탈리아 문학가인 프란체스코 페트라르카가 어둠의 시대, 즉 암흑시대(Dark Age)라고 부르던 상태로 추락했다.[205] 페트라르카는 (최초의 흑사병 대유행에 해당하는) 로마 제국의 멸망에서부터 (두 번째 흑사병 대유행, 즉 떼죽음[Great Mortality]이 발생한 시기에 해당하는) 자신이 살던 14세기 사이를 어둠의 시대라고 불렀다.

6세기의 유스티니아누스 흑사병은 유럽을 암흑시대로 몰아넣었지만, 14세기의 떼죽음은 르네상스의 시작이었다. 페트라르카는 로마 제국의 문화를 찬양했고, 로마 제국이 멸망한 이후의 역사는 다시 돌아볼 가치도 없다고 생각했다. 그는 자신의 생각을 "로마에 대한 찬사가 아니라면 다른 무엇을 역사라고 할 것인가?"라고 정리했다.[205] 그럼에도 불구하고 페트라르카가 생존한 동안에도 모든 것들이 다시 무너졌고, 그는 후대를 위해서 흑사병 대유행의 과정을 기록으로 남겼다.

1347-1352년의 흑사병 대유행은 1334년경 몽골 제국에서 시작되어 아시아 국가들을 휩쓸었다.[206] 무역상과 병사들의 마차에 몰래 올라탄 검은쥐의 털 속에 숨어 있던 벼룩이, 1347년 말에 중앙 아시아에서 실크로드를 따라서 비잔틴의 수도 콘스탄티노플로 흑사병을 전파했다.[207] 콘스탄티노플의 어느 유명한 학자에 따르면, 흑사병은 "나이나 계층을 가리지 않았다. 하루 또는 이틀 만에 집 안의 모든 사람들이 사라졌다. 아무도 다른 사람을 도와줄 수 없었다. 이웃이나 가족이나 혈족도 마찬가지였다."[208]

림프절 흑사병은 전투의 연대기에서 가장 오래 전부터 알려져 있던 세균전을 퍼트리는 독특한 역할을 했다. 크림 반도 동쪽 해안에 있는 난공불락의 중요한 무역도시였던 카파는 서로 다른 몽골 칸들 간의 치열한 전투가 벌어진 곳이다. 한편으로는 제노바와 연합했고, 다른 한편으로는 베네치아와 연합하기도 했다. 1344년에 카파를 점령하고 있던 제노바 상인들과 몽골 군대 사이에 새로운 전쟁이 시작되었다. 제노바 주민, 가브리엘 데 무시스는 그 이후에 벌어진 포위 작전에 대한 기록을 남겼다. 그의 기록에 따르면, 포위 작전을 시작하고 3년이 되는 해에 "흑사병과 전염병에 지쳐서 건강을 회복할 희망이 없이 죽어가던 타타르인들이 투석기로 시신들을 카파 시내로 쏘아보내서 수많은 수비병들이 목숨을 잃도록 만드는 모습에 대경실색했다. 그렇게 던져진 시신들이 산을 이루었고, 기독교인들은 숨거나 도망을 칠 수도 없었고, 그 재앙에서 벗어날 수도 없었다.⋯⋯ 그리고 얼마 지나지 않아서 공기는 감염되고, 물은 독(毒)으로 오염되고, 썩고, 부패했다."[209]

흑사병에 감염된 이들을 포함한 제노바 사람들이 배를 타고 카파를 탈출해서 시칠리아, 사르데냐, 코르시카, 제노바로 흩어지면서, 대유행이 더욱 빠르게 번져나갔다.[209] 데 무시스는 자신의 의도와 상관없이 흑사병을 확산시키는 데에 기여했음에 한탄했다. "1,000명 가운데 10명도 살아남지 못한 우리 제노바와 베네치아 여행자들은 악령을 동반한 채 고향으로 돌아갔고,⋯⋯친척, 친구, 이웃들이 사방에서 우리에게 다가와서⋯⋯죽음의 화살을 지닌 우리를 끌어안고 키스를 하면서 이야기를 나누었다. 우리 입에서는 말과 함께 독이 쏟아져 나왔다. 결국 집으로 돌아간 그들은 가족 모두를 감염시켰다."[209] 사회가 감당할 수 없을 정도로 사망자가 늘어나면서 "위대한 사람과 귀한 사람들이 악한 사람이나 비열한 사람들과 같은 무덤에 내던져졌다. 죽은 사람들은 모두 똑같았기 때문이다."

전염병은 1348년에서 1350년 사이에, 직물과 식품을 실은 마차나 배에 올라탄 쥐를 통해서 콘스탄티노플에서 중동과 유럽 전체로 번갯불과 같은 속도로 퍼져나갔다. 1349년에 흑사병으로 사망한 알레포의 어느 기록자에 따르면 "흑사병은 누에처럼 자신의 몫을 해냈다.……흑사병은 그 고름으로 인류를 파괴했다.……흑사병은 놀라울 정도로 집집마다 사람을 쫓아다닌다! 한 사람이 피를 토하면, 그 집 안의 모든 사람들은 확실히 죽게 되었다. 이삼 일이 지나면 가족 모두가 무덤에 묻혔다."[210] 피렌체의 한 작가는 공동묘지에 시체와 흙이 겹겹이 쌓인 모습이 "치즈가 층층이 쌓여 있는 라자냐"와 똑같다고 기록했다.[207] 1352년에는 유럽 인구의 절반이 희생되었고, 줄어든 인구가 회복되기까지는 150년 이상의 세월이 걸렸다.[115, 207] 유럽 사회의 규범은 무너졌고, 새로운 사회질서가 자리를 잡았다.

방관자들도 재앙의 규모를 믿기 어려울 정도였다. 페트라르카의 기록에 따르면 "그 모습을 직접 본 우리도 믿기 어려워서 우리가 멀쩡한 눈으로 보았던 것을 꿈이라고 생각했다. 장례용 횃불이 밝혀진 도시에서 집으로 돌아간 우리는 바라던 안전이 허공으로 날아가버린 것을 한탄했던 것이 확실한 진실임을 알고 있었다. 후세의 사람들이 과연 이런 일을 믿을까? 이런 고통을 상상도 못 하고, 우리의 증언을 꾸며낸 이야기라고 생각하게 될 다음 세대의 사람들은 얼마나 행복할까?"[211]

대유행에 대한 유럽인들의 반응이 병원체의 확산을 더욱 가속시켰다. 사람들이 겁에 질려 자책하는 움직임이 유행했다. 신의 분노를 달래려면 엄청난 죗값을 치러야 한다고 믿었던 도착증 환자들이 이 마을, 저 마을을 찾아다니면서 개종을 요구하는 과정에서 전염병을 확산시켰다.[207] 독기를 제거해준다는 새 부리 모양의 마스크와 방향성(芳香性) 허브를 지니고, 악령을 쫓는 붉은 안경을 쓰고, 체액을 차단하는 기름을 바른 긴 코트를 입은 흑사병 의사들이 이 집 저 집에 벼룩을 전파했다.[115] 종말이 다가왔다고 믿는 사람들은 쾌락주의에 빠져서 건강한 생활을 외면하고 사회적 규범을 무시했다. 어느 관찰자에 따르면 "사람들은 살날이 얼마 남지 않은 것처럼 행동했고, 소유물이나 자신을 함부로 다루었다."[212] 매일이 최후의 날이라고 생각하는 사람들은 밭을 갈지도, 닭을 돌보지도 않았고, 결국에는 영양 결핍으로 면역력도 잃었다. 심지어 부모와 자식의 관계도 끊어져버렸다. "아버지와 어머니는 자신들의 자식을 마치 남의 자식인 듯이 여겨서 자식들을 먹이고 키우는 일도 거부하는 것"이 전형적인 상황이었다.[212]

한 학자가 써두었듯이, 흑사병은 "악마의 자식인 악인들이 뱀의 독을 비롯한 여러 가지 독을 이용해서 악랄하고 악의적으로 음식을 오염시켜서" 발생한다고 널리 알려져 있었다.[213] 고행자들을 비롯한 기독교도들은 유대인들이 우물에 독을 풀어서 흑사병을 퍼지게 만들었다고 비난했고, 입증도 되지 않은 죄에 대한 벌로 그들을 산 채로 태워 죽였고, 주로 독일에 모여 있었지만 유럽 전역에 흩어져 있기도 했던 100여 개의 유대인 공동체를 무너뜨렸다.[207, 214-219] 유대인들이 사람을 돌로 만들 수 있는 전설 속 괴물, 바실리스크*로부터 독을 얻었다는 진술을 받아낸 심문관들도 있었다.[216]

당시 독일의 유명한 과학자였던 콘라트의 메겐베르크는 유대인을 탓할 일이 아닐 수도 있다고 주장했다. "우리 기독교인들이 가톨릭 신앙의 교리에 따라서 유대인들을 혐오한 것은 사실이지만,……그럼에도 불구하고 내 입장에서는 전 세계에서 일반적으로 퍼지고 있는 치명적인 질병의 원인에 대해서 앞에서 이야기한 의견은, 그것이 누구의 발언이든지 상관없이 완전하고 충분하게 성립될 수 있는 것으로 보인다. 그 이유는 다음과 같다. 히브리 사람들이 남아 있던 모든 곳에서 그 사람들도 똑같은 질병으로 전부 사망했다는 사실이 잘 알려져 있다.……그러나 이 땅에서 번성하기 위해서 열심히 노력했던 똑같은 사람들이 의도적으로 자신은 물론 똑같은 믿음을 가진 다른 사람들을 파괴할 가능성은 없다.……더욱이 모든 유대인들

---

* 그리스와 로마 시대부터 중세에 이르기까지 유럽의 전설과 신화에 등장하던 괴물이다. 수탉의 머리에 뱀의 몸을 가진 모습이며 강력한 독을 가지고 있다.

이 죽었기 때문에 거의 2년 이상 유대인들이 완전히 자취를 감춘 여러 곳에서도 치명적인 질병이 훨씬 더 강력하게 다시 찾아왔고 그곳에 남아 있던 사람들을 정복했다."[218] "우리가 유대인들의 배반을 혐오하는 것이 당연하다"라는 사실을 인정했던 교황 클레멘스 6세도 그 주장에 동의하여 유대인 보호 칙령을 내렸다.[219]

유대인들이 우물에 독을 풀었다는 가설 이외에도 여러 가지 가능한 원인들이 제기되었다. 많은 사람들이 신의 분노를 탓했다. 고행자들이 전해준 하느님의 말씀에 따르면, "몇 년 안에 지진, 기근, 열병, 메뚜기, 쥐, 들쥐, 해충, 천연두, 서리, 천둥, 번개, 그리고 끔찍한 혼란을 비롯한 훨씬 더 심각한 재앙이 닥쳐올 것이다. 너희들이 성스러운 일요일을 지키지 않았기 때문에 이 모든 것들을 너희들에게 보냈다."[220]

인간이 저지른 수많은 죄를 벌하기 위해서 신이 흑사병을 풀었다고 믿는 사람들이 많았지만, 신이 선택한 시기는 이해하기 어려운 것이었다. 페트라르카의 기록에 따르면 "나는 우리가 이보다 더 큰 벌을 받을 만하다는 사실을 부정하지 않는다. 우리의 조상들도 그랬겠지만, 후세대들은 그렇지 않을 수도 있을 것이다. 그래서 가장 정의로운 심판관님, 도대체 왜, 도대체 왜 복수를 위한 끓어오르는 당신의 분노가 하필이면 우리에게 그렇게 심하게 쏟아지는 것입니까? 도대체 왜 죄가 있던 때에는 형벌의 가르침이 없었던 것입니까? 모두가 똑같은 죄를 저질렀는데, 우리만 채찍질을 당하고 있습니다."[211] 페트라르카는 자신들이 받고 있는 형벌과 비교해서 노아의 시대에 내려졌던 하느님의 노여움은 "큰 기쁨이고, 우스개이고, 한숨 돌리기에 불과했을 것"이라고 생각했다.

많은 사람들이 흑사병을 하느님의 분노 때문이라고 생각했지만, 점성술적인 현상에서 원인을 찾는 사람들도 있었다. 대유행 시기에 파리 대학교 의학부가 발간한 가장 유명한 과학 학술서에 따르면, "이런 악성 전염병의 첫째 원인은 가장 멀리 있는 하늘의 어떤 배열 때문이었고, 지금도 마찬가지이다. 기원후 1345년 3월의 스무 번째 날 정오에서 정확하게 1시간이 지난 시각에 물병자리에 있는 3개의 행성들이 일렬로 늘어섰다.……바로 그 순간에 뜨겁고 축축한 목성이 땅에서 사악한 기체를 뿜어내도록 만들었고, 적당히 뜨겁고 건조했던 화성이 땅에서 분출되는 기체에 불을 붙였으며, 그래서 번개의 섬광이 번쩍이고, 불꽃이 튀고, 전염성이 강한 기체와 불이 대기 전체로 퍼졌다."[221]

아비뇽에 있는 교황청의 한 음악가는 다른 사람들과 마찬가지로 흑사병이 대기의 변화 때문에 발생한 것이라고 주장하면서 성서의 이미지를 들먹였다. "첫날에는 개구리, 뱀, 도마뱀, 전갈과 같은 종류의 맹독성 괴물들이 쏟아져내렸다. 둘째 날에는 천둥소리가 울리더니 번갯불과 함께 엄청난 크기의 우박이 땅으로 쏟아져, 위대한 사람들부터 하찮은 사람들까지 거의 모든 사람들을 죽음으로 내몰았다. 셋째 날에는 하늘에서 고약한 연기와 함께 불이 떨어져서 남아 있는 사람들과 짐승들을 삼키고, 그 지역의 모든 도시와 성들을 태웠다."[222] 그런 파괴는 "흑사병이 만연한 지역에서 남쪽으로 부는 바람에 실려오는 악취"가 옮기는 감염에 의한 것이었다. 엄청난 피해가 환상적인 과장으로 이어지기도 했다. 그리스의 영토 안에서는 "남자와 여자, 그리고 살아 있는 모든 동물들이 대리석 조각과 같은 것으로 변했다"라는 보고서도 있었다.[223]

논리에 더 관심을 보이는 학자들은 세속적이고 자연주의적인 설명을 찾고 있었다. 어느 유명한 성직자는 지진 때문에 독성 기체가 대기 중으로 빠져나오게 되었다고 주장했다.[207] 흑사병이 유럽의 일부 지역에서 나타난 지진 활동과 같은 시기에 발생했기 때문에 그런 가설은 합리적인 것으로 보이기도 했다. 파리 대학교 의과대학은 지진이 부분적으로 영향을 미쳤을 수 있다는 데에 동의했지만, 계절의 혼란과 유성(流星)도 역시 역할을 했을 것이라고 주장했다.[221] 전염성이 있는 독이 사람에게서 사람에게로 전해지는 것이 문제라고 주장해서 진실에 훨씬 근접한 학자들도 있었다.[224] 흑사병이 만연하던 아비뇽에서 탈출한 클레멘스 6세도 분명히 그 주장에 동의했다.[207] 그러나 이슬람 세계는 전염병이 신의 통제를 벗어나 확산된다는 감염 이론을 받아들일 수가 없었다. 어느 유명한 이슬람 학자는 자신의 관찰을 근거로 흑사병이 감염성이라고 인정했지만,[225] 그런 학술적 주장 때문에 해코지를 당했다.[207]

통찰력이 있는 관찰자들은 흑사병과 쥐의 관계에 주목했고, 쥐를 퇴치하기 위한 시도를 기록하기도 했다. 1348년에 흑사병으로 죽기 전에 한 사람이 남긴 기록에 따르면, "셀 수 없을 정도로 많은 유해 동물들이 쏟아졌다. 몇몇은 손바닥 크기보다 8배 더 컸고, 모두 검은색이었고 꼬리가 있었으며 살아 있는 것도 있었고, 죽은 것도 있었다. 이러한 무시무시한 장면은 그들이 내뿜는 악취 때문에 더욱 끔찍해졌고, 유해 동물과 싸운 사람들은 그들이 내뿜는 독에 희생되었다."[223]

감염이 환자들의 개인 물건을 만지는 행동과 관계가 있다는 사실에 주목한 지식인들도 있었다. 한 학자는 흑사병에 대해서 "그것은 환자와 대화를 하거나 접촉한 건강한 사람을 감염시켜서 병들게 하거나 똑같이 끔찍한 죽음에 이르게 할 뿐만 아니라, 희생자들이 입었던 옷이나 사용한 다른 물건들을 만지는 사람에게 병을 전파하는 것처럼 보였다"라고 기록했다.[212]

의료 종사자들은 엄선된 포도주를 마시거나 향초를 태우는 등의 다양한 예방책을 추천했다.[226] 피해야 할 음식도 많았다. 예를 들면 "칠성장어나 뱀장어처럼 미끈거리는 어류나 돌고래, 상어, 다랑어와 비슷한 종류의 탐욕스러운 어류는 금지해야 한다."[213] 감염의 위험이 높은 사람들에는 "식습관이 좋지 않은 사람, 운동이나 성생활이나 목욕을 너무 많이 하는 사람, 허약하고 마른 사람, 유아, 여성, 청소년, 그리고 뚱뚱한 사람이나 안색이 붉은 사람이 포함된다."[221] 공포심이나 죽음에 대한 걱정은 피해야 한다. "그 영향은 어머니 자궁 속에 있는 태아의 형태나 모습을 바꾸어놓을 정도로 심각하다."[213] 슬픔도 흑사병에 영향을 미치기는 하지만 그 정도는 사람에 따라서 다르다. "똑똑한 사람들에게 가장 큰 영향을 미치고, 멍청하거나 게으른 사람에게는 가장 적은 영향을 미친다."[227] 사혈법을 쓰는 의사들은 사혈이 "쌍둥이자리, 사자자리, 처녀자리, 염소자리를 비롯한 사혈에 부적절한 별자리들이 보이지 않는" 한 달 가운데 세 번째 사분기의 중간에 시행하는 것이 가장 효과적이라고 했다.[213]

원인에 대한 무지는 필연적으로 예방과 치료의 실패로 이어졌다. 피렌체 지역에서 흑사병이 절정에 이르렀을 때, 이탈리아의 한 유명한 학자가 그 사실을 지적했다. "이 질병들에 대해서는 의사들의 모든 충고와 의약품의 모든 약효가 무익하고 무용해 보인다. 어쩌면 이 질병은 근본적으로 치료를 용납하지 않는 것일 수도 있다. 아니면 환자를 치료하는 (자격을 가진 사람들 모두의 위계가 무너지고, 체계적인 의학 훈련을 받은 적이 없는 사람들의 수가 크게 늘어난) 의사들이 원인을 몰라서 적절한 치료법을 처방하지 못하기 때문일 수도 있다."[212] 한심한 의료 현실에 대한 지적도 있었다. "모든 지역의 의사들이 자연철학이나 의학은 물론이고 점성술에 따라서 훌륭한 처방이나 효과적인 치료법을 내놓지 못하고 있다. 돈을 벌기 위해서 환자를 찾아가 치료법을 제공한 의사들도 있지만, 그들의 의술은 무의미하고 엉터리라는 점이 환자의 죽음을 통해서 입증되었다."[207] 시에나의 기록자에 따르면, "의사들이 약을 더 많이 쓸수록 환자들은 더 빨리 죽었다."[224] 페트라르카는 "원인과 악의 근원을 모르는 것"이 문제를 더 악화시켰다고 지적했다. "무지나 흑사병 자체보다도, 모든 것들을 알고 있다고 주장하지만 사실은 아무것도 모르는 사람들의 허튼소리와 과장이 훨씬 더 혐오스러웠다."[211]

압도적인 치사율이 슬픔과 절망을 부추겼다. 페트라르카는 한탄했다. "우리의 다정했던 친구들은 지금 어디에 있는가?……새 친구를 사귀어야 하겠지만, 인류는 거의 전멸한 상태이고, 세상의 종말이 곧 다가올 거라고 하는데 어디에서 누구를 사귈 것인가? 우리는 정말 혼자 남았다. 괜찮은 척할 이유가 없다."[211]

많은 사람들이 사망하면서, 무도병(舞蹈病)에 걸렸을 때처럼 이상한 행동을 하는 사람들이 나타났다. 춤을 추는 듯한 행동을 하는 사람들이 땅에 쓰러지면 구경꾼들은 치료를 해준다는 핑계로 쓰러진 사람들을 짓밟았다.[207] 춤을 추는 듯한 사람들의 모습을 적은 기록들은 림프절 흑사병의 신경학적 증상인 성 비투스* 무도병에 대한 이야기였을 것이다.

예술가들은 "사자(死者)의 춤"**처럼 훨씬 더 이상한 행동을 그림으로 남기기도 했다. 흑사병의 예측할 수 없는 특성을 나타내기 위해서 죽은 사람을 체스꾼으로 묘사하기도 했다.[207] 부유한 사람들 사이에서는 생전에 자신들의 무덤을 혐오스러운 이미지로 설계하는 섬뜩한 일이 유행하기도 했다. 이렇게 설계된 전형적인 무덤에서는 망자를 닮은 조각상의 팔과 다리로 기어드는 벌레와 눈, 입술, 성기에 앉아 있는 개구리를 볼 수 있다.

흑사병은 다양한 문학작품에도 등장했다. 그중에서도 셰익스피어의 『로미오와 줄리엣의 가장 훌륭하고 통탄할 비극(The Most Excellent and Lamentable Tragedie of Romeo and Juliet)』이 아마도 가장 애달픈 작품이었을 것이다.[228] 로미오는 흑사병 때문에 그의 심부름꾼이 갇히는 바람에

---

* 303년경 시칠리아에서 순교한 성인으로, 중세에는 무도병을 앓는 사람들의 수호성인으로 공경을 받았다. 무도병에 걸린 환자들이 경련을 일으키는 모습이 성 비투스 축일에 추던 춤을 닮았다는 이유로 '성 비투스 춤'이라고 부르기도 한다.
** 해골이 춤을 추는 광경을 표현한 연극으로, 14세기에 흑사병이 돌았을 때부터 시작된 교훈극이다.

로런스 수사의 계략을 적은 편지를 받아보지 못했다. 결과적으로 로미오는 캐퓰렛 가문의 지하실에서 죽은 듯이 누워 있던 줄리엣 옆에서 독약을 마셨다.

1352년 이후에는 대유행이 잦아들었다. 이제는 흑사병이 100여 곳에서 국지화된 유행으로 재발하기 시작했다. 1700년대 말까지 거의 모든 세대마다 유럽의 여러 지역에서 흑사병이 발생했다. 그때부터는 갈색쥐가 흑색쥐를 물리쳤고, 그런 변화 때문에 사람들도 검은색보다 갈색을 더 선호하기 시작했다. 광범위한 지역에서 하수도 시설이 구축되었고, 곡물 창고와 외양간을 집과 분리시키는 사회적 변화도 일어났다.[229] 집보다 하수구에서 살기를 더 좋아하는 갈색쥐와의 접촉이 줄어들면서 흑사병의 위험도 감소했다. 흑색쥐가 압도적으로 많았던 아프리카와 아시아 지역은 여전히 흑사병에 시달렸다.[206]

예르시니아 페스티스(*Yersinia pestis*)(1894)

요양 중인 것처럼 보이는 한 남자가, 자신이 들고 있는 음식에 즐겁게 입맞춤을 하더니 뒤로 나자빠져서 몇 분 만에 죽었다. 며칠 동안 열도 없고, 아무렇지도 않았던 다른 남자는 베란다로 걸어가더니 넘어져서 죽었다. _ 제임스 캔틀 박사, 홍콩, 1894년[230]

상당한 세월 동안 잠잠했던 흑사병이, 1860년대에 전쟁으로 폐허가 된 중국의 윈난 성에 다시 등장했다.[115] 흑사병은 동쪽으로 중국의 해안 지역에까지 확산된 후에 1894년 홍콩을 강타했다. 감염의 속도는 사회적 계급으로 결정되는 경제적 상태에 따라서 달랐다. 홍콩의 한 외과 의사에 따르면, "홍콩의 다양한 인종들은 중국인, 일본인, (인도에서 온) 힌두인, 말레이인, 유대인, 파르시 교도, 그리고 영국인의 순서로 흑사병에 취약했다."[230] 외과 의사의 보고에 따르면, 유럽 출신의 의사가 돌보는 환자는 생존율이 20퍼센트였지만, 중국인 의사에게 치료를 받은 환자의 생존율은 3퍼센트로 떨어졌다. 10만 명의 중국인 주민들이 도시를 떠났는데, 그들 중 대부분은 이미 100만 명의 주민 가운데 10만 명이 사망한 광둥으로 갔다.[231] 어느 기자에 따르면, 결국 "[홍콩의] 붐비고 혼잡한 간선도로들은 과거 주민들의 유골로 가득 채워졌고, 정적이 흘렀다."[231]

마침내 흑사병을 연구할 수 있는 학문적이고 기술적인 능력을 갖춘 시대가 시작되었다. 선봉에 섰던 인물은 스코틀랜드 출신의 의사 제임스 앨프리드 로슨이었다. 스물여덟 살이던 로슨은 1894년 5월 8일에 그가 최초로 흑사병을 진단했던 홍콩 시민병원을 관리하고 있었다.[232]

로슨은 붐비는 중국인 동네에서 흑사병이 많이 발생한다는 사실을 파악하고, 홍콩의 위생국에 흑사병 희생자의 철저한 수색, 희생자들이 사는 주택의 소독, 시신의 조기 수습, 환자들의 전문병원 격리 등을 비롯한 여러 가지 공중위생 대책을 제안했다.[233] 곧바로 유럽인 의사들이 유럽인 환자를 해상에서 치료하는 병원선(病院船)이 등장했고, 육지에는 중국인 의사들이 중국인 환자를 치료하는 병원이 세워졌다.[234] 폭증하는 흑사병 환자들을 관리하기 위해서 침대, 침구류, 모기장도 갖추지 않은 열악한 상태의 시설들이 서둘러 세워지기 시작했다. 제한된 물자는 인종에 따라서 배급되었다. 인도와 일본의 환자들에게는 매트리스가 제공되었지만, 중국인들에게는 아무것도 제공되지 않았다.

대학의 유명한 중국인 집행이사이면서 의사이며, 패트릭 맨슨 등과 함께 홍콩 의대를 설립한 호카이*는 가택 수색, 소독, 시신 수습, 격리 조치가 중국계 주민들을 자극할 수 있다고 경고했다.[233] 호카이의 직관은 정확했다.

---

* 영국의 식민정부 치하에서 홍콩의 지역사회를 위해서 노력했던 홍콩의 변호사이자 의사로 중국의 국부(國父)인 쑨원의 스승이다.

「영국 의학 저널(*British Medical Journal*)」의 사설에 따르면, "모든 아시아 사람들이 그렇듯이 홍콩 주민들도 외국의 의학적 치료에 반발했다.……토박이 중국인 의사들은 영국인 의사들을 모함하고 모욕할 기회를 찾기 위해서 두 눈을 부릅뜨고 있고, 그들을 포함한 모든 반(反)영국주의자들에게 현재의 흑사병 유행은 그동안 가슴 속에 담아둔 불만을 쏟아낼 수 있는 황금 같은 기회이다."[231] 중국인들에게 배부되는 책자에는, 영국 의약품이 흑사병으로 죽은 사람의 신체 조직으로 만들어졌고, 영국 의사들이 환자에게 브랜디를 마시도록 한 후에 얼음으로 환자들을 괴롭힌다는 내용이 담겨 있었다. 시청의 위생국 직원들이 전통적인 중국식 병원에서 흑사병 환자를 퇴원시키려고 시도해서 폭동이 일어나기도 했다.[233] 의사들이 돌팔매를 맞기도 했다.[231] 영국 군대가 질서를 회복할 때까지 의사들은 허리에 권총을 차고 근무해야만 했다.[233]

중국인들은 계속해서 영국의 보건 당국을 괴롭혔다. 어느 영국 의학 잡지의 사설에 따르면, "그들은 집 안에 흑사병 환자가 있다는 사실을 알리지 않고, 위생국 직원이 집 안에 들어오지 못하도록 적극적으로 저항하면서 거부하고, 모든 종류의 속임수를 써서 홍콩에서 환자를 몰래 빼돌리려고 시도한다. 사실 그들은 질병을 정부에 알리지 않으려고 최선을 다한다. 중국인들은 이국(異國)의 치료를 받는 것도 싫어하고, 만약 집 안에서 흑사병 환자가 발견되면 거주자들의 신분이 모두 드러난다는 사실도 두려워한다. 하지만 그보다 중국인들은 가정의 평화와 집의 '풍수'가 흐트러지는 것에 대해서 태생적으로 거부감을 가지고 있다."[235] 홍콩에 있던 영국의 고위 관료는 유행이 지난 후에 중국인에 대해서 이렇게 말했다. "비위생적인 습관을 배우고, 어려서부터 함께 모여 사는 데에 익숙해진 그들은 격리의 필요성을 이해할 수 없었다. 그들은 방해받지 않고 살 수만 있다면 주위에 병을 퍼트리면서 양떼처럼 죽는 일도 마다하지 않았고, 말로 표현할 수 없는 재앙을 겪고 있는 병든 친구들과 친척들을 모든 편익이 제공되는 유럽형 병원에 격리시키기보다는 함께 살면서 보살피는 것을 선호했다."[236]

군인들을 동반한 로슨은 흑사병 희생자들을 찾아내려고 모든 집을 일일이 수색했다. 희생자들을 찾아내기는 어렵지 않았다. 로슨에 따르면 "오물에 찌들어 비참하게 젖어버린 이불에 네 사람이 누워 있었다. 한 사람은 검게 변한 혀를 빼물고 죽어 있었다. 다음 사람은 죽음 직전의 상태로 근육이 뒤틀어진 반 혼수상태로 누워 있었다. 림프절을 살펴보니 분비샘이 엄청나게 부어 있었다.……또다른 사람은 열 살 정도의 여자아이였는데, 2-3일 동안 쌓인 오물 위에 누워 있었다. 네 번째 사람은 극도의 혼수상태에 빠져 있었다."[237] 얼마 지나지 않아서 위생국의 조사 팀은 하루에 100명의 새로운 환자를 찾아내기 시작했다.[233] 대부분의 흑사병 환자들은 신체적 기능을 잃었지만, 여전히 의식이 남아 있던 사람들은 "죽기를 갈망했고", "죽음을 재촉하기 위해서 몸을 바닥에 찧었다."[231] 림프절 흑사병이 만연한 구역을 폐쇄하기로 결정한 홍콩 정부는 그 지역의 주민들을 분산시키고, 도로를 벽돌과 회반죽으로 막았다.

의사들은 흑사병의 전파가 사람들 사이의 직접적인 감염이 아니라 오물과 관련이 있다는 사실에 주목했다.[230] 환자를 돌보던 간호사들은 감염되지 않았지만, 죽은 사람의 집에 쌓여 있던 오물을 청소한 군인들은 병에 걸렸다. 흑사병에 걸리지 않은 작업자들 역시 오물을 직접적으로 만지지 않았다. 이런 관찰은 흑사병의 독소가 땅에서 솟아나기 때문에 땅에서 가장 가까이 있는 것부터 먼저 감염된다는 중국인들의 믿음과 일치하는 것이었다. 중국인들은 그래서 흑사병이 쥐, 가금류, 염소, 양, 소, 들소, 사람의 순서로 감염된다고 생각했다. "키가 커서 땅에서부터 머리까지의 거리가 가장 먼 사람이 가장 마지막으로 감염된다."[230] 오물 가설은 유럽 의사들에게도 공감을 얻었다. 「영국 의학 저널」에 따르면 "'토양'이라는 단어는 비유적으로도, 실제적으로도 진실에 가깝다. 노동자 계급의 중국인들은 자신의 집을 깨끗하게 치우지 않기 때문에, 집 안 바닥에 널린 쓰레기들은 뭉쳐지고 다져져서 진짜 두엄 더미가 만들어진다."[235] 의사들은 여름의 더위가 시작되면 두엄 더미에 숨어 있던 병원체들이 되살아난다고 생각했다.

경쟁 관계에 있는 과학자들이 문제의 병원체를 찾기 위해서 홍콩에 도착했다. 일본의 제국 정부는 기타사토 시바사부로와 그의 경쟁자인 아오야마 다네미치가 이끄는 연구진을 홍콩으로 보냈다.[238] 두 사람 모두 일본에서 의학을 공부한 후에 베를린에서 코흐의 지도를 받았다. 기타사토는 1887년에 파상풍균을 분리해서 세계에서 가장 유명한 세균학자가 된 인물이자, 1892년 독일 정부로부터 교수직을 부여받은 최초의 외국인이었다.[234, 239] 일본 연구진은 1894년 6월 12일에 홍콩에 도착했다.[240] 사흘 뒤에는 코흐의 경쟁자였던 파스퇴르의 제안과 후원으로 그곳의 프랑스 식민장관에 의해서 파견된 알렉상드르 예르생이 (라오스, 캄보디아, 베트남으로 구성된) 프랑스령 인도차이나에서 홀로 홍콩에 도착했다.[233, 241]

예르생은 스위스에서 태어났지만 파스퇴르에게 지도를 받았고, 프랑스로 귀화해서 프랑스 식민 정책의 무대에 합류했다.[241] 그 역시 잠시 동안 코흐에게 지도를 받았다.[242] 예르생은 파리에서 광견병 환자를 부검하던 중에 척추를 절단할 때에 사용하던 칼을 놓치는 바람에 칼에 손가락을 베어 피를 흘렸다. 파스퇴르는 자신의 조수 에밀 루에게 자신이 새로 개발한 광견병 백신을 예르생에게 놓아주라고 지시했다. 그 일로 예르생, 파스퇴르, 루는 가까운 친구가 되었다.[241]

예르생은 1888년 루와 함께 역사상 최초로 박테리아에서 배출되는 디프테리아 독소를 발견한 과학자로 널리 알려져 있었다.[234] 기타사토와 독일의 한 동료는 독소에 노출된 동물이 "항독소(antitoxin)"를 생성한다는 사실을 발견했다.[243] 그렇게 발견된 항독소는 훗날 항체(antibody)라고 불렸다. 루는 기타사토의 발견을 응용하여 말에서 디프테리아 항독소가 만들어진다는 사실을 발견했고, 그것을 이용해서 디프테리아에 걸린 아이들의 목숨을 구해줄 혈청요법(serotherapy)을 발명했다.

영국의 탐험가 데이비드 리빙스턴에게 영감을 받은 예르생은 프랑스 식민지의 주민을 보호하겠다는 목표를 세우고 말라리아나 천연두와 같은 유행성 질병의 발생 상황을 파악하기 위해서 프랑스령 인도차이나의 탐험에 나섰다.[244] 그는 베트남의 중부 고원지대를 탐험한 최초의 유럽인이었고, 그곳에서 사는 주민들이 만난 최초의 유럽인이었다.[242] 그는 탐험을 하던 중에 심한 말라리아와 이질에 걸리기도 했다.

프랑스를 위해서 그런 업적을 세웠음에도 불구하고 홍콩에 도착했을 때에 예르생은 기타사토만큼 유명하지 않았다.[233] 더욱이 인류 역사에서 가장 위험한 병원체를 찾겠다는 기타사토와 예르생의 경쟁은 코흐와 파스퇴르 사이에 벌어지고 있었던 오랜 경쟁의 연속이기도 했다.

기타사토가 사흘 먼저 시작했다. 그는 로슨의 도움으로 흑사병 환자들에게 즉시 접근할 수 있었다. 6월 14일, 기타사토는 아오야마가 흑사병 희생자를 부검하는 과정에서 간균(桿菌, bacillus)을 발견했다.[240] 그런 부검은 매우 위험한 일이었다. 아오야마와 그의 조수는 흑사병에 걸렸고, 병원체를 찾기 위한 기타사토와의 경쟁을 포기할 수밖에 없었다.[238] 다행히 아오야마는 회복되었다.[234]

기타사토는 혈액, 폐, 간, 지라, 그리고 (림프절 흑사병의 특징적 부위인) 사타구니의 부어오른 림프절에 간균이 존재한다는 사실을 발견했다.[240] 문제의 환자는 11시간 전에 사망했기 때문에 기타사토는 자신이 발견한 것이 환자를 사망하게 만든 간균이라고 확신할 수 없었다. 그는 환자의 지라 조각으로 쥐를 감염시켰고, 여러 가지 다른 조직을 이용해서 쥐, 기니피그, 토끼, 비둘기를 감염시켰다. 이틀 만에 죽은 쥐에는 똑같은 간균이 들어

그림 5.1. 1889년 코흐의 연구소에 있었던 기타사토 시바사부로이다. 코흐가 사망하자 기타사토는 연구소에 신사를 짓고, 그곳에서 일하는 동안에는 매년 코흐의 기일에 죽은 영혼을 기리는 신토(神道) 제례를 올렸다.[239]

있었다. 얼마 후에 죽은 기니피그와 토끼에도 의심했던 간균이 들어 있었다. 그후에 그는 다른 흑사병 희생자의 사타구니, 지라, 폐, 간, 혈액, 뇌, 장에서도 똑같은 간균을 발견했다.

로슨은 기타사토가 문제의 병원체를 발견한 것이 확실하다고 생각했다. 그는 기타사토가 간균을 처음 발견한 다음 날이자, 예르생이 홍콩에 도착한 다음 날인 6월 15일에 자세한 내용을 담은 전보를 「랜싯(*Lancet*)」에 보냈다.[233] 「랜싯」은 일주일 후에 기타사토가 "흑사병을 일으키는 간균 발견에 성공했다"라고 발표했다.[245]

로슨은 흑사병 희생자의 시신을 모두 기타사토의 실험용으로 예약해서 예르생의 일을 방해했다.[233] 로슨이 예르생이 흑사병 안치소에 출입하지 못하도록 막은 이유는, 영국과 프랑스의 식민지 경쟁 때문이거나, 권위(기타사토가 예르생보다 훨씬 유명했다), 분별력(그는 기타사토가 이미 간균을 발견했다고 믿었다), 또는 과학적 시기심 때문이었던 것으로 보인다. 로슨은 흑사병의 원인이 무엇인지 연구하고 싶어서 실제로 토끼와 기니피그로 시도를 해보았지만, 자신에게 주어진 업무 때문에 의미 있는 연구를 할 충분한 시간을 낼 수가 없었다. "우리는 흑사병의 치료와 관련된 일에 모든 시간을 쏟아부어야 했기 때문에 문제의 순수한 과학적 측면을 살펴볼 시간이 거의 없었다. 그런 일로는 명성을 얻을 수 없었다."[237]

예르생은 부검이 진행되던 중에 기타사토를 만났다.[234] 그들은 독일어로 어색한 대화를 나누었다. 예르생은 독일어를 할 줄 알았지만 능숙하지는 않았다. 예르생은 일본 과학자들이 혈액과 내부 장기들은 세심하게 살펴보지만, 림프절에는 신경을 쓰지 않는다는 점을 흥미롭게 여겼다. 예르생은 시신의 림프절을 살펴보아야겠다고 생각했다. 그러나 가이드 역할을 해주던 이탈리아 선교사가 특이한 방법을 권고해줄 때까지 그는 방법을 찾을 수 없었다.[233, 241] 홍콩에 도착하고 닷새가 지난 6월 20일 예르생은 시신을 폐기하는 영국 해군 병사들에게 뇌물을 주고 나서야 처음으로 림프절을 자세하게 살펴볼 수 있었다. 예르생의 일기에 따르면 "먼저 그들에게 몇 달러를 주고, 시신을 볼 때마다 팁을 주기로 한 약속이 놀라운 결과를 가져다주었다."[234]

예르생은 석회 바닥에 놓여 있는 관 속의 시신에서 림프절을 찾아내어 절개한 후에 자신의 실험실로 달려갔다. 이 모든 일에 1분도 채 걸리지 않았다. 예르생은 처음에는 벽도 없는 현관에서 실험을 했는데, 나중에는 짚으로 만든 헛간으로 실험실을 옮겼다.[234] 현미경으로 들여다본 시료에서 그는 "놀라운 미생물의 퓨레(une véritable purée de microbes)"를 보았다.[246] 예르생은 자신의 실험 노트에 "이것은 의문의 여지없이 흑사병의 병원체이다"라

고 썼다.[241] 그는 자신의 스승을 기려서 병원체를 파스퇴렐라 페스티스
(*Pasteurella pestis* : 페스티스는 라틴어로 "저주" 또는 "골칫거리"를 뜻한다)라
고 불렀다.[247]

예르생은 시신의 림프절에서 추출한 미생물을 배양해서 쥐와 기니피그
에게 주사했는데, 그 동물들은 모두 다음 날 죽어버렸다. 설치류에서도 역
시 림프절이 부어오르는 흑사병의 전형적인 증상이 나타났다.[234] 그는 설치
류의 림프절에서도 똑같은 미생물을 발견했고, 홍콩에서 죽은 쥐에서도 마
찬가지였다.[241] 예르생은 관리들에게 그 증거를 보여주고 시신을 살펴볼 수
있도록 허가를 받았다.

영국의 학술지 「랜싯」은 예르생에 대한 편견을 감추지 않았다. 로슨이
제공한 증거로 무장한 [233] 「랜싯」은 8월 4일 기타사토가 간균을 발견했다는
내용을 다시 소개하면서, 독자들에게 "특정한 간균을 발견하고 싶어하는
지역의 여러 학자들이 있고, 전문가들은 그런 관점에서 다른 주장들을 경계
할 필요가 있다"라고 경고하는 사설을 실었다.[232] 「랜싯」은 또다른 사설에
서 다음과 같이 주장했다. 예르생이 "또다른 간균을 발견했고, 그 역시 자
신이 발견한 균이 흑사병의 핵심 원인이라고 주장하고 있으며, 또한 무엇
인가를 발견하고 싶어서 안달이 난 다른 사람들도 목록에 추가되고 있다.
우리의 통신원은 '흑사병 간균의 종류가 이탈리아의 발롬브로사에 있는 나
뭇잎의 수보다 훨씬 더 많다'고 했다. 우선권을 주장하는 모든 청구인들
중에서 과연 누가 후세에 흑사병의 원인을 밝혀낸 발명가로서 명성을 얻을
것인지를 결정하기는 어려울 것이다. 그러나 우리가 앞에서 밝혔듯이, 기
타사토 교수의 이름은 관찰의 정확성과 연구의 신중함을 보장해주었고, 그
의 연구를 총체적으로 평가하는 기회가 주어진다면, 그것이 가장 엄격한
기준도 충족시킨다고 확인될 것이 분명하다."[248]

같은 달에 「랜싯」과 「영국 의학 저널」은 기타사토와 로슨이 제공한 기

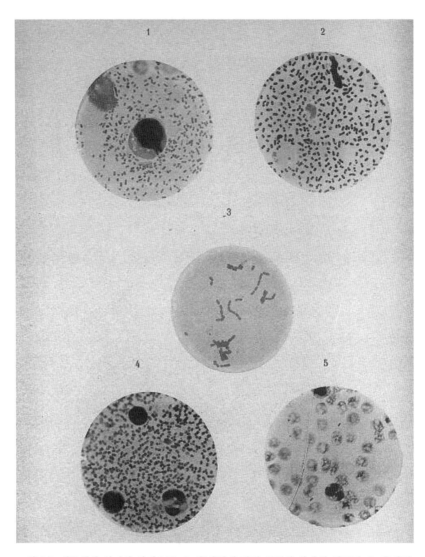

그림 5.2. 예르생의 현미경 사진으로, 1 : 흑사병에 걸린 중국인 환자의 림프절, 2 : 흑사병에 감염되어 죽은 쥐의 림프절, 3 : 배양액 속에서 배양 중인 흑사병 세균, 4 : 흑사병을 접종한 쥐의 림프절, 5 : 사망 후 15분이 지난 흑사병 희생자에게서 채취한 혈액에 두 종류의 세균이 들어 있는 사진이다.[246]

타사토 병원체의 사진을 공개했다.[249, 250] 간균의 형상은 비정상적으로 다양했다. 「영국 의학 저널」은 예르생의 간균 발견 소식과 함께 흑사병 희생자의 조직을 먹이거나 접종한 쥐, 흰쥐, 기니피그들이 곧바로 흑사병으로 사망했다는 사실도 알렸다.[250] 「랜싯」은 "매우 정확하고 신뢰할 수 있는 관찰자인 기타사토 교수가 자신의 관찰과 실험의 정확성에 대해서 스스로 만족하지 않은 결과를 성급하게 논문으로 발표했을 것이라고는 상상할 수 없으므로" 예르생이 실수를 했을 것이라고 생각한다고 주장했다.[251]

그런데 기타사토는 실제로 연구 내용을 너무 성급하게 발표했던 것으로 밝혀졌다.[233, 234] 기타사토가 간균을 발견한 시점은 그가 홍콩에 도착하고 이틀 후였고, 예르생의 발견 엿새 전이었다. 그가 경쟁의 압박을 느꼈던 것이 분명했다. 과학에 대해서 매우 신중했던 기타사토도 자신이 예르생보다 먼저 발견의 공로를 차지하기를 원했던 로슨으로부터 심한 압력을 받았다.[233] 기타사토의 박테리아 배양액은 오염되었고, 「영국 의학 저널」에 발표된 다양한 형상도 오염의 결과였다. 처음에 기타사토는 자신이 발견한 간균이 그람* 양성인지 음성인지도 확인하지 않았는데도[240](그런 결정은 세균학에서 표준적인 관행이었다), 자신의 모순적인 발견을 논문으로 성급하게 발표했다.[234] 그는 논문을 발표한 후에야 자신의 간균이 그람 양성이라는 사실을 확인했다. 기타사토의 동료이자 경쟁자인 아오야마는 그의 혼란스러운 연구를 비판했다.[238]

그러나 예르생은 간균을 그람의 방법으로 염색할 수 없다는 사실(그람 음성)을 밝혀낼 수 있었다.[241] 사실 두 연구자는 서로 다른 종류의 박테리아를 연구한 것으로 밝혀졌다.[206, 252] 그럼에도 불구하고 그것은 세계적으로

---

* 1884년 덴마크의 의사 H. C. J. 그람이 고안한 특수 염색법으로 자주색(양성)과 붉은색(음성)으로 염색되는 특성에 따라서 박테리아를 분류한다.

"기타사토-예르생 간균"으로 알려지게 되었다.[252] 그로부터 수십 년 동안 기타사토와 예르생이 병원체의 발견에 대한 공로를 함께 인정받았지만(로슨은 인정을 받지 못했다), 결국 발견의 공로는 예르생에게 돌아갔다. 예르생이 사망하고 27년이 지난 1970년에 흑사병의 병원체는 예르시니아 페스티스(*Yersinia pestis*)라는 새로운 이름을 얻게 되었다.[233, 247]

로슨은 1935년 사망할 때까지도 예르생이 아니라 기타사토가 흑사병의 병원체를 발견했다는 입장을 고수했다.[233] 그러나 기타사토는 1899년 일본의 고베에서 발생한 흑사병을 연구한 이후에는 더 이상 자신이 발견한 병원체가 흑사병의 원인이라고 고집하지 않았다. "나는 고베에서 흑사병 환자들을 검사할 기회가 있었고, 모든 경우에서 나는 예르생의 간균이 바로 흑사병의 병원체라는 진실을 확인했다."[252] 그 상황을 안타까워한 일본 해군의 의무대장에 따르면, "이제 흑사병 간균을 발견한 공로는 예르생에게만 돌아가야 하고, 기타사토처럼 유명한 세균학자가 미생물 연구에서 도무지 믿을 수 없는 오류를 저지른 것을 한탄해야 한다."[252] 그러나 상당한 세월이 지난 1920년대에도 기타사토는 일본 과학자(아마도 자신)가 흑사병 간균을 발견했다고 주장했다.[234, 254]

다른 전염병과 마찬가지로, 림프절 흑사병 역시 그 균을 자신에게 직접 접종하려고 시도했던 사람들이 있었다. 가장 먼저 그런 시도를 했던 사람은, 1802년 이집트에 주둔하던 중에 림프절의 내용물을 자신의 사타구니에 바르고, 그것을 팔에 주사한 영국 육군 군의관이었던 것으로 보인다.[206] 그는 흑사병에 걸려서 사망했다.

홍콩 유행에서는 훨씬 더 유용한 예방 대책이 개발되었다. 홍콩에서 흑사병 간균을 발견한 예르생은 곧바로 시료를 파리에 있는 파스퇴르 연구소로 보냈다. 그는 살아 있는 흑사병 배양액이 든 밀폐된 유리관을 다른 관속에 넣은 후에 그것을 대나무 속에 넣어서 우편으로 보냈다.[242] 다행히 소포는 목적지에 잘 도착했다. 루는 시료를 배양해서 그것으로부터 항흑사병 혈청을 만들었다.[247] 예르생은 1896년 중국에서 새로운 치료법을 시험했고, 상당한 성공을 거두었다.

1897년 근무지를 프랑스령 인도차이나로 옮긴 예르생은 냐짱에 파스퇴르 연구소를 세우고, 하노이에 의과대학을 설립해서 운영했다.[238] 예르생은 브라질 고무나무를 재배하는 농장을 조성했고, 자신이 살던 베트남 집 지붕에 만든 돔 속에 망원경을 설치했으며, 1915년에는 말라리아 치료에 필요한 키니네를 생산하기 위해서 신코나 나무를 재배하는 새로운 베트남 농장도 만들었다.[255] 그는 제1차 세계대전 동안 프랑스의 키니네 공급량을 확보하려면 신코나 나무 농장이 꼭 필요하다고 생각했다.[242] 제2차 세계대전이 시작된 1940년에 파리를 방문한 예르생은 독일 침공 직전에 마지막 비행기를 탔다. 그는 3년 후에 냐짱에서 사망했다. 수오이자우에 있는 예르생의 무덤에는 종교 의례를 위한 탑이 세워졌고, 그의 묘비에는 "베트남 국민들이 존경하는 후원자이자 인도주의자"라고 새겨졌다.[256] 예르생이 반세기 동안 살았던 냐짱의 주민들은 그를 "다섯 번째 남자"라는 뜻으로 "무슈 남"이라고 불렀다. 그의 제복에 붙어 있는 대령 계급장의 줄 5개를 뜻하는 이름이었지만, 발음하기 어려운 그의 낯선 이름을 피하기 위한 방법이기도 했다.[242]

쥐벼룩(1897-1922)

1898년 6월 2일, 바로 그날, 나는 세상에 흑사병이 등장한 이후부터 인류를 괴롭혀왔던 비밀을 마침내 밝혀냈다는 생각에 말로 표현할 수 없는 감동을 느꼈다. _ 폴-루이 시몽드, 1898년[247, 257]

예르생은 흑사병을 일으키는 병원체가 쥐와 사람을 모두 감염시킨다는 사실을 확인했다. 그러나 그는 쥐가 감염에 중요한 역할을 한다고 의심했지만, 병원체가 어떻게 숙주를 감염시키는지는 정확하게 알아내지 못했다.[258] 예르생은 감염된 토양을 통해서 병원체가 확산될 수 있을 것이라는 가설도 제시했다.[259, 260] 기타사토는 간균이 호흡이나 상처를 통해서 체내에 침입하거나 소화기를 통해서 사람을 감염시킬 수 있다고 생각했다.[206, 240] 그는 파리와 같은 곤충이나 쥐, 흰쥐도 질병을 전파할 수 있으리라고 생각했다.[206] 예르생과 기타사토가 쥐벼룩과의 연관성을 생각해내지 못한 것은 이상한 일이었다. 그러나 두 사람이 홍콩에서 연구하고 있던 1894년은 말라리아와 황열의 곤충 매개체에 대한 결정적인 발견이 이루어지기 전이었다.

홍콩에서 활동하던 스코틀랜드 출신의 외과 의사 제임스 캔틀은 죽은 쥐가 엄청나게 많다는 점에 주목하기는 했지만, 그도 역시 질병과 쥐벼룩을 연관 짓지는 못했다. "쥐들이 하수도와 배수관에 있는 소굴에서 나와서 집 안을 돌아다니는 것처럼 보인다. 사람에게는 신경을 쓰지도 않는 듯 보이는 쥐들이 뒷다리에 이상한 '경련'을 일으키면서 어지럽게 뛰어다녔다. 침실 마루에서 죽은 채로 발견되는 쥐들도 많았지만, 마루 밑에서 죽은 쥐가 내뿜는 고약한 냄새 때문에 무슨 일이 일어나고 있는지를 깨닫게 되는 경우가 더 많았다."[230] 중국인들도 역시 흑사병이 유행하기 2–3주일 전에 쥐들이 비정상적으로 많이 죽는다는 사실을 주목했고, 쥐가 "다가오는 악마의 전조"라고 생각했다.[261] 영국의 의학 논문에 따르면 "미신을 믿는 중국인들은 악마의 전령(傳令)처럼 보이는 동물을 쫓아내려고 노력했다."[262]

광둥의 한 구역에서는 관료들이 죽은 쥐 2만2,000마리를 모아서 묻었고,[261] 홍콩의 한 거리에서는 1,500마리의 쥐를 모았다.[262] 조사 결과 쥐들도 흑사병 간균을 가지고 있음이 밝혀졌는데, 캔틀은 쥐에서 나타나는 증상이 사람의 증상과 똑같았다고 지적했다.[230] 사람의 흑사병 간균을 쥐와 같은 설치류에 접종하는 실험에서도 중요한 연관성이 드러났다. 캔틀에 따르면

"그러므로 쥐에 의한 감염을 가볍게 여길 수 없고, 질병의 확산에 영향을 미치는 조건으로 심각하게 고려해야만 한다. 쥐가 영향을 받는다는 사실은 의심할 수 없을 정도로 확실하다. 그들이 단순히 사람과 마찬가지로 감염이 된 것일 수도 있지만 실제로 인간에게 질병을 옮기는 매개체일 수도 있을 것이다."[230]

논문에서 쥐벼룩이 원인일 수 있다는 가설을 1897년에 처음 주장한 사람은 오가타 마사노리였다. "우리는 벼룩과 같은 곤충에 관심을 가져야 한다. 쥐가 죽어서 체온이 차가워지면, 흑사병 바이러스는 숙주를 떠나서 직접 사람에게 전파될 수 있는 곤충에게 옮겨가기 때문이다."[234] 오가타는 흑사병으로 죽은 쥐로부터 벼룩을 수집했다. 그는 벼룩을 짓이겨서 두 마리의 흰쥐에게 주사했고, 그중 한 마리가 흑사병으로 죽었다.[263] 오가타는 벼룩이 흑사병 감염을 발생시키는 여러 가지 경로들 중의 하나일 것이라고 생각했다.[247]

프랑스의 의사 폴-루이 시몽드도 독립적인 실험을 통해서 쥐벼룩의 결정적인 역할을 증명했다. 시몽드는 자신의 연구 경력의 절정기에 흑사병 연구 분야에 들어섰다. 그는 1882년부터 1886년까지 프랑스령 가이아나에서 나병 요양소를 관리하던 중에 황열에 걸렸다가 회복했다.[264] 그는 동아시아의 여러 지역에서 활동한 이후 1895년 파리의 파스퇴르 연구소에서 말라리아와 비슷한 원생동물 기생충을 연구하기 시작했다.[247] 그는 기생충에서 웅성(雄性) 특성을 발견했다. 그의 발견은 말라리아의 자연사 연구에 중요한 것이었다. 패트릭 맨슨은 인도에 있던 로널드 로스에게 원생동물의 성적(性的) 특성을 설명한 시몽드의 논문을 보냈지만, 불행하게도 로스는 그 발견의 중요성을 인식하지 못했다.

1897년 시몽드는 예르생의 후임으로 봄베이에 부임해서 새로운 항흑사병 혈청의 유용성을 연구하는 일을 하게 되었다.[265] 그러나 항흑사병 혈청에 대한 인도 사람들의 격렬한 반발 때문에 관리자들은 말라리아 환자들에 대한 로스의 연구를 중단시켰다. 이는 로스가 겪은 많은 좌절 중의 하나였다.[65] 그해 말 집중적인 연구로 지친 시몽드는 말라리아에 걸렸다.[264]

이듬해 4월에 시몽드는 흑사병 유행에 대한 연구를 위해서 주라치(카라치)로 파견되었다.[265] 예르생이 홍콩에서 경험한 것과 마찬가지로, 시몽드도 역시 카라치에서 흑사병 병원의 출입을 금지하는 영국 당국에 의해서 연구에 어려움을 겪었다. 시몽드도 예르생과 캔틀이 그랬던 것처럼 흑사병이 만연한 지역에서 병들거나 죽은 쥐들을 발견했다. 한 집에서 죽은 쥐 75마리를 발견한 경우도 있었다.[247] 시몽드는 자신의 노트에 결정적인 관찰을 적어두었다. "어느 날, 아침에 양모 공장으로 출근한 직원은 바닥에 죽어 있는 수많은 쥐들을 발견했다. 20명의 작업자들에게 죽은 동물을 치우라는 지시가 내려졌다. 사흘 만에 그들 중 10명이 흑사병에 걸렸지만, 다른 직원들은 아무도 병에 걸리지 않았다."[241] 그는 죽은 쥐가 늘어나는 것을 보고 흑사병의 발발을 예견한 현명한 지도자들 덕분에 고립된 수용소로 달아났던 주민들이 살던 마을을 방문했다. 시몽드의 기록에 따르면 "2주일 후에 한 모녀가 집에서 옷을 가져오기 위해서 마을에 다녀와도 된다는 허가를 받았다. 그들은 집 마루에서 죽어 있는 몇 마리의 쥐들을 발견했다. 그들은 쥐의 꼬리를 잡아서 길거리로 던져버린 후에 수용소로 돌아왔다. 모녀는 이틀 후에 흑사병에 걸렸다."[241]

시몽드의 기록에 따르면 "우리는 죽은 쥐와 사람 사이에 매개체가 분명히 존재한다고 가정할 수밖에 없었다. 아마도 그 매개체는 벼룩이었을 것이다."[241] 쥐를 세심하게 살펴보던 시몽드는 스스로 털을 다듬는 건강한 쥐에는 벼룩이 거의 없었지만, 병든 쥐에는 벼룩이 우글거린다는 사실에 주목했다.[247] 쥐가 죽고 나면, 벼룩들은 점점 차가워지는 사체를 떠나 다른 쥐나 사람을 찾아 나서기 때문에 죽은 직후의 쥐를 만지는 것이 특히 위험했다.[266] 더욱이 시몽드는 일부 흑사병 환자들의 피부에서 흑사병 간균이 들어 있는 작은 물집을 발견했고, 그것이 벼룩이 물어서 생긴 상처라고 의심했다.[265]

다른 흑사병 연구자들은 시몽드의 쥐벼룩 가설에 반발했다.[265] 그러나 시몽드의 스승인 라브랑은 그의 가설은 물론이고, 모기가 말라리아를 전파한다는 로스의 정신 나간 가설도 지지했다. 시몽드는 흑사병에 걸린 쥐에서 잡은 벼룩을 자세하게 살펴보았고, 내장에서 많은 양의 흑사병 간균을 발견했다. 그러나 건강한 쥐에서 잡은 벼룩에서는 간균을 찾을 수 없었다. 이제 그에게는 쥐들 사이의 감염에서 벼룩의 역할을 밝혀내는 일만 남아 있었다.

시몽드는 자신의 생각을 시험하기 위한 간단한 실험을 고안했다. 실험의 첫 단계는 흑사병 환자의 집에서 병든 쥐를 잡는 일이었다. 쥐의 털 속에서는 쥐벼룩들이 재빠르게 돌아다니고 있었다. 그는 병든 쥐를 카라치의 레이놀즈 호텔에 있는 임시 실험실로 가지고 가서, 그물망 뚜껑이 달린 큰 유리병에 넣었다. 시몽드는 병 속에 더 많은 벼룩을 넣어두고 싶었다. "나는 호텔을 어슬렁거리는 고양이로부터 벼룩을 빌렸다."[265] 그는 그 벼룩도 쥐가 들어 있는 병에 넣었다. "24시간이 지난 후에 내가 실험한 동물은 털을 바짝 세운 상태로 몸을 작은 공처럼 웅크리기 시작했는데, 몹시 괴로워하는 것처럼 보였다."

실험의 두 번째 단계에서 시몽드는 유리병의 아래쪽에 누워 있는 병든 쥐 위에 건강한 쥐가 들어 있는 철사 그물망을 매달아두었다.[241] 두 쥐는 서로 닿을 수 없었지만, 병든 쥐의 벼룩은 건강한 쥐로 뛰어올라서 흑사병을 전파할 수 있었다. (시몽드는 이미 쥐벼룩이 대략 10센티미터 정도를 뛰어오를 수 있다는 사실을 확인했다.) 유리병 바닥에 있던 병든 쥐는 움직이지 않았고, 다음 날 아침에 죽었다. 시몽드는 죽은 쥐의 혈액과 장기가 예르생의 간균으로 가득 채워져 있는 것을 발견했다. 매달린 쥐는 엿새 후에 흑사병으로 죽었고, 그 쥐의 혈액과 장기에도 많은 간균이 우글거리고 있었다.[257]

시몽드는 반복된 실험에서도 똑같은 결과를 얻었다. 더욱이 시몽드가 벼룩을 제거한 병든 쥐와 함께 건강한 쥐를 유리병에 넣어놓자, 그 건강한 쥐는 흑사병에 걸리지 않았다.[265] 시몽드는 세균성 질병이 곤충에 의해서 확산된다는 사실을 직접 증명하는 최초의 실험을 한 것이다.[247]

다른 과학자들은 시몽드의 연구를 인정하지 않았다. 자신들이 그의 결과를 재현하지 못했다는 이유로 그의 연구를 가치 없는 것이라고 주장하기도 했다.[247, 260, 265] 연구자들은 대부분 자신들이 실험에 이용한 쥐벼룩의 종(種)을 구체적으로 밝히지 않았는데, 그것이 서로 다른 결과를 얻게 된 이유였을 수 있다.[260] 그러나 시몽드의 결정적인 연구가 성공하고 5년이 지난 1903년에 마르세유의 연구자들이 확증적인 실험을 수행했다.[267] 그리고 1906년에는 인도에서 흑사병을 연구하던 영국의 조사위원회도 쥐, 기니피그, 원숭이를 이용한 세심하게 통제된 일련의 실험에서 시몽드의 결과를 재확인했다.[260]

영국 조사위원회는 쥐벼룩이 없는 상태에서는 감염된 동물과 건강한 동물이 밀접 접촉(흑사병 궤양, 소변, 대변을 포함)을 하더라도 흑사병이 전파되지 않는다는 사실을 발견했다.[260] 마찬가지로 감염된 동물의 젖을 먹은 새끼들도 흑사병에 걸리지 않았다. 흑사병은 공기를 통해서 전파되지도 않았다. 그러나 쥐벼룩이 있으면 동물들 사이에서 흑사병이 전파되었고, 전파 속도는 벼룩의 수에 비례했다. 동물들이 감염된 토양과 접촉하는 것은 상관이 없었다. 흑사병 환자의 집에 풀어놓은 기니피그는 쥐벼룩을 유인했고, 결국 흑사병에 걸렸다. 조사위원회는 흑사병 환자의 집에 기니피그를 풀어놓기 전에 산성의 과염화 수은 용액이나 황을 태운 연기로 벼룩을 제거하려고 했지만 모든 벼룩을 죽일 수는 없었다. 조사위원회는 감염된 쥐의 혈액 1밀리리터당 1억 마리의 간균이 들어 있기 때문에 감염된 쥐의 혈액을 빨아먹은 쥐벼룩은 엄청나게 많은 수의 간균을 흡수하게 된다는 사실을 발견했다. 영국의 조사위원회는 그런 사실을 종합해서 최종적으로 쥐벼룩 가설을 과학적으로 인정하는 결과를 발표했다.[265]

그동안 다른 연구자들은 쥐벼룩 가설의 공로를 차지하기 위해서 서로 다투면서 시몽드의 기여를 인정하지 않았다. 1905년 영국-인도 조사위원회의 W. 글렌 리스턴 대위가 「인도 의학 가제트(*Indian Medical Gazette*)」에 시몽드의 주장과 흡사하게 쥐벼룩이 흑사병의 매개체라고 밝힌 논문을 발표했다.[229] 다음 해에 「인도 의학 가제트」는 리스턴 대위의 쥐벼룩 가설을 획기적인 발견이라고 자랑했다.

시몽드의 발견은 격리(quarantine)가 흑사병에 효과가 없는 이유를 설명해주었다. "quarantine"이라는 말은 상선이 접안해서 화물을 내리고 승객과 선원을 내리도록 허가를 받으려면 스스로 격리된 상태로 지내야 하는 "40일"의 기간을 뜻하는 이탈리아어 "quaranto giorni"에서 유래된 것이다.[115] 흑사병이 유행하던 1347-1352년에는 많은 항구도시들에서 격리 정책을 시행했다. 환자가 있는 배는 돌려보냈고, 격리 기간 동안 배에 타고 있던 사람들 중에서 환자가 발생하면 입국을 허용하지 않았다. 그러나 그런 도시에도 흑사병이 들어왔다. 쥐들은 정박한 배의 계류용 밧줄을 타고 기어가거나, 가까운 거리를 헤엄쳐서 육지에 도달할 수 있었기 때문이다.

시몽드는 사이공에서 3년 동안 림프절 흑사병에 대한 백신 프로그램을 운영한 후에 브라질에서 5년간 황열을 연구했다. 브라질에서 그의 연구진은 황열의 원인 매개체가 이집트 숲모기에 의해서 전파되는 바이러스라는 리드 조사위원회의 결과를 재확인했다.[268] 그후에 시몽드는 마르티니크에서 황열을 퇴치하기 위해서 고가스의 모기 퇴치 사업과 동일한 사업을 시

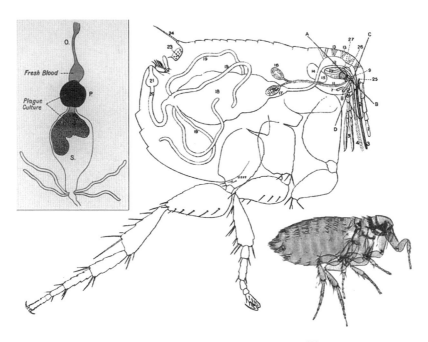

그림 5.3. 쥐벼룩 풀렉스 케오피스(*Pulex cheopis*)의 해부도이다.[260] 왼쪽 삽화는 벼룩의 전위(前胃) P가 흑사병 간균 덩어리와 엉켜 있는 혈액에 의해서 돌출된 모습을 나타낸다. S는 위를, O는 식도를 의미한다.[269] 오른쪽 삽화는 1914년 인도에서 흑사병을 연구하는 과정에서 흔한 쥐벼룩인 케라토필루스 파스키아투스(*Ceratophyllus fasciatus*)의 암컷을 화학적으로 보존해서 찍은 사진이다.[272]

작했다.

시몽드는 쥐가 벼룩이 문 상처를 긁는 과정에서 간균이 들어 있는 벼룩 배설물에 의해서 림프절 흑사병에 감염된다는 가설을 내놓았다.[269] 그는 벼룩이 남겨놓은 감염된 혈액 방울을 통해서 감염이 일어날 수 있다는 가설도 제시했다.[257]

1914년 곤충학자 아서 베이콧과 영국 리스터 연구소의 소장인 찰스 제임스 마틴은 일반적으로 벼룩의 배설물은 문제가 되지 않는다는 사실을 발견했다. 언뜻 보기에는 베이콧이 흑사병 연구에 참여한 것이 이상할 수도 있다. 공식적으로 과학 분야 교육을 받지 않은 베이콧은 사무원으로 일했고 벼룩을 연구한 경험도 없었다.[270] 그러나 평소 곤충학에 관심이 많았던 베이콧은 곧바로 벼룩의 생활사를 자세하게 파악했다. 그런 성과 덕분에 그는 리스터 연구소의 곤충학자로 활동하게 되었다.

베이콧과 마틴은 벼룩의 배설물이 마르면 간균이 거의 남지 않게 된다는 사실을 발견했다.[269] 그런데 연구자들이 하루 동안 먹이를 먹이지 않아서 쥐를 물어도 배설을 하지 않도록 만든 벼룩도 여전히 쥐에게 간균을 전파했다. 그들은 간균이 벼룩의 위와 (모래주머니와 비슷한) 전위에서 증식해서 "단단한 흑사병 간균 덩어리"를 만들고, 그것이 벼룩이 먼저 빨아먹은 혈액과 엉켜서 만들어진 덩어리와 함께 먹이가 위로 들어가지 못하게 막기 때문에 벼룩이 끊임없이 먹이를 찾게 된다는 사실을 발견했다. 베이콧과 마틴의 기록에 따르면 "결국 벼룩은 갈증에 시달리게 되고, 식욕을 채우기 위해서 끊임없이 노력하지만 식도만 팽창하게 될 뿐이다."[269] 한 마리의 벼룩에는 100만 마리의 간균이 들어 있게 된다.[271] 굶주린 벼룩이 쥐나 사람과 같은 숙주를 물 때마다 신선한 혈액이 흑사병 간균으로 오염된 상태로 물린 상처를 통해서 역류하면서 림프절 흑사병이 발생하도록 만든다. 그렇게 되면 간균은 감염된 숙주의 혈액 1밀리리터당 10억 마리의 밀도로 늘게 된다.

이 박테리아는 또한 호흡에서 발생하는 비말(飛沫, 침방울)을 통해서 사람들 사이에 전파되는, 치사율이 매우 높은 폐렴성 흑사병을 발생시키기도 한다.[206] 드물기는 하지만, 사람의 피부를 무는 사람 벼룩에 의해서 사람에서 사람으로 전파되는 패혈성 흑사병이 발생하기도 한다. 그런 경로로 흑사병에 걸리면 몇 시간 안에 사망에 이르게 되는 것으로 보인다.[206, 207]

예르시니아 페스티스는 팬데믹을 일으키도록 완벽하게 적응했다. 이 세균은 쥐벼룩의 배설물 속에서 5주일 동안 살아남을 수 있다.[207] 일부 쥐벼룩은 먹이를 먹지 않고 4개월 이상 생존할 수 있고, 이상적인 조건에서는 숙주가 없더라도 2년 이상 생존할 수 있다.[272] 예르시니아 페스티스는 80종 이상의 벼룩에 의해서 전파되고, 200여 종 이상의 포유류를 감염시켜서 질병의 유행을 촉발하는 보균소로 만들어버린다.[115, 273] 흑사병이 유행했던 유스티니아누스 시대와 중세 흑사병 대유행기*의 희생자들을 묻은 공동묘지에 대한 DNA 분석에 따르면, 두 차례의 대유행도 1890년대의 세 번째 흑사병 대유행과 마찬가지로 예르시니아 페스티스에 의한 것으로 확인되었다.[274-280]

1890년대의 흑사병 대유행은 현대적 도로를 따라서 빠르게 확산되면서 1,500만 명의 사람들을 희생시켰다. 세기가 바뀌면서 대유행은 아시아를 넘어 전 세계로 확산되어 아프리카, 유럽, 오스트레일리아, 남북 아메리카를 포함한 인간이 거주하는 모든 대륙을 덮쳤다.[262] 일부 지역에서는 사람들이 과학자들의 연구실에서 전염병이 시작되었다고 의심했고, 실제로 빈에서는 실수로 그런 일이 벌어지기도 했다.[281] 예르생도 1898년 자신의 실험실 근처에서 전염병이 발생한 탓에 그런 의심을 받았다.[262] 가장 피해가 컸던 곳은 1898년부터 1918년까지 1,250만 명의 사람들이 흑사병으로 사망한 인도였다.[273] 홍콩과 마찬가지로 인도에서도 전염병을 통제하려던 영국의 시도는 광범위한 폭동과 폭력으로 이어졌다.[262]

농업이 발전하면서 흑사병을 옮기는 쥐를 비롯한 설치류들이 먹이를 쉽게 얻을 수 있게 되었다. 유스티니아누스와 페트라르카 시대에 유행한 림프절 흑사병은 쥐벼룩들이 초원쥐, 게르빌루스쥐, 마멋을 비롯한 야생 설치류와 같은 자연적 보균소로부터 집에서 서식하는 검은쥐로 질병을 전파시켰기 때문에 일어났다.[115] 감염된 벼룩이 쥐뿐만 아니라 마멋의 털 속에

---

* 흑사병이 유럽 일대를 휩쓴 1347년에서 1350년까지의 기간을 가리킨다.

숨어서 무역로를 따라 유럽으로 이동했다.

벼룩이 흑사병을 전파하는 방식이 밝혀진 이후에, 베이콧은 1914년 시에라리온 황열 조사위원회에서 핵심적인 역할을 했다.[270] 시에라리온에서 1년을 보낸 그는 이 퇴치 방안을 집중적으로 연구했다. 그런 방안들은 제1차 세계대전 중에 참호열이 만연한 참호에서 지내던 병사들의 건강을 지켜주는 수단이 되었다. 그는 실제 야전(野戰) 상황에서 자신이 고안한 이 퇴치 방안을 스스로 실험해보았고, 동료들과 함께 참호열의 전파에서 이의 역할을 증명했다. 1920년 우연히 참호열에 걸린 베이콧은 대중목욕탕에서 수집한 이가 자신의 피를 빨아먹도록 했다. 그는 심한 열에 시달렸는데, 그의 피를 빨아먹은 이는 그와 동료들이 과거에 관찰한 미생물에 감염되어 있었다. 몇 달 동안 그는 실험용 이가 자신의 피를 빨아먹도록 하면서 균에 감염되는 실험을 계속했다. 그리고 1922년에 그는 이가 티푸스의 전파에서 어떤 역할을 하는지를 연구하기 위해서 카이로로 떠나는 탐사대에 합류했다. 그곳에서 그는 자신들이 연구하던 질병에 걸려서 사망한 수많은 티푸스 연구자들의 긴 목록의 끝에 자신의 이름을 올렸다.

1898년 쥐에 대한 실험을 한 시몽드는 흑사병과의 싸움에서 농약의 역할이 중요하다는 사실을 깨달았다. "흑사병 전파의 메커니즘에는 쥐와 사람에 의한 미생물의 이동과 쥐에서 쥐, 사람에서 사람, 사람에서 쥐, 쥐에서 사람으로의 미생물 전파도 포함된다. 따라서 예방 방안은 쥐, 사람, 기생충의 세 요소를 목표로 해야만 한다."[265]

세 가지 공격 목표 중에서 두 가지에는 농약을 사용할 수 있을 것이었다. 살서제(殺鼠劑)로 쥐를 퇴치할 수 있고, 살충제(殺蟲劑)로 쥐벼룩을 제거할 수 있다. 흑사병이 장거리로 확산되는 것을 막기 위해서 시몽드는 선박을 아황산으로 소독해서 쥐와 쥐벼룩을 제거하라고 권고했다.[247] 그것은 감염원으로 의심된 사람에 대한 당시의 실패했던 소독 방법과는 전혀 다른 것

이었다. 그의 제안은 결국 선박과 비행기에서 쥐를 퇴치하는 국제적인 관습으로 자리잡게 되었다.[282]

쥐벼룩이 흑사병을 전파한다는 시몽드의 실험적 증명은 1906년 영국 조사위원회가 확인 실험을 할 때까지 국제적으로 인정을 받지 못했다. 그럼에도 불구하고 시몽드는 인도 당국을 설득할 수 있었다. 그의 쥐 실험이 끝난 직후인 1898년 6월에 인도 정부는 "적극적인 쥐약 정책"을 시행하기 시작했다.[260] 소독 작업자들이 하수구에 페놀(석탄산)을 쏟아붓고, 집 주위에 석탄산 분말을 뿌리고, 샛길에는 황 증기를 뿜어주었다.[283] 쥐를 독살하기 위해서 비소, 인(燐), 탄산바륨, 장뇌(樟腦), 클로르 석회, 해총(海葱)* 추출물, 스트리크닌도 사용되었다.

스트리크닌 생산자들은 마전과(馬錢科) 식물의 종자에서 독을 추출했다. 스트리크닌은 수백 년 동안 동물을 독살하기 위한 용도로 사용되었지만, 1818년 프랑스의 화학자 피에르-조제프 펠르티에와 그의 동료 조제프 비에네메 카방투가 마전과의 식물에서 그것을 처음 추출할 때까지는 그 화학적 정체를 알지 못했다.[284] 2년 후에 펠르티에와 카방투는 신코나 껍질에서 키니네와 신코닌을 추출하는 역사적인 성과를 올렸다.[68]

인도에서는 고작 180채의 집을 소독하기 위해서 "1만3,500세제곱야드라는 엄청난 양의 석탄산을 사용했고, 생석회를 마차로 실어 날랐으며, 승화(昇華)시킨 석회도 사용했다. 화염 폭탄을 이용해서 뿌렸던 엄청난 양의 액체 소독제가 아래층으로 흘러내렸기 때문에, 집을 수리하는 사람들은 반드시 우산을 써야만 했다."[281]

쥐들은 하수도와 지하의 구석이나 구멍에 숨어 있었기 때문에 그 모든 노력들은 크게 성공하지 못했다.[283] 그러나 그런 노력은 대중의 공포를 잠

---

* 지중해 원산의 백합과 식물이다.

재웠다. 어느 관찰자에 따르면 "길거리에는 하이포염소산 석회와 석탄산이 고여 있었는데, 어떤 구역에서는 강한 냄새가 빈곤과 고약한 비린내를 감춰주기도 했고, 사람들의 굶주린 배와 정신을 동시에 되살려주기도 했다. 일반적으로 관료들은 대중에게 신뢰를 주는 강한 냄새의 소독제를 좋아했고, 약국과 같은 냄새에 반쯤 질식해서 길모퉁이에 멈춰서버린 사람들은 자신들을 공격했을 수백만 마리의 간균들이 발밑에 죽어 있다고 진심으로 믿으면서 관료들의 열성을 칭찬했다."[281]

인도에서는 더욱 창의적인 시도를 했다. 혈액을 마비시키는 병원체(그 병원체가 사람을 감염시킬 수 있었지만)를 쥐에게 주사한 다음, 쥐가 많은 지역에 풀었고, 고양이와 가면올빼미를 집에 풀어 쥐를 잡게 한 것이다.[283] 그러나 벼룩을 죽이는 살충제를 함께 사용하지 않고 쥐만 퇴치하려고 노력했기 때문에 죽은 쥐의 몸에 있던 벼룩들이 살아 있는 사람 숙주로 몰려드는 부작용이 나타났다.[282]

과학자들뿐만 아니라 일반인들도 흑사병에 대한 저항과 살충제로 사용하는 제품 사이의 관계를 주목했다. 1903년 봄베이의 어느 석유 상점 주인은 기름을 취급하는 과정에서 정기적으로 석유를 뒤집어쓰기도 하는 종업원들은 흑사병에 걸리지 않았고, 석유를 만지지 않는 종업원들은 흑사병으로 죽었다는 사실을 깨달았다.[229] 마찬가지로 이집트 주재 영국 영사는 1797년에 흑사병으로 사망한 사람들이 많았지만, 유전에서 일하는 사람들 중에는 사망자가 없었다는 내용을 보고했다. 인도에 있는 영국 기자의 보도에도 비슷한 일화가 흔했다. "확실한 근거를 파악할 수는 없지만 원주민들의 말 중에서 나도 옳다고 생각하는 부분은 석유를 채굴하는 사람들은 감염되지 않는다는 점이다."[229] 마찬가지로 상점에서 생활하는 담배 가게 주인들도 감염되지 않는 것으로 보였다.

베이콧은 1914년 인도에서 흑사병이 유행하는 동안 쥐벼룩을 죽일 수 있는 다양한 기체 살충제의 효과를 집중적으로 실험했다.[285] 베이콧이 시험했던 살충제 중에는 리졸, 나프탈렌 조각, 포르말린, 벤젠, 파라핀 오일, 빻은 장뇌, 암모니아, 페놀 등이 포함되어 있었다. 이 화합물들은 나름대로 문제가 있었고, 페놀의 경우에는 문제가 더욱 비극적이었다.

페놀은 1834년 석탄에서 처음으로 추출되었고, 석탄−기름−산이라는 뜻으로 카르볼소이레(karbolsäure)라고 불렸으며,[286] 석탄산이라고 알려지기도 했다. 페놀은 19세기 말과 20세기 초에 중요한 농약으로 자리를 잡았다. 페놀의 살상력이 나치에게도 알려진 것은 비극이었고, 그들은 홀로코스트를 자행하는 동안 강제수용소에서 페놀 주사를 이용해서 수천 명의 수감자들을 살해했다.[287]

농약과 무기의 양면성은 제1차 세계대전 동안에 엄청난 규모로 활용되기 시작했다. 현대 화학과 산업적 생산기술의 융합은 뛰어난 화학무기를 이용하는 무기 경쟁을 부추겼고, 농약을 자연에 존재하는 물질에서 합성 화합물로 바꾸어놓았다. 새로 합성된 농약은 훌륭한 화학무기가 되었고, 화학무기 설계에서의 혁신은 곧바로 새로운 농약과 전달 체계로 전환되었다. 전쟁에 의한 수요가 해충에 대한 싸움에서 새로운 전선(戰線)을 열어주었고, 화학자의 위상은 서부전선의 양쪽에서 높이 치솟았다.

제3부

전쟁

6

전쟁용 합성 화학물질

(기원전 423-기원후 1920)

만약 과학이 완전히 성숙하고, 정말 "전쟁은 수단과 방법을 가리지 않는다"는 사실이
사회적으로 인정된다면, 나는 어떤 국민이나 왕도 감히 전쟁을 저지르지 못하게 되어서
전쟁이 지구에서 당장 사라질 것이라고 공개적이고 과감하게 밝히는 것이 나의 의무라
고 생각한다. 액체 화약이 유통되는 세상에서는, 아무리 강력한 권력자라고 해도 한
번 들이마시기만 하면 살아남을 수 없는 치명적인 물질도 유통될 수 있을 것이다.
_ 벤저민 W. 리처드슨 박사, 1864년[288]

전투에서 화학물질이 사용된 것은 제1차 세계대전이 처음이 아니었다.
2,000년 이상 거슬러올라간 기원전 423년에 고대 그리스의 아테네와 스파
르타 사이에 일어난 펠로폰네소스 전쟁에서 아테네 사람들은 스파르타 연
합군의 불과 가스 공격 때문에 델리움의 요새를 지킬 수 없었다. 역사적으
로 다행스럽게도 투키디데스가 당시의 상황을 기록해두었다. 투키디데스
는 아테네의 흑사병 유행에서 감염되었지만 살아남았고, 고국의 해군 장군
으로 전투에 참전했다.[289] 철제 관과 목재 파이프를 통해서 독성 화염 가스
를 불어내는 거대한 풀무를 장착한 대형 가마솥을 이용한 델리움 요새의
공격 장면에 대한 그의 기록에 따르면, "불이 붙은 석탄, 황, 역청이 가득

들어 있는 가마솥 안에서 시작된 거친 바람이 엄청난 화염을 만들어내면서 벽을 불태웠고, 요새를 더 이상 방어할 수 없게 된 수비군들은 도망쳤고, 요새는 함락되었다."[290] 아테네는 스파르타에게 암피폴리스까지 빼앗긴 투키디데스를 20년의 유배형에 처했다.[289] 그는 기원전 400년경 암살자에게 목숨을 잃었다.

1,000년이 흐른 후의 해전(海戰)에서 "그리스 불"*이 등장하기 시작했다. 그리스 불은 아마도 식물성 수지, 황, 나프타(액체 탄화수소 혼합물), 석회, 초석(질산 포타슘)으로 만들었을 것으로 보인다.[288, 291] 1788년에 발간된 그리스 불에 대한 권위 있는 설명에 따르면, "주로 갤리 선의 뱃머리에 장착되어 있는 흉측하게 생긴 괴물이, 입에 묘하게 연결된 긴 동관(銅管)을 통해서 액체와 엄청난 불꽃을 토해냈다."[292] 중세의 십자군 전쟁에서 그리스 불과 대적한 어느 기사(騎士)의 기록에 따르면, "그것은 마치 날개가 달린 긴 꼬리의 용(龍)처럼 날아왔다.……천둥과 같은 소리와 번개 같은 속도로, 그런 치명적인 불빛에 의해서 밤의 어둠은 사라졌다."[292]

한 화학자가 인간의 배설물에서 얻은 추출물로 수은을 정제하려고 시도했던 1680년에 더욱 혐오스러운 발전이 이루어졌다.[288] 그는 의도하지는 않았지만 물질을 공기 중에 노출시키면 그리스 불처럼 저절로 불이 붙는 발화물질(pyrophorus)**이라고 부르는 혼합물을 만들었다. 1713년에 현대판 그리스 불의 핵심 성분이 단순한 인간 배설물이 아니라는 사실을 알아낸 사람은 다른 화학자였다. 화학자들은 발화인(發火燐)의 성분을 정제해서, 공기와 만나면 엄청난 화염을 일으키며 불타는 아황산을 만들어내는 화학반응을 알아냈다.

---

* Greek fire : 중세 비잔틴의 그리스인들이 적의 전함을 공격할 때에 사용한 화약이다.
** 흰인(白燐)이나 알칼리 금속처럼 공기와 접촉하면 스스로 발화하는 물질이다.

단순한 시행착오보다 빠르게 발전하는 화학의 원리를 이용한 화학무기는 19세기부터 등장하기 시작했다. 나폴레옹 전쟁 중에 영국의 해군 장교 토머스 코크런은 배의 바닥에 진흙을 깔고 그 위에 황과 목탄을 교대로 쌓아놓은 배를 프랑스 요새 근처에 정박시켰다가 운 좋은 방향으로 바람이 불 때에 불을 붙이자고 주장했다.[293] 그는 뒤늦게 피어오르는 이산화황 가스가 프랑스 군을 약화시켜서 영국군이 습격을 감행하는 데에 도움이 될 것이라고 주장했다. 영국 해군본부는 1812년에 바람, 밀물과 썰물, 그리고 조류(潮流)에 대한 불확실성을 핑계로 코크런의 제안을 거절했다.

　코크런은 제독이 된 후에도 고집을 꺾지 않았고, 1846년에는 연막 장치를 추가한 새로운 구상을 내놓았다. 그가 작성한 비밀 계획에 따르면, "특히 적군의 성곽 쪽으로 강한 바람이 불 때, 불에 태운 황의 연기를 활용하면 연막 속에서 아무 저항 없이 해안의 요새를 포함한 모든 요새를 함락시킬 수 있을 것이다."[293] 그런 공격은 "문명화된 전쟁에 대한 인식과 원칙에 맞지 않고", 적군도 똑같은 방법으로 반격을 할 것이라는 의견 때문에 그의 계획은 또다시 거부되었다.

　코크런은 1854년 크림 전쟁에서도 다시 똑같은 제안을 했다.[294] 이미 나이가 일흔아홉인 자신이 직접 전투 현장을 지휘하겠다는 요구는 현대적 화학전을 시작하겠다는 마지막 시도였다.[293] 그러나 과학자 마이클 패러데이까지 참여한 군수 위원회는 그의 제안을 검토한 후, 연기가 배를 완전히 가려주지 못할 것이고, 적군이 방독면으로 맞설 수 있다는 우려를 핑계로 그의 제안을 부결시켰다. 패러데이는 코크런의 제안에 담긴 과학을 검토하기에 가장 적절한 인물이었다. 그는 이온(ion)이라고 이름을 붙인 전하를 가진 원자를 발견해서 전기화학이라는 새로운 분야를 개척한 과학자였다.[295] 코크런의 계획에 대한 군수 위원회의 평가에 따르면, 그의 제안은 "위험하고, 성공이 보장되지 않고, 혹시라도 실패하면 해군에 불명예를 안겨주고, 우리가 수행하고 있는 위대한 투쟁에서 오히려 적군에게 약세를 벌충할 대단한 이익을 안겨줄 가능성이 있다."[293]

크림 전쟁에 제대로 대응하지 못했다는 이유로 애버딘 연립내각이 실각하자, 코크런은 새 내각에 자신의 계획을 다시 제출했고, 이번에는 훨씬 더 긍정적인 평가를 받았다. 총리였던 파머스턴 경은 전쟁 국무장관 판무어 경과 코크런에게 작전의 책임을 맡기기로 합의했다. 파머스턴은 판무어에게 이렇게 말했다. "만약 성공한다면, 당신의 말처럼 엄청나게 많은 수의 영국인과 프랑스인의 목숨을 구하게 될 것이고, 만약 코크런의 책임하에 실패한다면 우리는 비난을 면하게 될 것이다. 우리는 약간의 웃음거리가 되기는 하겠지만, 그것은 참을 수 있을 것이고, 더 큰 책임은 그에게 돌아갈 것이다."[293] 그러나 코크런이 황으로 무장한 배를 끌고 돌격하기도 전에 세바스토폴이 함락되었고, 전쟁은 끝났다.

코크런의 계획은 비밀에 부쳐졌고, 가족의 친구에게 남겨졌다가 코크런의 후손들에게 전해졌다. 계획에는 "국가 비상 상황"에서만 열어볼 수 있다는 구체적인 지시도 있었다.[293] 국가 비상 상황은 1914년에 실제로 벌어졌다. 코크런의 손자는 영국 육군과 해군에 계획을 제출했다. 육군은 그 계획을 일축해버렸는데, 해군본부의 윈스턴 처칠은 그 가능성을 알아보았지만, 전쟁의 규칙을 어기고 싶지는 않았다. 그러나 처칠은 화학 공격을 감추기 위해서 연막을 활용하는 전략에 대한 실험을 승인했고, 코크런의 손자에게 그 책임을 맡겼다. 그런데 독일군이 먼저 가스 공격을 시작했다. 그러자 영국도 자신들의 화학전을 감추기 위해서 해안 근처의 선박에서 코크런의 연막을 사용했다. 코크런의 손자는 "모든 국가가 무기 자체의 위험을 감당할 수 없을 것"이기 때문에 화학무기가 "미래의 모든 전쟁을 방지하는 가장 강력한 수단"이 될 것이라고 선언했다.

크림 전쟁 중에 화학무기의 인도주의에 대한 논쟁이 제기되었다. 코크런과 마찬가지로 영국의 화학자가 러시아 군에게 사용하던 탄약에 사이안화수소산의 염*을 사용할 것을 제안했다.[296] 육군성의 관료들은 적군의 용수(用水)를 오염시킨다는 이유로 그런 무기를 금지시켰다. 그 화학자는 "그런 반론은 의미가 없다"라고 주장했다. "적군들에게 가장 끔찍한 죽음을 초래하는 용융(熔融) 금속으로 포탄을 채우는 것은 합법적 무기로 인정된다. 고통 없이 사람을 죽이는 독가스가 불법 무기라고 생각하는 이유를 납득할 수 없다. 어차피 전쟁은 파괴적인 것이고, 고통은 가장 적으면서 더 파괴적인 화학무기가 국가의 권리를 지키려는 야만적인 시도를 더 빨리 종식시켜 줄 것이다."[296]

화학무기에 대한 엄청난 논란은 그렇게 시작되었다. 미국 남북전쟁에서는 양편 모두에서 화학무기에 대한 찬성론과 반대론이 제기되었다. 북군의 퀸시 길모어 장군이 찰스턴에서 액체 화약이 들어 있는 포탄을 사용하면서 논란이 증폭되었다. 남군의 피에르 보러가드 장군은 그것을 "전쟁에서 사용되었던 가장 악랄한 화합물"이라고 선언했다.[288] 그러나 화학무기의 지지자들은 반대로 생각했다. 남북전쟁 중에 화학무기 개발을 지지했던 사람에 따르면 "나는 화학무기의 개발이 인류가 반발해야 할 일이라고 생각하지 않는다. 리전트 공원의 사람들을 뼈를 부러뜨리고, 팔을 잘라버리고, 삼지창(三枝槍)으로 내장을 도려내고도 산 채로 몇 시간 동안 저주 받은 자의 고통에 신음하도록 만드는 것보다 그들을 알 수 없는 잠에 빠지도록 하는 것이 훨씬 더 좋지 않은가?……이제 전쟁은 그 세부적인 사항에서는 공포와 잔인함의 극치에 이르러서 어떤 기술로도 더 이상 악화시킬 수 없는 상황이다. 오히려 훨씬 더 격렬하게 만들어야만 더 자비롭게 해줄 수 있을 뿐이다."[288] 1899년 헤이그 회의에 참석했던 미국의 대표단은 화학무기 금

---

* '청산염(青酸鹽)' 또는 '시안화물'이라고 부르기도 한다.

지에 동의하면서 이렇게 주장했다. "소위 이런 포탄에 대해 제기되는 잔인함과 배신 행위라는 반론은 과거의 화기(火器)와 어뢰에 대해서도 똑같이 제기되었지만 오늘날 두 무기는 모두 거리낌 없이 사용되고 있다. 한밤중에 배 밑바닥을 날려서 400-500명의 사람들을 탈출 기회도 거의 주지 않고 수몰시키는 것은 허용할 수 있다고 모두가 인정한다. 그런데 사람을 가스로 질식시키는 것에 대해서 고민하는 것은 논리적이지도 않고, 명백하게 인도주의적이라고 할 수도 없다."[297]

미국 남북전쟁 중에 염소 가스 무기가 제안되었지만 사용되지는 않았다. 뉴욕의 한 교사는 전쟁부 장관에게 보낸 편지에서 남부군에게 염소 가스를 넣은 발사체를 사용하자고 제안했다.[298] 마찬가지로 창의적인 북군의 어느 주민도 염산 가스를 사용할 것을 제안했다. "어두운 밤에 약간의 바람이 유리하게 불어주기만 한다면, 희생을 하거나 피를 흘리지 않고도 피터즈버그나 포트 달링의 근거지에 있는 번사이드 장군과 유색 인종 부대를 기습해서 포로로 잡을 수 있으리라는 생각이 들었다."[299]

1828년에 스물여덟 살의 독일의 화학자 프리드리히 뵐러*가 우연히 사이안산(cyanic acid)과 암모니아로부터 요소(尿素)를 합성하면서 시작된 유기화학의 급속한 발전에 의해서 갑자기 돌파구가 열렸다.[300-302] 그의 기념비적인 화학반응이 밝혀지기 이전의 과학자들은, 물질이 유기물이나 무기물로만 존재할 수 있고, 유기물은 생명체의 생명력에 의해서만 만들어질 수 있다고 믿었다.[295] 요소는 간에서 만들어지는 유기물이었다. 그러나 뵐러는 실험실에서 무기물로 요소를 합성했다. 그 일이 가능하다면, 화학자들이 아마도 모든 유기물을 합성할 수도 있을 것이었다. 그로부터 수십 년간 화

---

* 베릴륨, 실리콘(규소), 이트륨 등의 원소를 발견하고, 최초로 실험실에서 요소를 합성한 독일의 화학자이다.

학자들은 놀라울 정도로 다양한 유기물을 합성했을 뿐만 아니라, 자연에서 만들어지지 않는 여러 가지 화학물질도 만들었다. 그런 놀라운 성과로부터 화학무기의 새로운 기회가 열렸다. 제1차 세계대전 중에 그런 무기들이 활발하게 등장하기 시작했다.

1914년, 독일은 화학 분야에서의 학술적 훈련, 과학적 성과, 화학제품의 범위, 산업 생산량 등을 압도했다.[303] 독일의 8개 화학 회사가 세계 염료 시장 수요의 약 80퍼센트를 생산했다. 화학 분야에서 독일의 성공을 이끈 학문적 동력은 대부분 프리츠 하버*와 발터 네른스트**의 경쟁적 노력에서 비롯되었다.

독일의 두 위대한 화학자는 서로 닮았지만, 어쩌면 그런 이유 때문에 서로 치열하게 경쟁하기 시작했다.[301] 네른스트는 하버보다 겨우 네 살 더 많았다. 두 사람 모두 키가 작았다. 두 사람은 똑같은 문화적 취향을 가지고 있었고, 두 사람 모두 독일의 조사 사절단으로 미국을 방문했었다. 하버는 1902년, 네른스트는 1904년의 일이었다.

그때 네른스트는 이미 토머스 에디슨의 새로운 탄소 필라멘트 전구보다 성능이 뛰어난 효율적인 광원을 발명한 덕분에 부자가 되어 있었다.[295] 에디슨의 전구는 진공이 필요했고, 빛이 약했다. 그러나 네른스트의 전구는 산화 세륨이 포함된 고체 전해질을 사용했고, 훨씬 밝은 빛을 냈다. 카이저는 네른스트의 전구에 큰 감동을 받았다. 특히 네른스트는 카이저에게 전구를 촛불처럼 성냥불로 켜고, 바람을 불어서 끌 수 있다는 사실을 직접 보여주었다. 산화 세륨이 차가운 바람에 의해서 부도체(不導體)로 변했다가

---

* 질소와 수소로 산업적으로 암모니아를 합성하는 하버—보슈 법을 개발하여 1918년 노벨 화학상을 수상한 화학자이다.
** 열역학 제3법칙의 정립에 기여한 공로로 1920년 노벨 화학상을 수상한 화학자이다.

열을 가하면 다시 전류가 흘렀기 때문이다.

100만 마르크라는 엄청난 돈을 받고 특허를 판 네른스트는, 가스를 채운 유리 전구 속에서 백열(白熱) 금속선의 특성을 연구하던 미국의 대학원생 어빙 랭뮤어를 지도했다.[295] 결과적으로 네른스트는 자신의 발명품을 쓸모 없게 만들어버린 연구를 지도하게 된 셈이었다. 랭뮤어는 네른스트의 지도로 학업을 마치고, 제너럴일렉트릭 사에 근무하면서 에디슨과 네른스트의 전구를 대체할 백열전구를 완성했다. 랭뮤어는 (분리된) 수소 원자를 발견한 공로로 1932년 노벨 화학상을 받았다.[295, 304]

네른스트는 전구로 번 돈으로 개인적인 사치품을 구입했고, 자신의 실험실에 투자했다.[295] 그가 1898년에 괴팅겐에서 구입한 자동차는 그가 평생 동안 소유한 18대의 자동차 가운데 첫 번째 차였다. 운전석 밑에 보일러가 장착되어 있고, 배기구로 불꽃이 뿜어져 나오는 자동차도 있었다. 네른스트는 내연기관을 통해서 석유의 연소 과정을 연구해서 내연기관을 개선하고 싶은 유혹을 떨치지 못했다. 그는 실린더에 아산화질소*를 주입하면 열 출력을 증진시킬 수 있다는 계산에 따라서 자신의 자동차에 아산화질소 가스탱크를 부착하기도 했다. 그는 자동차로 올라가기에는 너무 가파른 언덕을 가스탱크를 부착해서 올라갔다. 그는 언덕을 올라가는 내내 보행자들에게 길을 비켜달라고 경적을 울려야만 했다.

네른스트는 곧바로 베를린 대학교에서 교수직을 얻었다.[295] 기술의 첨단을 달리는 사람이었던 그는 자신의 개인용 자동차에 가족을 태우고 사무실까지 운전하기로 결정했다. 그러나 자동차는 중간에 고장이 나버렸다. 갈바니 전지에 대한 열역학 이론을 개발한 네른스트도 자신의 자동차 배터리

---

* 일산화이질소(N_2O)라고 부르기도 한다. 식용 거품을 만드는 휘핑 가스로 사용되고, 흡입하면 얼굴 근육이 수축하면서 웃는 모습이 된다고 하여 '웃음 기체'라고 부르기도 한다.

를 충전하기 위해서 두 전극을 어떻게 연결해야 하는지를 몰랐다.

네른스트의 동료들은 하느님이 어떻게 슈퍼맨을 창조했는지를 이렇게 설명했다. "뇌에서부터 작업을 시작해서 가장 완벽하고 민감한 정신을 만들어놓은 순간에 하느님이 안타깝게도 다른 일에 정신이 팔렸다. 독특한 뇌를 본 대천사 가브리엘은 몸을 만들어보고 싶은 유혹을 떨칠 수 없었다. 그러나 경험이 부족했던 그는 몹시 평범하게 보이는 작달막한 남자를 만들 수밖에 없었다. 자신의 작품에 실망한 그는 손을 떼고 떠나버렸다. 마침 악마가 다가와서 죽은 남자를 보고, 그 속에 생명의 입김을 불어넣었다."[295]

네른스트의 생산성을 향상시켜준 것은 악마가 아니라 그의 아내 엠마였다. 엠마는 다섯 아이와 함께 단란한 가정 생활을 하고 있었다.[295] 그녀는 남편 주위의 과학자들이나 유명 인사들과의 적극적인 사교 생활도 즐겼다. 그녀는 네른스트가 구술해주는 원고를 타이프로 작성하기도 했다. 심지어 그녀는 그의 셔츠를 세탁하기 전에 빳빳한 소맷동을 살펴보아야 했다. 그는 종종 소매에 메모를 적어놓았는데, 그것이 비누와 물로 지워지기 전에 그것을 옮겨 적어야 했기 때문이다.

네른스트는 독일에서 가장 유명한 물리화학자였다.[301] 그러나 하버는 네른스트와는 정반대로 라이프치히에서 교수직을 얻지 못했다. 하버가 여러 차례 승진에 실패한 것은 (네른스트의 영향이 아니라) 반유대주의 때문이었다. 하버는 성공을 위해서 프로테스탄트 기독교로 개종했다. 훗날 한 동료의 평가에 따르면 "하버는 서른다섯 살 전에는 교수가 되기에 너무 젊었고, 마흔다섯 살이 넘어서는 너무 늙었으며, 그 사이에는 유대인이었다."[295]

빠르게 발전하는 분야에서는 어쩔 수 없이 경쟁자들이 서로를 깎아내릴 수밖에 없다는 사실이 하버에게는 큰 부담이었다. 하버는 자신의 책 『열역학(Thermodynamics)』에서 절대온도 0도에 도달할 수 없다고 밝혔다. 그러나 그것을 열역학 제3법칙으로 발전시킬 수 있었던 사람은 (강의 중에 떠오른) 통찰력을 가지고 있었던 네른스트였다.[295] 그래서 네른스트는 과학적 법칙을 정립한 과학자라는 명성을 얻게 되었다. 오로지 선택받은 소수의 사람들만 그런 명성을 누릴 수 있었다. 네른스트에 따르면 "열역학 제1법칙은 여러 사람에 의해서 정립되었으며, 열역학 제2법칙은 몇 사람에 의해서 정립되었고, 제3법칙은 오로지 한 사람, 나에 의해서 만들어졌다."[301] 과학자들은 네른스트의 책에서 새로운 법칙을 찾으려면 색인에서 "나의 열정리(my heat theorem)" 항목을 찾아야 한다고 불평했다.[295]

하버의 창의성도 역시 끝이 없는 것처럼 보였다. 그의 창의성에는 유머도 있었다. 젊은 시절, 그가 몇 명의 예술가를 비롯한 가까운 친구들과 함께 자주 모였던 테이블 위에는 "이 테이블에서는 몇 마디의 거짓말이 허용된다"라고 새겨진 방패와 뿔이 있었다.[305] 하버는 친구들에게 알바네우라는 마을의 우물에서 있었던 일을 이야기해주었다. 더운 날 오랜 산보로 목이 말랐던 그가 우물에 도착했을 때, 마침 거대한 몸집의 소도 우물에 도착했다. 우물의 차가운 물에 머리를 함께 들이민 그와 소는 머리가 뒤죽박죽이 되어버렸다.

하버의 생산성, 에너지, 어려운 문제에 대한 관심 덕분에 전 세계의 과학자들이 그와 공동 연구를 하기 위해서 그의 실험실로 모여들었다. 그 인원이 40명이 넘은 적도 있었다. 하버가 자신의 친구인 노벨상 수상자 리하르트 빌슈테터에게 보낸 편지에서 "나는 내 능력을 넘어서는 모든 것이 기쁘고, 내가 감동할 수 있다는 사실에 행복하다"라고 했다.[305]

하버와 네른스트는 모두 대기 중의 질소를 비료로 쓸 수 있는 암모니아로 고정시키겠다는 비현실적인 일을 하고 싶어했다.[301] 그런 성과는 세계적인 기근을 해결하는 일에 크게 기여할 수 있는 것이었다. 당시의 농업 생산성은 칠레에서 채굴한 질산 광물을 얼마나 확보할 수 있느냐에 따라서 결정되었다. 20세기 초에 칠레에서 생산된 초석은 세계 질소 비료의 3분의

2를 차지했다. 처음에는 반응온도를 섭씨 1,000도까지 올렸지만, 하버가 얻을 수 있는 암모니아의 양은 매우 적었다. 네른스트는 하버가 실험에서 암모니아 수율(收率)을 잘못 계산했을 것이라고 생각했다. 네른스트는 화학식을 수정했고, 대기 중의 질소에서 경제성이 있는 수율로 암모니아를 생산하는 방법을 개발하는 최초의 연구를 시작했다. 하버와 네른스트는 독일은 물론이고, 더 나아가서 세계적으로 가장 위대한 물리화학자가 되기 위한 치열한 경쟁을 시작한 것이다.

네른스트와 하버는 모두 화학반응이 진행되는 동안 압력을 증가시키면 암모니아의 수율이 개선된다는 사실을 알고 있었다.[301] 그런 논리는 화학평형(化學平衡)*에 대한 앙리 르샤틀리에 법칙**에 근거를 둔 것이었다. 1901년에 르샤틀리에도 암모니아를 합성하기 위해서 높은 압력을 사용하다가 끔찍한 폭발 사고가 일어나서 그의 조수가 거의 죽을 뻔했지만, 그 덕분에 그는 화학반응에서 압력의 역할을 더 잘 이해하게 되었다. 네른스트와 하버는 모두 고압에서 실험을 했고, 네른스트의 경우에는 대기압보다 75배나 더 높은 압력에서 연구를 했다. 최초로 고압을 이용해서 암모니아를 합성한 사람은 네른스트였지만, 그 양은 매우 적었다. 하버의 계산에서는 똑같은 반응에서 암모니아의 수율이 네른스트가 계산한 것보다 약 50퍼센트 정도 더 높았다. 두 사람의 경쟁은 1907년 함부르크에서 열린 분젠 학회에서 극에 달했다. 네른스트와 그의 과학적 위상에 도전한 하버의 명성이 위

---

* 생성물을 만들어내는 정반응과 함께 생성물이 분해되는 역반응이 일어날 수 있는 가역(可逆) 반응에서, 정반응과 역반응의 속도가 똑같아서 겉보기에는 반응이 일어나지 않는 것처럼 보이는 상태를 말한다.
** 화학평형 상태에서 온도나 압력 등의 반응 조건이 변화하면 화학평형이 반응 조건의 변화를 상쇄시키는 방향으로 변한다는 법칙이다. 수소와 질소가 반응해서 암모니아가 생성되는 반응에서는 압력을 증가시키면, 암모니아가 생성되어 반응 용기 속의 압력이 낮아지게 된다.

태로운 상황이었다. 그러나 그들의 계산에서 누가 옳았고, 누가 틀렸는지는 알 수 없었다.

2년 후에 하버와 그의 학생들은 200기압의 압력과 섭씨 600도의 온도에서 8퍼센트의 암모니아 수율을 달성했다.[301] 그 결과를 얻기 위해서, 그들은 극단적인 압력과 온도를 견뎌낼 수 있는 반응 용기를 만들어야 했고, 반응을 가속시키는 촉매도 찾아야 했다. 하버는 우라늄과 오스뮴이라는 원소가 반응에 훌륭한 촉매 역할을 하고, 금속 용기가 필요한 조건을 견뎌낼 수 있다는 사실을 발견했다. 이후에 그는 기업가와 흔치 않은 흥정을 해서 암모니아를 1킬로그램당 1페니히*에 팔기로 했다. 그 덕분에 그는 가격 변동이나 생산 효율 개선과 상관없이 일정한 수입을 올릴 수 있게 되었다. 하버는 세계의 비료 문제를 해결했고, 결과적으로 녹색혁명**을 촉발했다. 네른스트는 여전히 암모니아 합성에서 하버의 혁신이 실제로는 자신의 것이라고 주장했다. 심한 갈등을 겪고 있던 하버와 네른스트는 모두 상대가 참석하는 학술회의에는 참석을 거절했다.

하버는 질소 고정에 성공한 덕분에 독일 화학계의 선두주자가 되었다.[301] 반론을 제기하는 과학사학자들도 많겠지만, 하버는 역사상 가장 큰 영향력을 발휘했던 화학자이다.[306] 질소 고정이 아니었더라면, 아마도 20세기에 빠르게 늘어난 세계 인구의 3분의 1은 굶주리게 되었을 것이다.[307] 세계에서 가장 뛰어난 젊은 화학자들은 네른스트가 아니라 하버에게 교육을 받고

---

* 독일의 화폐 단위로 1마르크의 100분의 1이다.
** 20세기에 개발된 화학비료, 농약, 품종개량, 농기계의 활용으로 식량의 생산량을 획기적으로 늘려준 기술혁명이다. 미국 록펠러 재단의 지원으로 병충해에 강한 멕시코 밀을 개발하여 수확량을 크게 늘린 노먼 볼로그는 '녹색혁명의 아버지'로 알려지게 되었고, 그 공로로 1970년 노벨 평화상을 수상했다. 우리나라의 통일벼도 미국 정부, 포드 재단, 록펠러 재단의 지원으로 필리핀에서 운영된 국제 미작(米作) 연구소를 통해서 개발되었다.

싶어했고, 실제로 하버의 연구실은 당대의 가장 유명한 과학자들을 배출했다.[301] 하버를 위해서 개인 연구소인 카이저 빌헬름 물리화학 및 전기화학 연구소도 설립되었다.

하버의 혁신적인 방법에는 한계가 없는 것처럼 보였다. 카이저는 석탄 탄광에서 발생하는 강한 독성의 폭발성 가스를 효과적으로 감지하는 방법을 개발해달라고 요청했다. 하버는 광산의 공기에 메탄이 너무 많아지면 다른 소리가 나고, 가스가 폭발할 정도로 농도가 높아지면 특징적으로 떨리는 소리가 나는 호루라기를 발명했다.[301]

하버의 유대인 혈통은 더 이상 그의 진로에 장애가 되지 않는 것처럼 보였다. 실제로 독일 사회에는 반(反)유대주의자들이 많았지만, 카이저는 그런 편견을 인정하지 않았다.[295] 제1차 세계대전이 시작되었을 때, 카이저의 과학 연구소들 중에서 세 곳은 훗날 노벨상을 수상한 프리츠 하버(1918년 노벨 화학상), 리하르트 빌슈테터(1915년 노벨 화학상), 알베르트 아인슈타인(1921년 노벨 물리학상)과 같은 유대인이 운영하고 있었다.[295]

전쟁이 시작되면서 카이저의 인기가 치솟았다. 열광하는 군중들 앞에서 그는 "짐이 여러분에게 영광스러운 시대를 열어줄 것"이라고 선언했다.[295] 그러나 네른스트에게 처음 실현된 영광은 두 아들 가운데 한 명이 전투 중에 전사한 것이었다.[295] 시름에 빠진 네른스트는 수송대에 자원입대해서 베를린의 참모본부로부터 프랑스에 주둔하고 있던 폰 클루크의 제2군에 문서를 전해주는 일을 했다. 네른스트와 폰 클루크 부대는 2주일 만에 파리 외곽에 도달했다. 그러나 빠르게 진격한 부대는 갑작스럽게 후퇴를 했고, 네른스트와 그의 자동차는 뒤쫓아오던 프랑스 군에게 거의 포로가 될 뻔했다. 그후의 전쟁은 무인 지대를 둘러싼 참호 속에서 교착 상태에 빠져 버렸다.

전쟁이 시작되고 겨우 5개월이 지난 크리스마스 무렵에, 네른스트는 가족과 친구들에게 독일이 전쟁에서 패배했다고 말했다.[295] 그것은 화학반응의 동역학을 연구한 과학자의 분석적 판단이었다. 독일의 장군들은 신속한 승리를 기대했다. 그들은 사방을 포위하고 있는 적군과의 장기전에 대비한 아무런 계획도 없었다. 그런데 독일군이 한정된 전쟁 물자를 소비하는 동안에도 적군은 더욱 강해졌다. 장군들은 패배를 면하기 위해서 마지못해 과학자들에게 도움을 요청하기로 결정했다.

독일 정부는 네른스트에게 무기로 사용할 수 있는 효과적인 화학제를 고안하는 임무를 맡겼다.[301] 전쟁이 끝나고 3년 후에 발간된 미국의 가스전 역사에 따르면, 가스 무기를 도입하자는 아이디어는 네른스트가 내놓은 것이었다.[297] 네른스트는 클로로설폰산 디아니시딘이라는 자극제와 브로민화 자이릴이라는 최루제를 섞어서 사용할 것을 제안했지만, 그 혼합물은 충분한 효과를 내지 못했다.[301] 역사 기록만으로는 네른스트가 더 치명적인 화학무기를 생각해내지 못한 것인지, 아니면 그런 물질을 생산하고 싶어하지 않았던 것인지를 판단할 수 없다.[295]

그 사이에 하버는 독일군이 러시아의 겨울 추위에도 전투를 할 수 있도록 해주는 효과적인 휘발유 부동액을 개발하는 임무를 완수했다. 그의 성공에 만족한 정부는 네른스트가 맡고 있던 독가스 연구를 하버에게 맡겼다. 카이저는 하버를 전쟁성의 가스 무기 및 독가스 보호 연구 시험본부의 책임자로 임명했다.[308]

네른스트는 새로운 폭약을 개발하는 임무에 재배정되었다.[295] 폭약을 시험하던 그는 성능 시험장까지 가는 대신에 대학 실험실 근처에 있는 사용하지 않는 우물 속에 폭약을 설치했다. 그는 폭발이 위쪽을 향해서 진행될 것이기 때문에 위험하지 않으리라고 생각했다. 그러나 불행하게도 우물 바닥은 근처에 있는 강의실에 공기를 공급하는 환기구와 연결되어 있었다. 폭발로 깜깜해진 강의실에 먼지가 가득 채워지자 물리학과의 주임 교수와

300명의 학생들은 깜짝 놀랐다.

새로운 임무를 부여받은 하버는 자신의 연구소에서 독가스 연구를 수행했다.[301] 그의 연구진은 염소 가스를 선택했다. 많은 양의 액체 염소를 넣고 압력을 가한 실린더는 쉽게 보관할 수 있고, 배출된 염소 가스가 공기보다 무거워서 지표면 근처로 내려앉는다는 특성을 고려한 선택이었다.[295] 연구진은 1914년 12월에 일어난 폭발로 (하버의 아내 클라라의 가까운 친구인) 중진 연구자 한 사람이 사망하고, 다른 한 사람이 부상을 당하는 어려움을 겪었다.[301, 309] 그러나 하버는 바로 그다음 달에 염소를 사용하기에 가장 좋은 습도와 바람의 조건에 대한 중요한 연구를 완료했다. 그는 풀이 흔들리는 모습을 볼 수 있을 정도의 바람도 염소를 사용하기에는 너무 강하다는 사실을 발견했다.[295] 그것을 위해서는 아주 약한 미풍이 필요했다.

하버는 염소 가스가 효과적인 무기가 될 수 있다고 확신했다.[301] 실제로 시험 발사를 하던 중에 하버는 실수로 염소 가스에 노출되어 심각한 부상을 입기도 했다.[310] 독일은 1899년에 질식 가스의 사용을 금지하는 헤이그 조약에 가입했지만, 군사적인 교착 상태에 빠지자 독일은 갑자기 순진했던 기존의 입장을 무시하기로 결정했다.[301] 러시아도 이미 염소 가스의 사용을 시도했지만, 당시의 추운 날씨 때문에 염소가 눈에 녹아들었다. 이듬해 봄에 염소가 다시 기화되었지만, 독일군은 이미 멀리 떠나버린 후였다.

역사에서 대량 살상 무기를 사용한 첫날로 기록된 1915년 4월 22일에 하버는, 벨기에의 이프르 근처에서 5,730개의 가스통에 들어 있는 150톤의 염소 가스를 방출하는 작업을 감독했다.[301, 310] 가스는 미풍에 실려서 적군의 참호 쪽으로 이동했다. 프랑스령 알제리 군은 후퇴했지만, 프랑스 방위군과 캐나다 부대는 가스를 향해 진격했다. 관찰자에 따르면 "엄청난 양의 녹황색 가스가 땅에서 솟아올라서 지표면에 달라붙은 상태로 바람을 타고 자신들을 향해 느리게 다가오면서 구멍이나 꺼진 곳을 찾아내고, 참호와 포탄 구멍으로 스며드는 모습을 바라보는 유색인 부대의 감정과 상황을 상상해보라. 처음에는 신기하게 생각하다가 나중에는 공포에 떨었고, 가스 구름이 덮치자 숨이 막혀했고, 숨을 쉬려고 안간힘을 쓰면서 공황 상태에 빠졌다. 빠져나올 수 있는 병사들은 자신들을 거침없이 따라오는 가스 구름을 벗어나려고 열심히 달렸지만, 대부분은 허사였다."[297]

가스 공격을 도운 독일 병사는 이렇게 썼다.

우리는 우리가 하려던 일을 하는 대신 소풍을 가야 했다. 그날은 오후부터 대규모 포격이 시작되었다. 프랑스 군을 참호 속에 가두어야만 했다. 우리는 포격이 끝난 후에 다시 보병대를 투입해서 끈이 달린 밸브를 열었다. 저녁 식사 무렵에 프랑스 군이 있는 곳을 향해 가스가 퍼지기 시작했고, 모든 것이 조용했다. 우리 모두는 무슨 일이 일어나게 될지를 알고 싶어했다. 우리 눈앞에 거대한 녹회색의 구름이 만들어졌고, 갑자기 프랑스 군의 비명이 들렸다. 1분도 되지 않아서 그들은 내가 들어본 것 중에서 가장 큰 규모로 소총과 기관총을 쏘기 시작했다. 프랑스 군은 자신들이 가지고 있던 모든 야포와 기관총과 소총을 쏘기 시작한 것이 분명했다. 나는 그렇게 큰 소리를 들어본 적이 없었다. 우리 머리 위로 우박처럼 쏟아지는 탄환은 믿을 수 없을 정도로 많았지만, 그것으로는 가스를 멈출 수 없었다. 바람이 가스를 프랑스 전선 쪽으로 날려 보냈다. 우리는 소가 울고, 말이 비명을 지르는 소리를 들었다. 프랑스 군은 계속 사격했다. 그들은 아마도 자신들이 무엇을 향해 총을 쏘고 있는지도 몰랐을 것이다. 대략 15분 정도가 지나자 총소리가 잦아들기 시작했다. 30분이 지나자 총소리가 가끔씩 들렸다. 그후에는 다시 모든 것이 조용해졌다. 한참 후에 상황이 끝나고, 우리는 빈 가스통 옆을 지나서 걸었다. 우리가 목격한 것은 완전한 죽음이었다. 살아 있는 것은 아무것도 없었다. 모든 동물이 구멍에서 뛰쳐나와서 죽어 있었다. 죽은 토끼, 두더지, 쥐, 들쥐가 어디에나 널려 있었다. 공기 중에는 여전히 가스 냄새가 남아 있었다. 가스는 얼마 되지 않는 덤불에도 남아 있었다. 우리가 프랑스 전선 쪽으로 다가갔을 때, 참호는 텅 비어 있었다. 프랑스 군인들의 시신은 반마일 정도 떨어진 곳에 널려 있었다. 믿을 수 없는 광경이었다. 그리고 우리는 그곳에서 몇 명의 영국군도 보았다. 군인들이 숨을 쉬기 위해서 애를 쓰면서 자신들의 얼굴과 목을 쥐어뜯은 흔적을 볼 수 있었다. 총으로 자살을 한 군인도 있었다. 여전히 마구간에 남아 있던 말과 소와 닭을 비롯한 모든 것들이 죽어 있었다. 모두 죽었고, 심지어 벌레도 죽었다.……우리 모두는 진정 우리가 무슨 짓을 했는지를 생각하면서 야영지와 숙소로 돌아갔다. 다음에는 무슨 일이 벌어질까? 우리는 그날 벌어진 일이 모든 것들을 바꾸어놓으리라는 사실을 알고 있었다.[311]

연합군 병사들에게 일어난 일을 공포에 질린 채 쌍안경으로 지켜본 성직자에 따르면, "녹회색의 구름이 그들을 휩쓸고 지나가면서 모든 것들을 노랗게 만들었고, 닿는 것마다 폭발시켰고, 식물을 시들게 만들었다. 그런 위험에 맞설 용기를 가진 사람은 없을 것이다. 그리고 프랑스 병사들은 비틀거리면서, 앞을 보지도 못하고, 기침을 하면서, 가슴을 벌렁거렸고, 얼굴은 흉한 보라색으로 변했으며, 극도의 공포로 말을 잃었다. 우리는 그들의 뒤에 있는 참호 속에 가스에 질식해서 죽었거나 죽어가고 있는 수백 명의 동료들이 남아 있었다는 사실을 알았다."[297] 거의 1만 명의 사람들이 부상을 당했고, 5,000명에서 1만 명이 사망했다.[301, 311]

독일군은 연합군의 전선에 생긴 틈을 이용해서 대규모 공격을 하지는 않았다.[310] 전선을 지휘하던 지휘관들은 여전히 전투에서 자신들에게 지시를 내리는 민간 과학자들을 의심했고, 그래서 대규모 공격을 할 준비를 갖추지 않고 있었다.[295] 그들은 특수한 기상 요건이 요구되는 무기도 신뢰하지 않았다. 이에 실망한 하버는 이렇게 말했다. "1915년 초에 독일과 프랑스 군이 소량의 가스를 사용했지만 성과가 없었다. 우리가 보통 가스라고 부르는 액체는 기화가 되어야만 효과를 발휘했다. 나는 교착 상태를 깨뜨리기 위한 대규모 가스 공격을 주장했다. 그러나 나는 대학 교수였고, 그래서 지도자들은 내 말에 귀를 기울이지 않았다. 훗날 그들은, 만약 내 충고에 따라서 이프르에서 실험을 하는 대신에 대규모 공격을 감행했더라면 독일군이 승리했을 것이라고 인정했다."[301] 미국의 화학전 부대(Chemical Warfare Service)의 부대장도 그 평가에 동의했다.[297]

전투원들도 가스 무기와 농약의 유사점을 놓치지 않았다. 이프르에 있던 독일 장군에 따르면, "나는 솔직한 군인에게 적을 독살하라는 명령은 쥐를 독살하라는 것처럼 충격적인 것이라고 고백할 수밖에 없다. 나에게는 역겨운 일이었다."[303] 이프르를 공격하고 하루도 지나지 않아서 영국군의 지휘관 존 프렌치 경은 "즉시 우리 병력에게도 비슷한 종류의 가장 효과적인 수단을 제공해줄 것을 요구한다"라는 내용의 전보를 런던으로 보냈다.[312] 제1차 세계대전의 상징이 된 보복성 가스 공격은 그렇게 시작되었다.

결혼을 위해서 사회생활을 포기하기 전까지 유능한 화학자로 활약했던 하버의 부인 클라라는 독가스를 야만적인 것이라고 생각했다.[295, 301, 309] 그녀는 남편에게 독가스 개발을 포기해야 한다고 주장하고, 간청하고, 요구했다. 하버도 이프르에서의 첫 공격을 감독한 이후에 충격을 받았지만, 여전히 독가스가 독일에 빠른 승리를 안겨줄 것이라고 믿었다. 그는 클라라에게, 과학자는 평화로운 시기에는 세상을 위해서 일하지만, 전쟁 중에는 자신의 국가를 위해서 일해야 한다고 강조했다. 하버와 그의 동료들은 1915년 5월 1일에 연구소 소장의 관저에서 이프르 공격의 승리를 축하하는 연회를 열었다.[309] 그날 밤 클라라는 정원으로 나가서 하버의 권총으로 자살했다. 당시 열세 살이던 아들 헤르만이 죽어가던 어머니를 발견했다. 그녀의 자살은 남편의 화학무기 개발을 비롯해서, 그녀가 포기할 수밖에 없었

그림 6.1a와 그림 6.1b. 제1차 세계대전 중에 독일의 가스 무기와 방독면(아래 사진)을 시험하고 있는 제임스 프랑크(두 사진에서 왼쪽)와 오토 한(두 사진에서 프랑크의 왼쪽)의 모습이다. 아래 사진에 나오는 집은 베를린의 프리츠 하버 연구소에서 방독면의 효과를 시험했던 곳이다.[313]

던 화학자로서의 삶, 가까운 친구들의 죽음, 남편의 불륜 등 다양한 요인에 의한 것이었다. 하버는 5월 2일 늦게 동부전선의 근무지로 복귀했다.

서부전선과 동부전선에 참전하고, 전장에서 부상을 입은 미래의 노벨상 수상자 제임스 프랑크는 베를린의 하버 연구소로 발령을 받았다.[308, 314] 프랑크는 구스타프 헤르츠와 함께 원자 구조에 대한 보어의 이론을 증명하는 실험적 증거를 제공했다. 그의 발견에 대한 강연을 들은 아인슈타인은 "너무 아름답다. 눈물이 날 정도이다!"라고 극찬을 했다.[314] 프랑크는 하버 연구소에서 방독면과 필터의 효과를 시험했고, 하버의 신임하는 조수 역할에 앞장섰다. 오토 한(핵분열을 발견하여 1944년 노벨 화학상을 수상했다), 구스타프 헤르츠(프랑크와 함께 1925년 노벨 물리학상을 수상한 인물이다. 그의 조카 하인리히 헤르츠는 전자기 파동의 존재를 증명했다),[313] 한스 가이거(가이거 계수기를 발명하고, 어니스트 러더퍼드의 지도로 원자에 핵이 존재한다는 사실을 실험적으로 증명했다)와 같은 과학자들도 시험에 참여했다. 필터의 설계는 카이저 빌헬름 화학 연구소의 소장인 노벨상 수상자 리하르트 빌슈테터가 담당했다.[310] 과학자들은 독가스가 가득 채워져 있는 밀폐된 방에서 방독면을 쓰고, 방독면과 필터가 더 이상 효과가 없다고 느껴질 때까지 그곳에 머물렀다. 그들은 자신들이 얼마나 오래 노출되어야 치명적인 피해를 입게 되는지를 몰랐다는 사실을 고려하면 그 연구는 매우 위험한 것이었다.

하버의 직원들이 새로운 방독면 기술의 효과를 시험하기 위한 기니피그 역할을 한 것은 아주 오래된 전통을 따른 것이었다. 방독면은 이미 1854년에 개발되었다. 19세기 중엽의 방독면 설명서에 따르면 "이 장비에서 중요한 요소는 숯으로, 자극적이고 흡입에 적합하지 않은 독성 가스나 증기를 흡수하고 파괴하는 성능이 뛰어나다. 방독면을 쓰면, 암모니아 수(水), 황화수소, 황화암모늄, 염소까지도 공기에 조금 희석시켜 아무 문제없이 흡입할 수 있다. 슈텐하우제 박사가 처음 수집한 이 결과는 똑같은 실험을 반복했던 빌손 박사를 비롯한 다른 사람들에 의해서 확인되었다. 빌손 박사는 4명의 학생들과 함께 위에 언급한 기체를 흡입하는 시험을 했고, 모두 아무 문제없이 숨을 쉴 수 있었다."[297] 제1차 세계대전 중에는 심지어 전선에 배치된 말, 개, 전령 비둘기에도 방독면을 씌웠다.[315]

중화제를 넣어서 개량한 방독면이 널리 사용되면서 염소 가스 공격이 쓸모가 없어진 1917년 7월 12일에 독일군은 이프르에 주둔하고 있던 영국군에게 황화 다이클로로에틸(최루 가스)을 넣은 포탄을 발사했다.[291, 297] 하버 연구소에서 개발된 최루 가스는 쉽게 없어지지 않았기 때문에 최루 가스가 분사된 공기와 물체가 모두 무기 역할을 했다. 최루 가스가 피부에 닿으면 물집이 생겼고, 최루 가스에 노출되고 4시간에서 12시간이 지나면 화상이 발생했다.[297] 독일군이 최루 가스를 사용한 첫 6주일 동안 거의 2만 명의 영국군이 희생되었다. 연합군도 자신들의 최루 가스를 개발해야 했다.

연합군의 최루 가스는 독일이 처음 사용하고 1년이 지날 때까지도 전투 현장에 투입되지 못했다.[301] 연합군은 영국의 화학자 윌리엄 J. 포프와 프랑스와 영국의 염료 생산업자 덕분에 최루 가스를 합성하게 되었다. 최루 가스는 전쟁에서 사용하는 가장 중요한 독가스가 되었다. 니우포르트에서 벌어진 하룻밤 야간 전투에서, 병사들은 3갤런의 최루 가스가 들어 있는 포탄을 5만 발 이상 발사했다.[297] 그 이후로 과학자들은, 역시 하버 연구소에서 개발한 포스젠*을 포함해서 무기화된 수많은 새로운 화학제와 독성 혼합물을 개발했다.[295] 전쟁이 끝나갈 무렵에는 포탄의 4분의 1에 화학물질을 넣었고, 화학무기 제조 공장들은 최대의 생산 용량으로 가동되고 있었다.[316]

---

* 제1차 세계대전에서 사용된 악명 높은 독가스로 1812년 영국의 화학자 존 데비가 처음 합성했다. 분자량의 작고 반응성이 커서 카보네이트, 폴리카보네이트, 아이소사이아네이트 등의 제조에 널리 사용된다.

하버는 동료에게 보낸 편지에서 포탄을 사용해서 싸우는 통상적인 전쟁은 체커 게임 수준이고, 가스 무기는 체스 게임과 같다고 했다.[312]

전쟁용 독가스와 살충제(1914-1920)

기사들이 화기로 무장한 군인을 인정하지 않았던 것과 마찬가지로 철제무기로 무장한 병사들도 화학무기를 가진 군인을 반대했다. 낯선 무기에서 비롯된 혐오감은, 끔찍한 잔인함과 전쟁까지도 문명을 위해서 성스러운 상태로 남겨져야 한다는 국제법의 근간을 어긴 것일 수도 있다는 생각에 의해서 더욱 강화되었다. 전쟁 중의 외국 언론은 국가적 편견에 휩쓸려서 그런 문제를 공정하게 다루지 못했고, 진정한 평결이 나오기까지는 오랜 시간이 걸렸다. _ 프리츠 하버, 1920년[316]

네른스트는 전쟁이 끝나갈 무렵에 참호 박격포를 개발하고, 서부와 동부 전선에서 수행했던 시험에 대한 공로로 독일의 훈장 중에서 회원 수가 정해져 있는 카이저의 가장 높은 훈장을 받았다. 네른스트는 그가 훈장을 받기 얼마 전에 사망한 체펠린 백작의 후계자가 되었다.[295] 그 무렵에 네른스트의 다른 아들이 전사했다. 네른스트는 연구에서 위안을 찾으려고 했고, "우리 국민에 의해서 이룩된 위대한 업적에도 불구하고 비난을 받을 수밖에 없는 현실로 울적해진 마음을 달래기에는 물리학만큼 좋은 것이 없다"라는 문장이 담긴 열역학에 대한 유명한 책을 발간했다.[295]

그보다 앞서서 네른스트는 독일의 광기를 멈추게 하려고 노력했다. 하버와 마찬가지로 네른스트도 카이저와 개인적인 친분이 있었다.[295] 네른스트는 친분을 이용해서 카이저를 비롯해서 독일이 전쟁을 시도하도록 이끈 파울 폰 힌덴부르크*와 에리히 루덴도르프**를 설득했다. 네른스트는 무

---

* 제1차 세계대전 당시 제8군 사령관을 지내고, 대통령(1925-1934)을 역임한 정치인이다.
** 제1차 세계대전 제8군 참모장을 역임한 독일의 극우 정치인이다.

제한적인 잠수함 전투는 미국을 참전시켜서 독일이 극복할 수 없는 자원의 불균형을 초래할 것이라고 주장했다. 루덴도르프는 그의 분석이 민간인의 어리석은 터무니없는 말에 지나지 않는다고 일축하면서 네른스트의 말을 잘라버렸다.

1914년 미국의 화학 회사들은 간단한 유기화학제품을 생산할 수 있는 수준이었고, 그마저도 독일에서 구입한 원료 물질에 의존해야 했다.[303] 독일의 화학 생산량은 미국보다 21배나 더 많았다.[317] 전쟁이 그 모든 것들을 바꾸어놓았고, 결국 독일은 무너졌고 피폐해졌으며, 미국에서는 강력한 화학 산업이 새로 등장했다.

1917년에 17개의 미국 기업들이 염료를 생산해서 독일 산업의 봉쇄와 붕괴로 발생한 틈새를 메워주었다.[303] 그중 듀퐁과 내셔널 아닐린 및 화학(훗날 얼라이드 케미컬)이라는 두 기업이 화학 시장의 선두로 급부상했다. 후커 케미컬이라는 또다른 미국 기업은 1914년에 표백제와 수산화나트륨 정도를 생산하는 수준이었다. 그러나 전쟁이 끝날 무렵에는 17개의 화학 제품을 생산했고, 세계적으로 염료, 폭약, 독가스 생산에 사용되는 모노클로로벤졸의 생산을 독점했다. 1914년부터 1919년 사이에 미국에서 생산된 화학제품의 가치는 연간 2억 달러에서 7억 달러로 늘었다.[317] 전쟁이 끝나고 몇 달 만에, 미국은 전투 현장에 매일 200톤을 공급할 수 있을 정도의 독가스를 생산했다.[303]

이런 상황은 돌이켜보면 웃음거리였을 미국의 아이디어가 과감하게 느껴지던 1915년과는 완전히 달라진 것이었다. "어느 독창적인 사람"이 미국 군수 무장 위원회에 "코담배를 잔뜩 채워넣은 포탄을 사용해서 코담배가 완전히 균일하게 퍼지도록 만들면, 적군은 기침으로 극심한 경련을 일으키게 될 것이고, 경련의 고통에 시달리는 그에게 몰래 다가가서 그를 포로로 잡을 수 있을 것"이라고 제안했다.[297]

1만7,000명의 미국 화학자들 가운데 3분의 1이 전쟁을 준비하던 연방정부에서 일했다.[318] 미국이 조직한 가장 큰 규모의 연구 집단이었던 화학 분야의 연구 팀에는 1,700명의 과학자가 포함되어 있었다. 전쟁부 장관은 "화학자들보다 우리의 국가적 성공에 더 필요한" 전문가는 없다며, "화학자들은 가장 집중력이 높은 상태로 마지막까지 엄청난 밝기의 불꽃을 내뿜었다"라고 주장했다.[318] 전쟁이 한창이던 시기의 갈등은 "동맹국과 다른 나라의 공업화학과 화학공학 천재들 사이의 투쟁"이라고 적절하게 표현할 수 있었고, "전쟁의 원인, 목표, 이상 또는 정치적 상황과 상관없이 화학자들은 양측 모두에게 힘을 실어주는 집단이었다."[303]

전쟁은 미국의 민간 부문에서도 과학의 조직화를 가속시켰다. 1916년에 미국인 승객들이 타고 있던 프랑스 함정에 대한 독일 U-보트의 어뢰 공격은 미국 과학원이 미국의 참전을 대비한 투자를 강화하도록 만든 동기가 되었다.[303] 당시 미국 과학원이 조직한 국립 연구위원회는 그 이후 줄곧 연방정부가 추진하는 과학 연구의 구심점 역할을 했다.

전쟁은 화학자들에게 독가스를 개발하는 계기가 되었을 뿐만 아니라 농약을 개발하도록 이끌었다.[303] 면화의 수요는 공급을 훨씬 넘어섰다. 군복, 막사, 반창고, 폭약의 추진제*에도 면화가 필요했다. 화약과 폭약이 모두 (면화와 질산으로 만든) 나이트로셀룰로스, (동물성이나 식물성 지방과 질산으로 만든) 나이트로글리세린, (콜타르와 질산으로 만든) 니트로톨루엔에서 유래되었다.[316] 대기 중의 질소를 암모니아로 고정시키는 하버의 기술은 독일의 질산 문제를 해결해주었고, 전쟁 초기에 칠레의 초석으로 생산한 천연 암모니아 저장량이 바닥을 드러낸 이후 독일이 붕괴되는 것을 막아주었다. 하버-보슈 법을 이용한 합성 암모니아의 생산량은 1913년 연간

---

* 정제한 면화 솜을 황산과 아세트산의 혼합 용액으로 처리해서 만든 무연 화약이다.

6,500톤에서 전쟁 중에는 연간 20만 톤으로 늘어났다.[305] 그러나 합성 암모니아를 확보했다고 지방과 면화의 부족이 해결된 것은 아니었다. 군용으로 사용하는 수요의 증가가 국민들이 소비해야 할 자원을 빼앗아버렸다. 하버에 따르면 "식용으로 사용하던 지방을 화학적인 목적으로 사용하지는 않았지만, 지방의 원료가 부족해지면서 우리의 영양 공급에 문제가 생겼다. 지방을 글리세린 제조에 전용하면서 굶주림은 2배로 늘어났다."[316]

전쟁에 참여한 양측 모두 면화 부족에 시달렸다. 전쟁으로 수요가 폭증했으나, 목화 바구미가 미국의 면화 재배 농가를 초토화시켰다.[303] 특히 조지아와 사우스캐럴라이나의 면화 농가들이 목화 바구미 때문에 입은 피해는, 미국의 흑인들이 농업 중심의 남부 주에서 산업화된 북부 주로 대이동을 하도록 만든 주요 원인이 되었다.[319] 성공적인 시험을 통해서 연구자들이 목화 바구미에 대한 해결책으로 개발한 비소산 칼슘이 1917년부터 본격적으로 사용되기 시작했다.[303] 1920년에는 미국에서 20개의 기업이 연간 1,000만 파운드의 비소산 칼슘을 생산했다.[320]

비소산 칼슘은 오래 전부터 독성이 알려져 있었던 비소를 기반으로 만들었다. 비소산 납과 파리 그린과 같은 비소 기반의 농약도 이미 과일, 목재, 감자 재배에 많이 쓰이고 있었다.[303] 국화꽃에서 추출한 제충국분 역시 해충을 죽이는 용도로 널리 사용되었다. 그러나 여전히 합성 유기 농약은 개발되지 않았다.

효과적인 폭약과 전쟁용 독가스에 대한 화학 연구 덕분에 최초의 합성 유기 농약이 개발되었다. 화학 회사들은 폭약 제조에 필요한 피크르 산*을 대량으로 생산했다.[303] 그 과정에서 나오는 부산물이 PDB라고도 불리는 파라다이클로로벤젠이었다. 곤충학자들은 PDB를 비롯한 다양한 전쟁 독가

---

* 폭약 제조에 쓰이던 2,4,6-트라이나이트로페놀(TNP)을 가리킨다.

스의 독성을 곤충에 시험했고, 상당히 만족스러운 결과를 얻었다. PDB는 농약으로서, 시장에 공급된 최초의 전쟁용 합성 화학물질이었다. 1940년대에는 농약용 PDB 생산량이 연간 수백만 파운드로 늘어났다.

화학자와 곤충학자들은 전쟁 독가스가 이(louse)에도 효과가 있는지를 시험했다. 몸에 붙어서 사는 이는 티푸스를 전파하기 때문에 전쟁에서 우선적인 목표가 되었다. 목표는 "방독면을 쓴 사람이 가스를 채워넣은 방에 안전하게 머무는 짧은 시간 동안에 모든 이와 서캐를 죽이는 것"이었다.[303] 미국의 화학전 부대와 곤충학국 등 여러 협력 기관들이 이를 비롯한 여러 해충들을 퇴치하기 위한 독가스 복장의 효과를 시험했다.[303] 군사 전략가들은 전쟁에서 가장 흔하게 사용하던 가스이자, 방독면 안으로 침투해서 병사들이 구토를 하고 눈물을 흘리게 만드는 클로로피크린("구토제"라고 부르기도 했던 트라이클로로나이트로메테인)을 선호했다. 결국 병사들은 방독면을 찢어버리고, 클로로피크린과 혼합된 치명적인 독가스를 흡입하게 되었다. 클로로피크린은 효과적인 살충제인 것으로 밝혀졌다.

반대로 살충제로부터 독가스를 개발하는 연구도 진행되었다. 연합국의 화학자들 중에서 특히 프랑스의 화학자들은 (사이안화 수소 또는 청산이라고 부르는) 사이안산(cyanic acid)을 독가스로 사용할 수 있는지에 대한 가능성을 집중적으로 연구했다.[297] 사이안산을 사용하자는 발상은 해충 방제(防除)에서 시작된 것이었다. 실제로 사이안산은 19세기부터 과수원에서 천막으로 덮어놓은 나무나 건물을 훈증(燻蒸) 소독하는 데에 사용되었다.[303, 321] 사이안산 가스는 밀도가 낮았기 때문에 연구자들은 가스가 바닥에 가까이 떠 있도록 만들기 위해서 다른 화학물질을 혼합했다.[297] 사이안산 혼합물은 뱅셴나이트*라고 불렀고, 클로로폼, 삼염화비소, 염화주석 등의 다양한 성

---

* vincennite : 독일이 이프르 전투에서 사용한 염소 가스에 대응하기 위해서 프랑스가 개발한

분이 포함되어 있었다. 뱅센나이트는 프랑스 군의 가스 폭격에 많이 사용되었지만, 결국에는 다른 가스 무기가 개발되면서 폐기되었다.

비소 화합물의 살충 효과를 근거로 가스에 비소를 넣는 일이 널리 확산되었다.[303] 미국에서는 비소의 3분의 1이 살충제 생산에 사용되면서 농약 업계를 어렵게 만들었다.[322] 비소 화합물 중에서 가장 강력한 것은 미국의 발명가 W. 리 루이스의 이름이 붙여진 루이사이트*였다.[297] 루이사이트는 너무 늦게 개발된 탓에 전투 현장에서 결정적으로 사용되지는 못했지만, 수포제, 호흡 자극제, 기침 유도제의 복합적인 특성과 함께 치명적인 독성 때문에 미국 화학전 부대의 부대장이 "죽음의 이슬(dew of death)"이라고 부르기도 했다. 세 방울이면 쥐 한 마리를 죽이기에 충분했다.

루이사이트의 합성과 성능은 철저하게 비밀에 부쳐졌지만, 소문이 날 수밖에 없었다. 1919년에 클리블랜드 근처에 있던 "쥐덫"이라고 불리던 루이사이트 생산 공장의 작업자들은 전쟁에서 승리할 때까지 11에이커의 공장을 떠날 수 없었다고 「뉴욕 타임스(New York Times)」가 보도했기 때문이다.[323] 기사에 따르면 "'루이사이트'를 운반하는 비행기 10대로 베를린의 동물과 식물을 포함한 생명체의 모든 흔적을 완전히 지워버릴 수 있다고 알려졌다.……휴전 협정이 체결될 즈음 하루에 10톤 분량의 '루이사이트'가 생산되고 있었다는 사실을 통해서 독일에 일어날 뻔했던 일을 상상할 수 있을 것이다. 살상을 위해서 고안된 가장 끔찍한 수단인 루이사이트 3,000 톤이 3월 1일 프랑스의 미군 전선에 투입될 준비가 되어 있었다."[323]

전쟁 중에는 독일군과 해충에 대한 전선이 의도적으로 분명하게 구분되

사이안산 혼합물로 1915년 처음으로 시험을 했던 뱅센 요새의 이름을 붙였으며, 1916년 솜 전투에서 처음 사용되었다.

* lewisite : 비소 계열의 수포 작용제로 개발된 2-클로로에텐일다이클로로비소를 가리킨다.

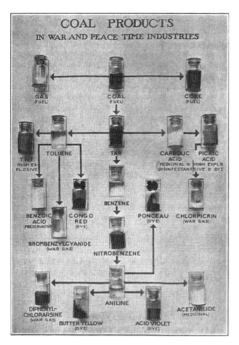

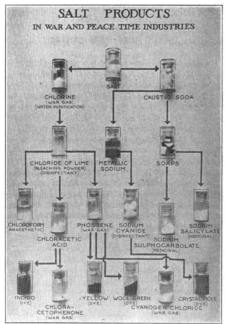

그림 6.2a와 6.2b. 석탄으로 합
성할 수 있는 독가스와 살충제
로 사용된 클로로피크린을 비롯
한 유용한 제품들이다(위). 소금
으로 합성할 수 있는 뱅센나이
트와 독가스와 쥐약으로 쓸 수
있는 포스겐을 비롯한 유용한
제품들이다(아래).[297]

지 않았다.[303] 미국의 유명한 곤충학자인 스티븐 A. 포브스는 1917년에 미국이 "500억의 독일 연합군"에게 침략을 당했다고 주장했다. "현재의 전쟁에서 노린재는 친독일계이고, 헤센 파리는 여전히 헤센 출신이고, 거염벌레는 독일군의 동맹군이다."[303]

제1차 세계대전 전투에서 사망한 사람의 수는 19세기에 일어난 모든 전쟁의 사망자 수를 합친 것보다 많았다.[303] 사망자의 대략 절반(약 1,000만 명)은 현역 군인이었다.[325] 그중 대략 9만 명은 화학무기에 희생되었고, 130만 명은 가스에 의해서 부상당했다.[303] 화학무기는 큰 규모에서 보면 통상적인 무기보다 덜 치명적이라고 밝혀졌지만, 어쨌든 누구에게나 익숙한 무기인 총검이나 대포나 기관총으로는 촉발할 수 없는 본능적인 반응을 불러일으켰다. 그러나 가스 공격에 의한 사망률은 통상적인 무기보다 비교적 낮은 편이었다. 예를 들면, 미국의 가스 부상자들 중에서 나온 사망자는 2퍼센트 이하였지만, 총이나 포탄에 의한 부상자의 경우에는 25퍼센트 이상이었다.[297]

미국의 선도적인 화학무기 옹호자는 독가스가 "지금까지 발명된 무기 중에서 가장 강력하면서도 가장 인간적인 방법"이라고 주장했다.[303] 미국의 최루 가스 연구를 이끌었고, 새로운 독가스인 루이사이트를 개발한 화학자에 따르면, "나는 더욱 효과적인 새 독가스를 개발하는 것이 폭약과 총을 생산하는 것보다 더 비윤리적이라고 생각하지 않았다.……나는 고성능 폭탄으로 사람의 내장을 찢는 것이 폐나 피부를 공격해서 불구로 만드는 것보다 더 낫다고 생각하지 않는다."[303] 하버도 그 평가에 동의했다.[316]

무기를 개발한 화학자들의 그런 주장은 일반 대중의 의견과는 맞지 않았다. 전형적인 신문 기사는 다음과 같았다. "화학자들이 이야기하는 무기를 '인간적으로' 사용하는 방법이 도대체 무엇인가? 폐뿐만 아니라 피부를 통해서 명예롭고 용감한 병사들을 고문하고 중독시키고, 전선에서 멀리 떨어

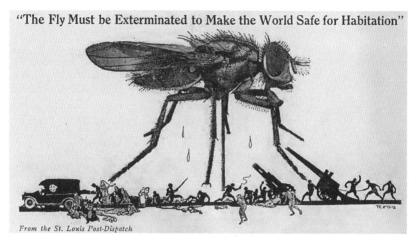

"The Fly Must be Exterminated to Make the World Safe for Habitation"

From the St. Louis Post-Dispatch

그림 6.3. 독일 적군을 뜻하는 파리와 싸우고 있는 병사들을 그린 1918년 7월 「세인트 루이스 포스트−디스패치(*St. Louis Post-Dispatch*)」의 만평이다.[324] 피난민들이 도망치는 사이에 희생자가 늘고 있는 장면이다.

진 곳까지 퍼트려서 여자와 아이들을 참혹하게 죽이고, 모든 식물까지 죽여서 전쟁이 끝나고도 몇 년 동안이나 사람들을 굶주리게 만들 독가스를 퍼트리는 것을 말하는가? 만약 그것이 인간적인 무기에 대한 화학자들의 생각이라면, 제발 하느님께서 화학자로부터 세상을 지켜주시옵소서!"[303]

전쟁의 마지막 해에 독일에서 질소를 고정하는 하버 공정으로 생산된 질소 화합물은 20만 톤이 넘었다.[301] 전쟁이 한창이던 때에 독일의 한 질소 고정 공장은 철도를 따라서 거의 2마일이나 펼쳐져 있었다.[295] 미국이 전쟁 무대에 등장한 후에도 독일이 버틸 수 있도록 해준 결정적인 요인은 그러한 산업적인 생산이었다. 질소는 모든 폭약의 핵심 성분이었기 때문에 하버의 혁신이 없었더라면, 독일은 훨씬 더 일찍 전쟁을 포기했을 가능성이 높아 보인다. 사실 하버는 자신의 질소 고정이 없었더라면, 독일은 1915년 봄까지만 버틸 수 있었을 것이라고 추정했다.[316]

전쟁이 끝난 직후에 하버와 네른스트는 중요한 발명을 한 공로로 노벨 화학상을 받았다. 하버는 1919년에 대기 중의 질소를 암모니아로 고정시킨 공로로 1918년 상을 받았고, 네른스트는 열역학 제3법칙을 발견한 공로로 1920년 상을 받았다.[301] 그러나 하버의 세계적인 명성은 독가스와의 연관성으로 인해서 추락하고 말았다. 하버를 경멸하는 분위기가 너무 강해서, 그와 같은 시상식에서 상을 받기로 되어 있던 프랑스의 과학자들은 수상을 거부했다. 「뉴욕 타임스」는 프랑스 과학자들과 하버에게 상을 주는 것에 대한 그들의 거부감을 지지했다. "맙소사. 루덴도르프의 일일 성명서를 쓴 사람에게 이상주의적이고 상상력이 뛰어난 작가에게 주는 노벨 문학상을 왜 수여하지 않았는지 궁금하다."[326] 프랑스 학자는 하버가 "도덕적으로 노벨상의 명예와 물질적 혜택에 어울리지 않는다"라고 항의했다.[301]

하버에게는 유일하게 반론이 제기된 과학 분야의 노벨상을 받았다는 불명예가 돌아갔다. 전쟁 전에 하버가 열심히 노력했던 국제적인 과학 협력이 오명을 뒤집어쓰고 무너져버렸다. 전쟁 전에는 그의 연구소의 빈자리를 차지하려고 경쟁하던 똑똑한 사람들이 이제는 과학 모임에서 그와 악수하는 것조차 거절했다. 무엇보다도 하버는 자신의 국제적 위상을 되찾기 위해서 자신이 다시 한번 과학적으로 불가능한 업적을 달성해야만 한다고 느꼈다.

7

치클론

(1917-1947)

적을 죽이려고 만들어진 듯이 보이는 모든 현대 무기의 성패는 결국 적군의 사기를 제압하겠다는 열정에 의해서 결정된다. 결정적인 전투에서의 승리는 적군에 대한 물리적 파괴가 아니라 마지막 순간에 저항력을 상실하고 패배하는 모습을 떠오르게 하는 심리적 뇌진탕에 의해서 결정된다. 그런 뇌진탕이 일어나면, 지도자의 입장에서 손에 든 칼의 역할을 해주어야 할 군인들이 절망에 빠진 패거리로 전락하게 된다. _ **프리츠 하버**, 1920년[316]

모든 형태의 독가스와 화학무기에 대해서는 이제 겨우 끔찍한 책의 첫 장(章)이 완성되었을 뿐이다. _ **윈스턴 처칠**, 1932년[327]

제1차 세계대전이 끝난 후, 화학무기는 식민지 원주민의 정복에 사용되기 시작했다.[291] 1920년에는 영국이 아프가니스탄 사람들에게 최루 가스를 사용했고, 1925년에는 스페인이 모로코 사람들에게 똑같은 일을 했으며, 1935년에는 무솔리니의 군대가 에티오피아 사람들에게 같은 전술을 반복적으로 사용했다. 에티오피아의 군대가 궤멸된 이후 하일레 셀라시에 황제가 국제연맹에 항의한 내용에 따르면, "비행기에서 쏟아지는 치명적인 비를 맞은 사람들은 모두 고통스러운 비명을 지르며 날뛰었다.……이탈리아의 최루 가스에 수만 명이 희생되어 쓰러졌다."[315]

제1차 세계대전 중에 갖추게 된 화학무기에 대한 대부분의 전문 지식과 기반시설이 전쟁 후에는 이익을 챙기기 위한 화학무기와 농약의 생산에 활용되었다. 특히 제1차 세계대전을 치르는 과정에서 군용과 산업용의 경계가 모호해졌다. 미국에서는 최고의 화학자들이 육군의 화학전 부대에서 화학무기를 개발했다.[303]

화학전 부대의 초대 부대장 윌리엄 사이버트*는 앞으로 화학무기가 일상화될 것이라고 믿었다. 전쟁이 끝나고 3년이 지난 후에 그는 "전쟁에서 효과적으로 사용된 것은 완전히 쓸모가 없어질 때까지 절대로 폐기되지 않는다는 것이 역사적으로 증명되었다"라고 지적했다.[297] 화학전 부대의 전문성이 더 이상 발전하지 못할 수도 있다고 걱정한 사이버트는 이렇게 말했다. "나는……우리 나라의 화학자와 화학공학자들이 전쟁에 참여한 다른 어느 분야의 사람들보다 뛰어난 천재성과 애국심을 발휘했다고 생각하며, 평화로운 시기에 그런 재능을 활용하지 않는 것이 오히려 범죄라고 생각한다."[297]

화학전 부대의 전문가들은 사람을 쇠약하게 만들고 죽이기에 효과적인 화학무기가 해충을 죽이는 데에도 좋을 것이라고 주장했다.[303] 그래서 전쟁이 끝난 후에는 화학자들이 해충을 상대로 전쟁 가스를 시험하는 일을 계속했다. 그런 시도에는 정치적인 동기도 있었다. 윌슨 대통령의 부대 창설 명령에는 전쟁이 끝나면 화학전 부대를 해체하라고 명시되어 있었다.[315] 화학전 부대는 실질적인 해체 위기를 극복했지만, 화학무기의 필요성이 사라지면서 의회가 예산을 삭감하겠다고 나섰다.[303]

---

* 공병 장교로 파나마 운하 등의 건설에 참여했던 미국 육군 장군이다.

명분이 필요했던 화학전 부대는 자신들이 완전히 변신해서 이제는 독가스를 민간인에게 필요한 살충제로 유용하게 쓸 수 있도록 만들겠다고 주장했다. 화학전 부대는 스스로를 "평화적 전쟁"을 수행하는 화학평화 부대(Chemical Peace Service)라고 부르기 시작했다.[303] 한 분석가에 따르면 "우리의 연구는 작물을 망치는 땅다람쥐, 밭다람쥐, 찌르레기, 까마귀, 독수리, 쥐, 그리고 메뚜기와 같은 해충을 가장 신속하고 확실하게 제거하는 방법이 바로 가스를 이용하는 것임을 보여줄 것이다."[303] 화학무기가 이제는 인간성의 파괴가 아니라 인간성의 보존을 위한 해충 방제를 뜻하게 되었다. 동시에 해충 방제 연구는 화학전 부대의 존속과 독가스 개량을 정당화했다.

화학전 부대의 그런 노력은 사회로부터 인정을 받지는 못했지만, 전쟁 중에는 해충 방제를 위해서 과분한 역할을 했던 민간 곤충학자들의 요구와도 어울리는 것이었다. 전쟁이 끝난 후에도 곤충학자들의 불만은 여전했다. "우리는 일부 고위 관료들이 곤충학자들은 곤충 다리의 마디 수와 날개에 있는 점의 수를 조사해서 곤충의 종(種)을 분류하는 일을 한다는 낡은 생각을 가지고 있다는 사실에 놀라고 분노했다."[322]

곤충학자들은 자신들이 인간의 생존을 위해서 곤충과 전쟁을 하고 있다고 주장하며 사회적 위상을 강조했고, 비행기, 독가스, 살포(撒布) 무기와 같은 전쟁 도구들도 적극적으로 받아들였다.[303] 화학전 부대는 그들에게 연구 수단과 함께 연구 수익도 제공했고, 그 과정에서 군대와 곤충학자들은 서로 상대의 대중적인 이미지 개선을 위해서 노력했다. 그 전략은 매우 성공적이었고, 1920년 국가방위법이 통과되면서 화학전 부대는 미국 육군에서 확실한 위상을 확보하게 되었다.

1915년의 대표적인 언론 기사는 인류의 발전이 "질병 매개체" 퇴치에 달려 있다고 주장했다. "살아 있는 세상을 아무것도 없는 죽음의 세상으로 바꾸어놓은 무정부주의자 역할이 질병 매개체의 유일한 생존 목적인 것처럼 보인다. 사람과 사람이 아니라 사람과 절지동물이 서로 갈라서서 전쟁을 하고 있다. 전쟁을 통해서 최종적으로 고도로 발달한 척추동물과 해롭게 진화한 무척추동물 중에서 어느 것이 우리 행성을 지배할지가 결정될 것이다. 언젠가는 괴물 같은 개미나 벌레, 말벌이나 각다귀, 깍지벌레나 진드기가 이 지구를 지배하게 될 것인가? 아니면, 똑바로 서서 걸으면서 별을 볼 수 있고, 태양과 행성들을 저울질 할 수 있으며, 이미 초월적인 우주와 접촉하고 있는 신(神)과 같은 우리 포유류가 지구를 지배할 것인가? 글쎄, 투쟁의 결과는 이런 파괴적인 전쟁의 결과와 마찬가지로 지금 당장의 동전 던지기에 의해서 결정될 것이다."[328]

미국에서 가장 유명한 곤충학자인 스티븐 A. 포브스는 이렇게 주장했다. "인간과 곤충의 투쟁은 문명이 발달되기 훨씬 이전부터 시작되었고, 지금까지 한 번도 멈추지 않고 계속되었으며, 인류가 살아 있는 한 계속되리라는 사실은 의심할 여지가 없다.……우리는 흔히 우리 스스로를 만물의 영장이라고 생각하지만, 곤충도 역시 세상을 완전히 파악했고, 인간이 시도하기 훨씬 전부터 자연을 완전히 지배해왔다.……이것은 두 나라 사이의 전쟁과 똑같다. 한 나라는 무기 제조에 엄청나게 성공했고, 다른 나라는 탄약의 품질에서 뛰어난 성공을 거두었기 때문에 어느 쪽도 결정적이고 최종적인 승리를 장담할 수 없는 상황이다."[329] 1915년 포브스는, 1872년 일본에서 미국으로 들어와서 산호세의 과수원을 초토화시킨 해충은, "일본의 왜소한 황인종 군인들의 작은 전함이나 육군보다 훨씬 더 성공적이고, 훨씬 더 파괴적으로 침략한 사례"라고 주장했다.[329]

화학전 부대는 전후의 군과 산업계의 협력으로 만들어진 새로운 틈새를 이용해서 공공의 인식을 완전히 바꾸어놓았다. 공공의 이익을 위한 사업은 해양 구조물의 부식을 막아주는 화학물질, 광산 작업자들을 위한 방독면 개발, 공중보건국과의 협력을 통한 쥐 퇴치, 독가스를 이용한 지렁이와 밭다람쥐 퇴치 등으로 매우 다양했다.[303] 심지어 화학전 부대는 의학 분야까지 뛰어들었다. 감기, 기관지염, 백일해를 앓고 있는 환자를 염소 가스 흡입을 이용해서 치료하기도 했다. 대중의 반응은 고무적이었다. "영국 전선에서 수백 명의 사람들을 죽인 가스가 이제는 독감이나 기관지염을 비롯한 질병을 치료해준다"는 기사도 있었다.[303] 호흡기 질환에 걸린 23명의 상원의원, 146명의 하원의원, 그리고 심지어 캘빈 쿨리지 대통령도 미국 의회에서 수백 명의 다른 사람들과 함께 가스 치료를 받았다.

전쟁 중에 상당한 시설과 전문성을 축적한 화학 회사들은 그 자산을 이용해서 생산한 농약으로 수익을 올렸고, 특히 해충 퇴치에 효과적인 합성 유기화합물을 개발하는 데에 주력했다.[303] 이런 살충제는 전쟁과 독가스 생산으로 이익을 챙긴다는 비난을 받은 화학 회사들의 대중적 이미지를 개선해주었다. 그러나 동시에 농약 생산업자들은 자신들이 만든 제품에 대한 거부감을 극복해야만 했다. 화학 기업 경영자의 설명에 따르면, "살충제와 같은 것이 있다는 사실을 아는 주부는 그 내용물이 자신과 가족을 죽일 수도 있다는 공포에 떨면서 제품을 구입했다."[303]

다른 차원의 독성이 강한 대중적 이미지가 하버를 괴롭혔다. 적대관계가 중단되면서 하버는 전쟁 범죄로 재판을 받게 될 것을 걱정했다.[301] 그에게는 걱정할 수밖에 없는 분명한 이유가 있었다. 그의 이름이 연합군의 구속 대상자 명단에 포함되어 있었던 것이다. 수염을 길러서 위장한 그는 독일을 떠나 스위스로 갔다. 네른스트도 전쟁 범죄 혐의자 명단에서 자신의 이름을 발견했다.[295] 네른스트는 그 사실에 격노했고, 하버를 비난했다. 네른스트는 자신의 부동산을 팔아서 유동성 자산으로 바꾼 후에 독일 외무성이 제공한 가짜 여권으로 독일에서 도망을 쳤다. 그러나 결과적으로 소수의 독일인들만 재판에 넘겨졌고, 그들은 가벼운 형을 선고받았다.[301] 하버와 네른스트는 모두 독일로 돌아갔다.

전쟁 범죄의 위험은 사라졌지만, 독가스의 공포와 연결 지어진 하버의 이미지는 영원히 지울 수가 없었다. 1921년에는 오파우에 있던 하버-보슈 질산 합성 공장에서 일어난 폭발 사고로 600명 이상의 직원이 사망하고, 2,000명 이상이 부상을 당했다.[326] 「뉴욕 타임스」는 그 폭발이 하버를 포함한 "화학자들에 의한 비밀 실험"으로 인해서 일어났을 것이라고 추정했다. 학술지 「네이처(*Nature*)」는 1922년 하버에 대해서 다음과 같이 평가했다. "이프르 전투가 벌어지기 전에 하버 추밀원 의원이 카이저 빌헬름 과학 진흥 연구소에서의 독가스 실험을 통해서 독일에게 영원한 불명예를 안겨 준 무기를 개발했다는 사실은 영원히 잊지 못할 것이다."[301]

물론 양쪽이 모두 상대의 불공정한 전략을 비난했다. 독일은 심지어 연합군이 식민지 부대를 동원한 것을 가리켜 잔인한 술수였다고 주장했다. 미국의 화학전 부대 부대장은 당시의 전형적인 인종주의적 관점에서 그런 비난을 일축했다.

우리 모두는 독일이 전쟁 초기에 끔찍한 칼을 휘두르는 아시아의 구르카 부대*와 아프리카의 모로코 부대를 동원하여 연합군이 불공정하고 비인간적인 전투 방법을 썼다는 비난을 광범위하게 퍼뜨렸다는 사실을 기억하고 있다. 그리고 얼마 지나지 않아서 독일이 그런 용병에 대한 비난을 중단했다는 사실도 알고 있다. 이유가 무엇이었을까? 용병들은 효율적이지 않았다. 낮에는 백인 장교의 뒤를 따라서 돌격하고, 백인과 마찬가지의 에너지와 용기와 몇 배의 효율로 전투하는 니그로(흑인)가 밤의 공포를 견뎌내지 못한 것은 구르카 부대와 모로코 부대의 경우에도 마찬가지였다. 그 사실을 깨달은 연합국들은 대부분의 용병들을 전선에서 먼 곳으로 후퇴시켰다. 전선이 치명적인 반격으로 며칠씩 교착 상

---

* 제2차 세계대전에 참전한 네팔 용병을 가리킨다.

태에 빠진 경우에는, 고도로 훈련된 백인 부대로 대체될 때까지 유색인 부대들을 돌격 부대로 배치했던 적은 있었다. 야만에 가까운 병사들이 고도로 민감한 백인보다 전쟁의 가혹함과 공포를 더 잘 견딜 수 있다는 것이 독일의 생각이었고, 세계대전 이전의 우리 생각이기도 했다. 전쟁은 그 생각이 완전히 잘못되었다는 사실을 증명해주었다.[297]

연합국들은 비현실적인 수준의 전쟁 보상금을 요구했는데, 그들이 요구한 금액은 33억 달러에 달하는 천문학적인 액수였다.[301] 독일은 하버 공정으로도 그런 거금을 마련할 수 없었다. 연합국들도 하버의 질소 고정을 이용해서 스스로 암모니아를 생산하고 있었기 때문이다. 전쟁 전에 독일이 독점하던 염료 산업도 이제는 미국의 신생 기업들이 지배하고 있었다. 전쟁 배상 협정에 따라서 미국 정부가 독일의 염료와 화학 특허 4,500건을 압류했다.[317] 이 특허들은 미국의 화학 회사에 넘겨졌다. 과거 독일이 가지고 있던 특허 중의 하나가 바로 하버의 질소 고정 공정에 대한 것이었다. 더욱이 독일은 식민지와 식민지로부터 착취할 수 있었던 모든 재산도 빼앗겼다. 하버는 전쟁 배상금의 규모가 금 5만 톤에 해당한다고 추정했다.[301]

스웨덴의 과학자 스반테 아레니우스*는 하버에게 해결책을 제시했다. 바다에서 금을 추출하면 독일의 전쟁 배상금을 마련할 수 있을 것이라는 내용이었다.[301] 하버나 네른스트와 마찬가지로 아레니우스도 당시 가장 위대한 과학자 가운데 한 사람이었다. 1884년의 박사학위 논문에서 그는, 염을 물에 녹이면 패러데이의 양이온과 음이온에 해당하는 양전하를 가진 이온과 음전하를 가진 이온이 저절로 분리되고, 그 과정에는 전류가 필요

---

* 용액 중의 이온에 대한 화학 이론을 개발한 공로로 1903년에 노벨 화학상을 수상한 화학자이다.

하지 않다는 가설을 정확하게 제시했다.[295] 화학 결합의 힘이 전기적이라는 뜻이었다. 그 논문의 중요성을 이해하지 못한 아레니우스의 지도 교수들은 그에게 학계로 진출할 수 없는 "의미가 없는 것은 아님"이라는 성적을 주었다.[295] 그러나 아레니우스는 이온의 화학은 물론이고 온실 가스 효과,[330] 북극의 오로라, 독소와 해독제처럼 이질적인 현상에 대한 중요한 사실들을 계속 발견했다.[331, 332] 아레니우스는 이온에 대한 업적으로 1903년 노벨 화학상을 받았다.

아레니우스는 하버와 네른스트의 진로에 영향을 미쳤다. 젊은 시절의 아레니우스는, 촉매를 발견해서 1909년 노벨 화학상을 받은 빌헬름 오스트발트*의 지도를 받으면서 자신과 함께 연구하자고 네른스트를 설득했다.[331] 촉매는 스스로의 본질에는 아무 변화도 일으키지 않으면서 화학반응을 가속시키는 역할을 한다. 하버는 특정한 반응에 작용하는 좋은 촉매를 찾아낸 총명함 덕분에 암모니아를 합성하는 문제를 해결할 수 있었다.

아레니우스의 제안을 받은 하버는 계산을 통해서 바닷물에 80억 톤의 금이 녹아 있을 것이라고 추정했다.[301] 금을 바닷물에서 꺼내는 방법이 문제였다. 그 제안은 터무니없어 보였지만, 이미 공기로부터 엄청난 부를 얻은 하버의 입장에서는 바다에서도 그렇게 하지 못할 이유가 없었다.

하버는 함부르크-미국 선사의 여객선에 분석 실험실과 금 추출 장비를 설치했다.[301] 그 시도는 일급비밀이었고, 곧 이어서 그의 학생들이 여러 여객선에 똑같은 장비를 설치했다. 기자와 관중들은 하버가 바다에서 전기를 생산하거나, 부식을 연구하거나, 배를 정지시키기 위한 힘을 연구하거나, 물의 색깔을 바꾸는 방법을 개발하고 있는 것이라고 추측했다. 하버는 바닷물에 들어 있는 금의 양이 지역에 따라 다를 것이라고 생각하고, 지구상

---

* 에너지 일원론을 주장하고, 촉매의 존재를 밝혀낸 독일의 물리화학자이다.

모든 지역의 바닷물을 수만 개의 병에 담아 그의 실험실로 운반했다.

그러나 1920년부터 1928년까지 그 문제를 연구한 하버는 바닷물에서 금을 추출할 수는 있지만, 경제성이 없다는 결론을 얻었다.[301, 305] 하버의 친구인 리하르트 빌슈테터의 기록에 따르면, "독일의 공물(貢物) 지불 부담을 줄여보겠다는 전망은 신기루였던 것으로 밝혀졌다."[305] 크게 실망한 하버는 혁명적인 혁신으로도 독일의 재정 위기를 해결할 수 없고, 자신의 과학적 명성 또한 되찾을 수 없다는 사실을 깨달았다. 그는 빌슈테터에게 자신이 금 추출 연구를 계속해야 하는지 물어보았다. 빌슈테터는 "그 연구로 금을 생산하지는 못하더라도, 괜찮은 책을 만들 수는 있을 것"이라고 대답했다.[305] 하버는 그에 대한 책을 쓰지는 않았다. 그는 미래의 발견에 대한 희망보다는 자신에 대한 신뢰와 성과를 기대한 것으로 보였다. 그의 명함에는 "교수, 철학 박사, 공학 박사, 농학 박사, 명예박사, 프리츠 하버, 노벨상 수상자, 전(前) 독일 화학전 부대 부대장, 카이저 빌헬름 물리화학 및 전기화학 연구소 소장"이라고 적혀 있었다.[301]

하버 연구소에서 성장한 어느 기업은 19세기 말부터 살충제로 사용되었고, 전쟁 가스의 중요한 성분이었던 사이안산으로 만든 살충제를 생산해서 경제적으로 성공을 거두었다. 사이안산은 공기보다 가벼워서 전투 현장에서 그대로 뿌리기는 어려웠지만, 수소 기체로 체펠린 비행선*을 뜨게 하는 효과적인 방법을 발견하도록 해주었다.[333]

1909년 니콜이 몸에서 사는 이(louse)가 티푸스를 전파한다는 사실을 발견하면서, 제1차 세계대전과 함께 시작된 전염병의 유행에 맞춰서 광범위한 이 박멸 작업을 개시할 준비가 갖추어졌다. 밀폐된 공간을 소독하는 방

---

* 19세기 말 독일의 페르디난트 폰 체펠린 백작이 처음 개발한 비행선으로, 1910년부터 상업적으로 승객을 태우는 용도로 활용되었다.

법으로는 이산화황과 수증기가 많이 쓰였다.[333] 이산화황은 가연성이고 폭발성이라는 단점이 있었다. 수증기는 개인 소유물에 피해를 입히는 경우가 많았다.

1917년 독일의 화학자들은 여러 해충들에 대해서 사이안산의 효과를 시험했고, 사이안산으로 이와 알(서캐)은 물론이고 빈대도 죽일 수 있다는 사실을 발견했다.[333] 사이안산을 살포하기에 적절한 농도와 온도를 알아내기 위한 실험이 진행되었다. 그들은 사이안산이 이산화황과 수증기보다 효과가 좋다는 사실을 입증했다. 더욱이 사이안산은 값이 쌌고, 개인 소유물을 망가뜨리지도 않았고, 옷이나 침구류의 접힌 부분에도 쉽게 침투했고, 불이나 폭발의 위험도 없었다. 군용 병원이나 막사처럼 티푸스의 발생 위험이 높은 곳에서는 즉시 이산화황과 수증기 대신에 사이안산을 사용하기 시작했다. 독일 사람들은 방을 밀폐해서 가스실로 만든 후에 사이안산을 뿌려서 이를 완전히 박멸하는 효과적인 방법을 찾아냈다.

같은 해에 독일 정부는 "타슈(Tasch)"라고 부르는 해충 방제 기술위원회를 구성하고, 하버를 위원장으로 임명했다.[334] 타슈의 임무는 "독성이 매우 강한 물질을 이용해서 해충을 제거하여 농업과 임업, 포도 재배, 원예, 과일 재배뿐만 아니라 산업에서 지금까지와 같은 높은 생산성을 유지하고, 사람과 가축의 위생을 증진시켜서 질병을 예방하는 것"이었다.[334] 독일군은 중요한 식품 가공 시설, 막사, 병원, 군 형무소 등에 사이안산을 살포하는 해충 방제 부대를 만들었다. 타슈는 1917년부터 1920년까지 사이안산으로 2,100만 세제곱미터의 건물을 소독했다.[333]

화합물이 수익성이 있다는 사실은 분명했고, 하버는 그것을 민간 기업을 통해서 상업화하기 위해서 노력했다.[334] 제1차 세계대전이 끝난 1918년 11월 11일부터 그런 생각을 품고 있었던 하버는 전쟁성의 관료들에게 "박멸의 수단을 새로운 번영의 원천으로 바꾸는 것"이 자신의 목표라고 말했다.[312] 타슈는 "데게슈(Degesh)"라고 불리는 독일 해충 방제회로 통합되었다. 데게슈의 헌장에는 다음과 같이 명시되어 있었다. "방제회의 목적은 화학적 수단으로 동물과 식물의 해충을 방제하는 것이다.……방제회는 방제회의 목적을 증진시키기에 적절한 모든 거래를 수행하도록 허가를 받았다."[334] 데게슈의 목적은 사회적 요구와 적절하게 맞았다. 방제회의 헌장에는 "방제회의 운영은 수익을 올리기 위한 것이 아니라, 오로지 공공의 이익을 향한 길을 가기 위한 것이어야만 한다"라고 명시했다.[334] 하버는 1920년까지 독일의 해충 방제에서 선도적인 역할을 했다.

사이안산 가스의 유일하면서도 큰 단점은 가스를 안전하게 살포하기 위해서 집중적인 훈련이 필요하고, 부적절하게 사용할 경우 사고로 많은 희생자가 발생한다는 점이었다.[333] 하버의 카이저 빌헬름 물리화학 및 전기화학 연구소의 연구자들은 1920년에 안전 대책으로 가스 혼합물에 고약한 냄새가 나는 화학물질을 첨가했다. 새로운 화합물에 사용한 전략은 과거와는 정반대의 것이었다. 독가스 무기를 설계하는 사람들은 치명적인 가스의 존재에 대한 조기 경고를 막으려고 했다. 그러나 살충제를 설계하는 사람들은 의도적으로 그런 경고를 제공하고자 했다. 연구자들은 매캐한 경고의 수단으로 사이안산 메틸에스터를 사용한 새로운 농약을 시클론(Cyklon)이라고 불렀다.

고약한 냄새를 풍기는 부취제(腐臭劑) 덕분에 안전성이 크게 개선된 시클론("사이클론"을 뜻하는 치클론[Zyklon]으로 명칭이 바뀌었다)은 사이안산 만큼이나 해충에 효과적이었고 음식을 망치지도 않았다.[333] 새로 개발된 살충제는 쉽게 운반하고 사용할 수 있었다. 경제적으로 어려움을 겪고 있던 독일에게는 데게슈가 모든 생산을 통제하고, 그 사용에 대한 기술 지침서를 열심히 지켜주었던 것이 무엇보다 좋았다. 그런 비밀주의가 치클론의 사용에 대한 고도의 안전과 훈련 기준을 유지하고 싶어했던 독일 정부의 정책과 잘 맞았다. 농약 사용자는 관련 시험에 합격해야 했고, 신뢰할 수 있는 사람이어야 했으며, 절대 불법을 저지른 경험이 없어야 했다. 티푸스 예방은 국가적인 과제였기 때문에 치클론의 사용은 정부의 법으로 규제했다.

1920년 치클론의 빠른 성공은 베르사유 조약*에 따른 금지와 정면으로 충돌했다.[333] 조약 171조에 따르면 "독일에서는 질식 가스, 독가스 또는 다른 가스와 모든 유사한 액체, 물질, 또는 도구의 사용은 금지되고, 생산과 수입도 엄격하게 금지된다."[335] 이 조항은 사이안산에도 적용되었고, 치클론도 마찬가지였다.

1923년에 데게슈의 화학자 브루노 테슈는 새로운 부취제와 원하지 않는 화학반응을 막아주는 화학적 안정제로 염소와 브로민을 첨가했다.[333] 그런 변형 덕분에 조약 171조의 적용을 피할 수 있게 되었고, 따라서 치클론을 다시 시장에 내놓을 수 있었다. 새로운 치클론은 치클론 B라는 새 이름을 얻었고, 금지된 치클론은 치클론 A라고 불렸다. 염소와 브로민은 치클론 B의 살충력도 향상시켰다. 새로운 제품은 과거의 액체-기체 조합이 아니라 밀봉된 캔에 들어 있는 펠릿(pellet) 형태로 훨씬 더 편리하게 포장을 할 수 있었다. 브루노 테슈는 함부르크에 치클론 B를 공급하는 회사를 차렸다.

치클론 B는 수익성이 있었고, 독일 산업에 꼭 필요했던 수출 상품이 되었다.[333] 전 세계적으로 막사, 선박, 기차를 비롯해서 이가 유입될 위험이 있는 모든 밀폐된 공간에 대한 소독이 일반화되었다. 하버는 데게슈를 도와서 해외 시장을 개척했고, 회사는 오래 지나지 않아서 39개국에 대리인을 고용하게 되었다.[334]

독일의 도시에는 사람들이 옷과 가구의 이를 제거할 수 있는 가스실이

---

* 파리 평화회의의 결과로 1919년 6월 28일, 31개 연합국이 독일과 체결한 강화조약이다.

설치되었다.[333] 주민들의 편의를 위해서 가스실을 실은 트럭이 지역사회를 찾아가기도 했다. 가스실의 작업자들은 정부와 기업의 엄격한 비밀 규정을 따르도록 훈련을 받았고, 생산자, 공중보건 인력, 정부 관리자들 사이에 밀접한 유대가 형성되었다. 공중보건을 위한 치클론 B의 사용에 관한 세심한 관리가 훗날 나치 치하에서는 대량 학살을 위한 무시무시한 고용 관계로 돌변해버렸다.

치클론 B(1922-1947)

그가 남달랐던 일생의 마지막 몇 달을 고국을 떠나, 16년 전에 독일과 하버에 대한 끔찍한 적대감으로 가득 차 있던 영국에서 따뜻하게 환영을 받으면서 망명 생활로 보낸 것을 생각하면 안타깝다. 우리는 그가 망명 생활을 하게 된 이유를 정확하게 알지는 못하지만, 우리 유럽인들에게 3,000년 전에 알파벳을 알려주고, 2,000년 전에 종교를 전해준 유대 민족의 후손이었기 때문인 것으로 믿는다. _ 영국의 학술지 「화학과 산업(Chemistry & Industry)」에 실린 프리츠 하버에 대한 추도사, 1934년[301]

제1차 세계대전이 끝나갈 무렵 영국의 최루 가스 공격으로 잠시 시력을 잃었던 아돌프 히틀러는 독일 곤충학자들이 사이안산으로 이를 효과적으로 제거하는 성과에 감탄했다.[333] 집권한 히틀러와 나치는 바이마르 정부가 구축해놓은 치클론 B에 대한 정부와 기업의 규제가 치클론 B를 통제하려던 나치당의 요구에 정확하게 맞는다는 사실을 발견했다. 나치는 치클론 B를 이용해서 군대와 민간 영역에서의 엄격한 이 퇴치 프로그램을 구축했다.

젊은 시절 최고 수준의 교육을 지향했고, 연구 생산성에서 세계를 선도한 독일의 가치에 헌신적이었으며, 국수주의적이던 하버에게 나치의 집권은 혐오스러운 일이었다.[301] 1932년 아돌프 히틀러의 라디오 연설을 들은 하버는 "그를 쏴버릴 총을 달라"고 말했다.[301] 세계에서 가장 위대한 과학자들을 배출한 나라에서 나치즘이 등장한다는 것은 그에게 이해할 수 없는 일이었다. 그러나 전후의 독일은 가장 불안정한 상태였다. 1922년 한 해에만 300명이 넘는 독일 공화당 지도자들이 암살되었다.

1922년에 암살된 사람들 중에는 네른스트의 전구 특허를 구입한 산업가의 아들인 발터 라테나우도 있었다.[295] 제1차 세계대전 중에 카이저는 라테나우에게 군대를 지원하는 독일 산업계를 조율하는 책임을 맡겼다. 네른스트의 가까운 친구였던 라테나우는 전후에 독일의 외무장관으로 승진해서 유럽의 평화를 위해서 열심히 노력했다. 암살자들은 그의 자동차에 자동소총의 탄환을 퍼부었고, 수류탄을 던졌다. 암살은 네른스트에게 절망감을 주었다.

한편 전쟁이 끝나갈 무렵에 스웨덴으로 탈출한 루덴도르프는 독일이 승리를 목전에 두고 있을 때에 "유대인들이 등에 칼을 꽂았다"라고 선언했다.[295] 루덴도르프는 모태 기독교도였지만, 그 창시자가 유대인이라는 이유로 종교를 버렸다. 나치는 독일의 패배에 대한 루덴도르프의 변명을 핑계로 결집했다. "상대성 유대인" 아인슈타인의 암살을 요구하는 익명의 위협이 이어졌다. 독일로 돌아온 루덴도르프는 독일 민족 자유당과 나치당의 당원들로 구성된 연합당의 당원으로 의회에 진출했다. 그는 독일 대통령에 출마했지만 힌덴부르크에게 패배했다.

걷잡을 수 없는 인플레이션으로 신문 1장이 1,000억 마르크가 넘는 지경에 이르렀다. 미화 1달러는 4조 마르크로 거래되었다. 1918년의 독일 1마르크는 1923년 5,000억 마르크의 가치를 가졌다.[326] 실업자 대열은 700만 명을 넘어섰다.[295] 나치당의 힘은 독일의 불만과 함께 커졌다.

1933년 1월 22일의 저녁 연회에서 히틀러는 대통령이던 힌덴부르크의 아들과 오랜 밀담을 나누었다.[295] 나치는 힌덴부르크 가족의 부패를 증명할 증거를 확보했고, 히틀러는 그 증거를 이용해서 그들을 협박했다. 1월 30

일에 힌덴부르크는 히틀러에게 수상에 취임해서 내각을 구성할 것을 요청했다. 두 달도 지나지 않아서 나치당은 모든 공청회를 장악했고, 독일 헌법에 보장된 언론의 자유와 시민권을 유예시켰고, 공산주의자와 자유주의자들을 체포했으며, 경찰력을 완전히 장악했고, 전권위임법을 제정해서 독재 정부를 공고하게 만들었다.[301]

전쟁 참전 용사를 제외한 독일 유대인들은 제3제국 국가공무원법의 1933년 아리안 조항에 따라서 공직에서 퇴출되었다. 나치 초기의 유대인에 대한 공격은 독일 과학에 엄청난 영향을 미쳤다.[301] 유대인은 독일 인구의 1퍼센트도 되지 않았지만, 독일의 노벨상 수상 과학자들 중 3분의 1이 유대인이었다. 나치 대학생들은 당의 영향력을 믿고 유대인 교수들의 명예를 훼손하는 반(反)유대주의를 선포하면서 횡포를 부렸다. 당시 프린스턴 대학교에서 강의를 하고 있었던 알베르트 아인슈타인은 프로이센 과학원에 사퇴서를 제출하기 위해서 유럽으로 돌아왔다.[308]

노벨 물리학상을 수상한 필리프 레나르트와 요하네스 슈타르크는 나치에 동조해서 아인슈타인을 변절자라고 공격했다.[295] 유대인들이 독일 물리학을 오염시켰다는 것이 그들의 주장이었다. 두 사람 모두가 얻고 싶어했던 베를린의 교수직은 1924년 네른스트에게 돌아갔다. 이제 두 사람은 대학에서 유명한 유대인을 몰아냄으로써 얻은 기회를 활용할 수 있게 되었다. 슈타르크는 쫓겨난 유대인 과학자의 뒤를 이어서 권위 있는 물리학 연구소의 소장이 되었다. 레나르트는 "아리아인 물리학"의 수장 자리로 나치에 대한 충성을 보상받았다.[336] 그는 "기본적인 아리아인 물리학을 타락시킨 신기루 같은 유대인 물리학"에서 해방된 독일 물리학에 대한 책 4권을 집필했다.[295] 강연 중에 라테나우의 암살을 찬양한 레나르트의 용기에 열광한 나치 학생 집단이 그 책의 출간을 반겼다.

빌헬름 뮐러*라는 무명의 독일 물리학자는 국제적인 유대인 음모가 과학을 오염시키고, 인류를 파괴하려고 했다고 주장하는 책을 발간했다.[295] 그는 결국 세계적으로 유명한 물리학자로 은퇴하려던 아르놀트 조머펠트의 뒤를 이어 뮌헨의 이론물리학 교수가 되었다.[337] 슈타르크는 "유대인과 독일 물리학"이라는 강연으로 뮐러의 취임을 축하했다.[295] 다른 어떤 과학자들보다 더 많은 노벨상 수상자를 길러낸 조머펠트를 권위 있는 물리학 연구소의 소장에서 교체한 나치의 조치는 과학적 발견에 대한 나치의 무지를 보여주었다. 그런 무지는 여러 형태로 드러났다. 나치가 훗날 독일 실험실에서 발견한 핵분열의 가치를 인식하지 못했던 것도 그런 증거였다.

하버의 동료이자 후배였으며 1925년 노벨 물리학상 수상자인 제임스 프랑크도 나치의 정책에 반발하여 교수와 연구소 소장 자리에서 물러났다.[308] 프랑크는 자신의 결정에 대해서 기자들에게 "나와 내 조상을 그렇게 생각하는 학생들을 어떻게 가르치고 평가할 수 있겠느냐?"라고 했다.[301] 프랑크가 하버에게 보낸 편지에 따르면, "저를 충동적이고 생각이 없다고 나무라지 마십시오. 저는 오늘 저를 해임시켜달라고 정부에 통보했습니다. 그 사유로는 '독일 유대계에 대한 정부의 자세'를 제시했습니다.……저는 대표들을 통해서 당신께서도 알고 계신 행동 수칙을 만들었던 학생들 앞에서 그런 모든 일들에 관심이 없다는 듯이 새 학기를 시작할 수가 없습니다. 저는 정부가 유대계 참전자들에게 베풀어준 너그러움에 의지할 수도 없습니다."[308]

하버는 예정대로 프랑크가 자신이 맡고 있던 카이저 빌헬름 물리화학 및 전기화학 연구소의 소장 자리를 승계하지 못하게 된 것에 몹시 실망했다.[308] 이미 그는 프랑크에게 네른스트의 연구소장직을 승계시킬 계획도 가지고 있었다. 그는 프랑크에게 다음과 같은 편지를 보냈다. "나는 이 연구

---

* 기체역학 분야의 물리학자로, 1945년 뮌헨 대학교의 이론물리학 교수직에서 해임되었다.

소를 자네가 맡지 않게 된 것이 이번 주에 마셨던 맥주 중에서 가장 맛이 쓴 것이라고 생각하네. 자네는 독일에 남고 싶겠지만, 그런 희망을 버린 나에게는 다른 가능성이 보이지 않는군. 내가 어떻게 명예롭게 이민을 떠나서 말년에 외국에서 생존할 수 있을지 모르겠네."[308]

하버는 평생 동안 자신의 유대인 혈통을 숨기려고 노력했다.[301] 그는 기독교로 개종했고, 유대인 학생들에게도 그렇게 해야 한다고 권했다. 그는 팔레스타인에 있는 유대인의 조국은 동유럽 유대인들에게는 맞을지 몰라도, 독일 유대인에게는 어울리지 않는 것이 분명하다고 생각했다. 그러나 하버의 두 부인은 모두 유대인이었으며, 그의 친구들도 대부분 유대인이었고, 나치 독일은 그의 자의식과 상관없이 그를 유대인으로 간주했다.

하버는 처음에는 사회적 위상 덕분에 해임 대상에서 제외되었다. 그러나 그는 항의의 표시로 소장과 교수에서 사퇴했다. 그가 제출한 사직서의 내용은 다음과 같았다. "카이저 빌헬름 협회의 연구소들에 적용하라는 지시가 내려진 1933년 4월 7일 국가공무원법의 조항에 따르면, 나는 유대인 조부모와 부모의 후손임에도 불구하고 공직에 남아 있을 자격이 있습니다. 그러나 나는 그런 조항의 혜택을 누리기보다는 나의 직책의 과학적, 행정적 의무에서 합법적으로 사직하고 싶습니다."[305] 하버는 계속해서 "나는 평생 동안 조국을 위해서 봉사했을 때와 같은 자부심을 가지고 사직하고 싶습니다.……지난 40년이 넘는 세월 동안 나는 그들의 할머니가 누구인지에 근거를 두고 연구원들을 선발한 것이 아니라 그들의 능력과 품성을 근거로 선발해왔고, 남은 인생 동안 내가 훌륭하다고 생각한 그런 방법을 바꾸고 싶지 않습니다"라고 말했다.[301]

같은 시기에 네른스트도 사무실에 도착해서 어느 유대인 연구원을 불렀다.[295] 그 연구원이 유대인이라는 이유로 실험실 출입을 거부당했다는 이야기를 들은 네른스트는 격노했다. 네른스트는 곧바로 하버 연구소로 가서,

하버에게 자신의 연구소가 처해 있는 상황을 더 이상 용납할 수 없다고 말하고, 하버에게 일자리를 달라고 요청했다. 사직서를 제출하고 사무실을 정리하고 있던 하버는 네른스트를 도와줄 수 있는 입장이 아니었다. 같은 시기에 명성을 얻는 과정에서 두 사람 모두를 사로잡았던 경쟁심은 나치 정책의 냉혹한 현실에 비하면 하찮은 것이었다.

한편 나치는 국립 연구소 소장으로 있던 유대인 과학자들을 숙청했다. 나치의 메모에 따르면 "물리학 및 공학 제국 연구소의 이사회는 여전히 국가사회당이 들어서기 전의 구성을 유지하고 있다. 변절자 아인슈타인을 퇴출시켰지만, 이사들 중에는 여전히 유대인들과 구체제의 인사들이 남아 있다.……현재 이사회에는 제임스 프랑크 교수(순혈 유대인), 하버 교수(순혈 유대인), 헤르츠 교수(혼혈 유대인),……그리고 자유주의와 자본주의 세계관을 가장 강력하게 주장하는 사람들 중 한 사람인 네른스트 교수와 같은 사람들이 포함되어 있다."[308] 1933년 노벨 물리학상 수상자인 에르빈 슈뢰딩거는 유대인이 아니지만 교수직을 사임했고, 같은 해에 유대인 동료들에 대한 나치의 처우에 항의해서 독일을 떠났다.[338]

프랑크는 코펜하겐에 있는 자신의 연구소에서 공동 연구를 하자는 덴마크의 유명한 물리학자 닐스 보어의 초청을 수락했고, 훗날 미국의 교수가 되었다.[308] 그가 어느 독일 동료에게 보낸 편지에 따르면 "이제 독일에서는 나와 같은 혈통과 기질을 가진 사람들이 성공적으로 일할 수 있는 가능성은 없는 것 같다.……당신도 알다시피, 나는 다른 누구보다 훌륭한 독일인이라고 생각하지만, 그런 생각이 도움이 되지는 않을 것 같다. 나는 내 아내와 내가 다른 곳에서 뿌리를 내릴 수 없다는 사실을 알지만 이민을 떠날 수밖에 없다. 어쩌면 아이들이나 손자들은 성공을 할 수도 있을 것이다. 나는 그들이 이류 시민처럼 느끼도록 만들고 싶지 않다."[308]

프랑크와 그의 동료 물리학자인 막스 폰 라우에*는 금으로 만들어진 노벨상 메달을 나치에게 빼앗기지 않으려고 보어에게 맡겼다.[339] 덴마크를 침략한 나치가 보어의 연구소를 무단으로 접수하기 전에, 보어는 메달을 빼앗기지 않고 보관할 방법을 찾기 위해서 궁리했다. 이미 핀란드의 구호 기금에 기증한 자신의 메달에 대해서는 걱정할 필요가 없었다. 당시에 프랑크는 이미 미국에 있었고, 독일에 남아 있던 폰 라우에는 유대인 동료의 박해에 반대하는 일인 시위를 하는 등 반(反)나치 활동을 벌이고 있었다.[295] 그의 이름이 새겨진 금을 외국으로 반출했다는 사실이 드러나면 체포될 것이 분명했다.

보어 연구소에 있던 헝가리 출신의 화학자이자 미래의 노벨상 수상자 게오르크 드 헤베시*가 여기에 관심을 보였다. 드 헤베시의 기록에 따르면 "나는 메달을 땅에 묻어두자고 제안했지만, 보어는 누군가 메달을 파내서 가져갈 것이라며 반대했다. 나는 그것을 녹이기로 결정했다. 침략군이 코펜하겐 거리를 행진하는 동안 나는 라우에와 제임스 프랑크의 메달을 녹이는 일로 바빴다."[340] 드 헤베시는 두 메달을 질산과 염산의 혼합물에 녹였다. 금의 낮은 반응성을 생각하면 어려운 일이었다. 그는 용액을 실험실 선반에 올려놓았고, 나치는 전쟁이 끝날 때까지 그것을 주목하거나 건드리지 않았다. 전쟁이 끝난 후에 용액에 침전된 금은 노벨 재단에 전해졌고, 그곳에서 다시 주조된 2개의 메달은 프랑크와 폰 라우에에게 보내졌다. 그들의 메달은 아말감으로 변환시킨 유일한 노벨상 메달이 되었다.

결국 보어도 덴마크의 사정을 견딜 수 없게 되었다.[341] 보어는 나치 독일에서 여러 명의 유대인과 반체제 과학자들의 피신을 도왔다. 사실 보어의 어머니도 유대인이었다. 나치가 그를 체포할 계획을 세우고 있음을 알아낸

---

* X-선을 이용한 결정의 구조 규명으로 1914년 노벨 물리학상을 수상한 물리학자이다.
* 방사성 추적자의 개발에 대한 연구로 1943년 노벨 화학상을 받은 화학자이다.

영국 정보기관이 2개의 녹슨 열쇠 사이에 감추어놓은 마이크로필름을 이용해서 그에게 메시지를 전달했다. 영국은 나치가 독일의 핵무기 개발에 도움이 될 수 있는 사람을 구금하는 것을 원하지 않았다. 오히려 영국은 보어의 전문성을 자신들의 핵 개발에 활용하고 싶어했다. 그러나 보어는 그의 조국이나 그가 계속 돕고 있던 동료들을 포기하고 싶지 않았다. 그는 나치 정부에서 활동하던 반나치 인사들로부터 그의 체포가 임박했다는 메시지를 전달받을 때까지 덴마크에 남아 있었다.

보어와 그의 아내는 덴마크 저항 세력의 도움으로 비밀경찰 감시자들을 따돌리고, 어선을 타고 바다를 건너 스웨덴으로 갔다.[341] 그로부터 몇 주일 동안 덴마크 저항 세력은 밤을 이용해서 덴마크에 남아 있던 거의 모든 유대인들을 보트에 태워서 바다 건너 스웨덴으로 보냈다. 나치 점령 국가들 중에서 유일하게 유대인들을 구해준 사례였다. 피난선에는 보어의 자녀들도 타고 있었다. 스웨덴 대사관 관료의 부인이 보어의 손자 중 한 명을 쇼핑 바구니에 숨겨서 스웨덴으로 데려왔다. 한편 보어는 피난민의 탈출을 돕기 위해서 스웨덴의 국왕과 정치인들을 은밀하게 만났다.

스톡홀름에서 가족들과 안전하게 재회한 보어는, 전쟁 대책을 도와달라는 영국 정부의 제안을 수락했다.[341] 1943년 10월 6일 중립국인 스웨덴의 입장을 고려해서 포탄을 탑재하지 않은 영국의 쾌속 폭격기가, 보어를 태우고 스톡홀름에서부터 나치가 점령하고 있던 노르웨이 상공을 지나 영국으로 날아갔다. 조종사는 나치의 대공포를 피하기 위해서 매우 높은 고도로 비행했다. 비행기 안의 제한된 공간 때문에 보어는 낙하산이 부착된 비행복을 입고 포탄 투하실에 누워 있어야만 했다. 불행하게도 머리가 너무 커서 헬멧을 제대로 쓸 수가 없었던 보어는 이어폰으로 전달된 산소 공급기를 켜라는 조종사의 지시를 듣지 못했다. 보어는 산소 부족으로 정신을 잃었고, 비행기가 노르웨이를 벗어난 해역에서 고도를 낮춘 후에야 의식을 되찾았다. 보어는 프랑크를 비롯한 다른 사람들과 함께 극도로 비밀스럽게 영국과 미국의 핵무기 개발 작업에 참여했다.

하버는 나치가 집권한 직후에 독일을 탈출하는 유대인 과학자들과 합류했다.[301] 스위스로 가던 중에 그는 훗날 이스라엘의 초대 대통령이 된 생화학자이자 시온주의자인 차임 바이츠만*을 만났다. 바이츠만은 과거에 (제임스 프랑크와)[314] 하버에게 팔레스타인의 교수직을 제안했지만, 시온주의를 인정하지 않았던 하버는 그의 제안을 거절했다. 그러나 나치가 집권을 하면서 하버는 자신의 입장을 바꾸었다. 하버는 이렇게 말했다. "바이츠만 박사님, 저는 독일에서 가장 영향력이 있는 사람들 중 한 명이었습니다. 저는 위대한 군 지휘관이나 기업의 대표 이상의 인물이었습니다. 저는 산업계의 창설자였습니다. 저의 연구는 독일의 경제적, 군사적 팽창에 꼭 필요했습니다. 저에게는 모든 문이 열려 있었습니다. 당시에 제가 차지하고 있던 지위가 영광스럽게 보였을 수 있지만 당신과 비교할 수 있는 것은 아니었습니다. 당신은 흔한 것에서 창조를 한 것이 아니었습니다. 아무것도 없는 땅에서 아무것도 없이 창조를 하고 있습니다. 당신은 버려진 사람들의 자존감을 세워주려고 노력하고 있습니다. 그리고 저는 당신이 성공하고 있다고 생각합니다. 인생의 말년에 저는 파산해버렸다는 사실을 깨달았습니다. 저는 사라지고 잊히겠지만, 당신의 업적은 우리 민족의 오랜 역사에서 영원히 빛나는 기념비로 남게 될 것입니다."[334] 하버는 팔레스타인의 교수직을 받아들이고, 그의 여동생과 함께 그곳으로 가기로 합의했다. 그러나 그는 이미 케임브리지 대학교 윌리엄 포프의 초청을 수락했다.

포프가 하버를 초청한 것은 용서, 과학을 통한 지성적 연계, 그리고 두

---

* 제1차 세계대전 중 영국의 맨체스터 대학교에서 폭약 제조에 쓰이는 아세톤의 대량 생산법을 개발한 화학자이자, 밸푸어 선언에 기초하여 이스라엘의 건국에 기여하고 이스라엘의 초대 대통령을 역임한 '이스라엘 건국의 아버지'로 알려진 정치인이다.

사람이 공유한 나치에 대한 혐오가 반영된 일이었다. 포프는 제1차 세계대전 중에 하버가 개발한 독가스에 대응하기 위해서 연합군의 최루 가스를 개발했다. 전쟁이 끝난 후에는 하버에 대한 영국인들의 거부감이 대단했다.[301] 1934년 1월 말에 잠시 포프의 연구실을 방문했던 하버는 여동생과 함께 팔레스타인의 교수로 부임하러 가기 위해서 3일 여정으로 스위스를 방문했다. 그는 사흘째 되는 날 잠을 자던 중에 사망했다.

빌슈테터에 따르면, 그를 죽음에 이르게 만든 것은 과로가 아니었다. "강인한 성격의 사람들이 흔히 그렇듯이 엄청난 임무와 노력이 하버를 자극했고 그에게 활기를 불어넣었다. 전쟁 중에도 그랬고, 그 이전의 수십 년 동안에도 그랬고, 말년에도 그랬지만, 그의 건강을 해치고, 그를 일찍 사망하게 만든 것은 과로가 아니었다. 오히려 전쟁의 결과와 평화의 조건, 그리고 연합국에게 범법자로 몰리게 되었다는 사실에 몹시 실망한 것이 문제였다. 그리고 언제나 그렇듯이 사람을 지치게 하고 탈진하게 만드는 것은 슬픔, 아픔, 고통의 독(毒)이었다."[305]

하버의 학생들에게 연구실을 제공해준 폰 라우에가 쓴 추모사가 독일에서 발간되었고, 그와 편집자가 모두 그 일 때문에 나치로부터 무거운 처벌을 받았다.[295] 그의 사망 1주기에는 카이저 빌헬름 협회, 독일 화학회, 독일 물리학회가 추모 행사를 개최했고, 500명이 넘는 사람들이 참석했다. 제국의 과학, 교육, 국가 문화부 장관은 행사 개최를 금지하는 포고문을 발표했다. "하버 교수는 현 정부에 대한 자신의 반대를 명백하게 드러냈고, 국가사회당 정부가 도입한 정책들에 대한 비판으로 인식할 수밖에 없는 사직을 요구함에 따라서 1933년 10월 1일에 교수직에서 해임되었다. 그 사실에 비추어볼 때, 그의 사망 1주기를 맞이하여 추도식을 개최하려는 위에서 언급한 협회들의 의도는 국가사회당 정부에 대한 도전으로 해석될 수밖에 없다. 그런 기념행사는 가장 위대한 독일인에 대한 매우 예외적인 경우에만 주어지는 특별한 서훈(敍勳)에 해당한다."[305] 하버가 남긴 유산을 인정해준 이 작은 노력이 독일에서 있었던 나치에 대한 유일한 조직적이고, 학술적인 반발이었다.[295] 빌슈테터에 따르면, "강당을 가득 채운 대규모의 엄선된 집회였지만, 참석한 사람들보다 참석하지 않은 사람들이 더 주목을 받았다. 모든 참석자들은 신분을 밝히고 명단에 이름을 적어야만 했다."[305]

하버와 네른스트의 유사점은 두 사람의 일생을 통해서 나치 치하에서의 혹독한 마지막 순간까지도 이어졌다. 아인슈타인, 프랑크, 하버와 마찬가지로 네른스트도 1933년에 교수직에서 물러났다.[295] 네른스트는 이미 독일의 호전성에 대한 대가를 충분히 치른 상태였다. 그의 두 아들 모두 제1차 세계대전 중에 전사한 것이다. 나치가 집권할 무렵에는 네른스트의 세 딸 가운데 2명이 유대인과 결혼해서 아이들과 함께 외국으로 피신했다. 네른스트의 마지막 손자가 독일을 떠난 것은 1939년이었다. 그해에 네른스트는 심장마비를 일으켰다. 그는 2년 후에 사망했다. 그의 유골은 괴팅겐에 묻힌 유명한 물리학자 막스 플랑크와 폰 라우에의 옆으로 훗날 옮겨졌다. 자신이 사망한 이후에도 오랫동안 손자들을 도와주고 싶었던 네른스트는, 마지막으로 자신의 적지 않은 재산과 현금을 후손들 대대로 목재를 생산해줄 삼림 지역에 투자했다. 그러나 나치 독일이 무너진 후에 그가 투자한 삼림 지역은 폴란드의 땅이 되었다.

독일이 폴란드를 침공한 1939년에 독일 정부는 티푸스 유행의 가능성을 걱정했다.[333] 그들은 제1차 세계대전 중에 독일이 사이안산을 성공적으로 사용했던 경험을 되살려서 신속하게 치클론 B 가스실을 도입했다. 한편 나치는 집단 수용소에 모아놓은 수백만 명의 유대인을 효과적으로 죽이는 방법을 찾기 위해서 애를 썼다.

사람을 죽이기 위한 최초의 실험용 가스실은 1939년부터 운영되기 시작했다.[342] 당시에 선택된 가스는 일산화탄소였다. 첫 번째 실험에서는, 히틀러의 개인 주치의 카를 브란트, 나치 안락사 사업의 책임자인 필리프 보울러, 보건성과의 연락 담당자인 빅토르 브라크를 비롯한 관료들이 정신 장애인 4명을 독가스로 살해하는 장면을 지켜보았다. 그후에 정신 장애인들을 살해하기 위해서 샤워실로 위장한 가스실이 여러 병원들에 만들어졌다. 나치에 의해서 살해된 사람들 중에는 제1차 세계대전의 독가스 전에 참전했다가 화학무기에 노출된 이후 정신 건강을 다시 회복하지 못한 독일의 참전 용사들도 있었다.[306] 수천 명의 유대인과 다른 강제수용소 희생자들도 가스실이 설치된 병원으로 이송되었지만, 가스실은 나치가 원한 규모가 아니었다.[342]

1941년 여름에는 절멸 수용소가 세워졌다. 1929년부터 SS(Schutzstaffel : 나치의 준군사 조직)의 대장이었고, "독일 민족 개선 위원장 및 종족 순수성 관리자"라는 직함을 가지고 있던 하인리히 힘러가 아우슈비츠의 소장인 루돌프 회스에게 "유대인 문제의 최종 해결책"으로 사용할 효율적인 방법을 시행하도록 지시했다.[333, 342, 343] 힘러는 회스에게 "유대인은 독일 국민의 영원한 적이기 때문에 절멸시켜야만 한다"라고 말했다.[343]

회스는 일산화탄소를 사용하는 트레블린카 가스실의 속도와 치명성이 만족스럽지 않다고 생각했다.[333] 최종 해결을 책임지고 있던 아돌프 아이히만도 그 생각에 동의했다. 아이히만은 아우슈비츠를 방문했을 당시 유대인을 죽이는 여러 가지 방법에 대한 고민을 회스에게 털어놓았다.[343] 여자와 아이들의 총살이 일부 SS 부대원들에게 미치는 효과도 문제였다. 그러나 가장 큰 문제는 수백만 명의 유대인을 일산화탄소로 죽이거나 총살하는 기존의 방법이 실현 가능성이 있는지였다. 두 가지 방법이 모두 지나치게 번거롭고, 지나치게 느렸다.

아우슈비츠의 행정 책임자인 카를 프리치는 치클론 B로 문제를 해결할 수 있다고 믿었다.[343] 프리치는 죄수들을 대상으로 살상력을 시험했고, 그 효과를 확인했다. 회스 팀은 집단 학살의 개념을 증명하기 위해서 1941년 9월에 치클론 B 소독 가스실에서 유대인을 포함한 600명의 러시아 전쟁 포로와 250명의 정신 장애인들을 살해했다.[342] 강제수용소의 죄수들을 대상으로 추가 실험을 실시한 회스는 치클론 B가 일산화탄소보다 훨씬 더 효과적이라는 결론을 얻었다.[333] SS의 인체 절멸을 위해서 치클론 B의 부취제는 제거되었다.[344]

데게슈의 관료들은 처음에 치클론 B에서 부취제를 제거하라는 지시에 반발했다. 치클론 B에 대한 자신들의 특허는 만료되었지만, 부취제에 대한 특허는 여전히 유효했기 때문이다.[326] 데게슈가 가지고 있던 치클론 B 생산의 독점권은 전적으로 이 화학 부취제 덕분이었다. 그러나 데게슈는 결국 SS의 요구를 받아들였고, 절멸 수용소로 보내기 위해서 생산하는 새로운 치클론 B에는 부취제를 넣지 않았다.

회스와 아이히만이 선정한 농지 위에 세워진 가스실에는 "소독실"이라는 간판을 달았다.[333, 343] 비르케나우에 있던 아우슈비츠 살인 시설에 세워진 새로운 가스실에서는 매일 1만 명의 사람을 죽일 수 있었다. 유대인을 비롯한 희생자들은 이를 퇴치하기 위한 것이라는 설명을 듣고, 옷을 벗은 후에 채찍, 곤봉, 총으로 무장한 경찰들 사이를 걸어서 가스실로 들어갔고, 3분에서 20분 동안 가스에 노출되어 목숨을 잃었다.[333, 342, 343] 회스는 그런 효율성에 감동했다. 일산화탄소를 사용하던 트레블린카의 가스실에서 그런 속도로 유대인을 죽이려면 10배나 많은 가스실이 필요했다.

일산화탄소는 치클론 B보다 더 비쌌고, 죽음에 이를 때까지 더 오랜 시간이 걸렸으며, 취급하기도 더 어려웠다.[333] 정신 장애인을 죽이는 데에 처음으로 이용된 일산화탄소는 이동식 가스실에서 사용되었고, 나중에는 살인 수용소에서 대량으로 사용되었다. 그러나 치클론 B가 사용되면서 일산화탄소는 더 이상 쓸모가 없어졌다.

치클론 B를 사용할 때의 유일한 난점은 가스로 만들기 위해서 온도를 끓는점인 섭씨 25.6도가 넘는 25.7도로 유지해야 한다는 것이었다.[333] SS는 그 조건을 충족시키기 위해서 먼저 희생자들의 체온으로 가스실의 온도를 적절하게 올린 후에 지붕에 뚫어둔 구멍을 통해서 치클론 B가 담긴 통을 떨어뜨렸다. 그 작업을 하는 SS 부대원들은 치클론 B에 대한 안전 훈련을 받았고, 작업을 하는 동안에 방독면을 착용했다. 작업이 끝난 이후에는 환풍기를 이용해서 가스를 제거했으며, 유대인 죄수로 구성된 특공대가 머리카락이나 금니처럼 값나가는 것을 모두 회수한 후에 화장을 했다.[343]

나치는 1942년부터 1945년까지 대부분 치클론 B를 이용해서 아우슈비츠, 베우제츠, 헤움노, 마이다네크, 소비보르, 트레블린카에서 500만 명이 넘는 사람들을 죽였다.[342] 전쟁이 끝난 후에 회스는 라인에 주둔한 영국 육군의 전쟁범죄 수사단에게 "1941년 3월에 받은 힘러의 명령에 따라서 나는 아우슈비츠의 지휘관이었던 1941년 6월과 7월부터 1943년 말까지 독가스로 200만 명을 죽이는 일을 했다"라고 자백했다.[342]

제2차 세계대전의 피해는 제1차 세계대전보다 훨씬 컸다. 지난 2,000년 동안에 전쟁에서 죽은 사람의 절반 이상이 사망했다.[303] 화학적 화염(火焰) 무기로 폭격을 맞은 도시의 민간인 사망자도 많았다. 강제수용소, 죽음의 행진, 유대인 거주지에서 죽은 600만 명의 유대인도 상당한 비중을 차지했다. 유대인 600만 명을 죽이는 데에 성공했다는 아이히만의 보고를 받은 힘러는 그 숫자가 너무 적어서 실망스럽다고 말했다.[343]

브루노 테슈는 아우슈비츠와 비르케나우에 치클론 B를 공급하던 테슈 & 슈타베노라는 회사를 소유하고 있었다.[345] 테슈와 그의 보좌관인 카를 바인바허는 1946년 3월 함부르크의 영국 군사법정에서 1907년 헤이그 조약 제46조에 따른 전쟁 범죄에 대해서 재판을 받았다. 제46조에 따르면 "가문의 명예와 권리, 사람의 생명, 사유재산, 종교적 신념과 관례는 반드시 존중받아야 한다. 사유재산은 몰수할 수 없다."[346] 독일과 영국은 모두 헤이그 조약에 가입했고, 전쟁이 끝나면서 영국은 독일의 해당 지역에 대한 지배권을 가지고 있었다. 기소장에 따르면, 테슈와 바인바허는 "독일 함부르크에서 1941년 1월 1일부터 1945년 3월 31일까지 강제수용소에 수용된 연합국 국민들을 절멸시키는 데에 독가스가 사용되리라는 사실을 분명하게 알면서도 독가스를 공급했으며, 이는 법률과 전쟁 관습을 위반한 것이었다."[345]

독일 국방군 지휘자들은 홀로코스트 초기에 테슈에게 수많은 유대인들을 총살해서 매장하는 것은 비위생적이라고 말하고, 그에게 치클론 B의 사용에 대해서 어떻게 생각하는지 물었다.[345] 테슈는 그것이 더 나은 방법이 될 수 있다는 점과, 해충을 퇴치할 때와 마찬가지로 가스실을 이용할 수 있다는 사실에 동의했다. 그리고 테슈와 그의 회사는 이후 치클론 B를 공급했고, 전문 기술자들을 파견해서 독일 국방군과 SS를 훈련시켰다.

유죄판결을 위해서 법원은, "첫째 연합국 국민이 치클론 B에 의해서 독살되었고, 둘째 그 독가스를 테슈와 슈타베노가 공급했고, 셋째 그 가스가 사람을 죽이는 목적으로 사용되리라는 사실을 피의자들이 알고 있었다"는 세 가지 사실을 확인해야만 했다.[345] 법원이 살펴본 여러 가지 증거들 중에는 "자극제(부취제)를 뺀 치클론 B 사이안화 제품을 화물로 아우슈비츠에 보냈다"라는 테슈 & 슈타베노 사의 청구서도 있었다.[343] 물론 살충제로 사용하는 치클론 B에는 독일 법률에 따라서 반드시 사용자의 안전을 위한 경고성 부취제를 넣어야 했으므로, 그 화물은 당연히 사람을 죽이기 위해서 변형시킨 치클론 B였다. 테슈와 바인바허는 법원으로부터 유죄판결을 받았고, 교수형에 처해졌다.[345]

전쟁이 끝나가면서 독일은 무너졌고, 히틀러가 자살을 한 후에 회스는 플렌스부르크에 있던 힘러에게 보고했다.[343] 힘러는 "병사들 속으로 보이지 않도록 숨어라"라고 명령했다.[343] 회스는 해군복을 입고, 갑판장 프랑츠 랑으로 위장해서 영국의 검색을 통과했다. 아우슈비츠에 사는 동안 아내와 아이를 헌신적으로 정성껏 돌본 회스는 8개월 동안 그들과 가까운 곳에 있던 농장에서 일을 했다. 한편 영국군 경찰은 그를 찾아다녔지만 허탕을 치고 말았다. 영국 야전 보안경찰이 1946년 3월 11일 마침내 회스를 체포했다. 그는 옷과 소지품과 함께 아우슈비츠에서 쓰던 말채찍까지 가지고 있었다. 매일 1만 명의 유대인 학살을 지시하고 지켜본 그는 발각될 가능성이 있음에도 불구하고, 다른 사람들에 대한 자신의 권력을 상징하는 채찍을 버리지 못했다.

뉘른베르크에서 테슈와 바인바허처럼 결백을 주장한 대부분의 다른 피의자들과 달리 회스는 자신의 범죄를 자세하게 자백했다.[343] 회스는 법원에 의해서 아우슈비츠의 교수대에서 교수형에 처해지기 나흘 전인 1947년 4월 12일에 "독방에 갇혀 있는 동안에 나는 내가 얼마나 심각한 반(反)인간적인 죄를 저질렀는지 깊이 깨닫게 되었다"라는 회한의 글을 남겼다.[343] 그러나 회스는 자신이 범죄를 저질렀다고 생각한 폴란드 국민에게는 용서를 구했지만, 유럽의 유대인들을 죽인 것은 후회하지 않았다.

하버가 감독했던 치클론의 개발은 티푸스와의 싸움을 위해서 공중보건을 향상시키는 것이 목적이었다. 그것이 나치 학살의 일차적 수단으로 변질된 것은 연구실, 민간 기업, 정부 기관 사이를 자유롭게 오고 갔던 창의적인 천재의 역사에서 잔인한 운명의 장난이다. 하버의 조카 힐데, 그녀의 남편, 그리고 그들의 두 아이들도 아우슈비츠에서 아마도 치클론 B에 의해서 죽은 수많은 유대인들에 포함되어 있었을 것이다.[334]

하버의 아들 헤르만(제1차 세계대전 중 정원에서 자살한 어머니 클라라를 발견한 아들)은 1942년 아내와 세 딸과 함께 나치가 점령한 프랑스에서 카리브 지역으로 피신했고, 그곳에서 미국으로 건너갔다.[334] 전쟁이 끝날 무렵에 아내가 사망하자 헤르만은 자살했다. 하버의 두 번째 부인은 그와 이혼한 이후에 아들 루트비히와 딸 에바와 함께 영국으로 이주했다. 영국 정부는 루트비히를 적국의 체류자로 보고, 맨 섬에 억류했다가 캐나다로 이주시켰다.[347] 전쟁이 끝난 후에 루트비히는 제1차 세계대전에 사용된 독가스 무기를 연구하는 역사학자가 되었고, 독가스에 대한 책을 집필하기 전에 스스로 그 효과를 체험해보기 위해서 독가스를 흡입했다.[348]

하버가 사망하고 나치 정권이 붕괴된 후에 카이저 빌헬름 물리화학 및 전기화학 연구소가 프리츠 하버 연구소로 이름을 바꾸면서 하버의 과학적인 부활이 이루어졌다.

8

DDT

(1939-1950)

DDT로 무장한 육군은 티푸스에 대한 두려움을 극복했다. 재앙, 기근, 가난의 무자비한 동반자가 역사상 처음으로 전쟁의 흑사병 중 챔피언이라는 살기등등한 칭호와 관련된 모든 권리를 잃어버리게 되었다. _ 미국 육군, 예방 의료 부대 부대장, 제임스 스티븐스 시먼스 준장*, 1945년[349]

일본의 항공모함 선단에서 발진한 183대의 전투기가 하와이의 진주만을 처음 공격한 것은 1941년 12월 7일 오전 8시 직전이었다.[350] 1시간 후에는 54대의 고공 폭격기, 78대의 급강하 폭격기, 36대의 전투기들이 두 번째 공격을 감행했다. 기습 공격으로 18척의 미국 전함과 수백 대의 비행기들이 부서지고 파괴되었다. 미군은 2,400명의 사망자와 1,178명의 부상자가 발생하는 피해를 입었다. 미국 해군은 고작 2시간 동안에 스페인-미국 전쟁과 제1차 세계대전의 모든 전투에서보다 3배나 많은 병사들을 잃었다.[351]

9시간 후에는 마닐라 상공으로 출격한 일본 폭격기들이 더글러스 맥아

---

* 제2차 세계대전에 참전하고, 하버드 대학교의 공중보건대학 학장으로 재직하면서 미국의 예방의학 제도를 구축한 의사이다.

더 장군의 하늘의 요새 폭격기 B-17의 절반과 많은 수의 P-40 전투기를 파괴했다.[351] 일본의 승리는 괌(12월 11일), 웨이크 섬(12월 23일), 홍콩(12월 25일), 네덜란드령 동인도(1942년 1월), 싱가포르(2월 15일)의 함락으로 빠르게 이어졌다. 5개월 만에 일본은 오스트레일리아와 영국령 인도의 경계까지 이어지는 광활한 영역을 점령했고, 연합군은 필리핀을 빼앗겼다. 진주만 이후 4년 동안 계속된 태평양 전쟁에서 양측의 군대는 알래스카의 알류샨 열도에서 남쪽으로는 뉴기니의 섬으로까지 퍼져 있었다.

곤충은 북태평양 전역에서는 단순히 성가신 것이었지만, 남태평양에서는 치명적인 질병 매개체였다. 맥아더 장군에 따르면 "수백만 마리의 곤충들이 어디에서나 날아다닌다. 모기, 파리, 거머리, 털진드기, 개미, 벼룩을 비롯한 다른 기생충들이 밤낮으로 사람들에게 구름처럼 달려든다. 질병은 무자비한 적이었다."[352]

1944년 열대의 섬 사이판을 공격할 준비를 하던 병사들에게 부대 의사가 이렇게 경고했다. "바다에서는 상어, 창꼬치, 바다뱀, 아네모네, 뾰족한 산호, 오염된 물, 독 물고기와 함께 곰 덫처럼 사람을 물어버리는 대형 조개를 경계하라. 해변에는 나병, 티푸스, 사상충, 매종*, 장티푸스, 뎅기열, 이질, 사브르 풀, 파리 떼, 뱀, 대형 도마뱀들이 있다. 섬에서 자라는 것은 절대로 먹지 말고, 섬의 물은 마시지 말고, 주민들에게 접근하지 말라. 질문 있나?"[353]

놀란 이등병이 물었다. "군의관님, 도대체 그런 섬이라면 왜 일본에게 주지 않습니까?"

말라리아는 가장 치명적인 열대병이었다. 미국 병사 50만 명이 남태평양에서 말라리아에 감염되었고, (재발까지 고려한) 연합군의 발병률이 매년

---

* 열대성 피부염 중의 하나이다.

병사 1,000명당 4,000명에 이르렀던 지역도 있었다.[63, 354-356] 1942년 10월부터 1943년 4월까지 남서태평양 전역(戰域)에서 말라리아로 입원한 연합군 병사와 전상자의 비율은 10 대 1이었다.[56] 뉴기니에서 전투 중이던 미국 보병대는 전투 중 2명의 전사자, 13명의 부상자, 그리고 925명의 환자가 발생했다고 보고했다.[356] 미국과 필리핀 병사들에게 퍼진 말라리아가 악명 높은 바탄 죽음의 행진*으로 이어진 1942년 4월의 비극적인 패배의 원인이었다.[63, 357] 바탄의 패배는 미국 남북전쟁 이후 가장 큰 규모의 패배였다. 과달카날의 사단장은 체온이 화씨 103도가 넘는 해병대원만 순찰 업무를 면제시키라고 명령했다.[357] 1943년 맥아더 장군은 어느 말라리아 전문가에게 이렇게 불평을 했다. "의사 선생, 내가 적과 전투를 할 때마다 말라리아로 입원 중인 두 번째 사단과 끔찍한 질병에서 회복 중인 세 번째 사단이 생긴다면, 이 전쟁은 끝나지 않을 것이네!"[63]

대부분의 군 지휘관과 병사들이 위험을 심각하게 여기지 않았고, 그 사실을 알고 있었던 의무장교들에게는 지휘권이 주어지지 않은 것이 문제였다.[303, 356, 357] "우리는 일본군을 죽이려고 여기에 왔는데 모기가 무슨 상관이냐"라는 한 장교의 발언이 그 거만한 자세를 확실하게 보여주는 사례였다.[357] 한 평론가는 이렇게 말했다. "매일 포탄, 탄환, 파편, 총검에 의한 죽음에 익숙해진 강한 군인들에게는, 무는 것을 느낄 수도 없을 정도로 작은 모기에 대해서 호들갑을 떠는 것은 시시한 일이었다."[358] 군사 활동도 상황을 악화시켰다. 미군 의사는 이렇게 말했다. "방어진지, 참호, 대전차 장애물, 총좌(銃座), 자동차 바퀴자국, 포탄, 폭탄, 지뢰 구덩이, 폐기된 관개 시설, 무너진 교량 잔해에 막힌 개울, 임시 방죽, 급하게 세운 비행장이나

---

* 일본군이 미국과 필리핀 연합군의 포로들에게 도보로 100킬로미터의 거리를 행진하게 하는 과정에서 필리핀 군 5,000-1만8,000명과 미군 500-650명이 사망한 사건을 말한다.

도로에 막혀버린 배수구를 비롯한 모든 것들이 말라리아 모기의 산란장이 되었다."[63]

전쟁터에서 말라리아 방제 대책을 개선하는 일이 최우선 과제가 되었고, 군 당국은 병사들에게 위험성을 교육시키기 위해서 선동 공세 기법을 도입했다. 훈련용 팸플릿도 만들었다. "당신은 독가스와 마찬가지로 말라리아 때문에 평생 장애인이 될 수 있다. 말라리아는 당신을 약하고, 보잘것없고, 아무 쓸모없는 사람으로 만들 수 있다."[303] 뉴기니의 영리한 오스트레일리아 군 하사는 남성 우월주의에 빠져서 말라리아 방제 대책을 따르지 않는 병사들을 위한 포스터를 만들었다. "당신의 남성성을 지켜라! 말라리아가 발기부전을 일으킬 수 있다!"[358] 미군 지휘관들도 재빠르게 그 전략을 흉내 내서 큰 성공을 거두었다.

수백 년 동안 말라리아의 예방과 치료에 효과가 있는 것은 신코나 나무의 껍질에서 추출한 키니네뿐이었다. 전 세계 공급량의 90퍼센트 이상은 자바의 네덜란드 농장에서 재배하는 신코나에서 생산되었다.[56] 이로 인해서 1942년 1월부터 자바를 점령한 일본이 전 세계 신코나 생산을 통제하게 되었다. 독일군도 역시 암스테르담에서 키니네 재고를 압류했다. 연합군은 자바에서 엿기름을 넣은 우유병에 넣어서 몰래 가지고 나온 씨앗을 이용해서 민다나오 섬에 조성한 작은 신코나 숲에 의존할 수밖에 없었다.[358] 민다나오 농장은 1927년부터 키니네를 공급했지만, 그것만으로는 수요를 충족할 수가 없었다. 더욱이 1942년 5월 민다나오를 빼앗기면서 그 정도의 키니네마저도 공급받을 희망이 사라졌다.

이 같은 어려움에 직면한 미국 정부는 천연 키니네를 대체할 대안을 찾기 위해서 집중적인 연구를 시작했다.[56] 그런 시도는 처음이 아니었다. 윌리엄 퍼킨이라는 열일곱 살의 화학자가 1856년에 콜타르의 부산물인 아닐린을 이용해서 키니네 합성을 시도했다.[358] 결과는 아무런 가치도 없어 보

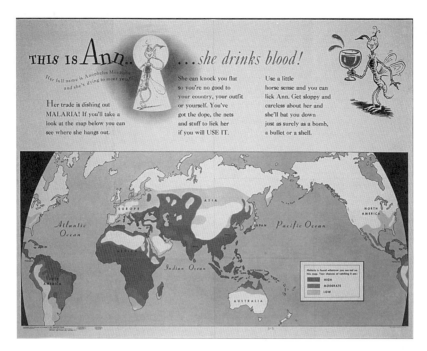

그림 8.1. 테오도르 S. 가이젤(닥터 수스)이 미군의 말라리아 선전 캠페인을 위해서 모기를 요부(妖婦)로 그린 만화.

나는 앤입니다……그녀는 피를 빨아먹습니다!

그녀의 본명은 아노펠레스 모기이고, 그녀는 당신을 죽도록 만나고 싶어합니다! 그녀의 일은 말라리아를 나눠주는 것입니다! 아래 지도를 보면 그녀가 어디에서 시간을 보내는지 알 수 있습니다.

그녀는 당신을 때려 눕혀서 당신을 조국이나, 부대나, 당신 자신에게도 아무 쓸모가 없도록 만들 수 있습니다. 모기약과 모기장을 제대로 사용하기만 하면 당신도 그녀를 해치울 수 있습니다.

약간의 상식만 활용하면 당신이 앤을 해치울 수 있습니다. 당신이 어설프고 부주의하게 행동하면, 그녀가 폭탄이나 총알이나 포탄처럼 당신을 확실하게 쓰러뜨릴 것입니다.

이는 검은 잔류물이었다. 그는 실험 비커에 남아 있는 잔류물을 알코올로 씻어내려고 했다. 이때 알코올과 잔류물이 반응하면서 모브 염료*가 만들

---

* 프랑스 들꽃의 이름을 딴 보라색의 합성염료.

어졌다. 퍼킨은 자신의 우연한 발견으로 많은 돈을 벌었고, 그때까지 인디고 염료*를 독점하고 있던 인도의 농장은 붕괴되었다. 파스퇴르도 역시 키니네 합성을 시도했지만 실패했다. 그러나 제2차 세계대전 중에 미국의 화학자들이 콜타르로부터 키니네를 성공적으로 합성했고, 독일 과학자들이 발명했던 수많은 염료를 포함해서 1만5,000종이 넘는 화합물의 항(抗)말라리아 효과를 시험했다.[63]

미국은 애틀랜타의 연방 형무소, 일리노이 주립 형무소, 뉴저지 소년원에 있던 대략 800명의 죄수들을 상대로 항말라리아제의 효능을 시험했다. 죄수들은 자발적으로 재귀성(再歸性) 삼일열 말라리아** 원충에 감염된 모기에 물렸다.[359] 한 기자는 자원자들의 애국심을 다음과 같이 칭찬했다.

그들은 새로운 의약품을 말라리아에 노출될 우리 전투원들에게 안전하게 처방할 수 있고, 인체가 얼마나 많은 양을 받아들일 수 있는지를 알아내는 실험을 위해서 다양한 양의 약품을 처방받는 위험도 마다하지 않았다.……한때 사회의 적이었던 사람들이 이 전쟁이 모두를 위한 것이라는 사실을 가장 확실하게 인정하고 있다.……자신들의 협조로 수천 명의 미군들이 열대성 말라리아에서 해방될 수 있게 된다는 사실을 알게 된 죄수들은 즉각적이고 열성적으로 반응했다.……그들은 혈액 시료를 채취하기 위해서 사용하는 큰 바늘을 "작살"이라고 부르면서 농담을 하지만 아무도 바늘로 찌르는 지루하고 잦은 검사를 끝까지 견뎌내는 일을 거부하지 않았다.……의약품이나 의약품들의 정체와 실험의 결과는 여전히 철저한 기밀이지만, 대규모 인체 실험이 계속되고 있다

---

* 모브가 개발되기까지 유럽의 귀족들이 좋아했던 천연 염료로 대부분 인도의 대규모 농장에서 재배한 인디고페라라는 식물에서 생산했다.

** 삼일열 원충에 감염되어 나타나는 가장 흔한 말라리아로 하루 걸러 한 번씩 발열 발작이 일어난다.

는 사실 자체가 오랫동안 찾고 있던 목표가 곧 실현될 것이라는 징조로 인식되고 있다.[359]

그후에 가석방된 죄수들의 재범률이 낮아진 것을 보면, 그런 애국적인 봉사가 상당한 교정적 가치가 있었던 것이 분명했다.[287]

제1차 세계대전 중에는 물론이고 끝난 후에도 키니네 부족을 경험했던 독일은 제2차 세계대전이 일어나기 전에 몇 가지 대체 약물을 합성했다. 그중에서 1930년에 합성된 아타브린*이라는 화합물이 가장 효능이 좋았다.[63] 1943년에 미국은 키니네의 새로운 대안으로 아타브린을 선택했다. 또한 그해에 연합국의 화학자들은 아타브린 합성의 비밀을 알아내서 전투 현장의 병사들에게 공급할 수 있을 정도의 규모로 생산하기 시작했다. 그러나 아타브린은 맛이 나빠서 구역질, 구토, 설사를 일으켰고, 피부를 노랗게 만들었고("아타브린 탠"), 일부에게는 정신병을 일으키기도 했다.[356, 357] 아타브린이 발기부전을 일으킨다는 소문도 있었다. 오히려 말라리아의 위험을 감수하겠다는 병사도 많았다.

일본 병사들은 키니네 예방약, 모기 퇴치제, 그리고 분대 전체를 한꺼번에 덮어주는 모기장을 사용했다. 그런데도 버마에서 전투 중이던 일본군 연대에서는 모든 병사들이 감염되었다는 보고가 있었다.[355]

1941년 그리스, 우크라이나, 러시아를 침략했던 독일군 부대들도 말라리아로 고통을 겪었고, 그들 역시 아타브린을 사용했다.[355] 그러나 독일의 대응은 말라리아 유행을 일으키는 원인이 되기도 했다. 미국과 영국 군이 이탈리아 전선을 밀고 올라오던 1943년 말에 독일군은 방파제와 양수장을

---

* atabrine : 3개의 육각형 고리가 결합된 방향족 화합물인 아크리딘의 유도체로 항말라리아제로 사용된 퀸아크린의 상표명.

그림 8.2. 전투 현장에서 병사들에게 말라리아 예방 교육을 위한 효과적인 캠페인이 시작되었다. 제363기지 병원에 세워놓았던 표지판. OHA 220.1 Museum and Medical Arts Service (MAMAS D44−145−1). 출처 : Otis Historical Archives, National Museum of Health and Medicine.

파괴하고, 강과 운하의 아래쪽에 둑을 쌓아서 폰티노 습지를 침수시켰다.[360] 독일군은 몇 주일 만에 10만 에이커의 개간 농지를 바닷물과 민물로 침수시켰다. 연합군의 진격을 저지하는 것이 목적이었다. 그런데 역설적으로 그 농지는 1930년대 초에 히틀러의 협력자였던 무솔리니의 야심찬 정책에 따라 습지를 개간해서 조성한 것이었다. 한 기자에 따르면, "이탈리아는 독일군, 지형, 모기라는 세 적과 전투를 해야 했다."[361] 나치 군인들이 점령하고 있던 농장을 방문한 기자는, 돼지우리 벽에 모기떼가 독일군의 작전을 따라다니는 것처럼 그려놓은 그림을 보았다. 연합군은 아타브린 덕분에 피해를 입지 않았지만, 지역 주민들은 극심한 고통을 겪었다.

나치의 말라리아 연구는 강제수용소의 의학 실험으로까지 이어졌다. 다차우의 미군 재판소는 1946년 전쟁 범죄로 클라우스 실링 박사를 교수형에 처했다. 유명한 말라리아 연구자이자, 전쟁 전에는 동맹국의 말라리아 위원회 위원이었고, 로베르트 코흐 연구소의 열대병 연구실 책임자였던 실링은 홀로코스트 중에 다차우 강제수용소의 수용자들에게 자신의 기술을 시험했다.[287] 1942년 2월부터 1945년 4월까지 실링은 다른 유명한 나치 의사들을 지휘해서 직접 모기를 사용하거나 모기 점액선의 추출물을 주사하는 방법으로 1,200명 이상의 수감자들을 말라리아에 감염시켰다. 아이들을 포함한 희생자들은 말라리아에 걸린 후에는 키니네와 아타브린을 포함한 여러 가지 의약품에 대한 실험 대상으로 활용되었다. 독일군은 그런 실험을 통해서 아타브린의 복용 가이드라인을 세웠다.

전범 재판 과정에서 피의자가 된 의사들은 죄수들에 대한 미국의 실험을 핑계로 그런 실험이 일상적이라는 주장을 반복했지만, 미국의 죄수들은 자원자들이었다. 어느 피고의 변호인은 미국에서의 죄수 실험을 근거로 이렇게 주장했다. "인간에 대한 의학 실험은 원칙적으로 허용되어야 하고, 더욱이 기결수를 대상으로 하는 실험은 문명국 형법의 기본 원칙에 어긋나지 않는다는 결론에 이르게 된다."[287] 실링은 말라리아를 치료하기 위해서 그런 실험을 수행한 것이 "인류에 대한 자신의 의무라고 믿었다." 그는 전범 재판소에서 "자신의 실험이 끝나지 않았고, 법정은 과학의 발전과 자신의 명예회복을 위해서 실험을 끝내도록 자신을 도와야 한다"고 주장했다.[287] 나치 의사들에 대한 전범 재판소와 검사들의 기록에 따르면, 다차우에서 수감자들을 대상으로 연구를 수행했던 의사들 중에서 적어도 6명은 전쟁이 끝난 후에 비밀리에 미국 육군에 채용되었다. 미국은 나치의 의사, 과학자, 공학자와 같은 전문가들을 비밀리에 미국으로 데려와서 자국의 과학과

기술을 발전시키기 위한 페이퍼클립 작전*을 수행했다.[362]

일부 말라리아에는 효험을 보인 예방약은 곤충에 의해서 전염되는 대부분의 열대병에는 소용이 없었다. 심지어 오래 전부터 쓰이던 살충제도 구할 수가 없었다. 전쟁이 시작되면서 네덜란드령 서인도에서 생산되던 로테논**의 공급도 끊어졌고, 영국 식민지였던 케냐에서의 국화 농사 실패와 노동 불안으로 제충국 재고도 바닥이 났다.[349] 더욱이 전쟁 전에는 일본이 주로 미국에 제충국을 공급했다.[363] 제충국은 군에서 사용하는 이 퇴치용 분말과 프레온-제충국 모기약의 활성 성분이었다. 설사 이런 살충제들을 충분히 구할 수 있었더라도 효과는 만족스럽지 못했다. 따라서 연합군은 곤충에 의해서 전파되는 질병들에 거의 무방비 상태였다. 연합군은 1943년에 남태평양, 유럽, 북아프리카 전역(戰域)에 DDT(다이클로로다이페닐트라이콜로로에테인)라는 새로운 무기를 투입했다.

1873-1874년에 DDT를 합성한 오스트리아의 과학자 오트마 자이들러는 그 중요성을 인식하지 못했고, 독일 화학회의 초록에 실린 논문에 고작 6줄의 설명만 남겼다.[364, 365] 스위스의 화학자 파울 뮐러가 1939년에 DDT의 살충 효과를 발견했고, 그 공로로 9년 후에 노벨 생리의학상을 받았다.[366] 뮐러가 살충 효과를 발견하고 노벨상을 받기까지 고작 9년이 걸렸다는 사실은 DDT의 효과가 얼마나 빨리 인정받았는지에 대한 놀라운 증거이다. DDT는 인류를 늘 괴롭혀온 질병을 포함해서 그 어떤 문제라도 해결할 수 있는 인류의 능력을 보여주는 상징이었다.

1935년에 뮐러는 자신이 근무하던 바젤의 J. R. 가이기 사***에서 살충제

---

* 제2차 세계대전 종전 이후 미국 육군 전투정보지휘소(CIC)를 통해서 베르너 폰 브라운을 비롯한 1,600명의 과학자와 기술자들을 데려온 비밀 작전이다.
** rotenone : 콩과 식물의 뿌리에서 추출한 살충제이다.
*** 1758년 스위스 바젤에서 창업한 화학 회사로 1970년 역시 바젤의 CIBA(1859년 창업)와

에 대한 연구를 시작했다. 뮐러는 문헌과 특허를 살펴보았지만, 오래 전부터 사용해왔던 비소산, 제충국, 로테논과 같은 천연 살충제만큼 효과적인 합성 살충제를 찾을 수 없었다. "나는 그런 사실에 용기를 얻었다. 다른 면에서도 역시 가능성은 형편없었다. 농업용 살충제에 대한 요구는 당연히 엄격할 것이기 때문에 특별히 저렴하고 놀라울 정도로 효과적인 살충제여야만 농업에 활용될 수 있었다. 나는 나의 결단력과 관찰력에 의존했다. 나는 나의 이상적인 살충제가 어떻게 생긴 것이어야만 하고, 어떤 성질을 가져야만 하는지를 생각했다."[367]

뮐러는 이상적인 살충제에 필요한 7가지 조건을 정했다.

1. 높은 곤충 독성
2. 독성 작용의 신속한 시작
3. 포유류나 식물에 대한 저독성 또는 무독성
4. 무자극성과 무악취
5. 가능하면 많은 종류의 절지동물에 대한 광범위한 작용
6. 우수한 화학적 안정성에 의한 장기적인 지속 효과
7. 저렴한 가격

기존에 알려져 있었던 니코틴, 로테논, 제충국과 같은 살충제에 자신의 기준을 적용해본 뮐러는 그것들의 효과가 만족스럽지 않다는 사실을 확인했다.

뮐러는 유리 상자 안에 넣어둔 칼리포라 보미토리아(*Calliphora vomitoria*)

합병하여 시바-가이기가 되었고, 1996년에는 산도스와 합병하여 세계 최대의 제약회사인 노바티스(Novartis)가 되었다.

그림 8.3. 시험 장비 앞에 서 있는 파울 뮐러, 1952년. © Navartis AG.

라는 학명의 푸른병 파리를 이용해서 실험을 했다. 그는 수백 종의 화합물을 시험했지만 모두 실패했다. "자연과학 분야에서는 고집과 지속적인 고된 노력을 통해서만 결과를 얻게 되기 때문에, 나는 나 자신에게 '이제 나는 여느 때보다 더 열심히 찾아야 한다'고 말했다."[367]

DDT 분자를 합성해서 시험해본 뮐러는 놀랍게도 그 화합물이 다른 어떤 물질에서도 본 적이 없는 수준의 "강력한 살충성 접촉 작용"을 한다는 사실을 확인했다. "파리 상자의 벽에 매우 짧은 시간 접촉한 파리들도 바닥에 떨어질 정도로 독성이 강했다."[367] 뮐러는 DDT가 자신이 정해놓은 "이상적인" 살충제의 엄격한 기준들 중에서 "독성 작용의 신속한 시작"을 제외한 모든 항목을 충족시킨다고 평가했다.

DDT는 1939년 스위스에서 콜로라도 감자 딱정벌레에 처음으로 사용되었고, 1940년에 화합물에 대한 특허를 받았다.[366] 전쟁 중에 중립국으로 고립되어 있었던 스위스의 입장에서는 국내에서의 식량 생산이 더욱 절실했고, DDT에 의한 감자 생산량 증가는 특별히 반가운 것이었다.[363] 1940년에 (뮐러가 근무하던) J. R. 가이기 사가 두 종류의 제품을 판매하기 시작했다. 5퍼센트 DDT 분말인 게사롤(Gesarol)은 감자 딱정벌레 퇴치용으로 살포하는 살충제였고, 3퍼센트 또는 5퍼센트 DDT 분말인 네오시드(Neocid)는 이 퇴치용도의 살충제였다.[63, 368] 스위스 군이 티푸스 유행을 예방하기 위한 전쟁 피난민들의 이 방제에 DDT를 처음으로 사용하기 시작했다.[363]

1942년 가을에 J. R. 가이기 사는 전쟁의 양측에게 DDT의 발견 소식을 알렸다. 독일은 대체로 DDT를 무시했지만, (치클론 B를 생산해서 자회사인 데게슈를 통해서 절멸 수용소에 공급하던 회사인) I. G. 파르벤이 이 퇴치용 분말에 사용할 목적으로 DDT를 생산했다.[303] 나치는 가스실 기술에 더 만족했고, 치클론 B의 산업적 중요성에 주목했다.[333] 그러나 관심을 가지고 있던 미군은 게사롤과 네오시드 두 제품의 샘플을 농업성의 과학자들에게 보내주었고, 화학적 조성을 분석한 그들은 그 제품이 DDT라는 사실을 확인하고, 재합성을 시도했다.[349, 358, 364] (영국의 군수성이 화합물에 붙여준 DDT라는 이름이 지금까지 사용되고 있다.[63])

그후 플로리다 주 올랜도의 미국 곤충 및 식물 검역소가 DDT가 파리에게 강한 독성을 나타낸다는 사실을 확인했다.[349, 369] 검역소는 모기와 이에 대한 효과를 확인하기 위해서 이미 7,500여 종의 화학물질을 시험했었다.[370] 이후 며칠 만에 새로운 화학물질이 질병 방제에 유용하다는 사실을 파악했다.[371] 검역소는 DDT가 파리, 모기, 이, 벼룩, 진드기를 비롯한 여러 해충들의 신경계를 마비시켜서 "게사롤 떨림" 또는 "DDT증"을 일으킨다는 사실을 발견했다. 어느 열광적인 기자에 따르면, "접촉만 하면 다리가 마비되고, 경련이 일어난 후에 완전히 마비가 되어 죽게 된다."[372] DDT는 1943년 5월에 미군 군수물자 목록에 올랐다.[373]

그후에 사람의 피부에서 이를 죽이기 위해서 사용하는 DDT 혼합물의 안전성을 확인하기 위한 결정적인 실험이 이루어졌다. 식품을 통해서 섭취한 고농도의 DDT가 죽음에 이를 수도 있는 심각한 문제를 일으킨다는 사실은 동물 실험을 통해서 이미 확인되었지만, DDT를 피부에 안전하게 사용할 수 있는지는 확인되지 않았다.[358] 인체 실험은 매우 성공적인 것으로 밝혀졌다. 제임스 스티븐스 시먼스 준장의 기록에 따르면, "세계 여러 곳에서 이에 감염된 원주민들에게 사용해본 야전 시험에서 이 분말은 너무 인기가 좋았고, 주목을 받고 싶어하는 자원자들이 너무 많아서 연구자들이 놀라는 일도 많았다."[349]

적절한 용량은, 1943년 여름 뉴햄프셔의 화이트마운틴 숲에서 35명의 양심적인 반전론자들을 대상으로 하는 통제된 실험을 통해서 결정될 예정이었다.[358] 각자의 내복에 100마리의 이를 풀어놓고 번식하도록 했다. 곧바로 참가자들의 내복에는 수천 마리의 이가 살게 되었고, 참가자들은 매일 그 수를 세심하게 헤아렸다. "분명한 경험을 위해서 화이트마운틴의 오지에 마련된 캠프에 자발적으로 모여든 양심적인 반전론자들로, 말이 많지 않은 대학교수, 농부, 점원, 판매원, 예술가, 전문직"으로 구성된 참가자들에게는 몸을 긁는 것을 금지시켰다.[358]

참가자들에게는 격주마다 세심하게 통제된 여러 가지 물질과 혼합한 일정량의 DDT가 주어졌다. 그런 후에 연구자들은 결과를 관찰했다. 이는 먼저 "일종의 신경성 혼란에 빠졌다가, 확실하게 '취한 상태'가 된 후에 마비 상태에 이르고, 마지막에는 혼수상태에 빠져서 죽었다."[358] 통상적인 정부의 관행에 따라서 자원자들에게는 실험 결과를 결코 알려주지 않았다. 그러나 그해 여름 뉴햄프셔에서 개발한 DDT의 피부 적용 용량 지침은 몇 달 후에 시작된 티푸스와의 싸움에서 결정적으로 중요했던 것으로 밝혀졌다. (뉘른베르크 전범 재판소에서 피고의 변호인들은 양심적 반전론자들에 대한 이런 실험도 변론에 활용했다.[287]) 적절한 양의 DDT를 사용하면 인체에도 안전하다는 사실이 밝혀지자, 곧바로 육군 병참본부, 의무감, 병참감, 전쟁 물자 위원회가 대규모 생산 정책에 착수했다.[349]

DDT 실험은 군사 비밀의 장막에 가려지고 말았다. DDT의 효능에 대한 정보를 몰랐던 적군은 계속해서 말라리아, 황열, 티푸스를 비롯한 곤충에 의한 질병에 희생당했다. 그러나 야전에서 광범위하게 DDT를 사용한다는 사실은 어쩔 수 없이 언론을 통해서 새어나갈 수밖에 없었다. 1944년 말 "전쟁 수요에 의한 올해의 발견과 발전"이라는 제목으로 과학 분야의 성과를 정리한 기사에 따르면, "오늘날 정부, 기업의 실험실, 그리고 전선에서 일어나는 일은 군사 비밀이다. 그러나 가끔씩 더 이상 감춰둘 수 없는 뉴스가 새어나오기도 한다. 우리가 알아낸 제트 추진, 날개를 단 로켓 폭탄, 비행기, 그리고 DDT의 개발도 그런 것이다."[374]

1943년 7월에 분자의 구조와 합성법을 소개한 무역신문의 기사를 통해서 처음 알려진 DDT에 대한 소식은 사람들의 관심을 끌지 못했다.[303] 1944년 2월 22일에 「뉴욕 타임스」가 전쟁성이 "질병과의 전쟁에서 가장 위대한 무기로 알려진 DDT라는 새로운 이 퇴치 분말"을 이용해서 나폴리에서 발생한 티푸스 유행을 해결했다고 보도하면서 사람들이 DDT에 관심을 가지기 시작했다.[375] 티푸스의 유행은 "쥐와 해충이 들끓고", 환경이 지저분하고, 이가 넘쳐나는 과밀 상태의 방공호에서 시작되었다.[364] 시먼스 준장의 기록에 따르면, "춥고 온화한 기후를 좋아하는 티푸스는 재앙이 시작될 수 있을 때까지 참을 수 없을 만큼 지저분한 굴속에 숨어 있다가 혐오스러운 매개체인 이를 통해서 비참하고 약한 사람을 먼저 공격한다."[349]

북아프리카 전장에 주둔한 미국 육군 예방의료 부대의 부대장 윌리엄 S. 스톤 대령은 자신이 가지고 있던 자원과 록펠러 재단의 의료진을 비롯한 다른 의무장교들의 도움을 받아서 티푸스의 유행을 막아내는 역사적인 일을 해냈다.[349] 단순히 인도주의적 위기를 극복하는 것만이 아니라 미국 제5군과 영국, 프랑스, 캐나다, 폴란드 연합군 병사들을 보호하는 것도 그의 목표였다.[358] 1943년 12월 26일부터 2개월 동안 나폴리의 40개 이 퇴치소의 부대원들은 하루 5만 명의 속도로 거의 200만 명에게 DDT 분말을 뿌렸다.[364, 376, 377] 그들은 격리 병원을 세우고, 환자와 접촉한 사람들에게 예방 백신을 주사하고, 9개월 동안 공습을 피해서 600개의 복잡한 동굴들 속에서 숨어 지내던 2만 명의 나폴리 시민들에게 DDT를 뿌려주는 일도 했다.[358] 「뉴욕 타임스」의 보도에 따르면, "나폴리 시민들은 이제 신부(新婦)에게 쌀 대신 DDT를 뿌려준다. 아마도 요즘 이탈리아에서는 아무도 식량을 낭비하고 싶어하지 않기 때문일 수도 있겠지만, 감사의 뜻일 수도 있다."[376]

1943년 12월부터 1944년 2월까지 나폴리에서는 모두 합쳐서 1,377건의 티푸스 감염이 발생했지만, 미군 병사들 중에는 이 질병으로 인한 사망자가 나오지 않았다. 처음에 사용했던 더 오래된 살충제에 이어서 등장한 DDT 방제 프로그램 덕분이었다.[320, 358] 30년도 지나지 않은 제1차 세계대전 동안, 우크라이나와 발칸 지역에서 900만 명의 목숨을 앗아간 티푸스 유행과 비교하면 그런 결과는 "숨이 멎을 정도로 놀라운 것"이었다.

그때부터 연합군이 통제하는 더 넓은 지역에 이 퇴치소가 세워졌다. 연합군은 1945년 4월에 독일에서부터 번져나가던 티푸스를 차단하기 위해서 라인 강을 따라 "위생 차단선"을 구축했다. 「뉴욕 타임스」에 따르면, "독일의 민간인, 난민, 출소자들은 우선 검사를 받은 후에 DDT 분말을 뿌려야만 강을 건널 수 있었다."[378] 이에 감염된 사람들의 내복에 DDT를 한 번만 뿌리면 한 달 동안 이 없이 지낼 수 있었다.[377] 그런 기념비적인 노력이 민간인과 병사들을 지켜주었다. 한 기자는 "우리의 병사들과 해군 병사들은 이제 어느 군대에서나 총알보다 훨씬 더 맹위를 떨쳤던 티푸스에 더는 관심이 없다"라고 보도했다.[376]

1945년 10월에 영국은 "하루하루를 하루살이처럼 살아가던 과밀하고 폐허가 된 도시"인 베를린에서 5만 명의 독일 어린이들을 다른 곳으로 대피시켰다.[379] 영국은 다가오는 겨울 동안의 사망률을 줄이기 위해서 하루에 2,000명의 아이들을 지방으로 대피시키는 황새 작전을 수행했고, 모든 아이들에게 티푸스 예방을 위해서 DDT 분말을 뿌려주었다.

전시의 DDT 사용은 티푸스와의 싸움에만 국한되지 않았다. DDT가 잔류 농약으로, 모기 성체에도 효과가 있다는 사실은 1943년 8월에 확인되었다.[380] 연구자들은 건물의 내벽에 뿌린 DDT가 숲모기를 퇴치한다는 사실을 발견했다. 말라리아에 대한 최초의 야전 시험은 1944년 5월 이탈리아 북부의 도시인 카스텔 볼투르노에서 실시되었다.[63] 연합군 방제위원회 공중보건소 위원회의 말라리아 방제부, 말라리아 방제실증단이 도시의 모든 가정과 건물의 내벽에 DDT를 뿌린 후에 숲모기에 미치는 영향과 말라리아 발생 상황을 확인했다.[381] 다음 실험은 티베르 강 삼각주에서 실시되었다. 두 연구 모두 2년간 계속되었다. 이 연구는 모두 몇 달 전에 나폴리에서 티푸스를 성공적으로 퇴치한 록펠러 재단의 보건위원회 인력이 수행했다. 이어서 다른 많은 실험들도 시행되었다.

1944년 7월 말에 미국 육군의 의무감 노먼 T. 커크 소장은 "현대의 가장 위대한 발명 중의 하나"인 DDT를 말라리아를 전파하는 모기의 박멸에 유용하게 쓸 수 있을 것이라고 밝혔다.[361, 382] 독일군이 이탈리아에 조성해둔 말라리아 습지에 DDT를 공중 살포하는 모습을 본 기자에 따르면, "포에니 전쟁에서 로마 해군의 본거지인 고대 라티움의 해안에 서서 기적처럼 작용하는 화학물질의 실험 결과를 지켜보는 것은 흥미로운 경험이었다."[361] 최초의 대규모 실험을 완료한 육군은 모든 전역에서 엄청난 양의 DDT를 사용했다. 시먼스 준장에 따르면, "육군의 예방 의료는 말라리아와 힘겨운 싸움을 하고 있던 모든 전선에서 승리를 거두고 있었다."[349]

결과적으로 1944년에는 예방과 방역 대책을 함께 시행한 덕분에 미군의 말라리아 감염률이 전쟁을 시작할 때의 4분의 1에서 3분의 1 수준으로 떨어졌다.[383] 뉴기니에서는 연합군 병사들의 말라리아 감염률이 1943년 1월 연간 1,000명당 3,300건에서 1944년 1월 연간 1,000명당 31건으로 떨어졌다.[357] 전쟁이 끝날 무렵에는 모든 질병에 의한 미군 병사들의 연간 사망률은 0.6퍼센트로, 제1차 세계대전 때의 15.6퍼센트보다 훨씬 개선되었고, "전쟁의 역사에서 무장한 군인이 경험했던 그 어떤 경우보다 낮았다."[384] 이런 놀라운 성과는 페니실린, 아타브린, 메티카인과 같은 마취제, 피브린 포말*, 농축 혈장, 새로운 외과 수술법, 그리고 DDT에 의해서 가능해진 것이었다.

1944년 9월 28일, 하원에서 연설을 했던 윈스턴 처칠 총리는 버마에서 일본군과 전투를 하던 영국 제국군의 병사들 중에서 23만7,000명이 병에 걸렸다고 한탄했다.[385] 그러나 그는 "완벽한 시험을 거쳤고, 놀라운 결과가 확인된 훌륭한 DDT 분말"에서 위안을 찾았다. 그는, 그것이 "앞으로 버마에 주둔하고 있는 영국군과 인도를 비롯한 다른 모든 전역(戰域)에 주둔 중인 미국과 오스트레일리아 군에게 엄청난 규모로 사용될 것"이라고 했다. 처칠은 일본도 역시 "정글병"과 말라리아에 시달리고 있고, 그것이 "우리의 인도, 백인, 그리고 아프리카 용병들이 겪고 있는 매우 큰 손실을 상쇄시켜준다"라고 지적했다. 처칠은 하원에게 "일본이나 정글의 다른 질병

---

* fibrin foam : 혈액에서 채취한 불용성 단백질로 외과 수술용 지혈재나 충전재로 사용된다.

들과의 전쟁을 최선을 다해서 밀고나갈 것"이라고 선언했다.

이탈리아에서 말라리아를 성공적으로 퇴치하고 몇 달이 지난 1944년 12월에 육군은 150피트 상공에서 시속 125마일로 비행하는 뇌격기(雷擊機)를 이용해서 태평양에 있는 6,400에이커의 섬에 1에이커당 2쿼트의 DDT 용액을 살포했다. 이제 막 섬을 점령한 연합군을 위해서 말라리아를 예방하는 것이 그 목표였다. 특파원에 따르면, "지금까지 섬에서 발견되어 매장한 7,000명이 넘는 일본군의 시신에도 엄청난 양의 DDT를 사용했다."[386]

그런 작전이 가능했던 것은 DDT의 개발뿐만 아니라 미국 화학전 부대가 독가스 살포를 위해서 개발하여 이미 전장에 보급했던 장비를 DDT를 비롯한 살충제의 살포에 곧바로 활용할 수 있었기 때문이다.[303] 예를 들면, M-10 연막 탱크는 노즐만 새로 끼우면 DDT 살포에 사용할 수 있었고, 독가스 잔류물을 중화시키는 데에 쓰는 제독(除毒) 살포기도 역시 DDT 살포에 성공적으로 사용되었다.

의학적 관점에서는 병사들이 상륙하기 전에 해안 거점에 DDT를 미리 살포하는 것이 바람직했지만, 살포하는 농약을 적군이 화학무기나 생물학 무기로 오해할 수 있다는 문제가 있었다.[303] 만약 적이 화학무기나 생물학 무기를 먼저 사용했다면, 그들의 입장에서는 연합군의 농약이 반격으로 인식될 수도 있었다. 제1차 세계대전에서처럼 끝없이 이어지는 주고받기 식의 갈등이 계속될 수 있었다. 따라서 연합군의 DDT 살포는 주로 부대가 공격을 시작한 후에 실시했다.

의무부감 레이먼드 W. 블리스 준장은 미군 병사들이 뎅기열 유행에 시달렸던 사이판 섬을 방문했을 때, "대략 8,000명의 일본군이 사살된 것"은 놀랍지 않았지만 모기와 파리가 완전히 없어진 사실에는 놀랐다고 말했다.[387] 그에 따르면, 미군이 처음 태평양의 섬들을 점령했을 때에는 곤충 떼 때문에 앞을 보기가 어려웠다. "이제 모기 한 마리를 찾으면, 우리는 네잎 클로버를 찾은 것처럼 신기하게 생각한다." 한 기자에 따르면, "오늘날 과달카날에 처음 상륙했던 해병대의 귀신들이 떠돌고 있다면, 2년 사이에 일어난 변화를 너그럽게 즐길 것이 틀림없다."[388] 해군 기지의 부사령관은 그 기자에게 "이제 우리는 더 이상 아타브린도 먹지 않는다"고 말했다.

미군은 전쟁 초기에 열대병으로 많은 희생을 치른 다음에 들려온 놀라운 소식을 집으로 돌아오는 병사들처럼 반겼다. 시먼스 준장의 기록에 따르면, "거의 매일처럼 의무감에게서 올라오는 현황 보고는 전선에서 오는 전황 보고서만큼 관심을 끌었다.……그런 보고서들이 많은 사람들의 상상력을 자극했고, DDT라는 기호에는 신비스럽고 낭만적인 분위기가 느껴지기 시작했다. 그것은 빠르게 일상화되어서 '지프', '레이더', '바주카'처럼 널리 알려진 전시의 육군 용어와 같은 반열에 올랐다."[349]

1944년 1월에는 미국의 DDT 월 생산량이 6만 파운드를 밑돌았지만, 그해 말에는 200만 파운드로 치솟았다. 생산량의 거의 대부분이 군용으로 사용되었지만 여전히 공급이 위태로울 정도로 부족했다.[389, 390] 종전 이후 미국에서의 월 생산량은 300만 파운드로 늘어났다.[373] 1944년 1월에 듀퐁은 나폴리의 티푸스 방역 사업에 1파운드당 1.60달러를 요구했다.[391] 1945년 1월에는 생산량의 증가 덕분에 비용은 1파운드당 60센트로 떨어졌다. 그 당시 시먼스 준장의 기록에 따르면, "DDT의 가능성은 아무리 멍청한 사람이라도 놀라게 만들기에 충분했다. 만약 오늘 당장 모든 연구를 중단한다고 해도 지금까지의 성과만으로도 충분히 자랑스럽다. 내 생각에는 DDT가 전쟁이 세계의 미래 위생에 기여한 가장 큰 성과이다."[349]

전쟁 중에 이루어진 질병의 곤충 매개체에 대한 발전은 DDT와 아타브린의 개발과 광범위한 사용 이상의 변화를 가져왔다. 다이에틸프탈레이트(DEET)가 추가되면서 곤충 퇴치제가 크게 개선되었다.[63] 유충 제거제 역할을 하는 파리 그린을 비행기로 한 번에 살포하는 양도 최대 700파운드에서

3,000파운드로 늘어나면서 말라리아 방제 역시 크게 향상되었다.[392] 특별히 생산적인 어느 조종사는 1944년 코르시카 섬에 50만 파운드의 파리 그린을 살포했다. 밀폐된 공간의 모기를 퇴치하기 위해서 프레온-12를 추진제로 사용해서 제충국을 미세한 안개처럼 분사할 수 있는 압력통도 개발되었다. 전투 현장에 3,500만 개의 분무식 살충제가 투입되었다.[357]

아마도 가장 놀라운 사실은, 그동안 간헐적으로만 협력해왔던 기관들이 이제는 매개체에 의해서 전파되는 말라리아와 같은 질병을 퇴치하기 위해서 서로 긴밀하게 협조하기 시작했다는 것이다. 미국 육군과 해군, 공중보건국, 국가 연구 위원회, 곤충 및 식물 검역소, 전쟁 물자 위원회, 미국 문제 연구소가 화학 기업, 대학, 재단들과 함께 전투 현장에서 말라리아 퇴치를 위해서 협력했다. 그런 협력은 미국, 영국, 오스트레일리아를 비롯해서 국제적인 수준으로 확대되었다.

그런 협력과 전투 현장에서의 요구가 DDT의 생산을 천문학적 수준으로 확대시켰다. 1945년 8월에는 웨스팅하우스가 태평양 전역에서 사용할 130만 개의 분무식 DDT 살충제를 생산했다.[393] 가벼운 철제 용기에 제충국 2퍼센트, DDT 3퍼센트, 사이클로헥사논 5퍼센트, 윤활유 5퍼센트를 분무제 역할을 하는 프레온-12 85퍼센트와 함께 넣었다.[373] 분무식 살충제는 DDT뿐만 아니라 분무를 위해서 프레온을 사용한다는 점에서도 혁신적이었다. 1945년에 미국의 유명한 의사는 "프레온 분무기만으로도 앞으로 제2차 세계대전의 비용을 충당하고도 남을 것"이라고 평가했다.[394] 1987년 몬트리올 의정서는 지구 성층권의 오존층을 파괴한다는 이유로 프레온의 사용을 금지했다.

한편 유럽에서는 말라리아 퇴치를 위한 DDT가 여전히 절박하게 필요했다. 종전 직후에 그리스에서는 말라리아 유행이 시작되었고, 주민들 전부가 감염된 지역이 있다는 보도도 있었다.[359] 그런 상황에 대응하기 위해서

UN의 재난구호국은 1945년 8월 역사상 최대 규모의 말라리아 항공 방제를 시작했다.

파울 뮐러와 J. R. 가이기의 연구소 소장 파울 라우거는 같은 달에 첫 공개 기자회견을 열고 DDT가 매년 100만 명에서 300만 명의 말라리아 사망자를 예방할 수 있고, "최종적으로는 지구상에서 곤충에 의한 모든 전염병을 완전히 박멸할 수 있을 것"이고, "궁극적으로 미국에서 파리와 모기를 완전히 제거할 수 있을 것"이라고 밝혔다.[396] 아노펠레스 모기와 티푸스를 전염시키는 이는 "도도새나 공룡처럼 멸종될 것"이었다.[303]

DDT의 기적(1945-1950)

DDT의 기적이 현실이 된다면, 곤충에 의한 질병에 대해서는 더 이상의 변명은 필요가 없어질 것이다. 집파리는 호기심의 대상이 될 것이고, 개는 벼룩 없는 세상에서 더 없이 행복하게 살게 될 것이다. _ 나폴리에서 티푸스 극복에 대한 「뉴욕 타임스」의 기사, 1944년[376]

전쟁 중에 민간의 DDT 사용이 소규모의 실험적 시도에 한해서 허용되었다. 예를 들면, 1945년 7월 8일에 롱아일랜드 주립공원 위원회와 나소 카운티 모기 퇴치 위원회는 뉴욕 주의 존스비치에서 군용으로 사용하던 안개발생기를 변형시킨 토드 살충분무기를 시험했다.[397] 「뉴욕 타임스」 특파원에 따르면, "오늘 이곳 존스비치 주립공원에 일찍부터 도착한 6만 명의 방문객들은 갑자기 달콤한 냄새가 나면서 소용돌이치며 밀려오는 구름을 보았다. 개방형 트럭에 장착된 장비는 발전기를 이용해서 1분에 1에이커의 속도로 해변을 경유(輕油)에 5퍼센트 DDT 용액을 녹인 혼합 용액을 아주 작은 입자로 만든 연막으로 뒤덮었다." 특파원에 따르면, 그 연기가 "사람에게 피해를 주거나, 사람을 불편하게 만들지는 않았다." 사실 케이 헤퍼넌이라는 광고 모델이 DDT 연막 속에서 핫도그를 먹고, 코카콜라를 마시는 장면도 연출했다. 「뉴욕 타임스」는 "15분이 지난 후에는 연기가 사라졌고, 파리나 모기는 남아 있지 않았다"라고 보도했다.[372] 이 실험을 통해서 1에이커당 고작 17센트의 비용으로 해변에서 사람을 괴롭히는 모기와 파리를 퇴치할 수 있다는 사실이 확인되었다.[398]

전쟁이 끝나갈 무렵에 전투 현장에서 DDT의 연이은 성공을 가까이에서 지켜본 기자는 "전쟁이 끝난 후에 DDT의 가능성은 거의 무한하다"라고 보도했다.[358] 1945년 8월 초에 전쟁 물자 위원회는 소량의 DDT를 민간과 농장에 사용하도록 허가했다.[399] 그리고 며칠 후에 미국은 히로시마와 나가사키에 핵폭탄을 투하했다. 「타임(Time)」지는 최초의 원자폭탄 폭발 장면을 담은 사진을 민간에서도 DDT를 사용할 수 있게 되었다는 뉴스와 같은 지면에 실었다.[400]

그 직후에 전쟁이 끝나고, 모든 DDT 생산량을 군용으로만 제한하는 규제가 풀리면서 미국의 화학회사들은 경쟁적으로 DDT 생산을 확대했고, 민간의 수요도 함께 늘어났다. 1945년 미국의 생산량은 3,600만 파운드에 이르렀다.[102] DDT를 사용한 플리트건이라는 살충제의 광고에는, 일본 병사를 뒤에서 총으로 쏘는 병사와 파리를 잡으려고 플리트건을 살포하는 사람을 함께 등장시키기도 했다. 광고는 "일본 놈이든 파리든 상관없이 중요한 것은 빠른 효과"라고 주장했다.[303] 1950년대 말에는 미국의 연간 DDT 생산량이 국민 1인당 1파운드에 해당하는 1억8,000만 파운드로 늘어났다.[102]

이 정도 규모의 생산이 가능했던 것은 살충제 생산 기업들이 화학무기 생산 시설을 활용했기 때문이다.[303] 그런 시설들은 의회가 1946년에 화학부대로 승격시킨, 화학전 부대로부터 구입하거나 임대한 것이었다. 로키마운틴 무기 공장이 독가스 생산 시설을 민간의 농약 공장으로 전환시킨, 가장 눈부신 사례였다. DDT와 구조가 흡사한 새로운 농약, 알드린과 다이엘드린을 개발한 신생 살충제 회사가 최루 가스를 생산하던 공장을 이용하게

그림 8.4a와 8.4b. 1945년 7월 8일 존스비치에서의 DDT 실험과 모델 케이 헤퍼넌의 사진.
출처 : the LIFE Picture Collection; both via Getty Images.

그림 8.5. 기업들은 유치원 벽지를 비롯한 매우 다양한 소비재에 DDT를 사용했다.

되었다. 이 신생 기업의 경영진은 과거 화학전 부대의 지휘관들이었다.

미국에서는 DDT를 비롯한 새로운 농약 덕분에 화학산업이 빠르게 성장했다. 1939년에는 83개의 미국 기업들이 살충제와 곰팡이 방지제를 생산했는데,[363] 1954년에는 그 수가 275개로 늘어났다.

종전 이후 DDT에 쏟아지는 관심은 미국인들의 생활 전면에 영향을 미쳤다. 심지어 "방 안에서 파리와 모기를 비롯한 곤충을 쫓아낼" 목적으로 DDT를 넣은 벽지와 페인트도 등장했다.[401] DDT 페인트도 가정집의 출입구, 칸막이, 쓰레기통, 하수구를 칠하는 용도에서부터 배의 선체에 따개비가 달라붙지 못하게 하는 데에 이르기까지 다양하게 사용되었다.[402] 셔먼-윌리엄스 사는 클리블랜드 박람회의 참가자 15만 명에게 DDT 페인트의 효능을 확실하게 보여주었다. 몇 주일 전에 페인트를 칠해놓은 스크린에 수만 마리의 파리를 풀자, 한 마리씩 "DDT"에 맞아서 죽어버렸다.[303]

1945년 7월에는 코네티컷 농업 시험소와 미국 농무부의 곤충 및 식물 검역소가 "음악 애호가들이 모기에 물리지 않고 콘서트를 즐기도록 해주려고" 콘서트가 시작되기 전에 헬리콥터로 예일 경기장에 DDT를 살포했다.[403] 1945년 3월 30일 뉴저지 모기박멸협회는 주에 있는 습지와 목초지에 DDT가 든 박격포를 쏘았다.[404] 1945년 8월 4일에는 육군 항공기가 저지 지역의 해수 늪지에 DDT를 살포했다. 1945년 8월 9일에는 미시간 주의 보건과가 맥키낙 섬에 DDT를 뿌렸다.[405] 한 기자에 따르면, "오늘 이곳에서는 파리의 박멸을 기념했다. 모닥불로 수백 개의 구식 파리통을 불태웠다. 그 섬의 명물이었던 마차의 마부는 말에게 쓰던 모기장을 치워버렸다. [DDT가] 파리에게 미친 영향은 원자폭탄급이었다."

1945년 8월 중순에는 신생아들 사이에서 퍼지고 있던 소아마비를 예방한다는 명분으로 150피트 고도에서 시속 200마일로 날아가는 미첼 폭격기가 일리노이 주 록퍼드의 절반에 해당하는 지역에 DDT 1,100갤런을 살포했다.[406, 407] 사람의 배설물에 들어 있는 소아마비 바이러스를 식품으로 전파할 가능성이 있는 파리를 퇴치하는 것이 목적이었다. DDT의 효과를 평가하기 위해서 도시의 나머지 절반은 그냥 두었지만, 도시의 어느 쪽이 시험 영역이고, 어느 쪽이 통제 영역인지는 당국자와 참관 주민들만 알고 있었다. 실험 책임자였던 예일 대학교의 소아마비 전문가에 따르면, "그런 정보를 공개하면, 사람들이 보호구역으로 몰릴 수도 있다. 우리는 그런 일도 막아야 했고, 그런 일이 벌어지도록 만들 수 있는 과민 반응도 막아야만 했다." 육군 향정신성 바이러스 위원회의 항공방제단이 실시했던 그 실험

그림 8.6 김벨스 백화점이 소개한 새롭고 훌륭한 DDT 사용법.

은 미국 동부 지역의 많은 사람들에게 감동을 주었다.[408]

고급 백화점들도 사치품 목록에 DDT 제품을 추가했다. 메이시 백화점은 1945년 8월에 MY-T-KIL이라는 살충제를 1쿼터에 49센트의 가격으로 판매했다.[409] 블루밍데일은 0.5파인트 가격을 1.25달러라고 광고했다.[410] 9월에는 공급 제한이 충분히 풀려서 동물원에서도 DDT를 쓸 수 있게 되었다. 센트럴파크 동물원은 존스비치에서 사용했던 것과 똑같은 살충제 연막 분무기를 이용해서 2급 경유 11갤런에 3.5파운드의 DDT와 소나무 향수를 넣은 혼합물을 코끼리 사육장을 비롯해서 기린, 들소, 엘크, 붉은 사슴에게 뿌렸다.[411] 공원과는 동물원의 난방 설비와 수도관을 통해서 새장 안으로 연막을 불어넣기도 했다. 그런 방법으로 동물원에서 파리를 비롯한 성가신 곤충들을 퇴치했다.

9월에는 웨스팅하우스 일렉트릭 가전부가 전쟁 중에 사용하던 DDT 분무제가 "집 근처의 파리와 모기를 비롯한 해충들을 죽이고 싶어하는 주부들에게 조만간 더 쉽게 공급될 것"이라고 밝혔다.[412] 분무제 1통에는 1파운드의 에어로졸이 들어 있었고, 10-15채의 집에 해당하는 15만 세제곱피트의 공간을 "소독할" 수 있었다. 밸브를 열기만 하면, "액체 살충제 한 방울이 1억 개의 작은 입자들로 변해서 공기 중으로 분사된다." 편리하게도, "분무제를 사용하는 주부들은 특별한 보호복이나 마스크를 써야 할 필요가 없다."

민간 시장에서 DDT의 인기가 폭발하면서 온갖 엉터리 주장들이 쏟아져 나왔다. DDT가 상점에 등장하고 한 달도 지나지 않은 1945년 9월에 미국 농무부는 권고 수준인 5퍼센트가 아니라 최하 0.01퍼센트의 DDT를 넣어서 1910년에 제정된 살충제법의 표시 규정을 어긴 "DDT 유사상품"을 판매하는 기업과 사람들을 적발하기 위한 전국적인 조사에 착수했다.[413] 가짜 광고에 대한 불만을 접수한 뉴욕 시의 거래 개선 위원회는 "DDT가 분무제의 주성분이라는 과장 표시와 광고, 그리고 DDT가 모든 해충을 제거한다고 명시하거나 암시하는 주장", 두 가지 문제를 파악했다.[414]

DDT의 공급은 전시 규제의 전반적인 완화를 의미했다. 미국의 소비 심리는 대공황과 전쟁으로 인해서 수십 년간 위축되어 있었고, 소비에 대한 열기는 더 이상 억누를 수가 없었다. 「뉴욕 타임스」는 "수류탄 모양"의 DDT 에어로졸 분무제를 크리스마스 선물로 추천했다.[415] 메이시는 1945년 10월 1일에 다음과 같은 목록과 함께 "메이시에 언제 갈까?"라는 광고를 내놓았다.[416]

정말 훌륭한 미국 시계는 언제 들어오나요?

지난주에 엘긴과 해밀턴이 들어왔습니다. 한 달 쯤 뒤에는 더 많이 들어옵니다.

잔디 깎는 기계는 어떻습니까?

몇 주일 전에 처음으로 들여놓았고, 지금도 가지고 있습니다.

프랑스식 소매가 달린 남성용 흰 셔츠는?

지난 목요일에는 어디 계셨나요? 더 들어오는지 계속 지켜보세요.

비행기는?

며칠만 기다리세요.

진공청소기는?

몇 주일 안에 샘플이 들어옵니다. 11월쯤에는 재고가 넉넉해질 겁니다.

DDT 에어로졸 "분무제"는?

메이시가 더 싼 가격에 내놓을 겁니다.

전축은?

8월 6일에 지난 4년 동안보다 더 많은 제품을 갖췄습니다. 여전히 다양한 선택이 가능합니다.

시트는?

있습니다. 다만 말씀드리지 않을 뿐입니다. 3-4주일 후에 말씀드리겠습니다!

세탁기는?

10월에 안 되면, 11월에는 확실합니다. 견본이 아니라 직접 구입할 수 있을 것입니다!

하모니카는?

다시 돌아왔습니다! 9월 14일에 금속 하모니카를 갖춘 곳은 우리가 처음이었습니다.

DDT는 엄청난 위력 덕분에 은유적 지위를 얻게 되었다. 피오렐로 H.

그림 8.7. 테오도르 S. 가이셀(수스 박사)이 그린 전쟁 전과 직후에 DDT를 넣은 분무제 플리트 분사기의 광고.

라 과르디아 뉴욕 시장은 1945 무(無)협상당의 시장 후보 뉴볼드 모리스가 라디오 연설에서 보여준 웅변가적 실력을 "가장 인상적이고, 강력하고, 진심이 담겨 있고, 엄청난 포격과 유용한 DDT 살포를 동시에 교묘하게 활용한 연설"이라고 칭찬했다.[417] 심지어 전쟁 범죄자의 구속에 대한 뉴스에서도 DDT가 튀어나왔다. 특파원에 따르면, "일본의 전염병 창궐지인 오모리 포로수용소를 DDT 분말로 소독한 후에 도조 장군을 비롯한 고위 일본 전쟁 범죄자들을 입소시켰다. 이제 그곳에서 해충을 제거하려면 훨씬 더 강력한 소독 분말이 필요할 것이다."[418]

생산량이 늘어나면서 가격은 더욱 낮아졌다. 전쟁이 끝나고 1년이 지난 1946년에 미국 연방정부는 넓은 지역에서 매미나방을 퇴치하기 위해서 1에이커당 1.45달러의 비용으로 DDT를 살포했다. 고성능 지상용 살포기를 이용해서 효능이 훨씬 떨어지는 비소산 납을 살포하는 비용은 1에이커당 25달러였다.[419] 아마추어 곤충학자 레오폴드 트로브로가 1860년대 말에 비단실을 만드는 누에와 교잡을 시키는 취미를 위해서 프랑스에서 매미나방을 매사추세츠로 들어왔다.[320] 트로브로의 뒷마당에서 탈출한 유충이 (하필이면 그가 프랑스로 돌아간 후에) 처음에는 그가 살던 거리에 퍼졌고, 그후에는 미국 동부의 거의 모든 지역으로 확산되면서 소중한 나무들을 모조리망가뜨렸다.

1946년에는 이미 25개의 미국 기업들이 DDT 에어로졸 분무제를 생산하고 있었다.[303] DDT는 전후에 시작된 대공황기 이후의 경제적 호황을 이끌었다. DDT가 생산, 유통, 마케팅, 영업, 살포, 건강관리 분야의 일자리 창출을 유도했다.

DDT가 효과를 발휘하는 절지동물 해충의 목록은 곤충학자가 평생에 걸쳐서 수집한 표본의 목록처럼 보였다. 유명한 곤충학자인 클레이 라일은 1947년에 곤충학자들에게 보낸 글에서 DDT의 위상을 이렇게 설명했다. "곤충학자들이 화학자나 공학자들과의 협력을 통해서 이렇게 짧은 기간에 오지에 있거나 단촐한 모든 가정에서 살충제를 일상적이고 보편적으로 사용하도록 한 것은 역사상 처음이라고 할 수 있다. 이제 사람들에게 곤충학자들은 마법사가 되었다. 실제로 거의 마술에 가까운 성과도 있었다.…… 이제 곤충학자들이 역사를 통틀어 인간을 병들게 해왔던 일부 해충들을 완전히 박멸하기 위한 확실한 노력을 시작해야 하지 않을까?……세상의 상상력에 도전하는 전후 프로그램만도 못한 것에는 만족할 수 없다."[419]

DDT는 전쟁 직후부터 농업용 필수품이 되었다. 워싱턴의 사과 재배농가들은 비소산 납과 플루오린화알루미늄 소듐(크리올라이트)을 DDT로 바꾼 덕분에 코들링 나방으로 인한 피해를 크게 줄일 수 있었다.[363] 캔자스의 목장주들은 파리 방제에 DDT 1파운드를 사용하면 육류 생산량이 2,000파운드나 늘어난다고 추정했다. DDT에 의한 놀라운 농업 생산성 증대가 모든 식품 생산 분야에서 일어나는 것처럼 보였다. 1920년에는 미국의 농민 1명이 8명이 먹을 수 있는 식량을 생산했지만, 1957년에는 그 수가 23명으로 늘어났다.[420] 농산물에 잔류하는 비소산 납과 같은 금속 농약은 해마다 수많은 중독 사고를 일으켰기 때문에 대체 농약으로 도입된 DDT는 소비자들에게도 큰 혜택을 주었다.[421]

아이다호 주도 DDT를 이용한 파리 퇴치 사업에 돌입하고, 1만 여 곳의 공공장소에 "아이다호에는 파리가 없다"는 슬로건이 담긴 포스터를 붙였다.[419] 라일의 예측에 따르면, "내년 이른 봄까지 적극적으로 사업을 추진한다면, 1947년이 가기 전에 도시나 카운티의 보건 담당자들이 파리를 본 사람이 있으면 알려달라고 요구하는 상황이 벌어질 것이다. 그런 후에 살포 인력들이 산란장을 찾아가서 파괴할 것이다. 그것은 환상적인 꿈이 아니라 거의 확실하게 실현될 일이다."[419]

미국 전역에서 비슷한 사업들이 진행되었고, 1950년에는 45개 주의 600개 도시에서 DDT 살포를 위해서 화학전 부대가 개발한 연막 발생기를 사용했다.[303] 남아도는 군용 비행기와 참전 조종사들이 값싼 DDT로 작물을 소독하는 사업을 시작했다. DDT는 시, 주, 연방 정부의 해충 방제 사업은 물론이고 농장과 가정으로도 파고들었다.

전쟁 직후에 클로르데인, 톡사펜, 린데인, BHC, 메톡시클로르와 같은 염소계 화합물과 파라티온과 같은 유기인산 화합물을 포함해서 1953년까지 모두 25종의 새로운 합성 살충제가 시장에 출시되었다.[363] 클로르데인은 "DDT 이후의 가장 위대한 발견"으로 환영을 받았다.[303] 판매량은 계속 늘어났고, 농약 공장들은 수요를 맞추기 위해서 쉬지 않고 돌아갔다. 뮐러에 따르면, "처음에는 모든 살충제가 매우 낙관적으로 환영을 받았고, 사람들은 다이클로로-다이페닐-트라이클로로에테인[DDT]의 수명이 길지 않을 것이라고 예측했다. 그러나 전체적으로 [새로운 살충제들에 대한] 이야기는 줄어들었고, DDT는 특히 위생 분야에서 압도적인 위상이 유지되거나 오히려 강화되고 있다."[367]

실제로 전 세계에서 DDT를 이용한 말라리아에 대항하는 행진이 계속되었다. 1944년 7월 미국에서는 시먼스 준장이 전쟁지역에서의 말라리아 방제를 더욱 확대하고 국내에서도 더욱 적극적으로 말라리아 퇴치 운동을 벌여야 한다는 주장을 성공적으로 펼쳤다.[303] 그 프로그램은 1946년에 감염성 질병 센터로 바뀌었고, 그후에는 애틀랜타에 본부를 둔 질병통제예방센터(CDC)로 확대되었다.

영국은 아프리카 식민지에서의 항(抗)말라리아 사업에 DDT를 활용했지만, 안전성을 의심하는 노인들의 저항을 극복해야만 했다. 케냐의 키프시기족 보호구역에서 시행된 1946년 항말라리아 사업에서는 부족의 지도자들이 효능과 안전성을 확인시켜주겠다는 영국 곤충학자의 주장을 믿지 않았다. 이 사업에 대한 다큐멘터리의 해설자에 따르면, "아프리카 사람들은 처음에는 감동하지 않았다. DDT가 자신들을 중독시킬 것이라고 걱정하는 사람들도 있었고, 일종의 마술이라고 의심하는 사람들도 있었다."[422] 그들을 설득하고 싶었던 곤충학자는 DDT를 뿌린 죽 한 그릇을 먹었지만, "심지어 그런 시도로도 사람들을 설득시키지 못했다." 한 노인은 그것이 부족 전체를 전멸시킬 수도 있는 고약한 독이라고 했다. 그럼에도 불구하고 DDT는 다른 지역에서처럼 케냐에서도 인정을 받게 되었다. 새로운 살충제가 해충에게 치명적이라는 점은 아무도 거부할 수 없었다. 질병을 극복하고, 굶주림을 해결하는 문이 동시에 열리게 되었다.

DDT를 사용한 모든 국가들은 공중보건 분야에서 놀라운 성과를 거두었다. 쥐약으로 쓰는 플루오로아세트산 소듐("1080")과 함께 사용한 DDT는 1945년 12월부터 1946년 1월까지 페루에서 발생한 림프절 흑사병을 곧바로 해결해주었다.[423] 20년 사이에 인도에서 사망률이 50퍼센트나 줄어든 것도 DDT 덕분인 것으로 평가되었고, 실론(스리랑카)에서는 가정에 DDT를 살포하는 사업으로 한 해만에 사망자가 34퍼센트나 줄어들었다.[424]

그림 8.8. "DDT는 모든 인류의 후원자이다." 펜실베이니아 소금 생산회사의 광고는 1947년 6월 30일 「타임」지에 실렸다.

전 세계적으로 사람들은 공중보건, 식품 안전, 가정의 해충 방제 영역에서 DDT의 효과를 환영했다. 흑사병에서 가정의 골칫거리에 이르는 모든 문제들을 저렴한 비용으로 해결해주는 만병통치약은 보건 관료와 가정주부들 모두에게 인간의 무한한 창조력을 보여주었다. 전쟁이 끝나고 23년 만에 열성적인 화학 회사들과 소비자들은 10억 파운드의 DDT를 생산해서 살포했다.[425] 인류 역사에서 새로운 화학물질이 그렇게 광범위하게 사용되었던 적은 없었다.[421] DDT의 성공 덕분에 전 세계의 화학 실험실이 활발하게 가동되기 시작했고, 과학자들은 빠른 속도로 엄청나게 다양한 합성 농약을 개발했다.[370] 그런 농약들이 녹색혁명, 기업의 이익, 매개체에 의한 감염병과 굶주림을 예방해준 공로를 인정받은 뮐러와 같은 과학자들에게 명성을 얻게 해주었다.

9

I. G. 파르벤

(1916-1959)

보아라. 이것이 세상의 적이고, 문명의 파괴자이고, 국가의 기생충이고, 혼돈의 아들이고, 악마의 화신이고, 부패의 씨앗이고, 인류에 의한 파괴의 형성(形聲) 마귀이다. _ 뉘른베르크 나치당의 집회에서 제국 선동장관 요제프 괴벨스, 1937년 9월 9일[305]

신이 우리에게 이 지구를 준 것은 정원으로 가꾸라는 뜻이었지, 역겨운 돌과 쓰레기 더미로 만들라는 뜻이 아니었다. _ 텔퍼드 테일러 준장, 미군 뉘른베르크 재판소에서 I. G. 파르벤 경영진을 기소했던 검사장, 1947년 8월 27일[426]

제1차 세계대전이 끝난 후에 많은 비평가들은 화학 회사들이 전쟁을 통해서 막대한 수익을 챙겼을 뿐만 아니라 실제로 전쟁을 부추기기도 했다고 비난했다.[303] 1934년 「포천(*Fortune*)」지는 전쟁에서 한 명의 병사를 죽이기 위한 비용이 2만5,000달러였다는 논평을 실었다.[427] 「포천」에 따르면, "터진 파편이 전선에 있는 병사의 뇌, 심장, 내장에 박힐 때마다, 2만5,000달러 상당의 돈이 무기 제조상의 주머니로 들어갔고, 그 대부분이 순이익이었다."[427] 프랑스의 경제학자는 무기 산업에서 경쟁이 독특한 역할을 했다는 사실을 지적했다. "무기 거래는 한 경쟁자가 주문을 확보하면 다른 경쟁자의 주문도 같이 늘어나는 유일한 경우이다. 적대국의 대형 무기 제조업자들은 하나의 아치를 떠받치는 기둥들처럼 서로 경쟁한다. 그리고 정부들 사이의 경쟁이 그들의 동반 성장을 가능하게 한다."[427]

노스다코타의 제럴드 나이 상원의원은 「포천」의 논평을 「의회 기록 (Congressional Record)」에 옮겨 실었고, 「리더스 다이제스트(Reader's Digest)」에는 축약본을 게재했다.[303] 제1차 세계대전으로 미국에서 2만 1,000명의 신흥 백만장자가 탄생했다는 사실을 지적한 『죽음의 상인들 (Merchants of Death)』은 그해에 베스트셀러가 되었고, 비슷한 내용의 책들이 쏟아졌다.[428] 나이 상원의원이 위원장을 맡고 있던 방위산업체를 조사하는 상원 위원회에서는 듀퐁 가문의 일원이 공산주의자들의 선동 때문에 사람들이 듀퐁과 같은 화학 회사들에 거부감을 가지게 되었다고 주장하는 일도 있었다. 제1차 세계대전 중에 2억2,800만 달러의 수익을 챙긴 듀퐁 사에 엄청난 비난이 쏟아졌다.[303] 나이는 "다음 전쟁이 듀퐁 제국을 위해서 세상을 안전하게 만들어주기를 기대합시다"라는 재치 있는 말을 남겼다.[429]

프랭클린 D. 루스벨트 대통령도 비슷한 말을 남겼다. "무기와 탄약을 생산하고 거래했던 개인과 통제받지 않는 생산자들이 심각한 국제적 불화와 갈등의 원인이었다.……파괴 장치의 생산자와 상인들의 통제받지 않은 활동이 세계 평화에 상당히 심각한 위협이 되었고, 모든 국가의 국민들은 서로 협력해서 그런 위협에 대응해야만 한다."[430]

제2차 세계대전이 일어날 때까지 화학무기와 살충제의 발전은 계속해서 서로의 발전을 부추기는 역할을 했다. 특히 독일이 그랬다. 거대 화학회사인 BASF, 바이엘, 훼히스트는 물론이고, 규모가 작은 아그파, 카셀라, 칼레, 테르메르, 그리스하임 등이 1916년에 "독일 염료 산업의 이익공동체 (Interessen Gemeinschaft der Deutschen Teerfarbenindustrie)"라는 뜻의 I. G.를 조직했다.[326]

1925년에 I. G.에 참여했던 8개 회사들이 전쟁 후에 남은 자산을 모아서 I. G. 파르벤이라는 기업으로 통합되었다.[326] 파르벤은 세계에서 가장 큰 화학 회사였고, 기업의 가치는 다음 해에 3배로 늘어났다. 회사의 사업 영역은 탄약 제조로까지 확대되었고, 질산 공장은 폭약 산업의 질산 수요자와 통합되었다. 독일 내에 석유 생산 산업이 없었던 것이 중요한 패인이었다는 분석 때문에 독일은 많은 비용에도 불구하고 석탄에서 합성 석유를 생산하는 공정에 적극적으로 투자했다.

나치가 상승세를 타면서 I. G. 파르벤도 당의 지도부와 어울렸고, 1933년 초 히틀러의 선거 운동에도 결정적인 재정적 지원을 제공했다.[326] I. G. 파르벤은 독일에서 가장 큰 기업이었고, 선거 운동에서 히틀러에게 가장 많은 기부를 했다.

처음에는 회사 경영진이 유대인 과학자들을 보호했다.[326] 고압 화학반응 방법에 대한 연구로 노벨 화학상을 받은 최초의 공학자 카를 보슈는 1933년 선거 직후에 히틀러를 만나서 석탄에서 석유를 합성하는 I. G. 파르벤의 시도가 중요한 이유를 설명했다. 그는 히틀러에게 독일에서 유대인 과학자들을 축출하면 국가의 물리학과 화학이 한 세기는 퇴보할 것이라고 말했다. 히틀러는 단호했다. "그렇다면 앞으로 100년은 물리학과 화학 없이 살겠다!"[326] 히틀러는 다시는 보슈를 만나주지 않았다.

보슈는 1933년 4월에 자신의 과거 동료였던 하버가 베를린 대학교의 교수직과 카이저 빌헬름 물리화학 및 전기화학 연구소의 소장 자리에서 강제로 사임하게 되었다는 소식을 들었다.[326] 하버는 기독교로 개종했고, 가장 유명한 독일 과학자들 중의 한 사람이었다. 보슈는 비(非)유대인 출신의 독일 노벨상 수상자들을 모아서 유대인 과학자들에 대한 박해에 저항했다. 하버의 학생들 중에도 "우리까지 유대인에게 칼을 뽑을 수는 없다"고 주장하는 학생이 있었지만 그들의 노력은 실패했다.[301]

I. G. 파르벤은 1937년에 나치화를 마무리했다.[326] 당에 가입하지 않았던 거의 모든 이사들이 입당을 했고, 감사와 유대인 임원들은 해고되었으며, 회사의 대표였던 보슈는 명예직으로 물러났다. 회사는 나치당에 대한 재정 지원에 앞장섰고, 나치 확장주의를 실현시키기 위해서 필요했던 합성 석유, 합성 고무(부나*), 윤활유, 폭약, 가소제(可塑劑), 염료, 그리고 독가스를 포함한 수천 종의 화학 필수 재료를 비롯한 전쟁 물자를 공급했다.

1938년 3월 11일, 오스트리아가 독일에 합병되면서 I. G. 파르벤은 그런 확장 정책의 덕을 보며 이익을 챙기기 시작했다.[326] 며칠 만에 I. G. 파르벤은 나치의 점령 관료들에게 오스트리아에서 가장 규모가 큰 화학 회사인 스코다-베츨러 사와의 합병 권한을 요구하는 공문을 보냈다.[326, 426] I. G. 파르벤의 임원들은 로스차일드 가문이 그 회사를 관리하는 은행의 지배 주주이기 때문에 합병을 통해서 오스트리아 산업에 미치는 유대인의 영향에 치명적인 손상을 줄 수 있을 것이라고 주장했다. 1938년 가을에는 스코다의 유대인 경영진이 해고되었고, 스코다의 총지배인은 나치 돌격대에 짓밟혀서 죽었고, 로스차일드의 유대인 대리인은 오스트리아를 탈출했으며, 회사는 I. G. 파르벤으로 넘어갔다.[326]

나치와 I. G. 파르벤의 다음 희생자는 체코슬로바키아였다. 1938년 9월 29일에 네빌 체임벌린 영국 총리와 에두아르 달라디에 프랑스 총리가 뮌헨 조약을 체결했다.[326] 체코슬로바키아에서 독일어를 사용하는 수데텐란트의 지배권을 나치에게 넘겨준 이 조약으로 I. G. 페르벤은 체코슬로바키아의 가장 큰 화학 회사인 프라거 베레인을 합병할 수 있었다.[426]

체코 회사의 이사들 중 25퍼센트가 유대인이었기 때문에 I. G. 파르벤은 인수에 필요한 지렛대를 가지고 있었다.[326] 수데텐-독일 경제 위원회는 I.

---

* 1933년 독일 I. G. 파르벤이 개발한 뷰타다이엔 계열의 합성 고무.

G. 파르벤에게 "프라하의 체코-유대인 경영은 끝났다"는 선언으로 정치적 현실을 확인시켜주었다.[426] 뮌헨 조약을 체결한 다음 날 I. G. 파르벤의 헤르만 슈미츠 회장은 히틀러에게 자신들이 그 지역의 회사에 관심이 있다는 전보를 보냈다. 슈미츠는 "총통께서 성사시킨 수데텐-독일의 회복에 크게 감동했다"고 밝혔다.[426] 슈미츠의 전보에 따르면, I. G. 파르벤은 "총통께서 수데텐-독일 지역에 쓸 수 있도록 50만 마르크를 제공할 계획이었다."[426]

다음 날인 1938년 10월 1일에 독일군이 수데텐란트로 진군했다.[426] 프라거 베레인의 인수 "협상"은 경영진의 반발 때문에 지연되었다. 12월 8일의 회의에서 I. G. 파르벤의 게오르크 폰 슈니츨러 대표는 프라거 베레인 경영진에게 그들이 I. G. 파르벤의 중요한 화학공장 인수 협상을 방해하고 있다고 말했다. 따라서 그는 그들의 방해 때문에, "수데텐 지역의 사회적 평화가 위협받고, 언제라도 소요가 일어날 수 있다"고 독일 정부에 통보하겠다고 위협했다.[426] 그는 그들에게 소요의 책임을 묻게 될 것이라고 협박했다. 다음 날 프라거 베레인의 경영진은 중요한 공장들의 매각에 동의했다.

독일의 다음 목표는 폴란드였다. 관행에 따라 I. G. 파르벤은 침략에 앞서서 폴란드에서 인수하고 싶은 화학 회사들을 정리한 소원 목록을 준비했다.[326, 426] 1939년 9월 1일 독일이 폴란드를 침략하면서 제2차 세계대전이 시작되었다. 3주일 후에 I. G. 파르벤의 임원들은 자신들이 요구했던 폴란드 화학 회사의 이사로 임명되었다.[426]

보슈는 독일의 침략과 전쟁이 질산, 석유, 고무를 합성한 자신의 화학공학적 성공 때문에 시작되었다는 죄책감으로 우울증에 빠졌다.[326] 1940년 2월 그는 카이저 빌헬름 연구소에서 취미로 기르던 개미 군락을 가지고 시칠리아로 거처를 옮겼으나 건강이 계속 나빠지자 4월에 독일로 돌아왔다. 그는 프랑스의 패배와 독일과 자신이 세운 회사의 파괴를 예측했다. 1940년 4월 26일, 보슈는 65세의 나이로 사망했다.

독일은 5월 9일에 프랑스를 침공했고, 6월 말에는 유럽의 거의 모든 지역을 점령했다.[326] I. G. 파르벤은 프랑스, 노르웨이, 네덜란드, 덴마크, 룩셈부르크, 벨기에의 화학 회사들을 인수했다. 파르벤은 중립국, 동맹국, 적국을 가리지 않고 아직 점령하지 않은 소련, 스위스, 영국, 이탈리아, 미국의 화학 회사들까지 점령할 계획을 세웠다. 회사에 대한 전문가에 따르면, "I. G.는 권력의 정점에 있었다. 파르벤은 바렌츠 해에서부터 지중해, 채널 제도에서 아우슈비츠에 이르는 모든 지역을 관리하는 세상에서 한번도 본 적이 없는 기업 제국이었다."[326]

점령지에 있는 화학 회사의 경영권을 I. G. 파르벤에 넘기지 않는 경영자들은 "유대인 협력자"로 분류되어 즉시 전 재산을 압류하겠다는 협박을 당했다.[326] 당시 유럽에서 두 번째로 큰 화학 회사였던 프랑스의 거대 화학 기업 쿨만이 그런 경우였다. 독일이 프랑스를 점령할 때까지 쿨만은 유대인이 운영하고 있었다. 쿨만은 그런 사실만으로도 유대인 협력자로 분류되어 재산을 압류당하기에 충분했다. 결국 쿨만의 경영진은 I. G. 파르벤의 요구에 항복할 수밖에 없었다.

I. G. 파르벤은 홀로코스트의 공범이었다. 유대인의 재산을 강탈했고, 종결 수용소에서 사용되던 치클론 B를 생산했으며, 강제수용소 수감자들을 대상으로 화학물질에 대한 인체 실험을 실시했다.[426] 훗날 I. G. 파르벤의 한 이사는, 인체 실험에 대해서 "강제수용소의 수감자들은 어차피 나치에게 살해되었을 것"이고, "실험 대상이 됨으로써 수많은 독일 노동자들의 생명을 구했다는 점에서 인도주의적"이었다고 우기기도 했다.[431]

I. G. 파르벤의 가장 심각한 범죄는 노예 노동이었다고 할 수 있다. 전쟁 물자와 무기를 생산하는 생산 네트워크를 확장하던 나치와 기업 협력자들은 강제수용소의 수감자들을 강제 노역에 활용했다. 강제 노역은 비용이 적게 들고, 소모적이고, 비밀이 보장되었다. 강제 노역 정책을 세우고 있던

힘러는 강제수용소의 수감자들이 "외부와의 모든 접촉이 차단되고, 우편물 조차 받지 않는다"는 장점이 있다고 히틀러에게 설명했다.[362]

I. G. 파르벤의 화학자 오토 암브로스는 합성 고무와 석유를 집중적으로 생산하는 기지로 아우슈비츠 강제수용소를 선택했다. 그 기지는 세계에서 가장 큰 설비였고, I. G. 파르벤의 가장 큰 투자였다.[326, 426] 암브로스가 아우슈비츠를 선택한 이유는 강제 노역, 석탄 광산, 충분한 용수(솔라, 비스툴라, 프솀샤 강), 그리고 철도와 도로망 때문이었다.

암브로스는 파르벤 시설에서 아우슈비츠 강제 노역을 활용하는 "임대료"를 힘러와 협상했다. I. G. 파르벤과 SS 모두에게 득이 되는 일이었고, 두 사람이 같은 초등학교를 다녀서 서로를 알고 있었기 때문에 협상은 순탄하게 진전되었다.[362] 파르벤은 강제 노동자 한 사람당 하루에 3마르크를 SS에 지불하기로 합의했다. 암브로스는 상관에게 협상에 대해서 다음과 같이 보고했다. "강제수용소의 관리자들이 준비한 만찬에서 우리는 진정으로 훌륭한 강제수용소를 부나 생산 공장에 도움이 되는 방향으로 운영하기 위해서 필요한 모든 조치에 합의했습니다. SS와의 새로운 관계가 매우 큰 도움이 될 것이 확실합니다."[362] 암브로스는 자신의 박사학위 지도 교수가 하버의 친구인 유대인 노벨상 수상자였고, 1939년 스위스로 망명한 후에도 편지를 주고받았던 리하르트 빌슈테터였음에도 불구하고 홀로코스트에 기꺼이 참여했다. 빌슈테터는 망명 중이던 1942년에 사망했다.[305, 326]

"I. G. 아우슈비츠"라고 불리던 I. G. 파르벤의 아우슈비츠 공장은 베를린보다 더 많은 양의 전기를 소비했다.[326] 공장을 건설하는 과정에서 강제수용소 수감자 2만5,000명이 사망했다. 수감자들이 아우슈비츠 강제수용소에서 건설 부지로 걸어서 이동하는 중에 사망자가 늘었고, 그 때문에 생산성이 떨어지자, I. G. 파르벤은 노예 노동자들을 위한 자체 강제수용소를 세웠다. 모노비츠(Monowitz)라고 불리던 이 수용소의 입구에도 아우슈비츠에서 사용되던 "노동이 그대를 자유롭게 하리라(Arbeit macht frei)"라는 구호가 붙어 있었다. 아우슈비츠 단지 전체가 완성되었다. 아우슈비츠 I은 수십만 명의 수감자들이 수용된 본래의 강제수용소였고, 아우슈비츠 II는 비르케나우의 절멸 수용소였으며, 아우슈비츠 III은 고무와 연료를 생산하는 I. G. 파르벤의 시설이었고, 아우슈비츠 IV는 모노비츠의 파르벤 강제수용소였다.

I. G. 파르벤의 관리자들은 SS 의사들의 "선정" 절차로 인해서 노동력이 부족해진다고 불평했다. 최종적인 해결 정책*에 열성적으로 집착했던 SS 가 I. G. 파르벤에서 일을 할 수 있는 유대인들까지도 비르케나우의 가스실로 보내버렸기 때문이다.[326] 예를 들면, 아우슈비츠에 들어오는 5,022명의 유대인 중에서 81퍼센트는 가스실로 보내졌고, 19퍼센트만이 I. G. 파르벤에서의 강제 노역에 할당되었다. 어느 SS 관리가, I. G. 파르벤에서 일을 할 노동자의 수를 늘이기 위해서 기차에서 유대인을 하차시키는 위치를 화장장이 아니라 I. G. 시설 근처로 변경했다. 다음에 도착한 4,087명의 유대인 중에서 59퍼센트는 가스실로 보내졌고, 41퍼센트는 I. G. 파르벤의 노동에 투입되어서 통계가 개선되었다. 1941년부터 1945년까지 I. G. 파르벤은 사망자나 다른 강제 노동 사업자들과 교환한 인력을 제외하고도 27만 5,000명의 강제수용소 수감자들에게 강제 노역을 시켰다.[426]

I. G. 파르벤의 관리자들은 여전히 강제 노역의 규모에 만족하지 못했다. 관리자의 말에 따르면, "만약 베를린에서 지금처럼 계속 여성과 어린이, 그리고 늙은 유대인들을 많이 이송해온다면, 노역 분배의 문제에 대해서 나는 아무런 보장도 해줄 수가 없다."[326] I. G. 파르벤에서의 노역에 선발된 전형적인 아우슈비츠 수감자들의 입장에서, 열악한 환경의 모노비츠는 비르케나우로 가기 전에 강제 노역으로 몇 달을 보내는 곳이었다.[326] SS 장교

* 나치 독일의 계획적인 유대인 말살 정책이다.

는 모노비츠의 수감자들에게 다음과 같이 말했다. "너희들은 모두 사형 선고를 받았다. 그러나 너희들의 사형 집행에는 시간이 좀 걸릴 것이다."[326]

아우슈비츠의 I. G. 파라벤 수감자들은 절멸 수용소보다 더 나은 음식을 받았지만, 그마저도 여전히 일주일에 3–4킬로그램의 체중이 빠지는 기아 수준의 식단이었다.[326] I. G. 파르벤의 관리자들은 언제라도 수감자의 5퍼센트 이상은 병이 나서는 안 되고, 개인적으로는 14일 이상 아플 수가 없다는 규칙을 강요했다. 관리자들은 그런 규칙을 지키기 위해서 병든 수감자들을 비르케나우로 보내버리는 방법을 사용했다.

I. G. 파르벤의 감독들은 규칙을 어기는 수감자들을 SS에 고발하는 것으로 강제 노동자들의 규율을 관리했다.[326] SS의 처벌을 받게 되는 위반 사례로는 "게으름", "태만함", "불복종", "지시 이행 지연", "작업 지연", "쓰레기통의 뼈 먹기", "전쟁 포로에게 빵 구걸", "흡연", "10분 이상 작업장 이탈", "작업 시간 중 착석", "땔감 훔치기", "수프 훔쳐 먹기", "현금 소지", "여성 수감자와의 대화", "불 쬐기" 등이 있었다.[326] SS는 이런 고발이 있으면 식사 제공 중단, 채찍질, 매달기, 비르케나우 이송 등의 방법으로 처벌했다.

러시아의 붉은 군대가 아우슈비츠로 진격했던 1945년 1월 17일에 암브로스는 I. G. 파르벤의 전시 활동과 잔혹 행위에 관련된 문서를 파기하느라 바빴다.[362] 다음 날, SS 경비병들은 남아 있는 모노비츠 수감자들을 독일 내부로 이동시키는 죽음의 행진으로 내몰았고, 이틀 만에 60퍼센트의 수감자들이 사망했다. 암브로스는 전염병에 걸려서 죽음의 행진으로 내몰 수도 없을 정도로 허약해진 수감자들만 남겨두고 1월 23일에 모노비츠를 떠났다. 이탈리아의 화학자이자 작가인 프리모 레비도 남겨졌다. 나흘 후인 1월 27일에 붉은 군대가 아우슈비츠 강제수용소에 남아 있던 수감자들을 해방시켰다. 한편 암브로스는 독일로 가서 다른 I. G. 파르벤의 문서들을 파기하고, 화학무기 공장을 세제와 비누 공장처럼 보이도록 개조했다.

뉘른베르크의 미국 군사 법정은 I. G. 파르벤의 관리자 24명을 전쟁 범죄 혐의로 기소했다.[426] 가장 심각한 "제3항, 강제 노역과 집단 학살" 혐의에 따르면, "이런 활동으로 수백만 명의 사람들이 집에서 쫓겨나고, 추방되어 강제 노역을 하고, 부당한 처우를 받고, 공포에 떨고, 고문을 당하고, 살해되었다."[426] 수석 검사였던 텔퍼드 테일러 준장은 1947년 8월 27일 법정에서 다음과 같은 준엄한 발언으로 재판을 시작했다.

법정에 제기한 이 사건의 엄중한 혐의는 무심코 생각 없이 제기한 것이 아니다. 기소장에 명시된 혐의에 따르면, 피고인들에게는 역사상 가장 혹독하고 재앙적인 전쟁의 대가를 인류에게 안겨준 중대한 책임을 물어야만 한다. 그들은 대규모 강제 노역, 약탈, 살인의 혐의로 기소되었다. 이 혐의는 매우 끔찍한 것으로, 이런 일을 가볍게 여기거나, 앙심을 품거나, 자신이 짊어져야 할 책임을 심각하고 겸허하게 여기지 않는 사람이 아니라면 누구나 이 혐의를 인정할 수밖에 없을 것이다. 이 사건에는 웃음거리도 없고, 적개심도 없다.[426]

테일러 장군은 I. G. 파르벤의 관리자들의 행동이 조직적이었다는 사실을 강조했다.

이 사람들에게 제기된 혐의는 분노나 갑작스러운 유혹에 의해서 저질러진 것이 아니고, 법을 잘 지키는 사람이 실수나 망각으로 저지른 것도 아니었다. 어느 누구도 단순한 격정으로 엄청난 전쟁 기계를 만들지 않고, 일시적인 잔인함으로 아우슈비츠 공장을 건설하지 않는다. 이 사람들이 저지른 범죄는 극단적인 의도에 따라서 수행되었다.……피의자들은 이러한 오만하고, 극악한 범죄 행위의 적극적이고 자발적인 공범들이었다. 그들은 자유의 횃불을 꺼버리고, 국가를 잔인하게 만들고, 국민을 분노에 들끓게 하겠다는 끝도 없이 가공할 제3제국의 폭정으로 독일 국민을 괴롭혔다. 그들은 제국의 자원을 끌어모으고, 자신들의 엄청난 재능을 동원해서 독일에서 공포를 확산시키기 위한 정복의 무기와 다른 도구들을 만드는 일에 집중했다. 그들은 유럽을 어두운 죽음의 망토로 뒤덮은 장본인이었다.[426]

전쟁이 끝날 무렵에 드와이트 D. 아이젠하워 장군은 나치가 군사력을 증강시키는 과정에서 점령국 화학 회사들을 흡수했던 I. G. 파르벤의 역할을 파악하기 위해서 조사단을 구성했다.[326] 뉘른베르크 재판에서 테일러 준장이 지적한 바에 의하면, "유럽은 그들이 탐내던 광산과 공장들로 가득했고, 정복을 향한 행진의 발걸음마다 즉각적이고 가차 없이 감행된 산업적 약탈 계획이 마련되어 있었다."[426] 아이젠하워 조사단의 결론은 다음과 같았다. "I. G.의 어마어마한 생산 시설, 엄청난 영향을 가져온 연구, 다양한 기술적 경험과 경제력의 총체적 집중이 없었더라면, 독일은 1939년 9월 침략 전쟁을 도발할 능력을 갖추지 못했을 것이다."[326]

재판정은 암브로스에게 "전쟁 범죄에 더해서 노예화와 강제 노역에 가담하여 부당한 대우, 탄압, 고문, 살해를 저지른 반인류적 범죄"로 8년 형을 선고했다.[432] I. G. 파르벤의 다른 관리자 11명도 유죄가 인정되어서 1년 6개월에서 8년까지의 형에 처해졌다.[326] 수석 검사는 형량이 "좀도둑도 기뻐할 정도로 가볍다"고 격노했다.[326]

타분(1936-1945)

초석, [목탄], 황을 함께 섞으면 천둥과 번개가 만들어질 것이다. _로저 베이컨, 대략 1270년대[433]

지금 당장 우리는 해충들이 우리 군대의 건강을 위협하기 때문에 독으로 죽이고 싶다.

동시에 화학전 부대는……독일군과 일본군을 독살하는 방법을 개선하기 위해서 적극적으로 노력하고 있다.……일본군, 해충, 쥐, 박테리아, 암세포를 중독시키는 기본적인 생물학적 원리는 근본적으로 똑같다. 이것들 중에서 어느 하나에 대해서 개발된 기본적인 정보가 다른 것에도 적용될 것이 분명하다. _ 윌리엄 N. 포터, 화학전 부대 부대장, 1944년[303]

전쟁이 시작되기 전에 나치가 독일에서 막강한 통치력을 확보하는 과정에서도 I. G. 파르벤의 관리자들은 독일의 화학무기 생산을 강화해야 한다고 주장했다. 그들은 앞으로 다가오는 전쟁에서 화학무기를 사용하면 적국의 민간인들이 "모든 문고리, 모든 담장, 모든 포석(鋪石)이 무기"가 된다는 사실을 깨닫고 극도의 공포에 떨게 될 것이라고 주장했다.[400] I. G. 파르벤의 관리들은 독일의 잘 알려진 유명한 규율 때문에 연합군이 반격을 하더라도 독일군이 유리한 고지를 차지할 수 있을 것이라고 주장했다.

화학무기 생산에 대한 독일의 관심은 니코틴을 비롯한 값비싼 살충제를 수입해야 하는 경제적 부담에서 비롯된 것이기도 했다.[400, 434] 독일의 농부들은 1937년에 제정된 법에 따라서 반드시 살충제를 사용해야 했다. 그래서 독일의 화학 회사들은 해충에 독성을 띠는 저렴한 화학물질을 개발해서 상당한 수익을 올릴 수 있었다. 농약을 개발하는 과정에서 사람에게 독성이 있는 화학물질을 발견한다면, 군을 상대로 막대한 수익을 올릴 수도 있었다.

새로운 살충제를 연구하던 I. G. 파르벤의 화학자 게르하르트 슈라더*는 클로로에틸 알코올이라는 독성 물질의 구조를 변형시켜서 두 분야에서 결정적인 발전을 이룩했다.[435] 슈라더는 분자에 여러 가지 다른 원자들을 치환시켜서 만든 화학물질의 독성을 시험했다. 그 과정에서 유기인산 계열

* 사린과 타분을 개발해서 '신경 가스의 아버지'라고 알려진 화학자이다.

의 화학물질을 발견했고, 그것들 중에는 곤충에게 매우 강한 독성을 나타내는 것도 많다는 사실을 발견했다.[303, 370, 435]

1936년 12월 23일 슈라더는 사이안 기(基)가 결합된 유기인산 화합물을 합성했고, 그것이 10만 분의 2 정도의 매우 낮은 농도에서도 진딧물을 죽일 수 있다는 사실을 발견했다.[435] 합성 기술을 연구하던 슈라더는 몇 주일 만에 자신이 합성한 새로운 화학물질이 "사람에게도 극도로 불쾌한 독성 효과가 있다"는 사실을 발견했다.[435] 슈라더의 회고에 따르면, "처음으로 발견된 증상은 인공조명 아래에서 시력이 극도로 약해지는 것이었는데, 그이유를 설명할 수는 없었다. 1월 초의 어둠에서 전깃불을 켜고도 책을 읽기도, 퇴근길에 차로 집에 돌아가기도 어려웠다."[435] 슈라더는 "매우 적은 양의 시료 VII을 무심코 벤치에 떨어뜨리기만 해도 각막에 극심한 자극이 느껴지고, 가슴에 매우 강한 압박감이 발생한다"는 사실을 주목했다.[435]

슈라더는 세계 최초로 우연하게 유기인산 신경 가스에 노출되었다가 회복한 사람이 되었다. 1937년 2월 5일 슈라더는 자신이 합성한 시료를 엘베르펠트에 있는 공장 위생 연구소의 어느 교수에게 보냈다.[434, 435] 슈라더는 3월에 살충제로 사용할 수 있을 것이라는 기대로 "시료 VII"이 포함된 화학물질에 대한 특허를 신청했다.[435] 1935년의 나치 포고령에 따르면, 군사용으로 사용될 가능성이 있는 특허 신청은 엄밀하게 비밀로 처리해야 했다. "독일 특허 155/39(극비)"가 발급될 무렵에 슈라더의 동료들이 쥐, 기니피그, 토끼, 고양이, 개, 영장류에 대한 실험을 통해서 포유류에 대한 "시료 VII"의 치명적인 독성을 확인한 탓에 상업용 살충제로의 활용 가능성은 폐기되었다.[435]

슈라더의 동료는 육군 병기국에 그 사실을 알렸고, 곧바로 연구와 생산 과정을 일급기밀에 부치기로 결정되었다. 슈라더의 기록에 따르면, "나는 며칠 후에 베를린의 스판다우–지타델에 있는 육군 방독실험실에서 사이안

그림 9.1. I. G. 파르벤의 실험실에 있는 게르하르트 슈라더. 출처 : Bayer AG Corporate History and Archives.

산염(VII)을 만드는 법을 시연해달라는 요청을 받았다. 당시 관련 부서의 책임자인 뤼디거 대령은 새로운 물질을 군사적 목적으로 중요하게 활용할 수 있다는 사실을 알아차렸다. 그는 스판다우의 화학 실험실을 개조해서 사이안산염의 생산에 필요한 현대적인 실험대를 설치해주었다."[435]

　나치는 곧바로 슈라더가 개발한 새로운 화합물의 가치를 발견했다. 그 물질은 색깔도 없었고, 냄새도 거의 없었고, 흡입이나 피부 침투만으로도 독성을 나타냈다. 1937년에 슈라더는 새로운 I. G. 파르벤 공장으로 자리를 옮겨서 "아무런 방해도 받지 않고 유기인산 화합물을 연구하게 되었다."[435] 그는 당시 독일 노동자의 평균 연봉보다 16배나 많은 5만 마르크의 보너스를 받았다.[435]

　슈라더는 그후에 일어난 일들을 다음과 같이 설명했다.

1937년부터 1939년까지 독일 육군 무기청(Heereswaffenamt, H.W.A.)은 사이안산염(VII)의 생산기술을 개발하는 일에 바빴다. 나는 이 물질에 준비 번호 9/91을 붙여주었다. 그로스 교수는 그것을 "Le 100"이라고 불렀다. H.W.A.는 그것을 "겔란"이라고 부르다가 나중에는 "화학물질 83"으로 불렀다. 1939년에 H.W.A.는 문스터-라거(하이드크루크, 라우브카머)에 화학물질 83의 생산을 위한 자체 공장을 건설했다. 1939년 말에 암브로스 소장은 사령부로부터 화학물질 83을 대규모로 생산하기 위한 특별 공장을 건설하라는 명령을 받았다. (브레슬라우에서 서북쪽으로 40킬로미터 정도 떨어진) 디헤른푸르트/오데르 근처가 새 공장의 부지로 선정되었다. 새로운 시설의 건설은 1940년 가을에 시작되었고, 1942년 4월에는 안오르가나라는 기업이 화학물질 83의 본격적으로 생산을 시작했다. 처음에는 화학물질 83을 "트릴론 83"으로 불렀다가, "T.83"으로 이름을 바꾸었고, 결국에는 "타분(Tabun)"으로 부르게 되었다.[435]

초대 나치 장관들 중의 한 사람인 헤르만 괴링이 나치의 비밀 경찰부대인 게슈타포를 창설하고, 독일 공군의 사령관과 나치 4개년 계획의 전권대사를 역임한 후에 나치 사령부에서 히틀러 다음의 이인자로 올라섰다. 종전 후에 괴링은 뉘른베르크 재판에서 사형 선고를 받은 주요 전범이었다. 그는 교수형 대신 총살형으로 형을 집행해줄 것을 요청했다.[362] 연합군 조정 위원회는 그의 요청을 거부했다. 괴링은 18개월 동안 항문과 배꼽에 번갈아가며 숨겨두었던 사이안산 포타슘*으로 자살했다. 괴링은 전쟁 중에 타분("타분"이라는 이름은 "타부[금기]"에서 유래된 것이다)의 생산을 포함한 나치의 무기 개발에 깊이 관여했다.[362]

타분을 개발한 후에 괴링은 I. G. 파르벤의 이사회 의장, 카를 크라우치

---

* 흔히 '청산가리'라고 부르는 독성 염(鹽)이다.

그림 9.2. 1941년 영국의 정찰기가 찍은 폴란드 로어 슐레지엔 주 디헤른푸르트에 있었던 I. G. 파르벤의 타분 생산 공장(사진의 오른쪽 위). 오토 암브로스가 비밀 시설을 설계하고 관리했다.[362] 3,000명의 강제 노동자들이 포탄과 폭탄 피복에 타분을 채워넣는 일을 했다. 또한 SS-친위대장이자 화학자인 발터 시버가 개발한 방독면을 강제수용소 수감자들에게 씌워놓고 신경 가스를 뿌리면서 신뢰도를 시험하기도 했다. 소련군은 1945년 2월 5일에 디헤른푸르트를 점령했다. 그때는 SS 경비병들이 강제 노동자들을 그로스-로젠 강제수용소로 걸어서 이동시켰고(3분의 1이 살아남았다), 군수품들을 숨기고, 기록 증거들을 파기하고, I. G. 파르벤의 직원들을 도주시킨 후였다. I. G. 파르벤의 기술팀이 타분 생산 설비를 깨끗하게 청소하는 동안 소련군의 주의를 분산시키기 위해서 나치 소대가 소련군을 포격했다. 소련군은 생산 시설에서 사람이나 타분을 찾지 못했지만, 타분을 생산하기 위해서 생산 설비를 분해하여 스탈린그라드 외곽으로 옮겨서 재조립할 수 있었다. © HES. 출처: National Collection of Aerial Photography, NCAP-000-000-036-543, ncap.org.uk.

에게 보고서를 작성하도록 요청했다. 크라우치의 보고서에 따르면, 타분은 "우수한 지능과 우수한 과학기술적 사고력으로 적의 내부에서 사용할 수 있도록 개발한 무기"였다.[362] 괴링도 그런 평가에 동의했고, 크라우치에게 신경작용제가 "민간인들에게 심리적 혼란을 유도해서 공포에 떨게 만들 것"이라는 답장을 보냈다.[362] 1938년 8월 22일 괴링은 타분을 비롯한 화학무기 생산의 특수 임무를 수행하는 전권을 크라우치에게 위임했다.[362]

슈라더도 연구를 계속했고, 1938년 12월 10일에는 타분보다 독성이 10

배나 더 강한 화합물을 발견했다.[435] 그의 보고서에 따르면, "독성 전쟁물질로서 이 물질의 작용은 지금까지 알려진 물질과 비교하면 놀라울 정도로 높다."[435] 시험에서는 "이 흥미로운 물질의 온혈동물에 대한 독성 수치가 타분을 능가해서 살충제라고 생각할 수 없는 수준"임이 밝혀졌다.[435]

타분과 마찬가지로 새로운 물질에도 여러 가지 이름이 사용되었다. 그것을 "Le 213"이라고 불렀던 슈라더의 보고서에 따르면, "H.W.A.는 그 물질에 '질료(質料) 146'이라는 암호를 붙여주었다. 그후에는 '트릴론 146' 또는 'T.46'이라고 부르다가 마침내 '사린'이라고 부르게 되었다."[435] "사린(Sarin)"은 그 물질의 개발에 참여한 슈라더(Schrader)와 그의 동료인 I. G. 파르벤의 암브로스(Ambros), 독일군의 뤼디거(Rüdiger)와 반 데어 린데(van der Linde)의 이름을 조합한 것이었다.[362, 431]

슈라더의 사린 생산법은 1939년 6월에 완성되었고, 9월에는 베를린의 국방군 실험실에서 최초의 사린 샘플이 생산되었다.[431, 435] 동시에 독일은 폴란드를 초토화시켰고, 히틀러는 연합군을 향한 강렬한 연설을 통해서 방어할 방법이 없는 새로운 무기를 개발했다고 밝혔다.

타분과 사린의 대량 생산은 재정적으로나 기술적으로 매우 어려운 일이었다. 독일은 I. G. 파르벤의 역할을 숨기기 위해서, 새로 세운 기업들을 통해서 확보한 국방군의 자금으로 타분 공장을 건설했다.[431] 기술적인 문제들은 훨씬 더 어려웠기 때문에 타분 합성에서의 어려움은 점점 더 심각해졌다. 타분의 성분들은 강철과 쇠를 부식시켰기 때문에 모든 설비를 은으로 도금해야만 했다. 타분의 독성은 작업자들과 공장의 운영에 특히 심각한 장애가 되었다. 장비를 제독(除毒)하기 위해서 수증기와 암모니아를 사용해야 했고, 작업자들은 방독면을 쓰고, 10번밖에 사용할 수 없는 고무옷을 입어야 했다. 그럼에도 불구하고, 공장에서 타분을 본격적으로 생산하기도 전에 300건 이상의 예기치 못한 노출 사고가 일어났다. 최악의 사고에서는 2분 만에 사망자가 발생했다. 체지방이 많을수록 타분 노출에 의한 부작용이 줄어든다는 이유로 공장에서는 작업자들에게 고지방의 음식을 제공했다. 작업자와 강제 노동자들이 입은 피해가 나치 과학자들에게 타분의 인체 독성에 대한 자료를 제공했다.[436]

기술적인 문제들을 해결하고 나자 공장의 생산 능력은 한 달에 1,000톤으로 늘어났다.[437] 먼저 재료들을 생산한 후에 타분으로 합성해서 지하에 있는 거대한 설비로 옮겨서 포탄과 폭탄에 채워넣었다.[431] 실전에 투입할 준비를 마친 타분 탄환은 외부에 공개하지 않고, 어퍼 슐레지엔의 지하 무기고에 저장해두었다.

나치는 빌딩 144라고 부르는 비밀 시설에서 생산한 사린의 놀라운 치명성에 감탄했다.[431] 신경작용제 연구와 개발 시설에는 1,200명의 인력이 고용되었다. 사린과 타분은 분당 2,000발의 탄환을 발사할 수 있는 기관총을 비롯한 다양한 발사 장치들을 이용해서 교묘하게 무기화되었다.

슈라더는 1940년대 초까지 나치 정부가 사용할 전쟁 가스를 찾기 위해서 100종에서 200종에 이르는 화학물질의 독성을 조사했다.[303] 나치는 강제수용소의 수감자들을 대상으로 I. G. 파르벤이 생산해서 공급한 신경 가스와 화학물질의 독성을 시험했다.[311, 400, 426] 그들은 타분에 노출시킨 동물의 장기와 함께 사고나 실험으로 타분에 노출된 사람들의 사진 4,000장을 전시한 박물관도 건립했다.[431]

슈라더는 파라티온과 말라티온을 포함한 다양한 유기인산 살충제도 개발했다.[303] 그는 파라티온이 DDT보다 해충에 대한 독성이 더 강하다는 사실도 발견했다. DDT와 달리 파라티온은 목표로 했던 모든 해충을 말살시켰다. 유기인산 화합물을 개발하고, 해충과 인체에 대한 독성을 발견한 시기는 나치의 선동 조직이 유대인을 퇴치해야 하는 곤충이나 해충과 동일시하는 주장들을 쏟아내던 때였다.[400]

나치는 유대인을 "해충, 거미, 메뚜기 떼, 거머리, 거대한 기생충 종양, 독벌레"라고 묘사한 지난 세기의 독일 문헌에서 영감을 얻었다.[400] 19세기의 유명한 독일 성서학자 파울 데 라가르데는 유대인을 이렇게 설명했다. "아무도 해충과 기생충과 거래를 하지 않고, 기르거나 아끼지도 않는다. 누구나 가능하면 빨리 그들을 제거해버리고 싶어한다."[438] 히틀러는 그런 주장을 근거로 유대인들을 "역병"이고, "흑사병보다 더 나쁜 세균 보유자"라고 불렀다.[400] 괴벨스는 이렇게 주장했다. "벼룩은 유쾌한 동물이 아니다. 그래서 우리가 벼룩을 지키고, 보호하고, 번성하도록 해서 우리를 따갑게 물거나 괴롭히도록 해야 할 이유가 없다. 오히려 그것을 박멸하는 것이 우리의 의무이다. 유대인도 마찬가지이다."[400]

결국 나치는 타분은 물론이고 덥거나 추운 환경에서 사용할 수 있는 다양한 최루 가스, 아스팔트까지 태워버릴 수 있는 N-스토프라는 소이(燒夷) 가스를 포함하여 한 달에 1만2,000톤의 전쟁 가스를 생산할 수 있는 시설을 갖추게 되었다.[431] 공군은 무게가 15킬로그램에서 750킬로그램에 이르고, 포스젠, 사이안산, 최루 가스, 타분은 물론이고, 다양한 가스, 산과 염기가 들어 있는 가스 포탄을 거의 50만 발이나 비축했다.

나치 지도자들은 이런 무기를 사용해야 한다는 강력한 압박을 느끼고 있었다. 전쟁이 시작되자, 나치 화학 부대를 맡고 있던 헤르만 옥스너 장군은 이 가스들이 강력한 위력을 지닌 공포의 무기라는 입장을 밝혔다.[431] 그의 주장에 따르면, "런던과 같은 도시는 견딜 수 없는 혼란에 빠져들어 적국 정부에 엄청난 압력을 가하게 될 것이 확실하다."

나치는 1944년 한 번에 최대 200발의 비행 포탄(V-무기)을 영국으로 쏘아 보냈다.[431] 연합군이 "석궁(石弓)"이라는 암호로 부른 처음 2주일 동안의 공격으로 영국에 2,000발의 로켓이 쏟아졌다. 매일 50톤의 V-무기가 런던에서 폭발했고, 영국은 필사적으로 로켓을 격추시키기 위해서 공군력의 절반을 동원해야 했다. 독일은 그런 로켓이나 다른 여러 가지 방법들로 타분을 쏘아 보낼 수 있었지만 그렇게 하지 않았다. 그러나 그들은 거의 그런 단계에 도달해 있었다. 히틀러는 1944년의 D-데이 직전에 무솔리니에게 자신이 "런던을 폐허의 정원으로 만들 수 있는" 무기를 가지고 있다고 말해 주었다.[431] 마르틴 보르만(히틀러의 개인 비서), 요제프 괴벨스(제국의 선동 장관), 로베르트 레이(나치 노동조합 대표)를 비롯한 히틀러의 측근들은 타분의 사용을 지지했다.

연합군은 독일이 신경 가스를 가지고 있다는 사실을 몰랐다. 노르망디 해안에 상륙했던 버나드 몽고메리 장군은 자신의 방독(防毒) 장비를 영국에 남겨두었을 정도였다.[431] D-데이 작전에서 가스 공격을 하지 않았던 것은 아마도 나치가 연합군의 능력을 오판했기 때문이었을 것이다.

슈라더와 함께 사린을 개발했던 암브로스는 가장 큰 규모의 타분 생산 기업의 대표로 재직했다. 따라서 독일의 화학무기 능력에 대한 그의 지식은 아무도 따를 수가 없었다. 스탈린그라드에서 패배하고 난 1943년 5월에 암브로스는 군수장관이자 히틀러의 심복인 알베르트 슈페르와 함께 히틀러를 만났다.[431] 거의 2년 후에 슈페르는 히틀러의 벙커에 설치되어 있는 환기구에 타분을 넣어서 히틀러를 암살하려고 시도했다. 그러나 그는 타분을 그런 방식으로 사용하는 과정에서의 기술적 어려움을 극복할 수 없었다.[326] 전후에 그는 뉘른베르크에서 재판을 받은 22명의 전범들 중에서 유일하게 스스로 유죄를 인정한 사람이었다. 그는 22년 형을 받았다.

1943년 5월 회의의 안건은 소련의 진격을 물리치기 위해서 화학무기를 사용할지에 대한 것이었다. 암브로스는 연합군의 화학무기 생산 능력이 더 뛰어나다는 사실을 지적했다. 구(舊)세대의 화학무기는 그럴 수도 있을 것이라고 인정한 히틀러는 이렇게 말했다. "그러나 독일에는 타분이라는 특별한 가스가 있다. 이 무기에 대해서는 독일이 독점권을 가지고 있다."[426]

암브로스는 잘못된 반대 의견을 제시했다. "저는 타분도 역시 해외에 알려져 있을 것이라고 생각할 합리적인 근거를 가지고 있습니다.……저는 독일이 이 가스를 사용한다면 다른 나라들도 곧바로 특별한 가스를 흉내 낼 뿐만 아니라 훨씬 더 많은 양을 생산할 수 있을 것이라고 확신합니다."[426] 나치가 전투 현장에서 자신들의 화학무기를 사용하지 않았던 것은 그런 잘못된 평가와 함께 독일이 가스 무기를 처음 사용해서 적국에 입히는 피해보다 그에 대한 보복으로 자신들이 훨씬 더 큰 피해를 입게 될 것이라는 우려 때문이었을 것이다.

미국의 과학 학술지들은 전쟁 중에는 신경 가스와 관련된 화학물질에 대한 논문을 공개하지 않았다.[431] 미국의 과학기술 논문을 추적하고 있던 독일은 미국에서 논문 발표가 갑자기 중단된 것이 검열 때문일 것이라고 추정했고, 그것은 정확한 판단이었다. 그러나 공개가 차단된 과학은 DDT의 실험에 관한 것이었다. 역설적으로 뮐러가 소속된 회사인 J. R. 가이기는 1942년에 이미 DDT의 발견 소식을 나치에게 알려준 상태였다. 그러나 미국이 DDT를 비밀에 부쳤던 것이 나치 과학자들에게 연합국들도 역시 유기인산 신경 가스를 개발했을 것이라는 확신을 주는 뜻밖의 결과로 이어졌다.[303, 431]

연합군 역시 그들의 화학무기를 사용하기 직전이었다. 영국의 참모총장 존 딜 경은 1940년 6월 독일군이 영국 땅에 상륙하면 먼저 화학무기를 써야 한다고 주장했다. 그의 군사 기록에 따르면, "어떤 법도 존중하지 않는 무도한 적의 위협으로 국가의 존재가 흔들릴 때에는 성공 가능성이 충분히 높기만 하다면 어떤 수단도 망설이지 말아야 한다."[431] 딜 자신의 고위 참모 중 한 사람은 그의 의견에 동의하지 않았고, 영국이 화학무기를 먼저 사용한다면, "어느 편이 이기는지가 정말 중요한지에 대해 의심하는 사람들이 생길 것"이라고 주장했다. 윈스턴 처칠은 딜을 지지했다.

처칠을 비롯한 전쟁 내각이 2년 이상 강하게 압박을 했음에도 불구하고, 영국의 화학무기 개발 사업은 실망스러울 정도로 느리게 진행되었다. 처칠은 그런 실패 때문에 영국이 독일의 침략에 위험스러울 정도로 취약해졌다고 생각했다.[431] 그의 기록에 따르면, "이 명령을 따르지 않고 무시하는 이유가 무엇이고, 그에 대한 책임은 누구에게 있는가?……관련자들을 처벌해야 한다."[431]

1944년 7월에는 영국의 화학무기 재고가 자국의 방위는 물론이고 공격에 사용해도 될 정도로 충분해졌다. 처칠은 자신의 참모총장에게 무슨 무기를 어떻게 사용하는 것이 윤리적이거나 비윤리적인지에 대한 여론이 빠르게 변했다는 메모를 보냈다. "그것은 단순히 긴 치마와 짧은 치마에 대한 여성 패션의 변화와 같은 문제이다.……적은 비열한 인간의 모든 장점을 활용하고 있는 마당에 우리는 모든 불이익을 감수하며 언제나 신사로 행동해야 하는 이유가 무엇인지 모르겠다.……내가 독일에 독가스를 쏟아부으라고 명령하기까지는 몇 주일, 심지어 몇 개월이 걸릴 수도 있겠지만, 그런 경우에는 우리가 임무를 100퍼센트 완수해야 한다. 한편, 나는 이 문제를 지금 제복을 입고 찬송가를 부르면서 여기저기를 휘젓고 다니는 일부 패배주의자들이 아니라 분별 있는 사람들이 냉철하게 살펴보기를 바란다."[431]

영국은 화학전에 대비해서 엄청난 양의 가스 무기를 생산했을 뿐만 아니라, 7,000만 개의 방독면, 4,000만 개의 제독 연고, 그리고 제독에 사용할 표백제 4만 톤도 준비했다.[431] 전쟁이 끝났을 때, 연합국과 추축국은 전쟁에서 한번도 쓰지 않은 화학무기 50만 톤을 비축하고 있었다. 제1차 세계대전에서 사용한 독가스의 총량은 제2차 세계대전 재고량의 20퍼센트에 지나지 않았다.

유럽의 전역(戰域)에서 화학무기로 인해서 발생한 유일한 대규모 피해 사례(강제수용소 수감자들에 대한 사용은 제외)는 1943년 12월 2일 독일 공군이 이탈리아의 바리 항에 있던 연합국 함대를 공습한 경우였다.[431] 공습으로 파괴된 선박들 중에는 비밀리에 2,000톤의 최루 가스를 항구로 운송하던 미국의 리버티 선, 존 하비 호도 포함되었다. 이는 진주만 이후 연합국이 해상에서 입은 가장 큰 피해였고, 처칠은 미국이 위험한 이탈리아 해역에 선박을 보냈다는 사실에 경악했다. 아이젠하워 장군은 루스벨트 대통령과 영국 전쟁 내각의 승인을 받은 철저한 검열로 이 끔찍한 피해의 원인을 비밀에 부치려고 노력했지만, 민간인과 군인들에게 발생한 대규모 피해는 감출 수 있는 것이 아니었다. 결국 합동참모본부는 "적이 먼저 사용하지 않는 한, 그리고 먼저 사용할 때까지는 가스를 사용하지 않는다는 것(않는다는 것을 강조)이 연합국의 정책이지만, 우리는 보복할 만반의 준비가 되어 있고, 충분히 예상했던 사고가 일어난 것은 부정하지 않는다"고 밝혔다.[431]

전쟁이 끝날 때까지 타분과 사린에 대한 나치의 비밀은 변함없이 지켜졌다. 과학자들도 화학적 합성의 완전한 과정이 아니라 특정한 단계에 대한 정보만 알고 있었다.[431] 심지어 슈라더조차도 자신이 이끌던 연구 전반에 대한 정보를 파악할 수 없었다. 합성에 사용되는 화합물들도 여러 가지 별명들로 불렸고, 타분과 사린의 성분도 계속 바뀌는 가짜 이름으로 불렸다. 나치는 전후에 그런 정보가 담긴 서류들을 모두 땅에 묻어버렸다.

단 한 번의 유출이 그런 비밀의 벽을 거의 무너뜨릴 뻔했다. 영국군이 1943년 5월 튀니지아에서 독일 화학자를 포로로 잡았다.[431] 그 화학자는 자신이 알고 있던 "거의 무색무취의 액체"인 트릴론 83(타분)에 대해서 이렇게 실토했다. "신경 독가스로 알려진 다른 전쟁 가스와는 전혀 다르게" 눈의 동공을 "바늘 머리처럼 줄어들게 만들고, 천식에 걸린 것처럼 호흡이 힘겨워진다. 농도가 더 높아지면 15분 만에 사망하게 된다." 독일 화학자는 성분, 효과, 그리고 살포와 방어의 방법에 대한 자세한 정보를 제공했다.

영국의 심문관들은 그런 정보를 일급기밀 문서로 작성했다. 그러나 영국이 이미 타분과 비슷한 효과를 내는 화학물질을 시험해보았음에도 불구하고, 정보 관리들은 그런 정보를 무시했다.

유기인산염(1944-1959)

농부의 가장 황홀한 꿈인 스스로 해충을 죽이는 농작물이 이제 실현될 것처럼 보였다. 독일에서 개발된 새로운 침투성 살충제로, 농작물의 외부가 아니라 내부에서 작용하는 인(燐) 화합물이 바로 그것이다. _「사이언스 뉴스 레터(*Science News Letter*)」 슈라더 의 침투성 살충제에 대한 논평, 1951년[439]

타분의 존재에 대한 충격은 1945년 4월이 되어서야 감지되기 시작했다. 영국의 몽고메리 21집단군이 "강도의 은신처"라는 뜻의 라우브카머(Raub-kammer)라고 불리는 독일 육군의 폐기된 성능 시험장과 그 근처의 벙커들을 점령했다.[362] 강도의 은신처에는 화학무기를 실험할 동물을 사육하는 동물원이 있었고, 벙커에는 정체를 알 수 없는 물질이 든 포탄이 있었다. 미국과 영국의 화학무기 전문가들이 현장으로 갔다. 그들은 야전 실험실에서 토끼를 대상으로 실시한 시험을 통해서 정체를 알 수 없는 물질이 전례를 찾을 수 없을 정도로 독성이 강하다는 사실을 확인했다. 그들은 물질을 조심스럽게 영국으로 보냈고, 화학방어 부대의 과학자들이 그 내용물을 분석했다. 과학자들은 실수로 노출되어 눈동자가 수축되는 사고를 겪으면서도 주말 동안에 타분의 조성(助成)과 독성, 그리고 해독제인 아트로핀의 효과를 확인했다.[440]

전쟁이 유럽을 휩쓰는 동안에 미국의 화학전 부대는 미국의 화학무기 발전을 위해서 히틀러의 화학자들과 그들이 개발한 유기인산 신경제를 확보하는 일을 최우선 과제로 삼았다.[362] 우선순위도 독일을 점령하는 것에서 소련을 억제하고, 일본을 점령하는 것으로 바뀌었고, 따라서 포로로 잡은 독일의 화학자와 실험실은 소중한 전리품이었다.[431] 화학전 부대의 부대장 윌리엄 포터 장군은 강도의 은신처에서 260킬로그램짜리 타분 5개를 미국으로 가져와서 야전 시험을 실시하도록 명령했다.[362] 몇 개월 내에 미군은 시험에 사용할 타분 530톤을 미국으로 옮겼다. 화학전 부대는 국무부의 반대에도 불구하고 화학무기 개발을 도와줄 독일의 화학자들을 미국으로 데려오기 시작했다.

연합군은 레베르쿠센을 점령한 후인 1945년 3월에 슈라더를 체포했다.[434] 그는 독일 공군이 본부로 사용하던 타우누스 산에 있는 중세의 성인 크란스베르크 성에 다른 유명한 독일 과학자들과 함께 감금되어 있었다.[362] 연합국이 "더스트빈(쓰레기통)"이라는 암호로 명명한 그 성에는 I. G. 파르벤의 화학자 20명 이상과 6명의 이사들, 그리고 다른 나치 과학자, 의사, 사업가들이 수용되어 있었다. 영국 정보 목표 소위원회(BIOS)가 1945년 8월과 9월에 더스트빈에서 슈라더를 심문했다.

슈라더는 연합국의 조사관들에게 유기인산 신경 가스에 대한 비밀 보고서[435]와 유기인산 살충제에 대한 공개 보고서[441]를 제공했다. 슈라더는 BIOS 조사관의 요청에 따라 자신의 발견을 상업화하기 위한 공개 보고서도 작성했다. 공개 보고서의 서문에 따르면, "여기에 공개하는 내용은 이미 BIOS 보고서에 실려 있지만, 그 보고서는 다른 내용 때문에 불가피하게 '기밀'로 분류되었다. 그래서 이 보고서는 슈라더의 연구에서 살충제와 관련된 정보를 더 널리 활용하기 위해서 작성된 것이다.……따라서 이 보고서에 언급된 분야의 조사관들에 대한 주의가 필요한 것으로 보인다. 여기에 소개된 화합물들은 주로 살충제로 사용되는 것이기는 하지만 온혈 동물에게도 독성을 나타낸다. 비슷한 종류의 다른 물질들도 역시 고등동물에게 더 강한 독성을 나타낸다. 연구자들이 합성하는 비슷한 물질도 연구자 자신은 물론 근처의 다른 사람들을 실제 위험에 빠뜨릴 정도로 강한 독성을 가지고 있을 가능성이 있다."[441] BIOS 조사관들은 슈라더를 구금에서 풀어주었고, 그는 파괴된 자신의 실험실을 재건하여 유기인산 살충제를 개량하는 연구를 다시 시작했다.

한편, 1945년 봄에 독일이 붕괴되면서 동부에 있던 타분과 사린 공장들은 소련에 점령당했다.[431] 소련은 자신들이 점령한 지역에서 유기화학자 리하르트 쿤*과 그의 동료 콘라트 헨켈이 개발한 소만(soman)이라는 훨씬 더 강력한 나치의 신경제도 찾아냈다.[436] 암브로스와 마찬가지로 쿤도 유대인 노벨상 수상자인 리하르트 빌슈테터의 지도로 박사학위를 받았다.[304] 유대인 지도 교수와 가까운 사이였음에도 불구하고, 쿤은 히틀러가 노벨상을 유대인 상이라고 불렀다는 이유로 처음에는 1938년 노벨 화학상의 수상을 거부했다.[362]

쿤은 독일군을 위해서 타분과 사린의 독성학을 연구하던 1944년 여름에 소만을 합성했다.[442] 쿤과 그의 동료들은 타분과 사린이 독성을 나타내는 이유가 핵심적인 신경전달물질을 억제해서 곧바로 죽음에 이르게 만들기 때문이라는 사실을 발견했다.[436] 그들은 해독제로 아트로핀을 쓸 수 있다는 사실도 발견했다.

슈라더는 영국 조사관들에게 소만의 발견에 대해서 이렇게 설명했다. "1944년에 H.W.A.가 내게는 알리지도 않고 내 연구 내용을 R. 쿤 교수에게 알려주었다. 쿤은 사린 분자에서 아이소프로필 알코올 대신 피나콜릴 알코올을 사용했다. 전쟁성은 그렇게 만든 생성물에 SOMAN이라는 암호를·붙였다. 나는 8월에 이 물질을 만들어서 조사했다. 온혈 동물에 대해서는 소만이 사린보다 대략 2배나 더 강했다. 매우 강한 생리적 작용을 고려하면

---

* 카르테노이드와 비타민에 대한 연구로 1938년 노벨 화학상을 수상한 생화학자이다.

사린-소만 계열은 식물 보호에는 거의 효과가 없었다."[435] 연합국은 훗날 타분을 "독일 신경제 A"라는 뜻으로 "GA", 사린은 "독일 신경제 B"라는 뜻으로 "GB", 소만은 "독일 신경제 D"라는 뜻으로 "GD"라고 불렀다.[315]

쿤은 나치가 전쟁에서 무기화하기에는 너무 늦은 시기에 소만을 개발했다. 전후에 연합국 조사관들이 쿤을 심문했다.[362] 쿤은 자신이 나치 화학무기 개발 사업에 참여한 사실을 부인했다. 조사관 중 한 사람은 쿤의 주장에 대한 불신을 다음과 같이 정리했다. "내가 보기에 리하르트 쿤의 기록은 충분히 명료하지 않았다. 독일 화학회의 회장이었던 그는 나치 집단과 의례를 매우 충성스럽게 추종했다. 그는 강의를 시작할 때마다 빼놓지 않고 히틀러 경례를 했고, 진정한 나치 지도자처럼 '지그하일(승리를 위하여)'을 외쳤다."[362]

실제로 쿤은 오토 비켄바흐의 "화학무기 작용제와 박테리아 독의 효과와 관련된 단백질-플라스마 물질에 대한 생물학적 및 물리화학적 실험"이라는 과제에 대한 연구비를 승인했다.[436] 비켄바흐는 그 연구비로 나츠바일러 강제수용소에서 포스젠이라는 화학무기에 대한 인체 실험을 수행했다. 나치는 작센하우젠과 노이엔가메의 강제수용소 수감자들에게도 화학무기를 시험했다.[443] 전후의 전범 재판에서 비켄바흐의 변호인이 변호를 위해서, 쿤에게 요청했던 의견서에 따르면, "나는 하이델베르크에서 오랫동안 활동했던 오토 비켄바흐 씨를 개인적으로는 물론 과학적으로도 잘 알고 있다. 나는 헥사메틸렌-테트라아민에 대한 그의 실험이 과학적으로 뛰어나고, 정확하며, 그가 전 인류를 위해서 높은 이상을 추구했다는 사실을 한순간도 의심하지 않았다. 이제야 알게 된 그의 영웅적인 자기 실험이 나의 확신을 더욱 강화해주었다. 그가 이룩한 결과와 그에게 기대할 수 있는 결과는 많은 사람들에게 축복이라는 것이 나의 의견이다."[436]

소련이 소만을 개발하기 위한 연구에 집중하는 동안, 영국은 사린에 대한 연구에 집중했다. 영국 연구자들은 자원 봉사자는 물론이고 침팬지, 염소, 개를 비롯한 다른 포유동물에게도 노출 실험을 했다.[431] 자원자들 중에서 발생한 희생에도 불구하고 영국은 곧바로 1시간에 6킬로그램의 사린을 생산하는 시설을 만들었다. 미국도 비슷한 사린 생산 사업을 추진했다. 규모가 훨씬 더 컸고, 생산 비용은 1킬로그램당 3달러에 불과했다.

유럽에서 전쟁이 끝나자 미국 정부의 여러 기관들이 "오버캐스트 작전"을 통해서 미국의 기술과 무기의 비밀 연구와 개발을 위해서 나치의 과학자, 의사, 공학자들을 공식적으로 데려오기 시작했다.[303] 참모총장은 1945년 7월 6일, "미국 과학과 기술의 독일 전문가들의 활용"이라는 제목의 비밀 메모를 통해서 작전을 승인했다.[362] 합참은 처음에 해리 S. 투르먼 대통령에게 그 작전을 보고도 하지 않았지만, 1946년 여름이 끝나갈 무렵에 그의 허가를 요청해서 승인을 받았다.

독일 가족들이 자신들의 군용 주택의 이름을 "캠프 오버캐스트"로 바꾸는 바람에 비밀 작전의 명칭은 "페이퍼클립 작전"으로 바뀌었다.[362] 새 작전명은 육군 정보 장교들이 나치 관련 서류에 페이퍼클립을 꽂아서 나치의 채용을 강하게 반대하는 국무부에 보여주지 않도록 하던 관행에서 비롯된 것이었다. 독일의 과학자, 의사, 공학자의 채용 조건도 "전쟁 범죄 혐의가 없는 사람"과 "적극적인 나치가 아닌 사람"에서 "독일 군사력의 부활을 계획하는" 사람의 채용은 회피한다는 쪽으로 바뀌었다.[362]

소련의 위협이 시작되면서 독일 전문가들의 재능에 대한 경쟁이 치열해졌다. 작전은 평범한 수준에서 야심적인 수준으로 바뀌었고, 임시 비자도 영주권으로 바뀌었다.[362] 페이퍼클립 작전을 통해서 화학 부대(과거 화학전 부대)를 비롯한 미국 정부 기관들에 채용된 나치의 과학자, 의사, 공학자의 수는 1,600명이 넘었다. 채용된 과학자들 중에는 암브로스도 있었다. 그의 채용을 주선한 사람은 전쟁 중에 유럽에 주둔했던 미국 육군의 화학전 부대 정보부 책임자 필립 R. 타르 중령이었다.

타르는 미국–영국 합동 정보 목표 소위원회(CIOS)의 미국 대표단을 이 끄는 일도 했다.[362] 3,000명 이상의 기술 전문가들이 화학무기와 관련된 것 을 포함한 나치의 과학 문서들을 번역하고 해석하는 임무를 수행했다. 타 르의 상대 역할을 했던 영국 책임자는 에드먼드 틸리 소령이었고, 타르는 자신이 암브로스를 채용하려고 하고 있다는 사실을 틸리에게 감추었다.

화학 부대는 타분과 사린의 생산 조건에 대한 암브로스의 자세한 지식을 얻고 싶었다.[362] 그들은 그의 지식을 그가 저질렀던 범죄에 대한 사법적 정 의보다 더 높게 평가했다. 심지어 전쟁 직후에 타르는 감시병도 없이 암브 로스를 혼자 보내서 타분 생산에 사용했던 은으로 도금한 기계장치의 청사 진을 찾아오는 비밀 임무를 맡기기도 했다. 타르는 암브로스의 협조를 얻 기 위해서 나치 화학무기 과학자들 모두를 더스트빈에서 출소시켜달라는 요구를 들어주려고도 했다. 심지어 타르는 영국의 군수성을 담당하고 있던 대령의 명령서를 위조하기도 했다. 결국 암브로스는 프랑스 점령 지역으로 숨어들어서 자신이 I. G. 파르벤 공장에서 관리자로 있을 때에 알고 있었던 정보를 교환하기 위한 협상을 시도했다. 영국 장교의 보고에 따르면, 타르 는 "체포를 회피하려는 [암브로스]를 돕는 조치도 취했다."[362] 타르는 1945 년 7월 28일, 다우 화학 회사의 협조를 얻어서 화학전 부대의 검사관이 프랑스 점령지에서 암브로스를 만나도록 해주었다. 그들의 만남은 생산적 이었고, 미국 화학자는 암브로스에게 "다우를 대표하여 평화협정이 체결된 후에도 우리의 관계가 계속 이어지기를 기대하겠다"라고 말했다.[362]

미국 육군의 다른 장교들은 암브로스를 체포하기 위해서 프랑스 점령지 에 있던 그를 유인하려고 했다.[362] 방첩부대의 위장 요원들이 암브로스의 움직임을 추적했지만, 암브로스를 미국 점령지에 있는 매복 장소로 유인하 려는 그들의 계략은 번번이 실패하고 말았다. 암브로스에게는 자신을 추적하는 미국 정보원을 추적하는 정보원이 따로 있었고, 자신을 대신할 대역을 매복지로 보내기도 했다. 다음 날 암브로스는 덫을 놓았던 미국 장교에게 I. G. 파르벤의 편지지에 "약속을 지키지 못해 미안합니다"라고 쓴 메모를 보냈다.[362]

독일의 피해가 늘어가던 1944년 말에 암브로스는 자신의 보좌관 위르겐 폰 클렌크에게 전쟁 가스에 관련된 모든 문서와 I. G. 파르벤과 독일 국방군과의 계약서들을 파기하도록 지시했다.[362] 폰 클렌크는 암브로스에게 알리지 않고 핵심 문서들 중에서 일부를 강철 드럼통에 넣어서 농장에 묻어두었다. 이 문서의 은닉이 암브로스가 실패하게 된 결정적인 이유였다.

틸리 소령은 타르가 CIOS의 합동 운영에 어긋나는 일을 하고 있다는 사실을 알아차렸다.[362] 틸리는 암브로스를 보호해서 미국의 화학무기 개발에 활용하려는 타르의 행동에 분노했다. 틸리는 결국 1945년 10월 27일에 I. G. 파르벤 문서를 숨겨둔 드럼통을 발견하면서 기회를 잡았다. 문서들 중에는 암브로스의 유죄를 입증하는 증거도 있었다. 이틀 후에 BIOS는 암브로스에 대한 체포 영장을 발부했다.

그후로도 석 달 동안 프랑스 점령지에 안전하게 머무르던 암브로스는 그 지역을 떠나려고 한 1946년 1월 17일에 체포되었다. 틸리 소령은 암브로스를 뉘른베르크 감옥으로 이송시키기 전에 더스트빈에서 그를 심문했다. 암브로스는 뉘른베르크 재판에서 I. G. 파르벤에 대한 혐의 VI에서 인류에 대한 범죄로 유죄판결을 받았지만, 1951년에 조기 석방되어서 미국 화학 부대와 일할 수 있게 되었다. 다른 여러 열성 나치 지지자나 전쟁 범죄자들과 마찬가지로 암브로스도 냉전의 새로운 경쟁적 질서에서 성공적으로 적응했다.

전쟁이 끝나고 1년도 되지 않아서, 화학 부대는 다섯 종류의 유기인산제를 개발했고, 장비를 개선하여 사린을 효과적으로 합성했다.[303] 화학 부대는 해충을 대상으로 그런 가스들의 살충 효능을 파악하고, 해충을 이용해서 전투 현장에서 신경 가스의 생물학적 효과를 확인하는 연구를 수행했다. 화학 부대는 존스홉킨스 의과대학과 계약을 맺고 신경 가스 중독을 진단하고 치료하는 절차를 개선하기 위해서 인간 자원자들을 대상으로 유기인산 살충제 실험을 수행했다.

화학 부대는 새로운 농약을 시장에 내놓기 위한 실험과 현장 시험을 통해서 자신들의 전시 경험과 전문성을 사회에 적극적으로 알렸다.[303] 화학 부대는 제독 장비, 박격포, 연기 발생 장치를 살충제 살포 수단으로 활용했다. 화염방사기와 방화물질은 잡초를 제거하거나 얼음과 눈을 녹이는 데에 사용할 수 있었다. 연기 발생기는 과수원의 서리를 막아주었고, 전쟁 가스는 폭동 진압에 쓸 수 있었다. 전쟁 가스 기술의 활용 가능성은 무한한 것처럼 보였고, 그런 노력이 화학 부대에 대한 정부의 지속적인 지원을 정당화하는 근거가 되었다. 동시에 미국 정부는 화학 회사들에 세제 혜택을 제공했고, 국방부는 대규모 구매 계약을 해주었다.

유기인산 계열의 살충제에 대한 연구는 계속되었다. 새로운 농약을 개발 중이던 임페리얼 케미컬 인더스트리스(ICI)라는 영국 기업이 1952년에 개발한 아미톤(amiton)이라는 유기인산제는 잎진드기에 강한 독성을 띠는 것으로 밝혀져서 상당한 상업적 가치가 확인되었다.[434] 그러나 현장 시험에서 아미톤을 사용했던 농부들은 신경 충동 독성을 경험했다. 아미톤은 독성이 매우 강해서 몇 밀리그램으로 사람도 죽일 수 있었다.[303, 431] 살충제를 안전하게 판매할 수 없다는 사실을 깨달은 ICI는 영국 정부에 샘플을 주었고, 영국 정부는 미국 화학 부대에 그 사실을 알려주었다.

영국의 포턴 다운에 자리한 화학방어 실험단은 아미톤을 화학무기로 활용할 가능성을 시험했다. 그들은 아미톤이 피부를 통해서 곧바로 독성을 나타내고, 슈라더와 쿤이 개발한 G 신경제보다 독성이 훨씬 강하다는 사실을 밝혀냈다.[434] 포턴 다운의 화학자가 아미톤의 구조를 변형시켜서 V 신경제라는 독성 신경제(Venomous agents)를 만들었다. 피부에 바른 V 신경제는 사린보다 1,000배나 강한 독성을 보였다. 바늘 머리 정도의 양만 피부에 떨어뜨려도 15분 안에 사망할 정도였다.[315]

V 신경제를 토대로 개발된 가장 중요한 화학무기가 VX였다. 휘발성이 있는 독일 신경제와 달리 새 화학물질은 무겁고, 점액성이어서 전투 현장을 상당 기간 황폐화시킬 수 있었다.[431] 미국과 영국은 1956년에 공동으로 VX를 생산하는 효율적인 공정을 개발했고, 미국의 생산 시설은 1959년부터 가동에 들어갔다.[303, 431] 1950년대에 새로운 농약을 개발하기 위한 민간의 노력으로 당시까지 개발되었던 것들 가운데 가장 독성이 강한 화학무기가 만들어지게 되었다. VX에 사용할 수 있는 살포 방법은 지뢰, 포탄, 살포 탱크, 미사일 등이 있었다.[431]

다음으로 이루어진 혁신적인 발전은 로켓이나 포탄 속에 신경제의 성분들을 분리하여 저장하는 이중 무기(binary weapon)였다. 무기를 발사하면, 두 성분 사이에 있던 분리 벽이 깨지면서, 비행 중에 화학반응이 일어나서 신경제가 만들어졌다.[431] 이런 기술을 사용하면 신경제를 직접 취급해야 하는 위험을 피할 수 있었다. 사람들은 비교적 무해한 성분들을 다루게 되고, 유독한 화학반응은 발사 장치 속에서 일어나게 된다.

과학자와 공학자들이 유기인산제 화학무기의 성능 개선을 꾀하던 전후의 기간에 농약 제조사에서 종사한 과학자들은 유기인산제 농약의 성능을 개선하기 위해서 노력했다. I. G. 파르벤의 경영자들이 슈라더의 기록 중에서 상당 부분을 폐기했고, 분실한 것도 많았기 때문에 슈라더가 공개한 살충제에 대한 보고서는 완벽한 것이 아니었다.[441] 그러나 영국의 화학 회사들이 1947년 2월 파라티온을 판매할 수 있도록 허가해주기에는 자료가 충분했다.[434] 이전에도 미국의 화학 회사들은 슈라더의 공개 보고서를 이용해서 특허나 면허에 얽매이지 않고 유기인산제 농약을 생산할 수 있었다.

몬산토가 가장 이른 1946년부터 쥐약으로 판매를 시작한 HETP(또는 TEPP라고도 부름)를 생산했다.[303] 화학 부대는 이 화학물질 1파운드로 200만 마리의 쥐를 죽일 수 있다고 보고했다. 허큘리스, 아메리칸 사이나마이드, 셸, 나이아가라, 스타우퍼, 케마그로, 빅터, 벨시콜과 같은 화학 회사들이 생산한 다른 유기인산제 농약들도 빠르게 등장했다.

슈라더가 전쟁 중에 이룩한 가장 중요한 발견은 유기인산제 농약이 식물의 뿌리로 침투해서 줄기와 잎까지 퍼지는 "침투성 농약(systemic pesticide)"이 된다는 사실이었다.[303, 435, 444] 그런 농약을 뿌린 작물을 먹은 해충은 작물에 남아 있는 독 때문에 죽게 된다. 슈라더는 플루오로에틸 알코올을 이용한 살충제를 연구하던 중에 놀라운 "살아 있는 식물이 가진 화학요법제" 효과를 발견했다.[435] 그는 옥수수에 살충제 0.1퍼센트 용액을 뿌리는 실험을 했다. 8일 후에 그 옥수수의 줄기와 잎을 먹인 토끼가 24시간 안에 죽었다. 마찬가지로 잎을 먹인 (잎을 먹어치우는) 애벌레와 (즙을 빨아먹는) 진딧물도 죽었다. 슈라더의 기록에 따르면, "이 실험은 물질 XLVII이 뿌리는 물론이고 잎으로도 흡수된다는 것을 분명하게 보여주었다. 그 물질은 수액이 흐르는 줄기로 들어가서 식물의 모든 부분에 도달하며 특정 시기 동안에 곤충은 물론이고 심지어 온혈 동물에게도 독성을 나타낸다."[435]

이런 방법의 엄청난 장점은 식물의 순환계가 독물의 전달제 역할을 해주기 때문에, 살포된 살충제 용액이 닿을 수 없는 부위에 있는 곤충도 제거할 수 있다는 것이었다. 슈라더가 개발한 여러 가지 침투성 살충제는 상당한 기간 동안 해충으로부터 식물을 지켜줄 수 있었다.

슈라더는 곧바로 이 새로운 기술을 독일 포도밭에서 필록세라(Phylloxera, 뿌리진디)를 제거하는 데에 활용했다.[435] 슈라더가 새로운 살충제를 개발하기 전에는 농약 살포기를 이용해서 진디가 침투한 나무 주위의 모든 나무에 이황화탄소를 도포해놓고, 넓은 지역의 출입을 금지하는 것이 뿌리진디를 퇴치하는 유일한 방법이었다. 결과적으로 포도밭은 망가지고, 토양은 4년 동안 황폐해져서 포도밭 소유자들은 재앙적인 피해를 입게 되었다. 슈라더의 기술을 이용하면, 포도나무에서는 여전히 포도가 열렸다. 포도에 독이 스며들기도 했으나, 최악의 경우에도 다음 수확기에는 포도나무에서 건강한 포도를 수확할 수 있었다. 마찬가지로 슈라더가 개발한 침투성 농약은 다양한 작물에서 해충의 피해를 방지하는 새로운 길을 열어주었고, 그런 기술은 전 세계적으로 엄청난 환영을 받았다.

슈라더는 자신의 기술을 콜로라도 감자 딱정벌레 퇴치에도 활용했다. 전쟁 중에는 물론이고 전후에도 독일에서는 식량이 부족했고, 감자 딱정벌레는 1944년 여름과 전쟁 직후인 1945년에 그 무엇보다 중요했던 감자를 몹시 괴롭힌 벌레였다. 슈라더는 딱정벌레 퇴치에 전념했고, 1945년에는 훨씬 낮은 농도에서도 그때까지 사용하던 비소산 석회보다 훨씬 더 효과적으로 딱정벌레를 퇴치하는 새로운 유기인산 살충제를 개발했다. 슈라더의 기록에 의하면, "비소산 석회는 감자 딱정벌레와 애벌레만 죽이지만, 새로운 물질은 식물의 아래쪽에 있는 알까지 확실하게 퇴치해준다. 그런 방법으로 감자 딱정벌레를 정말 효율적으로 퇴치할 수 있게 될 것이다."[435]

전쟁이 끝나자 슈라더는 화학무기에 더 이상 관심을 두지 않았다. 그는 더 나은 살충제 개발에 열정적으로 매달렸다. 슈라더의 직장이었고, 전후에 I. G. 파르벤의 잔해에서 탄생한 거대 화학 기업들 중의 하나인 바이엘 AG는 1952년의 시스톡스, 1954년의 메타시스톡스, 그리고 디프테렉스, 구사티온, 폴리돌을 비롯한 화학물질을 시장에 내놓았다.[434] 여러 화학자들도 유기인산제를 새로운 살충제로 개발했다. 1959년에는 그런 화학물질 약 5만 종이 합성되어 해충 박멸 효과에 대한 실험이 이루어졌고, 그중에서 40종이 상업화되었다.[445]

전쟁 중에는 슈라더의 명성이 나치 지도자들 사이에서만 알려져 있었다. 그의 화학적 발견은 비밀에 부쳐졌기 때문에 그는 전혀 알려지지 않은 인물이었다. 그러나 전쟁이 끝난 후에 슈라더는 인류의 적인 해충을 퇴치하는 훌륭한 살충제를 개발하는 사람으로 널리 칭송을 받았다. 그는 독일 정부와 독일 화학자협회는 물론이고 자신의 직장으로부터도 상을 받았다.[434] 그는 1967년에 바이엘의 공장 보호 실험실의 관리직에서 은퇴했고, 1990년 87세의 나이로 사망했다.

제2차 세계대전이 일어나기 직전에 슈라더가 처음 개발한 유기인산 계열의 살충제는 이제 파울 뮐러가 전쟁이 시작된 직후에 개발한 유기염소 계열의 살충제와 경쟁했다. 그 경쟁에서는 슈라더 계열의 화학물질이 승리했다. 그러나 살충제들 중에서도 특히 DDT에 의한 환경 피해에 놀라서 책을 쓴 여성을 제외하면, 아무도 이러한 성공의 결과를 예측하지 못했다.

제4부

생태계

[**10**]

저항

(1945-1962)

최근 지상에서 이리저리 걸어본 적이 있나요? 나는 해보았습니다. 나는 인류의 훌륭한 발명들도 살펴보았습니다. 그리고 나는 인간이 생명의 기술에서는 아무것도 발명하지 못했지만, 죽음의 예술에서는 자연을 훌쩍 넘어섰다고 알려드리겠습니다. 인류는 화학과 기계를 이용해서 전염병, 역병, 기근을 완전히 소멸시켰습니다. _ **조지 버나드 쇼의 희곡 「인간과 초인」에서 악마가 지옥에 있는 돈 후안에게 한 이야기, 1903년**[446]

알들은 차갑게 식었고, 며칠 동안 깜빡이던 생명의 불은 이제 꺼지고 말았다. _ **레이철 카슨, 1962년**[447]

제1차 세계대전 이후, 식량 안보와 매개체에 의한 질병을 우려하던 많은 전문가들은 자연을 정복하는 일을 중요하게 생각했다. 미국 농무부의 수석 곤충학자 릴런드 오시언 하워드는 1922년에 그런 도전에 대한 입장을 분명하게 밝혔다. "현재의 비관적인 상황을 인식하는 사람은 거의 없다. 국민과 국가는 언제나 자신들과의 투쟁에 집착해왔다. 전쟁은 인류의 야망에서 생겨난 불가피한 일인 것처럼 보였다. 세계가 1914년부터 1918년의 기간에 배운 교훈이 국제적인 전쟁의 재발을 막을 정도로 충분하리라는 기대는 어쩌면 지나친 것일 수 있다. 그러나 인간들끼리가 아니라 전 인류와 인류에 대항하는 특정 집단들과의 전쟁이 진행되고 있는 것이 사실이다."[448]

그런 집단들의 우두머리가 바로 곤충이었다. 하워드의 주장에 따르면, 우리는 모든 유기체에 대해서 "일종의 지구 공동체라는 감정"을 가지고 있다.[448] 그러나 곤충은 다르다. 곤충은 "지구의 관습이나 의욕이나 심리학과는 다른 무엇을 가지고 있다. 곤충은 우리 지구보다 훨씬 더 무시무시하고, 훨씬 더 에너지가 넘치고, 훨씬 더 무감각하고, 훨씬 더 끔찍하고, 훨씬 더 지긋지긋한 다른 행성에서 왔다고 말할 수도 있을 것이다."[448] 곤충이 "우리보다 비교할 수 없을 정도로 단단하게 무장을 하고, 더 좋은 장비를 갖추고 있고, 우리의 가장 신비스러운 적이고, 이렇게 늦은 시기에 우리의 경쟁자가 되었고, 어쩌면 우리의 후계자일 수도 있다는 사실을 고려하면," 곤충과의 전쟁은 인류에게 불리한 것처럼 보였다.[448]

하워드는 오랫동안 곤충과 씨름하는 과정에서 그런 결론을 얻었다.[449] 월터 리드도 쿠바에서 모기가 황열병의 매개체일 가능성에 대한 연구를 시작하기 전에 하워드와 논의를 했었다. 더욱이 하워드가 1901년에 발간한 『모기, 어떻게 살고, 질병을 전파하고, 분류하고, 퇴치할 것인가(*Mosquitoes, How They Live; How They Carry Disease; How They Are Classified; How They May Be Destroyed*)』라는 책은 아바나와 파나마 운하 지역에서 모기 퇴치 사업을 수행한 윌리엄 고가스 소령에게는 지침서나 다름없었다.[450] 그러나 양차 대전 사이와 그 이전에는 인간의 적인 곤충과의 싸움에 필요한 효과적인 화학물질이 없었던 것이 문제였다.

제2차 세계대전이 모든 것을 바꾸어놓았다. 이제 인류는 곤충이라는 적과의 싸움에서 비소산, 석회, 황 분말, 식물 추출물, 석유 유화제와 같은 무기에만 의존할 이유가 없어졌다. 유기 화합물들이 쏟아져 나왔고, 효과적이고 새로운 화학 살충제들이 상황을 인간에게 유리하도록 해주었다. 곤충학자들은 그런 수단을 적극적으로 활용했고, 곤충에 대한 작전 개시 명령에는 전시에 쓰이던 용어들을 사용했다.[303]

그러나 모두가 곤충에 대한 무차별적인 화학물질의 사용에 낙관적이었던 것은 아니었다. 심지어 전쟁 중에 DDT를 처음 사용했을 때에는 지지자들조차 경고의 필요성을 강조했다. DDT의 적극적인 옹호자인 제임스 스티븐스 시먼스 준장의 기록에 따르면, "그렇게 강력한 살충제는 양날의 검이 될 수 있고, 그것을 함부로 사용하면 농사와 원예에 꼭 필요한 소중한 곤충들에게도 피해가 발생할 수 있다는 사실은 분명히 알 수 있다. 더욱 중요한 사실은 살충제가 동물계와 식물계의 필수적인 균형을 무너뜨리면, 여러 가지 기본적인 생물학적 순환 과정에 문제가 생긴다는 것이다."[349] DDT를 비롯한 새로운 농약의 무차별적인 사용에 대해서 시먼스가 경고한 문제들은 제2차 세계대전 직후부터 실제로 나타나기 시작했고, 몇몇 과학자들과 전문 공중보건 의료진들도 우려를 표시했다.

미국 감염병 센터(후에 질병통제예방 센터, 즉 CDC로 확대되었다) 과학자들의 1948년 보고서에 따르면, "1946년과 특히 1947년에는 DDT가 본격적으로 사용된 첫해[1945년]보다 효과가 떨어진다는 불만이 광범위하게 제기되었다.……대부분의 불만은 DDT를 처음 사용하고 나서 한 해 이상 많은 수의 파리로부터 비교적 자유롭게 지내던 사람들이 이제는 적은 수의 파리 떼조차 용납하지 못하게 되면서 나타난 심리적 현상인 듯 보인다."[451] 비록 대중의 불안을 기대치의 변화 탓으로 돌리기는 했지만, 과학계의 지도자들도 농약이 야생동물에게 미치는 영향을 걱정했다. "주택 주위에서만 살충제를 사용한다면 바람직하지 않은 생물학적 불균형이 발생할 위험은 없다. 그러나 이 화합물들을 사람들이 활용하지 않는 지역에도 집중적으로 사용한다면……인류의 경제와 행복과 관련된 야생종에게 위해(危害)가 될 수 있다는 사실을 반드시 진지하게 고민해볼 필요가 있다. 그런 위험은 명백하고, 직접적이고, 즉각적일 수도 있지만, 은밀하고, 간접적이고, 시간이 지난 후에 나타날 수도 있을 것이다."[451] 마찬가지로 모기 퇴치를 위한 DDT 의 사용에 찬성한 영국의 말라리아 전문가도 이렇게 말했다. "DDT는 매우 엉성하면서 강력한 무기이기 때문에 이 물질을 공중에서 일상적으로 사용하는 것은 매우 두렵고, 혐오스럽게 느껴질 수밖에 없다."[303]

CDC의 과학자들도, 이 새로운 농약이 인체에 미치는 만성 독성은 "전혀 연구된 적이 없다"는 사실을 지적했다.[451] DDT에 의한 인체의 급성 독성이 곤충이나 조류에 나타나는 증상과 비슷하다는 사실만 알려져 있었다. "구토, 무감각, 손발의 부분적 마비, 가벼운 경련, 손발의 고유 감각과 진동감의 상실, 과민성 무릎 반사 등이 급성 독성 증상이었다."[451] 민간에서 DDT 를 사용하고 불과 2년 만에 오용(誤用)으로 의한 사망자들이 증가하기 시작했다. CDC의 과학자들에 따르면, "5퍼센트의 DDT와 함께 2퍼센트의 '레탄'(384 특수), 7퍼센트의 자일렌, 86퍼센트의 탈취 등유가 든 상품 120밀리리터를 마신 후에 우유 1쿼트와 맥주 몇 잔을 섭취한 58세 남성이 DDT 제재와 관련된 치명적인 중독의 가장 완벽한 사례였다. 그에게는 곧바로 상복부 통증과 함께 혈액이 섞인 구토 증상이 나타났다. 7일 후에 혼수상태에서 사망할 때까지 그런 증상이 다양한 강도로 지속되었다."[451]

사람과 동물에 대한 우려를 반박하기 위한 논거 중의 하나가 바로 농약의 선택성이었다. 유명한 전문가의 1946년 주장에 따르면, "우리의 적인 곤충 무리를 퇴치하기 위한 이런 무기의 개발에 대해서 우려하는 사람들은 살충제가 분명히 선택적이라는 사실을 오래 전부터 알고 있었다. 한 종류의 곤충을 몇 분 안에 죽일 수 있는 살충제가 다른 곤충에게는 아무 효과가 없는 경우도 있다."[373] 그러나 그 전문가도 같은 논문에서 "DDT가 어떻게 곤충을 죽이는지는 밝혀지지 않았다"라고 인정했다.

DDT를 비롯한 유기염소계 살충제는 오랜 기간 놀라울 정도로 효과적이었다. 한 전문가에 따르면, "DDT의 뛰어난 특징 중의 하나가 지속성이다."[373] 그러나 바로 그 지속성 자체가 문제가 되었다. DDT 생산기업의 핵심 곤충학자에 따르면, "나는 한 군인으로부터 모기로 오염된 남태평양의 어느 섬을 공격하기 전에 저공비행하는 폭격기로 DDT를 단 한 번 살포했는데 유일하게 살아남은 곤충은 나비 한 마리뿐이었다는 이야기를 들었다. 그러나 바로 그 증언으로부터, 나는 전쟁이 끝난 후에는 DDT 살포를 반드시 훈련을 받은 사용자에게만 맡겨야 한다고 믿게 되었다. DDT는 오랜 기간 지속되는 잔류 독성 때문에 곤충의 후속 세대에도 영향을 미치고, 그래서 다른 살충제보다 훨씬 더 다양한 종류의 곤충을 죽이게 된다. 바로 그런 사실이 가장 심각한 위험 요인이 될 것이다. 인류는 곤충 세계에 많은 친구들을 가지고 있는데, DDT는 적군과 아군을 가리지 않고 똑같이 파괴적이다. 곤충 세계의 자연적인 균형을 무너뜨리면, 인류에게 미치는 피해는 정말 끔찍할 것이다."[358]

생태학적 균형의 붕괴는 1951년에 처음 발견되었다. 연구자들은 DDT 사용으로 곤충 포식자는 줄어들었지만, 감귤류에 피해를 주는 다른 곤충들은 늘어났다는 사실을 보고했다.[452] 진화적으로 DDT에 대한 내성이 생긴다는 사실은 더 일찍부터 알려져 있었다. 사실 곤충이 진화적으로 살충제에 대한 내성을 가지게 된다는 아이디어는 1914년에 처음 제시되었고,[453] DDT가 개발되기 훨씬 전인 1916년에는 사이안산에 대한 내성이 처음으로 확인되었지만,[454, 455] 그런 가설은 거의 주목을 받지 못했다.[303]

그리스에서는 전국적으로 살포를 실시한 다음 해인 1947년에 DDT에 내성을 가진 집파리가 나타났고, 그후로 몇 년 동안에 DDT에 내성을 가진 모기, 벼룩, 빈대, 바퀴벌레가 DDT에 취약한 동료들을 대체했다.[456] 1952년에는 미국을 포함한 세계의 많은 곳에서 여러 가지 치명적인 질병들을 매개하는 이, 파리, 모기들이 진화를 통해서 DDT와 다른 새로운 살충제들에 대한 내성을 얻게 되었다는 사실이 확인되었다.[303, 457] 예를 들면, 남부 캘리포니아에서 DDT가 사용된 1946년 이래로 집파리가 내성을 가지기까지는 고작 2년이 걸렸고, 다시 2년이 지난 후에는 대체 살충제였던 메톡시클로르, 린데인, 클로르데인, 톡사펜, 알드린, 다이엘드린에도 내성을 가지게 되었다.[457] 미국 육군은 한국전쟁 당시 이가 DDT에 내성을 가졌다는 사실을 발견하고, 다시 과거에 사용하던 제충국 용액을 써야만 했다.

살충제의 내성에 대한 군사적인 관심이 커지면서 연구에 상당한 자원이 투입되었다. 중요한 연구 성과가 1951년 국가 연구 위원회(NRC)의 학술대회에서 처음으로 발표되었다. 유명한 진화생물학자인 테오도시우스 도브잔스키는 내성이 한 세기 전에 찰스 다윈이 완벽하게 설명한 자연선택에 의한 진화의 필연적 결과라는 사실을 설명하면서, "생물학자들은 각각의 종, 민족, 또는 인구집단을 어떤 '유형'이나 '표준'과 같은 전형(典型)으로 여기는 진화론 이전 시대로부터 물려받은 사고방식을 버려야 한다"라고 주장했다.[457]

화학 회사들은, 내성의 진화를 극복하기 위해서는 사회가 "더 많은 다양성과 특성을 가진 새로운 살충제를 끊임없이 개발해야 한다"는 결론을 얻었다.[303] 따라서 내성의 진화는 새로운 살충제를 위한 안정적인 시장을 만들어냈다. 일련의 유기인산제가 시장에 출시되었다. 아메리칸 사이나마이드는 말라티온이 "DDT나 다른 염소계 탄화수소 살충제에 내성을 가진 파리까지도 없애준다"라고 광고했다.[303] 곤충에서 유기인산제에 대한 내성이 나타나자 화학 회사들은 새로운 살충제인 카바메이트를 개발했다. 유니온 카바이드는 1957년에 새로 개발한 카바메이트 살충제인 세빈 또는 카르바릴이 "안전하고, 저렴하고, 안정적이고, 비교적 광범위한 효과가 있다"라고 밝혔다.[303]

과학자들은 1962년까지 140여 종의 해충이 DDT에 대한 내성을 진화시킨 것을 확인했다.[425] 한 전문가에 따르면, "살충제를 더 많이 사용하면, 살충제를 더 많이 사용해야 할 필요가 생긴다. 우리는 과거보다 훨씬 더 심각한 해충 문제를 만들어냈다."[320] 야생동물 전문가에 따르면, "대부분 살충제에 의한 사회적 비용을 무시한 채, 개인적인 금전적 이익만을 노리고, 더 이상의 효과를 기대할 수 없을 정도로 살충제의 사용을 고집했던 탓에 세계가 살충제에 중독되었고, 전 세계의 동물계가 황폐해지는 비극적인 결과에 이르렀다."[458]

전쟁 중에 공중에서 DDT가 살포된 남태평양의 섬에서 야생동물에 대한 피해 사실이 처음으로 발견되었다.[303] 곤충학자에 따르면, "사이판은 완전한 파괴의 수준에 근접해 있다.……새도 없고, 포유류도 없고, 파리 몇 마리를 빼면 곤충도 없다."[459] 전쟁이 끝나갈 무렵에 자연 저술가 에드윈 웨이틸은 전쟁이 끝나고 나면 DDT의 무차별적인 사용으로 곤충이 완전히 사라질 것이라고 경고했다. "전쟁이 끝난 후에는 살충제, 비행기, 멍청한 관료들이 남아돌 것이고, 모든 곤충을 상대로 벌인 정복 전쟁에 대한 기쁨의 환호도 잦아들게 될 것이다.……공중에서 농지나 숲에 살충제 분말을 살포하는 것은, 도주하는 강도를 죽이겠다고 사람들이 무리를 지어서 사방으로 기관총을 쏘아대는 것과 조금도 다르지 않을 것이다." 그는 그 결과가 "교훈을 얻을 줄 모르는 인간의 어리석음에 대한 어둡고 삭막한 기념비"가 될 것이라고 했다.[460]

전쟁이 끝나고 1년 후에 국립 오듀본 협회*는 미국의 국민들에게 DDT의 대량 살포가 환경에 초래할 위해성을 경고했고,[458] 미국 어류, 야생동물국은 DDT 노출에 의한 야생동물의 치사율을 연구한 결과를 발표했다.[461] 1950년대에는 특히 조류나 어류와 같은 야생동물이 급성 중독된 명백한

---

* 조류학자 존 오듀본(1785-1851)을 기리기 위해서 세워진 야생동물 보호협회이다.

사례들뿐만 아니라, 환경 지속성에 의한 지연 효과와 DDT의 만성 독성도 확인되었다.[320, 420] 예를 들면, 느릅나무에 살포한 DDT는 다음 해에 나무를 찾아온 개똥지빠귀들의 목숨도 앗아갔다.[462]

　DDT를 비롯한 유기염소계 농약들은 지방에 잘 녹고, 환경에 지속적으로 남기 때문에 사냥감에서 포식자로 옮겨가면서 농축되었다. 예를 들면, 1948년 레이크 카운티 모기 퇴치 구역에서는 각다귀를 죽이기 위해서 캘리포니아의 클리어 호수에 (DDT의 대사물질에 해당하는 살충제인) DDD를 14ppb의 농도로 살포했다.[320] 1954년과 1957년에도 20ppb의 DDD를 살포하는 일을 반복했다. 결과적으로 플랑크톤의 DDD 농도가 수중 농도보다 265배나 증가했고, 플랑크톤을 먹는 어류에서는 플랑크톤의 DDD 농도보다 2배나 농축되었고, 초식성 어류를 먹는 어류와 조류의 DDD 농도도 수중 농도보다 8만5,000배나 더 높아졌다. 서부농병아리의 번식 실패와 높은 치사율도 확인되었다. 특히 전 세계적으로 유기염소계 농약이 집중적으로 살포된 지역에서 서식하는 먹이 사슬의 상위에 있는 조류에서 번식 실패와 개체 수 감소가 나타났다.[463] 개체 수가 심각하게 줄어든 생물 종의 목록에는 미국의 상징인 대머리독수리와 지구상에서 가장 빠른 송골매도 포함되었다. 조류는 DDT와 그 대사물질에 의해서 알의 껍데기가 얇아지기 때문에 번식 실패에 특히 취약했다.

　미국 남부 9개 주의 2,700만 에이커에서 불개미를 퇴치하기 위해서 실시했던 것과 같은 기념비적인 연방 차원의 살포 사업으로 야생동물은 믿을 수 없을 정도의 피해를 입었다.[464] 미국 농무부는 국민에게 불개미의 위험성과 불개미가 작물과 가축에 입히는 알려지지 않은 피해에 대한 홍보 캠페인을 벌였다. 그리고 1957년에는 불개미 퇴치 캠페인을 시작했다.[320, 420] 사실 불개미는 그저 성가신 존재일 뿐이었다. 한 야생동물 생물학자는 "그것은 비듬을 치료하겠다고 두피를 벗겨내는 것과 같다"라고 평가했다.[464] 「세터

데이 이브닝 포스트(*Saturday Evening Post*)」의 보도에 따르면, "불개미가 함께 지내기 어려운 해충인 것은 확실하지만, 그렇다고 수백만 마리의 새, 물고기, 작은 동물들을 살육하는 것을 정당화시킬 수 있는지는 의심스럽다."[465] 실제로 불개미는 둥지에서 살기 때문에 집중 살포에 취약한데도 농무부는 오히려 남부 주의 광활한 지역에 입상(粒狀) 살충제를 뿌렸다.[320]

미국에서 다른 어느 잡지보다 독자가 많았던 「리더스 다이제스트」는 1959년의 광범위한 농약 살포의 위험을 다룬 기사에서 다음과 같이 경고했다. "미국은 해충에 대한 치열한 전쟁을 하고 있다. 사용하는 무기가 강력하고, 광범위하고, 그에 따른 논란도 마찬가지이다. 1억 에이커의 농지와 숲에 수십억 파운드의 독극물을 뿌렸다. 올해에도 북부 산림의 잎말이나방, 중서부의 밀밭 900만 에이커의 메뚜기, 그리고 모래파리, 각다귀, 알풍뎅이, 옥수수의 조명충나방, 매미나방을 퇴치하기 위해서 추가로 수십억 파운드가 전국에 뿌려지고 있다."[464] 같은 기사에서 소개된 유명한 동물학자에 따르면, "현재 광범위하게 시행되고 있는 사업은 북아메리카의 동물들이 한 번도 경험해보지 못한 매우 심각한 위협이 되고 있다. 그런 위협은 삼림 파괴보다 더 나쁘고, 불법 사냥보다 더 나쁘며, 배수, 가뭄, 기름 오염보다 더 나쁘다. 아마도 그런 위협 요인들을 모두 합친 것보다 더 나쁠 수도 있다."[464] 그리고 기사는 화학 농약에 대한 의존도가 더욱 높아질 가능성에 대해서도 지적했다. "농약은 쥐는 물론이고 쥐를 잡아먹는 매, 올빼미, 여우, 그리고 해충과 이로운 곤충까지 전부 죽이기 때문에 우리는 결국 유해 동물과의 전쟁에서 자연적 우군을 모두 잃어버리고, 오로지 점점 더 강한 화학물질에 의존하게 되지 않을까?"[464] 농약에 대한 내성이 빠르게 진화되는 것을 보면, "다른 유해 동물에 대한 고비용의 일시적인 승리에 취해서 훗날 슈퍼-곤충의 형태로 다가올 재앙을 방치하고 있는 것은 아닐까?"[464]

2년 후인 1961년에 「리더스 다이제스트」는 "정원의 해충들아, 잘가"라는 기사에서 정반대의 입장을 취했다. 듀퐁, 아메리칸 사이나마이드, 벨시콜, 에쏘, 셸, 다우, 유니언카바이드가 생산한 DDT, 린데인, 클로르데인, 말라티온을 비롯한 유명한 새로운 농약이 "정원을 스스로 모든 것을 해결하는 천국으로 만들고 싶어하는 게으른 집주인의 궁극적인 꿈"을 실현시켜준 것을 축하하는 기사였다.[466]

미국 전역에서 농약의 부작용에 대한 시민들의 산발적인 항의가 있었지만, 그 대부분은 정부 관료들의 분노에 흐지부지되고 말았다. 미국 농무부가 매미나방 퇴치를 위해서 뉴욕 남부에 DDT를 공중 살포했던 1957년에 처음으로 연합한 시민들이 분노를 표출했다.[420, 464] 정부는 300만 에이커의 시골 지역뿐만 아니라 웨스트체스터 카운티와 롱아일랜드를 비롯한 도시 지역에도 살포했다. DDT를 녹인 등유의 연기가 기차역에 서 있던 통근자, 놀이터의 어린이, 유기농 정원을 가꾸던 가정주부에게 내려앉았고, 그런 일이 여러 차례 반복되었다.[447] 연방 차원의 공중 살포 사업을 중단시키려던 법정 다툼은 실패했다. 판사의 판결문에 따르면, "대량 살포는 매미나방이라는 악마와 싸운다는 공공의 목표와 합리적인 관계가 있고, 따라서 지정된 관료들이 경찰권을 적절하게 행사하는 범위에 속한다."[303]

농약의 무차별적인 사용과 관련된 문제들은 사람들의 관심을 끌지 못했다. 그런 일에는 문화적 변화와 함께 어려운 주제를 흥미로운 메시지로 만들어주는 목소리가 필요했다.

환경에 대한 사회적 관심과 산업계의 강렬한 반발을 불러일으키도록 해준 사람이 바로 "온화한 저항가" 레이철 카슨이었다.[467] 카슨은 열한 살이던 1918년에 처음으로 글을 썼다. 저술은 그녀의 영원한 열정이었다. 펜실베이니아 여자대학 재학 시절 폭풍우가 쏟아지던 어느 날에 테니슨의 "록슬리 홀"이라는 시의 마지막 줄을 읽으면서, 그녀의 저술에 대한 열정이 한번도 본 적이 없는 바다에 대한 매력과 결합되었다.[468]

모든 바람이 밀려들고, 가슴 속에는 벼락이 친다.

록슬리 홀에 비나 눈, 또는 불과 눈이 쏟아져라;

거센 바람이 일어 바다를 향해 소리치면, 나는 떠난다.

우연하게도 카슨이 "록슬리 홀"을 읽은 거의 비슷한 시기에, 윈스턴 처칠도 같은 시를 지금까지 글로 남겨진 시들 중에서 가장 선견지명이 담긴 작품이라고 극찬했다.[327] 카슨에게는 정말 그랬다. 1929년 대학을 졸업한 카슨은 매사추세츠의 우즈홀에 있는 해양 생물학 연구소에서 여름을 보낸 후에 존스홉킨스의 생물학과 석사 과정에 입학하겠다는 계획을 세웠다.[467]

그러나 카슨은 주식시장이 폭락한 첫 학기에 의욕을 잃고 말았다.[467] 그녀가 대학원에서 받는 수당은 연간 200달러였다. 그녀의 적은 수입이 갑자기 경제적으로 어려움을 겪게 된 가족의 주 수입이 되었고, 그녀는 볼티모어에 있는 그녀의 집에서 부모, 남동생, 언니(미혼모)와 언니의 두 딸과 함께 살게 되었다. 그녀의 아버지가 사망한 후에는 언니도 두 딸을 남겨두고 사망했다. 당시 스물아홉 살이던 카슨과 그녀의 늙은 어머니가 아이들에 대한 모든 책임을 짊어져야 했다.

대공황의 어려움 속에서 대가족을 부양하기 위해서 카슨은 미국 어업국에서 바다에 대한 보고서와 책자를 만드는 일을 했다.[467] 그녀의 상관은 그녀가 제작한 책자 중의 하나가 자신들의 목적과 훌륭하게 부합한다고 평가하고, 그녀에게 「월간 애틀랜틱(*Atlantic Monthly*)」에 투고해볼 것을 권했다. 그런 상관을 만나게 된 것은 그녀에게 행운이었다. 그녀는 곧바로 성공을 거두었고, 1937년에 「월간 애틀랜틱」에 소개된 "바다 밑"이라는 짧은 글로 100달러를 받았다.[469] 사이먼 앤드 슈스터의 편집자와 어느 유명한 논픽션 작가는 글솜씨가 워낙 좋았던 그녀에게 4쪽짜리 글을 책으로 확장해볼 것을 제안했다.[467]

가족을 부양하고, 연방정부의 일을 해야 했기 때문에 그녀의 집필은 느리게 진행되었다. 그런데도 사이먼 앤드 슈스터는 1941년 11월에 『바닷바람을 맞으며 : 해양 생물에 대한 자연학자의 인식(*Under the Sea-Wind : A Naturalist's Picture of Ocean Life*)』을 발간할 수 있었다.[470] 이 훌륭한 글은 곧바로 평론가들로부터 찬사를 받았지만, 책의 발간 시기는 그보다 더 나쁠 수가 없었다.[467] 책이 발간되고 한 달 만에 바다 생물에 대한 그녀의 책은 일본의 진주만 공격에 대한 뉴스와 경쟁하게 되었다. 책은 상업적으로 성공하지 못했다. 심지어 전쟁 물자의 수요도 책의 판매에 방해가 되었다. 계획했던 영국판의 발간도 종이 부족으로 포기해야 했다. 서점에서 책을 판매한 5년 동안 카슨이 인세로 받은 돈은 700달러에도 미치지 못했다.

카슨은 연방정부의 저술 작업을 계속했고, 현재의 미국 어류 및 야생동물국에서 승진도 했다.[467] 동물 보호 업무를 맡고 있는 정부 기관의 저술가라는 지위 덕분에 그녀는 1945년부터 민간에 공급되기 시작한 DDT에 대한 우려에 가장 먼저 관심을 가지게 되었다. 야생동물국은 그녀에게 DDT의 위험에 대한 보고서를 편집하는 책임을 맡겼고, 따라서 그녀는 그런 위험을 알게 된 선두 그룹의 한 사람이 되었다.

카슨은 「리더스 다이제스트」에 DDT를 다룬 글을 기고하기 위해서 편집자에게 제안서를 보내면서 "우리 모두는 DDT가 조만간 우리를 위해서 해충을 완전히 없애버릴 것이라는 이야기를 많이 들었다"라고 썼다. 그녀는 연구자들이 "DDT가 우리에게 유익하거나 심지어 필수적이기도 한 곤충들에게 어떤 작용을 할 것이고, 물새나 곤충을 먹고 있는 새들에게 어떻게 영향을 미칠 것이며, 현명하게 사용하지 않는다면 과연 그것이 자연의 전체적인 정교한 균형을 깨뜨릴 것인지"에 대한 연구도 하고 있다는 사실을 지적했다.[471] 그녀는 아마도 에드윈 웨이 틸의 영향을 받았을 것이다. 그도 역시 1945년에 다음과 같이 주장했다. "오늘날 DDT를 이용해서 세상을 자신들이 바라던 소망에 더 가깝도록 재구성하고 싶어하는 사람들은, 이러저러한 곤충들이 제거된 세상을 자신들의 천국이라고 생각할 것이다. 그들은 지극히 케케묵은 환상을 간직하고 있다. 그들은 수천 번의 쓰라린 교훈에도 불구하고, 여전히 천을 망가뜨리지 않고 여기저기서 실을 빼낼 수 있다고 상상한다."[460] 「리더스 다이제스트」에 DDT에 대한 대중적인 글을 쓰겠다는 카슨의 제안은 과학을 다룬 대중을 위한 글을 쓰겠다는 다른 제안들과 같은 운명을 맞았다. 결과적으로 카슨은 다른 주제를 선택해야 했다.

카슨은 바다에 대한 첫 책을 발간하고 10년이 지난 1951년에 두 번째 책인 『우리를 둘러싼 바다(*The Sea around Us*)』를 발간했다.[472] 이번에는 운이 맞은 덕분에 책은 놀라운 성공을 거두었다.[467] 「뉴욕 타임스」의 서평에 따르면, "호메로스로부터 메이스필드에 이르는 위대한 시인들이 바다에 대한 심오한 신비와 무한한 매력을 일깨워주려고 노력했다. 그러나 가냘프고, 조용한 카슨 양이 최고의 작품을 지은 것으로 보인다. 세상에 문학적 천재성을 가진 자연과학자가 등장하는 것은 한 세대에 한두 번 있는 일이다. 카슨 양은 『우리를 둘러싼 바다』라는 고전을 썼다."[463] 「뉴욕 타임스」에 실린 다른 서평은 다음과 같은 아쉬움으로 끝을 맺었다. "출판사가 카슨 양의 사진을 표지에 싣지 않은 것은 안타까운 일이다. 까다로운 과학을 이렇게 아름답고 정교한 글로 표현할 수 있는 여성이 어떻게 생겼는지를 아는 것은 큰 즐거움이 되었을 것이다."[473] 「보스턴 글로브(*Boston Globe*)」의 서평에서는, "7개의 바다와 그 경이로움에 대한 책을 쓴 여성이 푸근한 풍체일 것이라고 상상할 수 있는가? 카슨 양은 그렇지 않다. 그녀는 작고 마른 체형에 적갈색 머리와 바닷물과 같은 푸른 눈을 가졌다. 그녀는 단정하고, 여성스럽고, 은은한 분홍색 매니큐어를 바르고, 립스틱과 파우더를 전문가답지만 넘치지 않게 사용한다."[474]

「뉴요커(*New Yorker*)」는 그녀의 책을 축약해서 "바다의 개요"라는 연재물로 싣고, 그녀에게 7,200달러를 지급했다.[467] 「예일 리뷰(*Yale Review*)」는 책의 한 장(章)을 출판에 사용하는 비용으로 75달러를 지급했지만, 그 덕분에 그녀는 미국 과학진흥협회로부터 1,000달러의 상금을 받았다. 이달의 북클럽은 『우리를 둘러싼 바다』를 후보작으로 선정했고, 「리더스 다이제스트」는 축약본을 발간했다.[471] 카슨은 구겐하임 연구비를 받았고, 「토요 문학 서평(*Saturday Review of Literature*)」은 카슨의 경력을 소개했다. 전미 도서상 논픽션 부문을 비롯한 포상이 쏟아졌다. 그 책은 기록적으로 86주일 동안 「뉴욕 타임스」의 베스트셀러 목록에 올랐고, 32개 언어로 출판되었으며, 초판은 130만 부가 팔렸다. 카슨은 마흔네 살에 마침내 성공을 거두었다. 그녀는 저술만으로도 전문가의 삶을 누릴 수 있었다.

전미 도서상의 수상 연설에서 카슨은 그녀가 계획하고 있는 저술 내용의 일부를 공개했다. "우리가 너무 오랫동안 망원경을 거꾸로 들여다보고 있었던 것은 아닌지 궁금하다. 우리는 먼저 자만과 욕심으로 인간을 바라보았고, 하루나 일 년의 문제만을 바라보았고, 그런 후에는 지극히 왜곡된 시각으로 지구와 지구가 지극히 작은 일부에 불과한 우주를 바라보고 있었다. 그러나 그것들은 어마어마한 현실이고, 그런 현실에서 우리는 우리 자신의 문제를 새로운 시각에서 바라보고 있다. 아마도 우리가 망원경을 뒤집어서 먼 미래의 인간을 살펴본다면, 우리는 스스로의 파괴를 시도할 시간과 의욕을 잃게 될 것이다."[471]

『우리를 둘러싼 바다』의 성공으로 1952년에 재발간된 『바닷바람을 맞으며』도 곧바로 『우리를 둘러싼 바다』와 함께 베스트셀러 목록에 올랐다.[471] 「뉴욕 타임스」는 이런 일들이 "출판계에서는 개기일식만큼이나 드문 일"이라고 소개했다.[463]

1955년에 『바다의 가장자리(*The Edge of the Sea*)』가 발간되었다.[475] 「뉴

요커」에 첫 연재원고가 실렸을 때, 에드윈 웨이 틸은 "또 해냈다!"고 했다.[471] 새 책도 역시 광범위한 찬사와 상을 받았고, 역시 「뉴욕 타임스」의 베스트셀러 목록에 올랐다. 그 신문의 서평에 따르면, "그녀의 생각은 전염성이 매우 강해서 여러분도 지금까지 조금은 혐오스럽게 여겼던 가시와 점액질이 있는 모든 동물들에게 엄청난 친근감을 느끼게 된다는 사실을 발견하게 될 것이다."[476] 독자들이 혐오스러운 대상에 관심을 가지도록 해주는 카슨의 능력이 바로 독자들에게 농약의 대상에 대한 관심을 불러일으키는 그녀의 가장 중요하고도 궁극적인 열쇠였다.

처음에 카슨은 「뉴요커」에 환경을 비롯한 다양한 주제에 대한 글을 쓴 아동 저술가 E. B. 화이트에게 농약이라는 주제에 관심을 가져보라고 권했다.[463] 화이트는 오히려 그녀가 농약에 대한 책을 써야 할 적임자라고 제안했다. 그는 그녀에게 보낸 편지에서 이렇게 주장했다. "나는 매미나방 문제가 작은 일부에 불과한 오염이라는 거대한 주제에 모든 사람들이 극도의 관심과 함께 우려를 기울여야 한다고 생각합니다. 그것은 주방에서 시작해서 목성과 화성으로까지 확장됩니다. 언제나 지구 자체가 아니라 매우 특수한 집단이나 이익만 강조될 뿐입니다."[463]

1957년에 다시 한번 가정사가 카슨을 괴롭혔고, 그녀의 저술 활동을 방해했다.[471] 그녀의 조카가 다섯 살의 혼외자를 남긴 채 세상을 떠났다. 마흔 아홉 살의 카슨은 이제 노모와 함께 조카가 남긴 어리고 병약한 손자를 돌보아야 했다. 그럼에도 다음 해에는 농약에 대한 카슨의 저술이 모양을 갖춰가기 시작했다. 그녀는 불개미와 매미나방에 무차별적으로 농약을 사용하면서도, 그런 화학물질이 뜻하지 않게 사람과 야생동물에 미치게 될 영향에 대해서는 아무런 관심도 없는 미국 정부에 대한 두려움 속에서 정보를 수집했다.

카슨은 공산주의에 대한 피해망상, 정권에 대한 열렬한 인기, 그리고 종교적이고 애국적인 열정의 과시와 같은 1950년대의 답답한 정치 풍토를 분명하게 인식하고 있었다.[467] 카슨이 농약에 대한 자료 수집을 시작할 무렵에 그녀가 존경하는 저술가 존 케네스 갤브레이스는 소비주의를 비판하는 글에서 카슨이 관심을 두고 있던 문화적 도전을 이렇게 정리했다. "모든 사회적 규율과 정치적 신념을 가진 사람들이 안락하고 통상적인 것만 추구하고, 화제의 대상이 되는 사람은 불안한 영향력을 미치는 것으로 여겨지며, 독창성은 불안정의 상징이고, 성서의 사소한 변형만 이어지는 밋밋한 시대이다."[477] 화제의 대상이면서 독창적인 여성이었던 카슨은 훨씬 더 그렇게 생각했을 것이다.

그러나 "지구에 저항하는 인간"이라는 제목으로 시작된 『침묵의 봄』이 출판될 때까지 그녀의 주장에 설득력을 더해준 사건들이 연이어 일어났다.[466, 467, 471] 1954년 후쿠류마루라는 일본 어선이 비키니 환초에서 실시된 미국의 수소폭탄 실험에서 방출된 방사성 낙진이 떨어지는 해역을 항해했다.[478] 참치를 찾아서 항해하던 중에 피폭되어 병들고 죽어간 선원들의 이야기가 전 세계에 방사선의 치명적인 위험성에 대한 경종을 울렸다.* 1957년에는 소련이 핵탄두를 탑재한 대륙간 탄도 미사일 기술을 완성했다.[425] 미국인들은 낙진에 들어 있던, 반감기가 거의 29년이나 되는 스트론튬-90이 우유에도 들어가고, 결국에는 아이들의 뼈와 치아에도 남아서 암을 일으킬 수 있다는 소식에 경악했다.[479] 실제로 1961년에 아이들의 치아에서 스트론튬-90이 검출되었다.[480] 미국 건전 핵 정책위원회는 핵실험과 "대의권 없는 절멸"에 항의하는 시위를 벌였다.[467, 481] 가정주부들도 "인류의 경쟁이 아니라 군비 경쟁의 종식"을 추구하는 여성 평화운동을 조직했다.[482] 그

---

* 피폭된 23명의 선원들은 몇 주일 후에 급성 방사선 증후군에 걸렸고, 수혈 과정에서 간염에 걸렸다. 선원 1명은 급성 간경변으로 사망했다.

리고 소련이 쿠바에 핵미사일을 배치했다.[483]

　1950년대 미국의 국민적 무사안일을 자극한 것은 방사성 낙진에 대한 일깨움만이 아니었다. 화학적 공포도 마찬가지였다. 식품을 오염시키는 농약의 위험성이 언론의 관심을 끌기 시작했고, 때마침 1959년 부활절 휴가 기간에 맞춰서 미국 식품의약국이 아미노트라이아졸이라는 제초제를 사용해서 재배했다는 이유로 이미 시장에서 유통되고 있던 크랜베리의 판매를 중단시켰다.[484] 1년 전에 아메리칸 사이나마이드가 식품의 잔류 허용량을 정해줄 것을 신청했지만, 식품의약국은 아미노트라이아졸이 쥐에서 갑상선 암을 일으킨다는 이유로 신청을 거부했다. 풍년이었는데도 오히려 엄청난 적자를 안게 된 크랜베리 재배농들은 작물의 오염에 대한 발언을 이유로 아서 플레밍 보건교육복지부 장관의 사임을 요구했다. 재배농들은 다음과 같이 주장했다. "수천 명의 크랜베리 재배농과 유통업자, 그리고 수백만의 소비자의 정의를 위해서 우리는 당신이 어제의 무지하고, 무분별한 언론 발표 때문에 발생한 막대한 피해를 보상할 수 있는 즉각적인 조치를 취해줄 것을 요구한다. 당신은 벼룩 한 마리를 잡겠다고 순혈마(純血馬)를 죽이고 있는 것이다."[484] 그런데 미국인들은 그 사건을 통해서 정부가 오염된 식품이 시장에 진입하는 것을 막아주지 않았다는 사실을 알게 되었다. 그 사건은 정치인들이 식품을 정치적인 수단으로 활용한 최초의 사례가 되기도 했다. 대통령 선거에 출마한 리처드 닉슨과 존 F. 케네디는 모두 오염되지 않은 크랜베리를 재배하던 뉴잉글랜드 농부들의 지지를 얻기 위해서 크랜베리를 열심히 먹어야 했다.[425]

　그런 정치 풍토의 영향을 받은 드와이트 D. 아이젠하워 대통령도 1961년의 이임사에서 다음과 같이 말했다.

　평화를 지키는 필수적인 요소는 우리의 군사력이다. 우리의 군사력은 어떤 침략자도 자신들이 감수하게 될 파괴 때문에 감히 유혹을 느끼지 못할 정도로 강력하고, 즉각적인 대응 태세를 갖추어야만 한다.……우리는 엄청난 규모의 항구적인 군수 산업을 세워야 한다.……우리의 노력과 자원과 생계는 물론이고 우리 사회의 구조가 걸려 있는 일이다. 정부의 운영에서 우리는 의도에 상관없이 군산(軍産) 연계에 의한 부당한 영향을 경계해야 한다. 부적절한 권력이 부당하게 자라날 가능성이 있고, 앞으로도 계속 그럴 것이다. 우리는 절대 그런 결탁이 우리의 자유와 민주적 절차를 위협하지 못하게 해야 한다. 우리는 모든 것을 경계해야 한다. 오직 기민하고 식견 있는 시민들만이, 국방 산업과 군대의 개입을 적절하게 걸러냄으로써 우리의 평화적 수단과 목표의 범위 안에서 안보와 자유가 함께 번영할 수 있도록 해줄 수 있다.[485]

화학 기업들이 "군산 복합체"의 핵심을 형성했다.

심각한 의약품 사고 역시 『침묵의 봄』에 도움이 되었다. 1960년 9월 식품의약국에 새로 채용된 프랜시스 켈시는 리처드슨-메렐이라는 미국의 제약회사로부터 탈리도마이드라는 진정제의 미국 내 판매 신청서를 접수했다.[486] 본래 서독의 그뤼넨탈 화학에서 개발해서 전 세계의 제약회사에 생산을 허가해준 이 약품은 46개국에서 임산부의 입덧은 물론이고 더 일반적으로 수면과 호흡 장애와 신경통 치료에 사용되었다.[467, 486] 의사들은 뇌파 검사를 시행하기 전에 진정제로 이 약을 아이들에게 처방하기도 했다.[486] 그뤼넨탈 화학은 이 약이 "임산부와 모유를 먹이는 여성들에게 최고의 약품"이라고 광고했다.[421]

리처드슨-메렐은 동물 실험의 결과, 안전성이 입증되었다는 이유로 신속 승인을 요청했다. 그러나 켈시는 약물의 효과가 사람과 동물에서 서로 다르게 나타난다는 사실에 주목했다. 켈시는 식품의약국의 처리 기한인 60일이 될 때마다 안전성에 대한 증거가 충분하지 않다는 이유로 추가 자료를 요구했고, 리처드슨-메렐은 어쩔 수 없이 추가 증거를 제공해야 했다. 기사에 따르면, "그녀는 관료적이고 불합리한 트집 잡기라는 빈정거림에도 불구하고 자신이 담당한 규정을 문자 그대로 엄격하게 준수했다. 그녀 스스로도 자신이 어리석다고 했을 정도였다."[486]

1961년 봄에 독일 연구자들은 신생아들 중에서 과거에는 거의 본 적이 없는 해표지증(海豹指症)에 걸린 기형아들이 갑자기 늘어나는 기이한 상황을 경험하게 되었다. 기형아들에게는 전형적으로 팔이 없었고, 어깨 밑에는 "해표(물개)의 물갈퀴처럼" 보이는 미성숙한 손가락들이 붙어 있었다.[486] 독일을 비롯해서 전 세계적으로 수천 명의 신생아들이 다른 기형과 함께 두 팔이 없거나, 두 발이 없거나 또는 손발이 모두 없는 상태로 태어났고, 수천 명의 신생아들이 추가로 사망했다. 1961년 11월 3일 독일의 소아과 의사가 탈리도마이드와의 연관성을 알아냈다. 심지어 제약회사가 의사들에게 기증한 탈리도마이드를 복용한 의사의 부인들도 기형아를 출산한 것으로 밝혀졌다. 식품의약국에 신청서를 접수한 리처드슨-메렐은 미국의 의사 1,200명에게 250만 정의 약품을 기증했었다. 회사는 11월 29일에 탈리도마이드가 기형아 출생의 원인이라는 증거를 전달받았고, 다음 날 그 내용을 켈시에게 보고했다. 리처드슨-메렐은 "그런 주장에 대한 결정적인 증거는 없다"고 밝혔지만, 약품의 허가 신청은 취소했다.[486] 조사관들은 리처드슨-메렐과 그뤼넨탈 화학이 모두 규제 기관을 속였다는 사실을 밝혀냈다.[421]

켈시의 짜증날 정도의 성실함 덕분에 미국은 대체로 탈리도마이드에 의한 기형아 출산을 피할 수 있었다. 그러나 더 큰 교훈은 제약회사와 의학 전문가들이 적절한 시험을 하지 않은 채 새로운 화학약품을 공격적으로 시장에 내놓았고, 더 신중하게 접근하던 한 여성을 비난했다는 것이다. 카슨 자신도 같은 사실을 인식했다. 그녀의 인터뷰에 따르면, "탈리도마이드와 농약은 똑같은 문제이다. 두 경우 모두에서 우리는 결과가 어떻게 될지를 정확하게 알지도 못하면서 새로운 것을 너무 성급하게 밀어붙였다."[487]

사람들은 그런 재난들 덕분에 카슨의 메시지를 받아들일 준비를 갖추었지만, 개인사가 계속 그녀의 일을 방해했다.[471] 그녀의 어머니가 심하게 아프기 시작하더니 1958년 말에 사망했다. 1960년 초에는 카슨 자신의 건강이 빠르게 나빠지기 시작했다. 그러나 그녀는 책을 완성하는 일이 시급하다고 생각했고, 3월에는 전체 원고가 모습을 갖추기 시작했다. 그녀는 계속 병마와 싸워야 했고, 12월에는 1년 전의 유방 완전 절제술에도 불구하고 암이 전이가 되었다는 사실을 알게 되었다. 그녀의 기록에 따르면, "만약 미신에 빠진 사람이라면, 악마가 어떤 식으로든지 책을 완성하지 못하게 하려고 훼방을 놓고 있다고 믿었을 수도 있을 것이다."[471] 그녀는 기회가 될 때마다 저술을 계속했다. "책을 완성하고 싶은 열망이 어느 때보다 강하다."[463] 카슨은 방사선 치료에 사용된 "200만 볼트의 괴물"을 "유일한 지지자이고,……심지어 암세포를 죽이는 동안에도 나에게 무엇을 하고 있는지를 알고 있었던 경이로우면서도 끔찍한 협력자"라고 불렀다.[467]

11

침묵의 봄

(1962-1964)

살아 있는 생명체인 해충은 자신들의 주요 경쟁자 중의 하나인 인간에게 극심한 불쾌감
을 느끼게 한다는 사실 때문에 다른 생명체와 구분될 뿐이다.……인간은 자신과 같은
호모 사피엔스를 수없이 죽였다. 문명이 등장했다가 사라지기도 했다. 그러나 인간이
과연 좁은 지역에서는 몰라도 자신이 해충이라고 부르면서 경쟁하는 생물 종들 중에서
어느 하나라도 완전히 멸종시킨 적이 있었는지는 알 수 없다. **_ 조지 C. 데커, 레이철
카슨의 『침묵의 봄』을 비평한 유명 과학자, 1962년**[488]

화학 전쟁은 결코 이길 수 없고, 모든 생명이 격렬한 십자포화에 갇혀버릴 뿐이다.
_ 레이철 카슨, 1962년[447]

책의 제목은 독자들을 밀쳐내거나 유인하는 출입문과 같은 것이다. 카슨이
마음속으로 생각했던 제목에는 "지구에 대항하는 인간" 이외에도 "자연에
대항하는 인간", "자연의 균형을 유지하는 방법", "자연의 통제", "인간을
위한 반론" 등이 있었다. 마지막 제목은 DDT의 공중 살포에 반대해서 싸
웠던 롱아일랜드 주민들에 대한 대법원 판결에서 대법관 윌리엄 O. 더글러
스의 소수 의견에서 나온 것이었다.[425, 466] 카슨은 이런 제목들이 모두 책의

독자를 제한한다고 생각하고, 더 나은 제목을 찾기 시작했다. 허턴 미플린의 편집장 폴 브룩스가 새에 대한 장(章)의 제목으로 "침묵의 봄"을 추천했고, 결국 그것이 책의 제목이 되었다.[471] 그녀의 출판 대리인인 마리 로델이 카슨에게 존 키츠의 시에서 "호숫가의 사초(莎草)는 시들었고, 새들도 노래하지 않는데"라는 두 줄을 책의 앞부분에 들어갈 글로 추천했다.[489]

카슨의 이전 책들은 논쟁이 담겨 있기보다는 오히려 독자를 해변과 바다로 데려다주는 아름답고, 찬미하고, 시적인 작품이었다. 그러나 1962년 가을에는 『침묵의 봄』이 출판되기도 전부터 논란이 시작되었다. 그 충격을 예상한 브룩스는 책을 집필하기 시작한 카슨에게 "세상이 당신의 책을 기다리고 있는 것은 확실하다"라고 말했다.[466] 카슨이 제기하는 문제의 규모도 부분적인 이유였다. 1962년에 화학 회사들은 이미 미국 시장에 5만 4,000종의 농약 제조에 쓰이는 500여 종의 화합물을 내놓았고, 그해에만 미국의 9,000만 에이커가 넘는 지역에서 무려 3억5,000만 파운드에 달하는 살충제가 사용되었다.[490]

책에 대한 산업계의 반발이 격렬하리라는 사실을 알고 있었던 카슨은 책에서 다룬 모든 사례들에 유명한 전문가들의 자료를 인용했고, 허턴 미플린의 변호사들은 명예훼손에 해당하는 부분이 없는지를 꼼꼼하게 확인했다.[466, 471] 카슨의 팀은 책을 공식적으로 출판하기 전에 의회 지도자, 미국 정부 관리, 정치 단체, 정원(庭園)협회와 보존협회 등에 미리 보냈다.[467] 「뉴요커」가 축약본을 소개한 6월에 이미 전선이 구축되었고, 「뉴요커」의 독자들이 잡지의 역사상 가장 많은 독자 편지를 보냈다.[474] 43만 명의 독자를 자랑하는 「뉴요커」가 『침묵의 봄』에 강력한 힘을 실어준 셈이었다.[466] 책의 편집에서 핵심적인 역할을 했던 「뉴요커」의 편집자 윌리엄 숀은 "우리는 보통 「뉴요커」가 세상을 바꾸어놓을 것이라고는 생각하지 않지만, 이 경우에는 그랬던 것 같다"라고 말했다.[466] 「뉴욕 타임스」는 "'침묵의 봄'이 이제

시끌벅적한 여름이 되었다"라고 선언했다.[491] 「뉴요커」의 연재물은 "아무리 더운 날씨에도 소름이 돋지 않은 독자가 거의 없을 정도"였다.[492]

「뉴욕 타임스」는 그 책이 아직 연재물 형태인 상태에서도 그것이 미칠 영향을 정확하게 예측했다. "카슨 양은 공연한 기우나 객관성의 결여 때문에 농약의 혜택은 무시하고, 단점만 보여주었다는 비난을 받을 것이다. 그러나 우리는 그것이 그녀의 목적이면서 수단이기도 하다고 생각한다. 우리는 수백만 명의 운전자가 안전하게 집으로 돌아간다는 통계만으로는 고속도로의 난폭 운전 문제를 해결할 수 없다."[492]

「워싱턴 포스트」의 소유주인 애그니스 E. 마이어와 여성유권자연맹, 미국여성유대인협의회, 미국대학여성협회와 같은 여성 단체들의 대표들을 비롯한 많은 저명인사들이 카슨을 지지해주었다.[467] 뿐만 아니라 대법관 윌리엄 O. 더글러스와 내무부 장관 스튜어트 유돌과 같은 유명한 자연보호 지도자, 과학자, 저명인사들의 지지도 있었다. 더글러스는 『침묵의 봄』이 "『톰 아저씨의 오두막』 이후 가장 혁명적인 책"이라고 주장했다.[493] 그는 책의 뒤표지에 "이 세기의 인류를 위한 가장 중요한 연대기"라는 추천사를 썼다. 「뉴욕 타임스」는 "그녀의 책이 세상 사람들의 관심을 불러일으켜서 정부 기관들이 장사꾼의 감언이설에 속아 넘어가지 않고, 적절한 관리를 해준다면, 저자는 DDT의 발명가와 마찬가지로 노벨상을 받게 될 것"이라고 지적했다.[492]

책의 상업적 성공은 보장된 것처럼 보였다. 이달의 북클럽에서는 그녀의 책을 10월의 책으로 선정하고, 발췌본을 잡지에 소개할 예정이었고, 소비자연합은 회원들을 위한 특별판을 계약했고, 「CBS 리포트」는 TV 프로그램을 준비했다.[320, 471]

그런 긍정적인 신호도 있었지만, 발간 예정일인 9월이 되기도 전부터 카슨과 그녀의 책에 대한 공격이 쏟아지기 시작했다.[467] 헵타클로르와 클로르데인이라는 살충제를 생산하던 벨시콜 화학 회사는 「뉴요커」가 축약본을 계속 연재한다면 소송을 제기하겠다고 위협했다.[466, 471] 「뉴요커」는 물러서지 않았다. 벨시콜은 허턴 미플린에도 책을 발간하면 소송을 제기하겠다고 위협했다. 벨시콜이 허턴 미플린에 보낸 편지는 다음과 같았다. "이 나라와 서유럽에 있는 화학 산업 회원들은, 불행하게도 천연식품 변덕쟁이나 오듀본 협회 등의 진지한 의견뿐만 아니라 화학 산업이 (1) 모두 탐욕스럽고 비윤리적이라는 잘못된 인식을 퍼트리거나, (2) 이 나라와 서유럽 국가들이 쓰는 농업용 화학제품의 사용량을 줄여서 우리의 식량 공급량을 철의 장막 동쪽 수준으로 감소시키겠다는 이중의 목적을 노리는 공격에 의한 사악한 영향과도 싸워야만 한다. 사악한 집단들의 재정 지원을 받는 수많은 순진한 단체들이 화학 산업에 대한 공격에 나서고 있다."[463]

『침묵의 봄』은 "내일을 위한 우화"로 시작한다.

언젠가 미국의 중심부에는 모든 생명이 주위 환경과 조화롭게 사는 것처럼 보였던 도시가 있었다. 번성하는 농장들이 장기판처럼 둘러싼 가운데 그 도시가 있었고, 봄에는 밭과 언덕과 과수원의 푸른 벌판에 하얀 꽃구름이 떠다녔다. 가을에는 오크와 단풍나무와 자작나무가 소나무 숲을 배경으로 불타오르고 반짝이는 색채의 향연을 벌였다. 그리고 언덕에서는 여우가 울고, 사슴이 소리 없이 가을 아침의 안개 속에 반쯤 숨어서 들판을 가로질렀다.……그러다가 이상한 병충해가 지역을 덮치면서, 모든 것이 변하기 시작했다. 어떤 사악한 마술이 마을에 스며들면, 이상한 병이 닭을 휩쓸어버리고, 소와 양도 병들어 죽고 말았다. 모든 곳에 죽음의 그림자가 어른거렸다.……어디에서도 보기 어려워진 새들이 심하게 떨면서 날지도 못하고 죽어갔다. 아무 소리도 들리지 않는 봄이다.……들판과 숲과 습지에는 침묵만이 흐를 뿐이다.……그렇게 매력적이었던 길가에는 이제 화마가 휩쓸고 지나간 것처럼 누렇게 시들어버린 식물들이 늘어져 있었다.……어떤 마술이나 적군의 공격이 병든 세상에서 새로운 생명의 재탄생을 막아버린 것이 아니었다. 사람들 스스로가 그렇게 만들어버렸다.[447]

푸른 들판에 떠다니는 흰 구름이 가져온 이런 파멸의 현장은 감자 기근을 겪던 아일랜드를 지나가면서 "썩어버린 농작물로 뒤덮인 광활한 폐허를 보고 슬픔에 사로잡혔던" 성직자의 삭막한 관찰을 떠올리게 해주었다. "곳곳에서 가련한 사람들이 썩어가는 밭의 울타리에 앉아서 두 손을 움켜쥐고 자신들의 식량을 모조리 앗아간 참혹한 파괴에 통곡하고 있었다."[21] 카슨의 이야기는, 제1차 세계대전 중 유럽의 전장을 쑥대밭으로 만든 염소 가스도 연상시켰고, 많은 사람들에게 핵 낙진에 대한 냉전의 공포도 떠올리게 해주었다. 실제로 그녀는 농약을 이야기하기 전에 스트론튬-90을 언급했고, 책 전체에서 방사능을 은유로 사용했다.[494] 카슨은 "화합물과 방사능의 유사점은 엄중하고 피할 수 없다는 것"이라고 강조했다.[447] 그녀는 "인간은 자신이 창조한 악마조차 알아볼 능력이 없다"는 1952년 노벨 평화상 수상자 알베르트 슈바이처의 말을 인용했다.[447] 카슨에 따르면, "어떤 문명이 스스로를 파괴하지도 않고, 문명화되었다고 부를 수 있는 권리를 잃지도 않으면서, 생명에 대한 무모한 전쟁을 계속할 수 있을지가 문제이다."[447]

몬산토 사는 농약이 없는 세상에서는 질병과 굶주림에 시달리게 된다는 주장을 담은 "황량한 한 해"라는 패러디를 널리 퍼뜨리는 방법으로 대응했다.[495] "벌레는 어디에나 있다. 보이지 않을 뿐이다. 들리지 않을 뿐이다. 믿을 수 없을 정도로 어디에나 있다.……땅 밑에도, 물 속에도, 날개와 잔가지와 줄기의 위와 속에도, 바위 밑에도, 나무와 동물과 다른 곤충의 속에도, 그리고 사람의 속에도." 농약이 없었을 때에는, "자연의 교수대가 맹렬하게 가동되기 시작했다." 그 결과 "곤충의 속(屬), 종(種), 수많은 아종(亞種)들이 등장했다. 주(州)의 남쪽에서부터 북쪽을 향해 들판에서 꿈틀거리고,

날아가고, 기어간다." 사람들은 "모기 떼의 첫 공격을 받아 감염되고, 오한과 발열과 세상에서 가장 심한 고통을 안겨주는 지옥 같은 통증에 의한 사악한 고문에 시달렸다." 그렇다고 말라리아가 인간을 괴롭히는 유일한 문제였던 것도 아니다. "그런 후에 정말 악명 높은 아일랜드의 끔찍한 잎마름병이 시작되었고, 단단한 갈색의 '감자'는 사라지고, 시커멓게 썩은 덩어리만 남았다." 농약이 없던 시절에 반복되었던 아일랜드 감자 기근으로 굶주림에 지친 사람들은 다시 한번 식충(食蟲)으로 전락했다. 개미가 건물을 무너뜨리고, 도서관의 책을 먹어치웠다. 미국 남부 지역에는 "황열이 유령처럼 떠돌았다." "집쥐와 들쥐가 엄청나게 늘어났다." 그런 재앙으로 티푸스와 림프절 흑사병도 시작되었다.

「미국 농업가(*American Agriculturist*)」라는 잡지도 역시 숲에서 도토리를 먹고 있는 소년과 할아버지에 대한 이야기를 특집으로 실었다. 할아버지는 농사에 화학물질을 사용하는 것을 반대하는 책이 나왔다고 설명했다. "그래서 이제 우리는 자연적으로 살게 될 거란다. 네 엄마는 모기가 전파한 말라리아 때문에 자연적으로 죽었고. 네 아빠는 메뚜기들이 모든 것을 먹어치워서 생긴 끔찍한 굶주림 때문에 자연적으로 세상을 떠났지. 우리가 지난봄에 심은 감자도 잎마름병에 걸려서 모두 죽었기 때문에 이제 우리도 자연적으로 굶주리고 있는 거란다."[471]

몬산토, 듀퐁, 다우, 셸 화학, 굿리치-걸프, 얼라이드 케미컬, W. R. 그레이스를 비롯한 많은 화학 회사들이 협회를 통해서 책과 저자를 비판하는 일에 나섰고, 벨시콜과 아메리칸 사이나마이드와 같은 회사들은 대리인을 통해 공격을 가했다.[466] "화학을 통한 더 나은 삶(Better Living through Chemistry)"과 같은 광고 캠페인들로 구축해놓은 듀퐁과 같은 회사들의 명성이 『침묵의 봄』에 의해서 위협받게 되었다. 산업계는 책 때문에 불필요한 규제가 시작될 수 있을 것이라고 걱정했다. 미국 화학회의 「화학과 공업 뉴스

(*Chemical and Engineering News*)」가 소개한 뉴저지 주의 농무부 국장은 "이 지역의 대규모 해충 퇴치 사업들이 당장 자연의 균형, 유기농 정원, 새 사랑과 같은 잘못된 주장을 목청껏 외치는 불합리한 시민들의 반발에 직면하고 있다"라고 주장했다.[471] "그녀의 책이 그녀가 비난하는 농약보다 더 유독하다"라고 주장한 잡지도 있었다.[471] "그들은 감정을 감정적이라고 비판한다"는 카슨에 대한 비판에서도 산업계의 주장에 담긴 역설이 드러났다.[496]

카슨은 "오늘날 DDT는 너무나도 보편적으로 사용되기 때문에 대부분의 사람들에게는 익숙하고 무해한 제품으로 인식되고 있다"라고 주장했다.[447] 정부 기관과 개인들에 의한 농약의 무분별한 남용은 자연에 미치는 영향을 넘어서 심각한 윤리적 문제를 제기한다는 것이 『침묵의 봄』의 핵심 주제였다. 농약에 대한 지식도 없고, 노출에 동의하지 않은 사람들이 농약에 노출된다. 1950년 미국인들의 체지방에는 이미 평균 5ppm이 넘는 DDT가 있었고, 여성의 모유도 오염되었다.[320] 1960년대 초에는 미국 성인의 체지방에 포함된 DDT와 DDT 대사물질의 농도가 평균 12ppm으로 늘어났다.[490] 카슨은 사람들이 농약에 대해서 알고, 농약의 사용 여부를 결정할 권리를 가지고 있지만, 두 가지 모두로부터 배제되어 있다고 주장했다. 그녀에 따르면, 우리는 "돈을 벌기 위해서 사용하는 비용에 대해서는 아무 문제를 제기하지 않는 기업들이 지배하는 시대에 살고 있다. 대중들이 농약 사용에 의한 부작용의 분명한 증거를 근거로 항의하더라도, 절반의 진실이 담긴 안정제조차 얻지 못한다.……대중은 해충 퇴치업자들이 추정해주는 위험을 감수하도록 요구받을 뿐이다."[447]

농약 보급이 늘어나서 가정에서도 사용할 정도가 되자, 직접 그런 위험을 집 안으로 끌어들인 사람들은 "보르자 가문*"의 손님들보다 더 나을 것

---

* 15세기 교황 갈리스투스 3세와 알렉산데르 6세를 배출한 이탈리아의 명문가. 알렉산데르

이 없는 입장"이 되고 말았다.[447] 그런 지적에 동의한 기업 경영자도 있었다. "농약 사용자들에게 강력한 화학물질의 적절한 사용법을 제대로 교육하지 않은 기업에 대한 비난은 마땅한 것이다. 우리가 언제나 직면하는 심각한 문제들 중의 하나가 바로 사용자들의 능력을 과도하게 평가한다는 것이다."[466] 카슨에 따르면, "권리장전에 시민이 개인이나 관료들에 의해서 공급되는 치명적인 독극물에 대한 안전을 보장받아야 한다는 내용이 빠져 있는 것은 분명히 대단한 지혜와 예지력을 가진 선지자들이 그런 문제를 상상조차 하지 못했기 때문이다."[447] 그녀는 그런 윤리적 우려를 동물에게까지 확장했다. "살아 있는 생물에게 그런 고통을 일으킬 수 있는 행동을 용납한다면, 우리들 중에 누가 인간으로서의 자격을 지킬 수 있겠는가?"[447]

『침묵의 봄』은 다음과 같은 문단으로 끝을 맺는다.

"자연의 통제"는 자연이 인간의 편의를 위해서 존재한다고 믿었던 생물학과 철학의 네안데르탈 시대에 오만하게 탄생한 표현이다. 응용 곤충학의 개념과 관행은 대부분 과학의 석기시대까지 거슬러올라간다. 그렇게 미개한 과학이 가장 현대적이고 끔찍한 무기를 갖추게 되었고, 그런 무기를 곤충에게 마구 휘두르는 과정에서 지구에도 피해를 입히게 된 것은 매우 걱정스러운 불행이다.[447]

응용 곤충학자들은 무지하고 비윤리적이라는 직설적인 비난을 받았다. 응용 곤충학자들도 같은 방법으로 대응했다. 유명 곤충학자에 따르면, "『침묵의 봄』은 저자는 물론이고 대부분의 독자들도 결정할 자격이 없는 유도신문을 하고 있다. 나는 그 책을 「환상 특급」이라는 TV 드라마를 보듯이

6세는 아들 체사레를 앞세워 이탈리아에 강력한 교회 국가를 건설하기 위해서 권모술수를 부렸지만 결국 실패했다.

읽을 공상과학 소설이라고 생각한다."[467] 어느 산업협회 잡지는 이렇게 언급했다. "농약 산업계의 입장에서 이 책은 비겁하기는 하지만, 심각하고 값비싼 충격이 될 수 있을 것이다."[467]

미국 과학원과 국립 연구 위원회의 식품 보호 위원회에 참여하고 있던 유명한 과학자는 『침묵의 봄』이 "유기농 원예가들, 플루오린화 반대론자들, '자연식품' 신봉자들, 생명력(vital principle) 철학에 집착하는 사람들, 유사 과학자들, 유행을 쫓는 사람들"의 관심을 끌 것이라고 전망했다.[497] 그는 이렇게 충고했다. "그녀의 과학적 자질이 과학계의 유명한 지도자들이나 정치인들과는 비교할 수 없는 수준이라는 사실을 고려하면, 이 책은 무시되어야 한다.……많은 독자들이 이 책에 소개된 끔찍한 우려를 견뎌낼 수 있을 것인지 의심스럽다."[497] 그는 책에 소개된 입장에 대해서 이렇게 경고했다. "그녀의 입장은 인류의 모든 발전의 종말을 뜻하고, 기술, 과학적 의학, 농업, 위생 또는 교육을 거부하는 소극적인 사회 상태로의 회귀를 뜻한다. 그것은 현대 인류와는 비교할 수도 없고, 용납할 수도 없는 질병, 전염병, 굶주림, 고난과 고통을 뜻한다."[497]

하버드 공공보건대학의 영양학과 주임교수는 다음과 같이 말했다.

카슨 양의 글에는 열정과 아름다움이 담겨 있지만, 과학적 객관성은 거의 찾아볼 수 없다. 감정에 치우치지 않는 과학적 증거와 감정적인 선동이라는 두 개의 물통은 한 사람의 어깨로 감당할 수 있는 것이 아니다. 카슨 양의 주장에서 물이 새기 시작한 물통은 과학적 증거이다.……불행하게도 카슨 양은 은연중에 과학계가 인간의 가치를 폄하했다고 모함하고 있다. 그런 과정에서 그녀는 과학적 증명과 진리를 포기했고, 오히려 그녀 스스로 만들어낸 공리를 근거로 한 과장과 비과학적인 연역적 추론을 근거로 과학적 증명과 진리에 저항하고 있다. ……카슨 양은 문학계의 거장으로서 훌륭한 성과를 거두었다. 그것은 상당한 공적이다. 카슨 양은 과학과 대중 사이의 간격을 넓히는 대신에 다리를 놓아줄 책을 쓸 수도 있었을 것이다.[498]

미국에서 DDT를 가장 많이 생산하던 몬트로스 화학사의 대표는 카슨을 "맹목적으로 자연의 균형을 추구하는 사교(邪敎)의 광신적 옹호자"라고 비난했다.[491] 많은 사람들이 그런 주장에 동조했다. 한 정부 관료는 "이 나라에 대략 100만 명의 인디언과 많은 야생 짐승들이 살던 시절에는 모든 것이 균형이 잡혀 있었다"라고 비꼬았다.[499] 한 무역 관련 협회는 카슨을 공격하기 위한 홍보 사업에 25만 달러를 지원해줄 것을 국립 농업화학협회에 요청했다.[474] 전직 농무부 장관은 "자식도 없는 독신녀가 유전학에 관심을 가지는 이유가 무엇인가?"라고 물었다. 그의 답은 카슨이 "아마도 공산주의자"일 수 있다는 것이었다.[467]

아메리칸 사이나마이드의 로버트 화이트−스티븐스가 비난에 가장 앞장섰다. 그에 따르면, "정확한 사실이 확인되어 객관적으로 제시되지도 않은 엉터리 주장이 ICBM[대륙간 탄도 미사일]처럼 발사되어서, TV, 라디오, 신문, 잡지, 심지어 책에서 폭발하는 경우는 흔하다."[500] 화이트−스티븐스는 카슨의 글에는 감동했지만, 그녀의 의도에는 그렇지 않았다.

레이철 카슨 양은……비범하고, 생생한 솜씨와 우아한 표현으로 생물학적 주제를 설명하는 작가이다. 그녀는 아득한 옛날 미국의 마을이 천국과도 같았다는 상상에 대한 향수 어린 그림을 그린다. 모든 사람들이 자연과 조화로운 균형을 이루고, 행복과 만족이 영원히 계속된다. 그런 풍경에 살충제를 비롯한 농업용 화학물질이 등장하면서 결국 질병과 죽음과 부패가 퍼지기 시작한다. 그러나 그녀가 묘사한 그림은 환상일 뿐이다. 생물학자인 그녀는, 자신이 그린 시골의 유토피아가 실제로는 평균 수명이 35세 수준이고, 유아 사망률이 100명의 신생아 중 20명이 넘는 아이들이 5세도 되기 전에 사망하는 수준이고, 20대의 임산부들이 산욕열과 결핵으로 사망하고, 외롭게 사는 사람들이 한 해 전의 주요 곡물의 흉작으로 인해서 길고, 어둡고, 춥고 배고픈 겨울을 보내고, 식량을 부패시키고 몸을 감염시키는 해충과 오물로 가득한 집에서 살 수밖에 없는 곳이라는 사실을 알아야 한다.[500]

반론은 곤충학자와 기업가들의 글에만 한정되지 않았다. 여러 언론 매체들도 공격에 가담했다. 「이코노미스트(*Economist*)」는 카슨의 "분노에 차고, 날카로운 글"을 "극도로 분노한 상태에서 비틀거리고 휘청거리는 말로 가득 채워진 선동"이라고 폄훼했다.[474] 「타임」지의 과학 담당 기자는, "감정적이고 부정확한 폭로"를 통해서 "놀라고 화가 난 상태에서 펜을 든 카슨 양이 문학적 재능으로 독자들을 위협하고 흥분하게 만들었고", "불공정하고, 편파적이고, 광적으로 과장된" 글을 썼다고 비난했다.[501] 카슨은 "이 살충제들은 우리가 제거하고 싶어하는 한 종류만 골라내는 선택적 독성 물질이 아니다. 모든 살충제는 치명적인 독극물이라는 단순한 이유 때문에 사용된다. 그래서 살충제와 접촉하게 되는 모든 생물은 중독되고 만다"라고 반박했다.[447] 「타임」의 기자는 "파리에게 분무식 살충제를 뿌린 후에 중독되지 않고 살아남은 주부라면 누구나 그녀의 주장에서 적어도 오류의 부분적인 흔적을 찾을 수 있을 것이다"라고 대답했다.[501] 이 기자를 비롯한 많은 사람들은, DDT를 사용한 죄수들이 DDT를 사용하지 않았던 다른 대조군의 죄수들만큼 건강한 것으로 밝혀졌다는 미국 공중보건국이 제공한 사실을 증거로 내세웠다.[502]

「자연사(*Natural History*)」지는 카슨을 지지하면서도 엇갈린 평가를 실었다. "그녀는 마치 그것이 오류인 것처럼 '편파적'이라는 비판을 받고 있다. 그런데 나는 사도 바울이 사악할 정도로 매력적인 인물이었던 것은 분명하지만 사탄에게 마땅히 주어야 할 것을 주지 않았다고 비난하는 이야기는 들어본 적이 없다."[503] 스튜어트 유돌 내무부 장관도 마찬가지로 카슨을 옹호했다. "『침묵의 봄』은 편파적이라는 평가를 받았다. 사실이다. 그녀는 해충에게 독극물을 사용하는 이유를 충분히 설명하지 않았고, 반대론자들은 그것에 대해 거칠게 비난했다. 그러나 그들은 자연의 사례들에 대해서는 신경을 쓰지 않았다. 해충 방제의 혜택이 잘 알려져 있다는 점에서 기업의 엔진이 가동되었다. 오용의 대안을 찾으려면, 조심해야 할 문제에 대한 더욱 적극적인 주장이 필요하다."[504]

「뉴스위크(Newsweek)」의 과학 편집자인 에드윈 다이아몬드는 본래 카슨과 책을 공저하기로 허턴 미플린과 계약을 맺었지만, 카슨은 공동 작업이 책에 도움이 되지 않을 것이라고 판단하여 일찍부터 그를 제외했다.[466] 그런 다이아몬드가 가장 통렬한 서평을 썼다.[487] "레이철 카슨이라는 여성 덕분에 미국인들은 제정신을 잃어버릴 정도의 대혼란을 겪게 되었다." 카슨이 결혼을 하지 않았다는 사실을 지적한 다이아몬드는 이렇게 말했다. "결국 『침묵의 봄』의 목적은 무엇인가?……지금은 틀에 박힌 생각, 무차별적인 모함, 날카로운 목소리, 이중적인 행동의 시대이다." 다이아몬드에 따르면, 카슨의 전략은 상원의원 조지프 매카시가 대(大)공산주의 마녀사냥에서 사용했던 것과 비슷한 것이었다. "매카시의 영향으로 무너졌던 나라가 헌법과 시민권의 우아한 저택을 허물지 않고도 체제 전복의 시도에 대응할 수 있었다는 사실은 기록으로 확인할 수 있다. 마찬가지로 나는 흑사병과 전염병의 어두운 시대로 돌아가지 않고도 농약 '문제'를 해결할 수 있을 것이라고 생각한다."

논란은 성(性) 대립의 차원으로 변질되었다. 남성은 성차별적인 고정관념을 이용해서 비판했고, 여성(과 일부 남성)은 적극적으로 지지했다. 그러나 양측 모두 대부분 성 편견에 사로잡힌 방법을 사용했다. 카슨은 음주에 대항하여 도끼를 휘두른 운동가, 캐리 네이션*과 비교되었다.[505] 학술지인 「내과 학회지(*Archives of Internal Medicine*)」에 소개된 논평에 따르면, "충격 속에서도 『침묵의 봄』을 꼼꼼하게 읽었지만, 여성만을 위한 주장을 극복해야 한다는 생각을 지울 수가 없었다. 그것은 불가능한 일이었다."[496] 그 논평의 저자는 카슨의 책이 과학적으로는 "지극히 보잘것없다"고 평가했지만, 그 책 덕분에 일부 긍정적인 변화가 생길 수는 있을 것이라는 견해도 밝혔다. "나는 그 책에서 심술궂은 열정과 인류의 현실에 대한 깊은 우려를 발견했다. 결국 나는 그 책이 과학이나 학문이나 레이첼 카슨의 이익을 증진시키는 것은 아니라는 사실을 깨달았다. 반면에 충분히 많은 사람들이 그 책을 읽고, 그 책이 왜곡된 시각만 제공한 일부 문제들의 의미를 깊이 생각해본다면, 국가는 물론이고 이 책이 지적한 문제들을 연구하는 과학자들도 얻는 것이 있을 것이다."[496]

성에 대한 고정관념은 대중의 인식에도 영향을 미쳤다. 「뉴욕 타임스」는 이렇게 썼다. "조용하고, 부드러운 목소리의 레이첼 루이즈 카슨은 복수의 사자(使者)처럼 보이지는 않는다. 그녀는 수줍음이 많고, 지극히 여성적이고, 자신의 책을 공격하는 사람들에게 보복성 발언을 거부한다.……카슨 양은 백발로 변해가는 짙은 갈색 머리의 몸집이 작은 여성이다. 그녀의 눈은 회갈색이고, 안색은 창백하다."[506] 다른 우호적인 비평가에 따르면, "카슨 양은 나직한 목소리를 가진 55세의 독신녀로 워싱턴 근교의 메릴랜드 주 실버 스프링스에서 살고 있다. 그녀는 바다의 식물상과 동물상을 다루어서 수많은 상을 받은 『우리를 둘러싼 바다』라는 1951년 해양생물학 책으로 유명하다. 최신작에서 그녀는 복수를 하러 뭍으로 올라왔다."[499] 그러나 카슨은 그녀의 책에서 어떤 성의 역할도 인정하지 않았다. 그녀의 관

---

* 술을 파는 음식점을 도끼로 위협했던 미국의 대표적인 금주운동가이다.

심은 오로지 "여성이나 남성이 저질러놓은 일이 아니라 사람이 저질러놓은 일"에 대한 것이었다.[467]

진지한 반론을 제기한 거의 유일한 여성인 버지니아 크래프트가 「스포츠 일러스트레이티드(*Sports Illustrated*)」에 쓴 글에 따르면, "전국적으로 야생동물은 과거 어느 때보다 그 수가 많고, 건강하다.……오늘날 야생동물이 번성하게 된 것은 사람들, 특히 미국 사람들이 스스로의 환경을 관리하는 능력이 향상되면서 야기된 직접적인 결과이다.……그런 개선을 가능하게 만들어준 단 하나의 가장 효율적인 도구가 화학 농약이다."[507] 크래프트는 『침묵의 봄』이 핵 재앙을 다룬 네빌 슈트의 『해변에서(*On the Beach*)』라는 소설마저도 "상대적으로 거의 행복해 보이도록 만들었다"라고 했다.[507] 그녀는 이렇게 주장했다. "화학 농약의 현명하고 분별력 있는 사용은, 우리에게 침묵의 봄이 아니라 풍부하고 새로운 동물의 소리와 인류의 번영으로 가득 찬 계절을 보장해준다."[507]

다양한 영역에서 제기된 반론들을 정리한 폴 브룩스는 그런 반응을 한 세기 전에 『종의 기원』을 발간했던 찰스 다윈의 경험과 비교했다. 『종의 기원』 이후로 "자신들의 이해관계가 위협받게 되었다고 느낀 사람들로부터 더 심하게 공격을 받은 책은 없었다."[471] 심지어 1962년에는 다윈을 비판하는 데에 사용된 언어가 다시 등장했다. 루이스 애거시는 다윈의 변종(變種) 이론을 "과학적 오류이고, 사실이 아니고, 방법이 비과학적이고, 성향이 사악하다"라고 했다.[508] 『침묵의 봄』을 토머스 페인의 『인간의 권리(*Rights of Man*)』와 비교한 「뉴욕 타임스」의 평론가는 "사람들은 레이철 카슨이 화학 산업계에 대한 공포와 정부 발표문의 온화한 용어를 버리고 목제 쟁기로 돌아갈 것을 주장한 것으로 생각할 것"이라고 지적했다.[510]

이런 논란들은 비판자들의 의도와는 정반대로 모두 책의 판매를 부추겼다. 이 책은 발간 두 달 만에 10만 부가 팔려서 베스트셀러 1위를 차지했고,

주요 뉴스로 다루어졌다. 실제로 케네디 대통령은 발간되기 전부터 그 책에 관심을 보였다.[467] 책은 22개 언어로 번역되었고, 허턴 미플린이 문고판을 내기도 전에 50만 권의 양장본이 판매되었다.[467, 474] 「CBS 리포트」의 방송이나, 정부 청문회에 대한 언론 보도와 같은 새로운 일이 생길 때마다 판매가 치솟았다. 자신들이 발간한 책의 유례없는 성공에 놀란 허턴 미플린의 경영자에 따르면, "내가 떠올릴 수 있는 유일한 유사 사례는 레이철의 책이 긍정적인 만큼이나 악마적인 책이다. 『나의 투쟁』은 히틀러가 새로운 나라를 침략할 때마다 판매가 다시 치솟았다. 사람들은 다음에 누가 고통을 받게 될지를 알아내려고 했다."[466] 공산주의 음모론에 민감했던 카슨과 출판사는 "그 책이 반미(反美) 선동으로 왜곡되기 쉽다는 이유로" 공산주의 국가에는 판권을 팔지 않았다.[466]

건강 악화로 카슨은 많은 인터뷰를 하거나 행사에 참석할 수 없었다.[467] 그녀는 의사에게 이렇게 말했다. "나는 아직도 전투가 필요할 때마다 싸운다는 오래된 처칠식 투지를 믿고, 승리하겠다는 각오가 최후의 전투를 충분히 연기시켜줄 것이라고 생각합니다."[463] 그녀가 거부할 수 없다고 생각한 전투의 기회는 인기와 황금 시간대 방송으로 많은 시청자들의 관심을 끌게 될 「CBS 리포트」와의 인터뷰였다. 암 때문에 이동이 힘들었던 카슨을 위해서 프로그램의 진행자와 제작진이 그녀의 집에서 인터뷰를 진행했다. CBS는 8개월에 걸친 녹화로 프로그램을 제작했다.[425] 「CBS 리포트」는 카슨에 반대하는 화학 회사들의 대변자로 화이트−스티븐스를 내세웠다. 의무감, 식품의약국 국장, 농무부 장관 등의 정부 지도자들도 출연했다. 논쟁적인 내용을 불편해했던 주요 기업 3곳이 광고를 취소했다.

카슨은 1963년 4월 3일에 방송된 프로그램을 통해서 과격한 공산주의 독신녀가 아니라 방 안에 침착하게 앉아 있는 사람으로 알려지게 되었다. 프로그램은 카슨의 목소리로 시작되었다. "모든 생물을 더 이상 살 수 없도록 만들지 않고 지구 표면에 독성 물질 세례를 퍼부을 수 있다고 생각하는 분이 계실까요? 그런 물질은 '살충제(insecticide)'가 아니라 '살생물제(biocide)'라고 불러야 합니다."⁵¹¹ 화이트-스티븐스는 이렇게 반박했다. "카슨 양의 『침묵의 봄』이라는 책의 핵심 주장은 실제 사실을 중대하게 왜곡한 것으로 과학적 실험 증거나 그 분야의 일반적인 실제 경험으로 완전하게 확인된 것도 아닙니다.……인류가 카슨 양의 가르침을 충실하게 따른다면, 우리는 암흑시대로 돌아가게 되고, 곤충과 질병과 해충이 다시 한번 지구를 지배하게 될 것입니다." 화이트-스티븐스는 계속해서 이렇게 말했다. "카슨 양은 자연의 균형이 인간 생존의 가장 중요한 원동력인데도 현대의 화학자, 현대의 생물학자, 현대의 과학자들은 인간이 끊임없이 자연을 통제하게 될 것이라고 믿는다고 주장합니다." 카슨은 다음과 같이 대답했다. "이제 이 사람들은 인간이 등장한 직후부터 자연의 균형은 무너졌다고 생각합니다.……글쎄요. 중력의 법칙도 배척할 수 있다고 생각할지도 모릅니다.……인간은 자연의 일부이고, 그래서 자연에 대한 투쟁은 어쩔 수 없이 자신에 대한 투쟁이기도 합니다." 카슨은 프로그램을 이렇게 끝맺었다. "나는 우리 인류가 한번도 도전해보지 못했던 자연이 아니라, 우리 자신의 성숙함과 지배력을 증명하는 일에 도전하고 있다고 생각합니다."

1,000만 명이 프로그램을 시청했다.⁴⁷⁴ 프로그램이 방송된 다음 날 코네티컷의 에이브러햄 리비코프 상원의원은 정부 운영 소위원회에서 농약의 위험에 대한 청문회를 열 것이라고 선언했다.⁴⁶⁷ 청문회는 5월 15일에 시작되었고, 가장 주목을 끈 증인인 카슨도 6월 4일에 소환되었다. 리비코프는 "카슨 양, 당신이 이 모든 것을 촉발한 여성입니다"라고 했다.⁴⁷⁴ 그의 발언은 에이브러햄 링컨이 『톰 아저씨의 오두막』의 저자 해리엇 비처 스토*에

---

* 노예제도에 반발하는 소설 『톰 아저씨의 오두막』으로 남북전쟁의 계기를 마련한 것으로

게 한 발언을 연상시키는 것이었다. 스토의 후손들에게 전해지는 가족의 비화에 따르면, 그녀를 만난 링컨은 "이 엄청난 전쟁을 일으킨 사람이 바로 이 작은 여성입니까?"라고 물었다.[512] 카슨은 이렇게 증언했다. "우리가 퇴치해야 할 해충의 수가 많고 종류가 다양하기 때문에, 우리는 모든 문제를 해결해줄 하나의 슈퍼 무기가 아니라 목적에 특화된 엄청나게 다양한 무기들을 개발해야 한다."[463] 카슨은 공중 살포와 잔류성 농약을 제한하고, 농약의 시험과 관리를 책임지는 정부 기관을 만들고, 사람들에게 자신의 집이 중독되지 않도록 보장해주기 위한 공공의 제안을 수용해줄 것을 요구했다. 카슨은 과학자들이 농약을 사용하는 곳에서 멀리 떨어진 지구의 외딴곳에서 농약을 개발했다는 사실을 덧붙였다. 따라서 농약 살포자들이 대중의 인지나 동의 없이 무차별적으로 농약을 뿌리는 문제가, 농약을 개발한 나라에 대해서 들어본 적도 없는 공동체로까지 확대되었다. 셸 화학사의 자문위원은 그녀의 증언에 대해서 "공포를 팔고 다니는 떠돌이 약장사들이 세계의 굶주림을 마음껏 즐기려고 한다"라고 반박했다.[463]

리비코프의 청문회가 시작된 날, 대통령의 과학 자문 위원회가 농약의 혜택과 위험에 대한 보고서를 제출했다. 보고서에 따르면, "현대인에게는 효율적인 농업 생산성, 건강 보호, 골칫거리의 제거가 반드시 필요하다."[490] 여러 가지 긍정적인 발전의 한 가지 예로 "미국의 주부들이 단 옥수수, 감자, 양배추, 사과, 토마토를 모두 온전하게 구입할 수 있게 되었고, 흠집이 없는 농작물에 익숙해지고 있다"는 것을 들었다.[490] 그러나 보고서는 저항의 문제도 지적하면서 "레이철 카슨의 『침묵의 봄』이 발간되기 전까지는 사람들이 일반적으로 농약의 독성에 대해서 인식하지 못했다"라고 지적했다.[490] 카슨은 "잔류성 독성 농약의 사용을 금지하는 것이 목표가 되어야

평가받은 소설가이다.

한다"는 보고서의 결론에 마음을 놓았다.[490] 이틀 후에 그녀는 농약 규제에 대해서 논쟁을 벌이던 상원의 상무 위원회에서 증언을 했다.[471] 화학 산업계의 영향을 받지 않으면서 환경 규제 업무를 담당할 장관급 기관을 만들어달라는 것이 카슨의 제안이었다.

과학 자문 위원회의 보고서가 사회적 담론의 방향을 그녀 쪽으로 돌려놓은 덕분에 "레이철 카슨, 정당성을 인정받다"라는 제목의 기사가 등장했고, 언론의 비판자들도 어쩌면 그녀가 옳을 수도 있다고 인정하기 시작했다.[463] 「CBS 리포트」는 "레이철 카슨의 침묵의 봄에 대한 판결"이라는 제목의 후속 프로그램을 방송했다.[466] 남극 탐험가의 아들인 섀클턴 경은 영국판 『침묵의 봄』에 서문을 써주었다. 그는 상원에서 폴리네시아의 식인종들이 "염화 탄화수소로 오염된 지방(脂肪) 때문에" 더 이상 미국인을 먹지 않는다고 밝혔다.[471] 섀클턴 경은 DDT 농도에 대한 자료에 따르면, "우리[영국인]는 미국인보다 조금 더 먹기에 좋다"라고 말했다. 그녀의 책에 대한 반응으로 영국은 농약에 대한 규제를 강화하기 시작했다.

뉴스 가치가 있는 사건들도 카슨의 주장을 뒷받침해주었다. 1963년 말에는 미시시피 강에서 500만 마리의 물고기가 경련과 출혈을 일으키면서 죽었다.[463] 과학자들은 엔드린을 처음 개발했고, 『침묵의 봄』을 발간하면 소송을 제기하겠다고 위협한 화학 회사인 벨시코가 운영하던 농약 공장에서 엔드린이라는 농약을 방류한 탓에 물고기가 떼죽음을 당했다는 사실을 밝혀냈다. 카슨은 자신의 책이 발간되었다고 농약 노출에 의한 야생동물의 죽음이 끝난 것은 아니라는 글을 썼다. 그녀에 따르면, "농약의 문제는 단순히 대중을 위협해서 인세를 챙기겠다는 탐욕스러운 저자의 꿈이 아니라 지금 이곳에 우리와 함께 존재하는 것이다."[513] 제2차 세계대전 중에는 인류의 구세주였던 DDT가 30년 후에는 인류에게 가장 치명적인 짐으로 변해버린 사실이, 농약을 둘러싼 대중의 인식과 혼란스러운 규제 환경의 걷잡을 수 없는 혼돈을 보여주었다.

1963년에 쏟아진 상들이 카슨의 일생에서 마지막을 장식했다.[471] 그해 초에 동물 복지 연구소가 그녀에게 알베르트 슈바이처 메달을 주었다. 여러 가지 다른 상들도 받았고, 미국 예술문학원의 회원으로도 선출되었다. 예술문화원의 회원은 예술가, 음악가, 작가 50명으로 제한되어 있었고, 새로 선출된 카슨 이외에 3명의 여성 회원이 있었지만, 논픽션 작가는 없었다. 예술문화원이 정리한 카슨의 업적은 다음과 같았다. "갈릴레오와 뷔퐁과 같은 장려한 문체를 가진 과학자인 그녀는 자신의 과학적 지식과 도덕적 견해를 이용해서 살아 있는 자연에 대한 우리의 생각을 심화시켜주었고, 우리의 근시안적인 기술적 정복이 우리 존재의 근원을 파괴하는 재앙이 될 수 있다는 사실을 우리에게 일깨워주었다."[471] 미국 여성문인협회에서의 강연에서 카슨은 자신이 책을 써야만 한다고 느낀 이유를 이렇게 설명했다. "만약 내가 그 책을 쓰지 않았더라도 그 아이디어는 다른 방식으로 알려지게 되었을 것이라고 확신합니다. 그러나 내가 책을 썼기 때문에 나는 사람들이 그런 문제에 관심을 가질 때까지 쉴 수가 없었습니다."[463]

카슨은 『침묵의 봄』을 알베르트 슈바이처에게 헌정했다. 슈바이처는 양봉가(養蜂家)들에게 다음과 같이 말했다. "나는 프랑스를 비롯한 곳에서 일어나고 있는 곤충을 상대로 한 화학적 투쟁의 비극적인 결말을 알고 있고, 그런 사태에 대해서 개탄한다. 오늘날 사람들은 더 이상 어떻게 앞일을 내다보고, 어려움을 미연에 방지하는지를 모른다. 인간은 자신과 다른 생물들이 먹거리를 제공하는 지구를 파괴해서 종말을 맞이하게 될 것이다."[514] 그런 발언에서 영감을 얻은 카슨은 다음과 같은 헌사를 썼다. "인간은 앞일을 예견하고, 어려움을 미연에 방지하는 능력을 잃어버렸다. 인간은 지구를 파괴해서 종말을 맞이하게 될 것이다."[447] 『침묵의 봄』이 발간된 후에 슈바이처는 카슨에게 감사의 편지를 보냈다. 그의 편지에 동봉된 사진은

카슨의 가장 소중한 소장품이 되었다.[493]

여생이 얼마 남지 않았다는 사실을 알고 있었던 카슨은 자신의 장례식에서 『바다의 가장자리』의 한 구절을 낭송해달라고 요청했다.[471] "우리가 헤아릴 수도 없는 어떤 이유로 존재하는 다시마류에 속하는 원형질의 투명한 조각과 같은 작은 존재의 의미는 무엇일까? 해변의 바위와 수초 사이에서 엄청나게 존재해야 하는 이유는 무엇일까? 아무리 노력해도 그 의미를 절대 이해할 수는 없겠지만, 그것을 추구하는 과정에서 우리는 생명 그 자체의 궁극적인 신비에 다가서게 될 것이다."[475]

카슨은 1964년 4월 14일, 56세의 나이로 세상을 떠났다.[471] 그녀의 장례식에는 내무부 장관 유돌과 상원의원 리비코프도 운구에 참여했다. 리비코프는 상원에서 "이 정숙한 여성은 모든 곳의 사람들에게 20세기 중엽의 삶에서 가장 중요한 문제 중의 하나인 인간에 의한 환경오염에 관심을 가지도록 일깨워주었다"라고 경의를 표했다.[463] 폴 브룩스 부부는 고아가 된 그녀의 종손을 키워주었고, 그녀의 글을 소개하는 책을 발간했다.[466, 471] 그는 자신의 책을 통해서 건강이 악화되는 중에도 『침묵의 봄』을 완성한 카슨의 노력을 소개했다. 브룩스에 따르면, "그녀는 죽음에 대한 이 책을 자신의 일생에 대한 기념비로 만들었다."[471]

E. B. 화이트는 그녀를 이렇게 추모했다. "비록 레이철 카슨은 떠났지만, 바다는 여전히 우리 주위에 있고, 바다의 가장자리는 여전히 거의 믿을 수 없을 정도로 다양한 생명을 부양하고, 농약 생산자들은 여전히 봄마다 반복되는 판매 증가를 즐기고 있다."[515] 그녀가 사망하고 1년이 지난 후에 화학 회사 벨시콜은 다음과 같이 밝혔다. "혹시 주목하지 못했을 수도 있지만, 나무에서는 여전히 잎이 돋고, 새는 여전히 울고, 다람쥐는 여전히 이곳저곳을 기웃거리고, 물고기는 여전히 뛰어오르고 있다. 1965년은 고(故) 카슨 양의 악몽과 같은 '침묵의 형태'가 아니라 평범한 봄이었다."[463]

레이철 카슨은『침묵의 봄』덕분에 허턴 미플린의 성공한 미국 작가들을 기록한 방대한 목록에 이름을 올리게 되었다.[466] 이 목록에는 헨리 워즈워스 롱펠로, 올리버 웬델 홈스, 랠프 왈도 에머슨, 해리엇 비처 스토, 너새니얼 호손, 헨리 데이비드 소로, 마크 트웨인 등이 올라 있다. 출판사는 미국에서 앨프리드 로드 테니슨, 찰스 디킨스, 윈스턴 처칠 같은 영국의 위대한 저자들의 책도 출판했다. 위대한 저자들의 작품과 마찬가지로『침묵의 봄』도 세계적으로 환경, 정부의 신뢰성, 민주주의, 동물과 인간의 권리에 대한 대중의 인식을 바꾸어놓은 고전(古典)이 되었다. 카슨은 다음과 같은 메시지를 남겼다. "소독해버린 세상에서는 하늘을 나는 새의 휘어진 날개의 우아함도 사라진다. 그런데도 곤충이 없는 세상이 최고의 가치라고 결정할 권리를 누가 가지고 있는지를 누가 결정했는가? 아무도 그런 일에 대한 의견을 밝혀달라는 요청을 받은 적이 없다. 그런 결정은 자연의 아름다움과 질서정연한 세상이 여전히 심오하고 필수적인 의미를 가진다고 믿는 수백만 명의 사람들이 한눈을 파는 사이에 잠시 권력을 움켜쥔 독재자가 내린 것이었다."[447]

카슨의 메시지는 아이젠하워 대통령의 발언과 닮아 있었다. 그는 이연사에서 국민들에게 이렇게 말했다. "사회의 미래를 전망해보면, 당신과 나, 그리고 정부를 포함한 우리 모두는 오로지 오늘 당장의 편안함과 편리함만을 위해서 내일의 소중한 자원을 훔쳐서 살겠다는 충동을 버려야 한다. 우리는 자손들의 물질적 자산을 저당 잡혀서 그들의 정치적, 정신적 유산을 빼앗는 위험을 초래해서는 안 된다. 우리는 민주주의가 앞으로 태어날 모든 세대에까지 이어지기를 바란다. 민주주의를 내일의 파산해버린 유령으로 만들어서는 안 된다."[485]

12

경이와 겸손

(1962-미래)

지난 100년 사이에 자연과 환경에 속수무책인 미물이던 인간이 행성의 구석구석 침투할 수 있고, 지구상의 어느 곳과도 순간적으로 통신할 수 있고, 어디에 쓸지 상관없이 필요한 식량, 섬유, 집을 생산할 수 있고, 소유한 토지와 바다와 우주의 지형을 바꿀 수 있고, 바로 그 하늘을 통해서 세상을 여행할 수 있는 유일한 존재가 되었다. 그것이 바로 과학이 만들어놓은 것이고, 인간은 그것을 활용하는 지혜를 가지게 되었다. _ 로버트 H. 화이트-스티븐스, 화학 산업의 대변인, 1962년[500]

화학자들은 제2차 세계대전이 끝난 후에도 굶주림과 질병을 퇴치해서 더 나은 세상을 만들어줄 제품을 개발하는 일을 계속했다. 그들은 다음에 일어날 전쟁에 대비해서 강력한 화학무기를 개발하는 일도 멈추지 않았다. 전쟁이 너무 잦아지고, 끔찍해져서 이제는 오랫동안 전쟁이 사라지거나, 또다시 아무런 준비도 없이 독재자에게 맹공격을 당하리라는 생각은 어리석어 보였다.

인류에게 최선과 최악의 목적을 위해서 설계된 모든 화합물들이 환경적으로는 재앙인 것으로 밝혀졌고, 그래서 레이철 카슨이 책을 쓸 수밖에 없었다. 그러나 점점 가속화되는 개발과 농약의 사용을 둘러싼 극심한 혼란은 1964년 카슨의 사망으로도 끝나지 않았다.

『침묵의 봄』의 집필을 시작할 무렵에 카슨은 한 친구에게 "내가 침묵을 지키더라도 마음이 편하지는 않을 것"이라는 편지를 보냈다.[516] 집필을 거의 마칠 무렵에는 "내가 할 수 있는 최선을 다하지 않았더라면, 다시는 행복한 마음으로 개똥지빠귀의 노래를 들을 수 없었을 것"이라는 편지를 보냈다.[471] 그와 똑같은 충동적인 투지가 그 책에 등장하는 모든 과학자들을 감염시켰고, 동기를 제공해서 위대한 일을 하도록 만들었을 것이다. 로널드 로스는 몇 년 동안 말 그대로 자신이 흘린 땀으로 녹이 슬 때까지 현미경을 들여다보느라고 눈을 혹사시키고 나서야 아노펠레스 모기의 위벽에서 떼어내서 염색한 세포에서 자신의 기념비적인 성과를 발견할 수 있었다. 프리츠 하버와 발터 네른스트는 끔찍한 죽음의 위험을 감수하면서 공기에서 질소를 고정하기 위한 고압과 고열의 경쟁을 했다. 게르하르트 슈라더는 자연을 조작해서 유기인산 살충제를 만드는 과정에서 인류가 합성한 가장 유독한 화합물에 스스로 노출되기도 했다.

『침묵의 봄』이 출간된 후에 화학물질 노출에 의한 충격적인 사건들이 여러 차례 일어났다. 과학자들은 우유에 허용되는 최대치보다 5배나 높은 농도의 DDT가 여성의 모유에 들어 있다는 사실을 발견했다.[463] 카슨이 사망할 무렵에 롱아일랜드의 환경주의자, 과학자, 그리고 변호사가 조직한 비공식 모임에서 창립된 환경보호기금이 "모유가 사람이 섭취해도 되는 것인가?"라는 광고를 「뉴욕 타임스」에 실었다.[320] 버클리의 생태학 센터도 가슴에 "주의. 아이들이 닿지 않도록 하세요"라는 표식을 붙인 벌거벗은 임산부가 그려진 포스터를 제작했다.[463]

전 세계의 사정도 마찬가지였다. 1967년 여름 카타르에서는 운송 중에 상(上)갑판에 적재해둔 용기에서 새어나온 엔드린에 오염된 미국산 밀가루로 만든 빵을 먹은 사람들 중에서 700명이 입원하고, 24명이 사망하는 일이 일어났다.[463] 같은 해에 멕시코에서는 파리티온 근처에 저장해둔 설탕으로 만든 과자를 먹은 어린이 17명이 사망하고, 600명이 병들었다. 콜롬비아에서는 파라티온으로 오염된 빵 때문에 80명이 사망하고, 600명이 병드는 비슷한 사고가 발생했다. 전 세계에서 다양한 농약에 의한 비슷한 비극이 이어졌고, 시장에 출시되는 새로운 농약의 종류가 늘어나고 사용량이 폭증하면서 그런 사고는 더욱 흔해졌고, 희생자도 늘어났다. 실제로 『침묵의 봄』이 발간되고 4년이 지난 1966년에는 미국 회사들이 판매하는 합성 농약의 양이 8억4,000만 파운드를 넘어섰고, 미국 시장에서 판매된 무기(無機) 농약의 양도 4억5,000만 파운드나 되었다.[463]

해충의 내성 진화가 새로운 화합물이 대량으로 사용되는 압력으로 작용했다. DDT에 대한 내성을 가지도록 진화한 숲모기의 등장으로 1969년 세계보건기구는 세계 말라리아 퇴치 사업을 중단해야만 했다.[517] 군수산업이 무기의 노후화에 의한 군비 경쟁에서 이익을 챙기는 것과 마찬가지로 화학 산업의 입장에서도 농약의 노후화는 반가운 일이었다.

농약이 "자연의 균형"을 파괴함으로써 전혀 예상하지 못했던 방법으로 사람들의 목숨을 위협하기도 했다. 1963년 볼리비아에서 볼리비아 출혈열의 유행으로 300명 이상의 사람들이 목숨을 잃은 것이 그 대표적인 사례였다.[463] 치명적인 바이러스는 그 지역의 설치류에 의해서 전파되었다. 설치류의 수는 고양이에 의해서 억제가 되어왔다. 그런데 말라리아 퇴치 사업으로 DDT가 살포되면서 고양이의 수가 급감한 것이 문제였다.

『침묵의 봄』의 발간에 이어서 일어난 가장 크고, 가장 오래 지속된 농약 사고가 바로 랜치 핸드(Ranch Hand) 작전이었다. 『침묵의 봄』이 인쇄된 해에 시작된 랜치 핸드 작전은 1971년까지 계속되었다.[518] 미국은 베트남, 라오스, 캄보디아의 우림과 맹그로브 숲에 7,300만 리터의 제초제와 에이전트 오렌지와 같은 고엽제(枯葉劑)를 살포했다.[519, 520] 농약을 살포한 2만6,000제곱킬로미터 중 10퍼센트가 경작지였다. 베트콩의 식량을 고갈시키고, 그들의 움직임을 차폐시켜주던 숲을 제거하는 것이 목표였다. "오직 당신만이 숲을 막아낼 수 있다"라고 변형된 구호와 더불어 회색 곰*이 작전의 비공식적인 마스코트가 되었다.[521] 잎을 제거해야 할 숲이나 적군의 위치를 표시하기 위해서 연막 수류탄이나 조명탄을 투하하는 비행기에도 "회색 곰"이라는 별명이 붙여졌다. 미군은 셔우드 포레스트(1965), 핑크 로즈(1966)와 같은 유사한 작전에서도 열대 우림을 고사시키기 위해서 고엽제를 살포하고, 베트콩을 제거하기 위한 화재를 일으킬 목적으로 경유(輕油)와 연소 장비를 투하했다. 살포 비행기는 느린 속도로 비행했기 때문에 작전을 수행하기 전에 먼저 폭탄, 대포, 네이팜으로 공습하는 것이 일반적이었다.[520]

그런 작전에는 카슨이 『침묵의 봄』에서 설명했고, 새로운 기술의 군사적 사용이나 오용을 걱정하는 많은 반대론자들이 지적했던 태도가 담겨 있었다. 카슨에 따르면, "화학 제초제는 새로 만든 반가운 장난감이다. 그들은 화려하게 작용하고, 그것을 휘두르는 사람들에게 자연을 지배하는 힘을 가졌다는 아찔한 인식을 심어주고, 광범위하게 나타나거나 분명하지 않은 부작용은 회의론자들의 근거 없는 상상이라고 쉽게 무시하게 된다."[447]

전쟁에서 사용하는 화학적 고엽제는 성장을 조절하는 식물 호르몬의 발견에서 비롯된 가능성 덕분에 개발되었다.[520] 1941년에 시카고 대학교의 식물학 교수인 에즈라 크라우스는 그런 식물 호르몬을 합성해서 대량으로 살포하면 제초제의 역할을 할 것이라고 제안했다. 크라우스와 미국 농업연구 센터는 그런 목적으로 사용할 화학물질 후보를 찾기 시작했다. 후보 물질에는 얼마 전에 식물 성장을 촉진하는 것으로 밝혀진 2,4-D라는 화합물

---

* 미국 산림청의 산불 방지 문구는 "오직 당신만이 산불을 막아낼 수 있다"이며, 마스코트는 회색 곰(Smokey Bear)이다.

도 포함되었다. 미국이 제2차 세계대전에 참전하고 며칠 만에, 크라우스는 미국이 "일본 사람들의 주식인 벼를 파괴하는 간단한 방법"이 될 수 있는 제초제를 합성하자고 제안했다.[520] 그런 화학물질을 숲에 살포하면, 나무가 죽어서 "숨어 있는 군사 요새를 찾아낼 수도 있다." 크라우스의 시카고 연구실은 엔리코 페르미가 최초의 원자로를 건설했던 곳에서 지척에 있었다.

화학전 부대는 전투에서 작물 파괴제나 고엽제로 사용할 수 있는 제초제를 물색하는 작업을 확대했다. 전쟁이 끝날 때까지 화학전 부대는 대략 1,000종의 화합물을 시험했고, 2,4-D와 2,4,5-T가 가장 효과적임을 확인했다. 전후에 이 제초제들은 전투 대신에 잡초 제거제로 상품화되었다. 1950년대 초에 말레이 반도에서의 전투에서 영국군은 작물을 제거하고, 나뭇잎을 말리는 목적으로 2,4,5-T를 활용했다. 결국 베트남 전쟁에서 미국이 에이전트 오렌지를 사용할 준비가 갖춰진 셈이었다.

『침묵의 봄』이 발간된 후에 대통령 과학 자문 위원회는 농약에 의한 암, 기형아, 또는 유전적 결함 유발 가능성을 시험할 것을 권고했다.[522] 이에 따라서 1963년에 국립 암 연구소는 바이오네틱스 연구소에 일부 농약의 독성 시험을 의뢰했다. 시험한 농약 중에는 유명한 잡초 제거제 2,4,5-T와 에이전트 오렌지의 활성 성분인 2,4-D도 포함되어 있었다. 1966년에 바이오네틱스는 2,4,5-T가 쥐에서 기형 출산의 원인이 된다는 사실을 국립 암 연구소에 통보했다. 미국과 베트남에서 제초제로 널리 쓰이고 있었지만, 정부는 그런 정보를 일반에 공개하지 않았다. 바이오네틱스는 1968년에 또 다른 보고서를 국립 암 연구소에 제출했다. 여전히 정보는 소수의 과학자, 정부 규제 담당자, 농약 산업계의 사람들에게만 제한적으로 제공되었다.

그럼에도 불구하고 일부 과학자들은 전쟁에서 고엽제의 사용을 우려했고, 1967년에 미국 과학진흥협회(AAAS)는 로버트 맥나마라 국방부 장관에게 베트남에서 고엽제 사용의 효과에 대한 연구를 승인해줄 것을 청원했다.[522] 정부는 다음과 같은 답변을 보냈다. "정부 내외는 물론이고 다른 국가의 자격을 갖춘 과학자들은 심각한 부작용은 발생하지 않을 것이라고 판단했다. 우리가 그런 판단을 확신하지 못했다면 그 물질을 계속 사용하지는 않았을 것이다."[522] 결국 1969년 가을에 소비자 운동가 랠프 네이더의 지원을 받은 단체의 직원이 우연히 바이오네틱스의 보고서 사본을 확보해서 하버드의 생물학자 매슈 메셀슨에게 전달했다.

메셀슨은 화학무기와 생물무기에 대한 미국의 입장을 반박했던 경험이 있었다.[522] 그는 에이전트 오렌지를 살포한 베트남 지역에서 기형아 출산이 크게 늘어났다는 신문 기사도 보았다. 메셀슨은 1969년 10월 29일에 닉슨 대통령의 과학 보좌관인 물리학자 리 두브리지를 만나서 자신의 우려를 전달했다. 메셀슨이 사무실에 있는 동안에 두브리지는 국방부 차관이자 휴렛-패커드 사의 공동 창업자인 데이비드 패커드에게 전화를 걸어서 2,4,5-T의 사용을 제한하기로 합의했다.[520] 두브리지가 바로 그날, 국방부는 "인구 밀집 지역으로부터 멀리 떨어진 곳으로 2,4,5-T의 사용을 제한할 것"이고, 농무부는 "1월 1일부터 농작물에 2,4,5-T의 사용 등록을 취소할 것"이며, 농무부와 내무부는 "자신들의 사업에서 2,4,5-T의 사용을 중단할 것"이라는 성명서를 발표했다.[520]

며칠 후에 두브리지는 메셀슨에게, 다우 케미컬이 제초제 2,4,5-T가 아니라 다이옥신이 문제라는 사실을 확인했다는 소식을 전화로 알려주었다.[520] 2,4,5-T에 다이옥신이 들어가게 된 것은 생산 공정에서의 오류 때문이었고, 농무부와 국방부는 개선된 방법으로 생산한 제초제를 계속 사용할 것이라고 발표했다. 그리고 1970년 초에 다우 케미컬은 개선된 2,4,5-T가 기형아 출산을 일으키지 않는다는 사실을 입증하는 연구를 수행했다.[522] 미국 식품의약국(FDA)과 국립보건원(NIH)은 다우 케미컬의 연구를 재실험해보았지만, 탈리도마이드와 마찬가지로 2,4,5-T도 기형아 출산의 심각한 원인이고, 다이옥신이 불순물로 존재하면 문제가 더욱 심각해진다는 사실을 확인했다. 몇 년 동안 아무도 관심을 보이지 않았던 1966년 바이오네틱스의 혼란스러운 보고서를 확인하는 데에는 고작 6주일이 걸렸다. 상원에서 청문회가 열렸다. 그러나 대통령 과학 자문 위원회는 "고엽제를 군사용으로 사용하기 전과 후의 베트남에서 기형아 출산의 빈도와 사례에 대한 정확한 역학적 자료가 부족하기 때문에 기형아 출산의 증가가 실제로 발생했는지를 추정하기는 불가능하다"는 보고서를 제출했다.[522]

한편 다우 케미컬과 허큘리스 사가 2,4,5-T의 사용에 대한 낮은 수준의 규제에도 반발하면서, 미국 과학원이 추천한 과학자들이 참여하는 또다른 자문 위원회가 구성되었다.[522] 이 위원회에는 2,4,5-T를 생산하는 기업에 고용된 과학자들도 포함되었다. 위원회는 새로 출범한 환경보호국(EPA)에 다이옥신 오염을 해결하는 방법으로 합성한 2,4,5-T를 계속 사용하게 해 줄 것을 권고했다.

관심을 가진 과학자들이 몇 년 동안 청원한 결과, 미국 과학진흥협회는 1970년에 조사를 시작했다.[522] 메셀슨이 4명의 과학자가 참여하는 제초제 평가 위원회를 조직했다. 아서 웨스팅이 위원장이었고, 존 컨스터블과 로버트 쿡도 참여했다. (이 책의 저자도 1987년 웨스팅과 함께 일을 하는 행운을 누렸다.)

베트남을 살펴본 위원회는 국무부의 주장과 달리 에이전트 오렌지를 살포한 인구 밀집 지역의 작물이 파괴되었고, 베트남에 있는 맹그로브 숲의 절반과 경재림(硬材林)의 20퍼센트가 심각하게 손상되었으며, 임신 중의 태아들이 사산되거나 기형으로 태어났다는 사실을 확인했다.[519, 522, 523] 웨스팅의 기록에 따르면, 무기로 사용한 제초제가 "전투에 참여하지 않은 민간인에게 끼친 피해는 군사적으로 얻은 이익과는 비교할 수도 없을 정도로 심각했다."[524]

위원회는 미국 정부에 제초제 무기를 포기할 것을 청원한 17명의 노벨상 수상자를 포함한 수천 명의 과학자들로부터 도덕적 지지를 받았다.[524] 계속 밝혀진 증거와 위원회의 보고서 덕분에 1970년에 농업에서 2,4,5-T의 사용이 취소되었고, 베트남에서의 에이전트 오렌지 작전도 중단되었다.[520] 1968년 관계 부처의 협의에서 다음과 같은 결론이 내려졌다. "작물 파괴는 민간인에게 가장 큰 영향을 준다.……1967년에 파괴된 작물의 90퍼센트는 VC/NVA[베트콩/북베트남 군]의 군인들이 아니라 그곳에 거주하는 민간인이 재배한 것이었다." 그럼에도 불구하고 제초제로 작물을 파괴하는 일은 1971년 1월 7일까지 계속되었다.[520]

메셀슨도 참여한 1974년 미국 과학원의 후속 연구에 따르면, 고엽제 살포 작전이 어린이의 질병과 사망의 원인이 되었고, 맹그로브 숲을 한 세기가 지나도록 복구하기 어려울 정도로 손상시켰고, 말라리아 모기를 급증시켰으며, 식량 공급을 어렵게 만들어서 많은 주민들을 이주하게 했다.[522] 제럴드 포드 대통령은 1975년 "미국은 국가 정책으로 제초제의 사용에 적용되는 규제에 따라 미군 기지와 시설 또는 그 인근의 방위 지역에서 수행하는 전투에서 제초제의 선제적 사용을 포기한다"는 행정명령 11850에 서명했다.[520]

이런 일들은 리처드 닉슨 대통령에 의한 1969년 미국의 화학무기 선제적 이용 포기 선언과 생물무기의 전면 금지 선언으로 이어졌다.[303] 메셀슨은 자신의 하버드 동료이자, 닉슨과 포드 행정부에서 핵심적인 역할을 했던 헨리 키신저를 통해서 대통령의 두 결정에 영향을 미쳤다.[522] 닉슨은 "인류는 이미 자멸의 씨앗을 너무 많이 손에 쥐고 있다"라고 밝히면서, 상원에 1925년 제네바 협정을 비준해줄 것을 요청했다.[303] 상원은 대통령의 요구에 따라서 제2차 세계대전 이후에 처음으로 모든 종류의 무기를 금지하는 생물무기 협정을 비준했다. 제럴드 포드 대통령은 제초제 무기의 선제적 사용을 금지했던 1975년에 두 협정 모두에 서명했다.

다른 화학물질 사건들이 전 세계 사람들의 일상을 파고들었고, 정부와 산업계에서도 카슨이 제기한 회의론이 계속 확산되었다. 1968년 3월 13일에 실제로 그런 사건이 벌어졌다. 유타 주의 미국 육군 더그웨이 성능시험장에서 실시된 VX 신경 가스 시험으로 45마일이나 떨어진 곳에서 풀을 뜯던 6,000마리의 양이 죽었다.[522] 그로부터 14개월 동안, 반박의 여지가 없는 분위기 속에서 신경 가스 시험을 무작정 부정하던 육군도 목장의 주인들에게 보상을 해주어야 했다.

1969년 미국 육군은 로키마운틴 무기고에 있던 2만7,000톤의 화학무기를 바다에 폐기하기 위해서 800대의 화물열차에 실어 대서양으로 이송할 준비를 하고 있었다.[522] 화물 중에는 사린이 충전된 1만2,000톤의 포탄과 사린의 누출로 인해서 콘크리트와 철로 밀봉한 2,600톤의 로켓도 포함되어 있었다. 신뢰할 수 없는 철도를 이용한 대량 살상무기의 운반을 걱정하던 뉴욕의 하원의원 맥스 매카시가 공개적으로 문제를 제기했다. 메셀슨을 포함한 미국 과학원의 위원회는 육군의 운반 계획이 놀라울 정도로 부실했고, ("구멍을 뚫어서 가라앉혀버리라"는 뜻의 CHASE 작전으로 알려진) 무기를 해양에 폐기하는 과정에서 이미 뜻하지 않은 폭발 등의 사고가 일어났다는 사실을 밝혀냈다. 미국 과학원의 보고서 덕분에 육군은 무기를 로키마운틴 무기고에서 폐기하기로 동의했다. 다만 밀폐한 사린 로켓은 플로리다 해안에서 멀리 떨어진 바다에 투기했다.

1978년에는 로이스 깁스가 기형아 출산과 흔치 않은 질병의 급증에 대한 지역 언론 기자들과 주민들의 지원을 받아 뉴욕 주의 러브캐널 주민들을 조직해서 자신의 아들이 다니던 학교를 폐쇄하고, 주민들을 이주시키도록 만들었다.[525-527] 폐쇄된 학교는 옥시덴탈 석유의 자회사인 후커 케미컬이 2만 톤의 독성 폐기물을 매립한 후에 지역 교육청에 1달러에 팔았던 부지에 세워진 것이었다. 그러나 부지의 매매 과정에 대한 법적 책임은 자격이 없는 구매자에게로 떠넘겨졌다. 대학을 다니지도 않았고, 필요한 경험도 없었던 깁스는 그런 운동에 앞장서기에는 적합한 인물이 아니었다. 그럼에도 불구하고, 그녀는 러브캐널 주택소유자협회를 세워서, 기업과 정부에 책임을 묻는 시민운동을 시작했다. 깁스는 보완 계획을 설명해주던 기술자에게 이렇게 말했다. "죄송합니다. 나는 그저 평범한 주부입니다. 나는 전문가가 아닙니다. 그러나 당신은 전문가입니다. 나는 그저 약간의 상식을 활용할 수 있을 뿐입니다."[526] 그런 후에 그녀는 그 지역의 오염을 방지해줄 것이라는 기술에 대해서 문제를 지적했다. 2년 동안 압력을 받은 지미 카터 대통령은 1980년 10월 1일 러브캐널의 주민들을 이주시키고, 재산 손실을 보상해주겠다는 대책을 발표했다. 이 사건 덕분에 오염된 지역의 정화에 대한 슈퍼펀드로 더 잘 알려지게 된 1980년의 종합 환경 대응 보상 책임법이 제정되었다.

이런 재난의 목록은 매우 길었고, 러브캐널에서처럼 평범한 사람들이 기업의 책임회피에 대한 사회적 반발을 이끌어낸 경우도 많았다. 캘리포니아의 퍼시픽 가스 및 전기 회사가 운영하던 압축시설 부근의 주민들이 시설에서 흘러나온 크로뮴-6 때문에 병에 걸리게 되었다는 사실을 발견한 법률 전문가 에린 브로코비치가 대표적인 사례였다.[425] 이 사건은 미국 역사상 오염과 관련된 최대 규모의 집단 소송에 의한 1996년 법정 합의 기록으로 마무리되었다.

개발도상국에서 일어난 화학적 재난 중에는 규모나 피해가 훨씬 큰 경우도 많았다. 부족한 재정과 부실한 관리로 안전 기준이 허술하고, 대응이 비효율적이었기 때문이다. 예를 들면, 인도 보팔에 있던 유니언카바이드의 농약 공장은 세빈(당초 1956년에 상용화된 카바메이트인 카바릴)을 생산하는 곳이었다.[421] 부실한 장비와 인적(人的) 오류가 일련의 작은 사고들로 이어지다가, 결국 1984년에는 치명적인 가스 구름이 보팔 상공으로 새어나가서 수천 명의 주민들이 사망하고, 수만 명이 병에 걸렸다. 경제적으로 빈곤했던 인도에서는 인구 밀집 지역에서도 독성이 매우 강한 화학물질을 합성하는 위험이 용납되었고, 표준적인 안전 대책은 방치되었다.

생산 시설 주변의 주민들이 농약의 위험을 감수하듯이 농장 근로자들도 위험을 떠안을 수밖에 없었다. 잔류성 유기염소계 농약의 위험에 대한 카슨의 경고 때문에 전 세계의 정부들이 그런 농약의 생산과 사용을 금지시켰다. 유기인산계 농약을 비롯한 다른 제품들이 유기염소계 농약을 대체하기 시작했다. 유기인산계 농약은 환경에서 잔류 시간이 짧은 장점이 있었지만, 역설적으로 독성이 훨씬 더 강하다는 단점이 있었다.[421] 그런 화학물질들은 잔류성이 큰 화학물질보다 작업자들에게 더 큰 위험 요인이었고, 농장 근로자들과 가족들의 질병과 사망의 원인이 되었다. 정치적 영향력이 없는 저소득층에게 위험을 떠넘기는 것에 대한 거부감은 1980년대 미국의 노동 운동가 세자르 차베스가 주도한 포도 불매 운동*에서도 찾아볼 수 있었다.[528]

카슨이 사망하고 30년이 지나는 동안 미국의 연간 농약 사용량은 10억 파운드로 2배 이상 늘어났다.[421] 1990년대에는 유기인산계 농약이 절반 이상을 차지했다. 카슨의 책은 정치적 지형을 유기염소계 농약에 대한 경각심을 일깨우는 쪽으로 바꾸는 일에는 성공했지만, 위험에 대한 그녀의 경고에도 불구하고 유기인산계 농약의 사용량은 계속 늘어나서 야생동물에게도 심각한 피해를 주었다.

제충국의 합성 유사체인 피레트로이드와 니코틴의 합성물에 해당하는 침투성 살충제인 네오니코티노이드를 비롯한 새로운 종류의 살충제들이

---

* 1965년 캘리포니아 주 델가노의 포도밭에서 시작된 노동 운동이다.

화려한 팡파르와 함께 시장에 진입했다.[421, 529] 제충국과 니코틴이 가장 먼저 널리 사용된 살충제였지만 비싼 가격 때문에 사용이 제한적이었다는 사실을 고려하면, 합성 살충제의 개발은 매우 희망적인 것이었다. 피레트로이드는 1949년에 처음 합성되었고, 1960년대 말에 합성법이 개선되었지만 상업적으로 중요한 퍼메트린(permethrin)은 1972년에 개발되었다.

네오니코티노이드는 1980년대에 처음 상업화되었고, 특히 여러 나라의 정부들이 유행하던 유기인산계 살충제를 규제하면서 인기가 대단히 높아졌다.[421] 2013년에 네오니코티노이드의 사용량은 세계에서 가장 많이 사용되던 유기인산계를 넘어섰다. 기존의 살충제와 마찬가지로 많은 곤충들이 곧바로 네오니코티노이드에 대한 내성을 갖추기 시작했다. 그리고 기존의 살충제와 마찬가지로 네오니코티노이드도 수많은 새들을 죽이고, 부분적으로 군체 붕괴의 혼란(전 세계적으로 꿀벌과 호박벌의 감소와 벌들이 제공하던 중요한 꽃가루받이 기능의 감소)을 일으키는 등 자연의 균형에 피해가 나타났다. 결국 화학자들은 해충으로부터 작물을 보호하겠다는 핑계로 반복해서 꽃가루 매개체와 해충의 포식자를 죽이는 살충제를 개발했지만, 오히려 살충제를 이용해서 보호하려던 바로 그 작물의 재배를 위험에 빠뜨렸다.

『침묵의 봄』이 발간되고 수십 년이 지나는 동안 지구상의 생명에 대한 심오한 의미를 담고 있는 문구들이 등장했다. 사람들은 이제 "산성비(acid rain)", "핵겨울(nuclear winter)", "오존 구멍(ozone hole)", "지구 온난화(global warming)"에 대해서 걱정하기 시작했다. 카슨이 강조했던 독성 화학물질 문제는 과장된 것이 아니라 과소평가된 고함이었다. 그녀가 이미 알고 있었듯이, 사람들이 한 권의 책으로 소화할 수 있는 데에는 한계가 있었다. 카슨에 따르면, "『침묵의 봄』에서 다룬 문제는 고립된 것이 아니다. 우리의 살아 있는 세상을 해롭고 위험한 물질로 무책임하게 오염시키는 것은 안쓰러운 전체 문제의 일부분일 뿐이다."[471]

과학자들은 (DDT를 포함한) 많은 농약들이 내분비계를 교란시켜서 독
성을 나타낸다는 사실을 발견했다. 그러나 내분비 교란물질의 목록에는 여
러 종류의 PCB(폴리염화바이페닐), 세척제, 화장품, 개인 생활용품, 가소제(可
塑劑), 내연제(耐燃劑)를 포함해서 어지러울 정도로 많은 제품들이 포함된
다. 실제로 일상생활에서 사용하는 독성 화학물질의 목록은 끝이 없어 보
인다. 인간을 비롯한 생물들은 예측할 수 없는 방법의 상호작용으로 발달
장애, 만성 질환, 심지어 세대에서 세대로 전해지는 건강 문제를 일으키는
수천 가지의 독성 화학물질에 노출된다. 그런 일을 예상했던 카슨은 이렇
게 말했다. "우리의 농약 남용이 아직 태어나지도 않은 세대를 위험에 빠뜨
리게 되리라는 가능성에 대한 나의 관심에는 단순한 여성적 직관 이상의
의미가 담겨 있다."[471]

이런 문제들에 대한 사회적 인식과 대책을 찾으려는 노력은 농약과『침
묵의 봄』에 의해서 시작되었다. 아마도 더욱 중요한 사실은, 레이철 카슨
이 일반 사람들에게 스스로 시민 과학자가 되어서 정부와 기업의 태만과
부정을 제압해야 한다는 사실을 일깨워주었다는 것이다. 그녀는 숨을 거두
기 직전에 이렇게 말했다. "우리가 중요한 가치를 분명하게 인식하고 나면,
후회하지 말고 용감하게 그런 가치를 지켜내야만 한다."[513]

농약의 이런 역사가 농약의 미래에 대해서 어떤 의미를 가지고 있을까?
해충이 내성을 기를 때까지 한동안 효과를 발휘하는 새로운 화학물질이
등장할 것이다. 새로운 방법과 기술들이 해충의 수에 영향을 주어 치명적
인 질병과 굶주림의 폭증을 줄여줄 것이다. 그런 새로운 기술들에 대한 유
혹은 거부하기 어려울 것이고, 필요한 것이기도 하다. 그중에는 테트라에
틸 납이나 프레온처럼 뜻하지 않았던 심각한 문제를 낳는 것들도 있을 것
이다. 우리의 생활을 크게 향상시키고, 자원을 둘러싼 긴장과 경쟁을 완화

시켜서 전쟁의 위험을 줄여주는 물질도 있을 것이다. 인간 존재의 필연적인 결과처럼 보이는 전쟁에 활용되는 물질도 있을 것이다. 기업은 이익을 챙길 것이고, 레이철 카슨이 말했듯이 변화된 정치적 무대에서 기업, 정부 규제자, 일반인들 사이의 긴장은 계속 이어질 것이다.

우리가 우리를 둘러싸고 있는 세상에 대한 호기심과 실존에 대한 관심을 더 분명하게 할수록 인류의 파괴에 대한 유혹을 덜 느끼게 될 것이라고 믿는 것은 합리적으로 보인다. 호기심과 겸손함은 건강한 감정이고, 그런 감정은 파괴에 대한 욕망과는 어울리지 않는다.[447]

후기

1828년에 프리드리히 뵐러가 우연히 사이안산과 암모니아로 요소(尿素)를 합성한 후부터[300] 과학자들은 원자와 분자를 이용해서 기근을 해결하고, 질병과 전쟁을 벌이고, 적군을 괴멸시킬 가능성을 모색해왔다. 그런 역사를 살펴보던 나는 제3자가 아니라 당사자로서 나의 생각을 정리하고, 과학자, 화학, 발전, 비극 사이의 긴밀한 관계에 대한 글을 쓰고 싶다는 개인적인 동기를 설명해주는 나의 장황한 가족사에 빠져볼 가치가 있다는 사실을 깨달았다. 글의 방향을 바꾸게 된 것은 나의 할아버지가 겪으셨던 몇 가지 일을 소개하고, 그 의미를 생각해보기 위해서임을 양해해주기 바란다.

이 책의 앞부분에서 나는 물리학자 제임스 프랑크의 이야기를 소개했다. 그의 스승이자 친구인 프리츠 하버와 함께 제1차 세계대전 중에 방독면의 효과를 시험한 이야기, 나치의 반(反)유대주의에 반발해서 연구소의 소장에서 사퇴한 이야기, 그리고 미래의 노벨상 수상자 게오르기 드 헤비시가 코펜하겐에 있던 닐스 보어의 연구소에서 프랑크와 막스 폰 라우에의 노벨상 메달을 질산과 염산을 섞은 왕수(王水)에 녹였던 흥미로운 이야기였다. 그런 이야기들은 나와 직접적으로 관계가 있는 개인적인 것이기도 하다. 프랑크는 나의 증조부이다. 우리 가족은 그를 오파(그랜드파)라고 부른다.

오파는 나치가 집권하기 전에 순회강연을 하러 버클리를 방문했다.[530] 그의 딸이자, 나의 할머니 다그마의 친구가 록펠러 연구비를 받아서 1927년부터 1928년까지 버클리에서 연구를 하고 있었다. 그 친구가 바로 훗날 나의 할아버지가 된 아서 폰 히펠이었다. 아서는 실험실 조교와 함께 15달러에 구입한 낡은 승용차로 오파를 모시러 샌프란시스코에 갔다.

아서는 그의 자서전에 그날 있었던 일을 다음과 같이 남겨두었다.

나는 기차역에서 그를 만났고, 우리는 기차역을 벗어나자마자 짙은 저녁 안개에 휩싸이고 말았다. 그 지역에 가본 적이 없었던 나는 길모퉁이를 돌자마자 갑자기 철둑을 만나고 말았다. 우리 뒤에는 화물열차의 기관차가 기적을 울리면서 달려오고 있었다. 오파는 차를 포기하자고 소리를 쳤고, 나는 15달러나 주고 산 차를 버릴 여유가 없다고 외치고 나서, 철둑에서 장작더미 쪽으로 차를 몰았다. 우리는 바닥과 충돌하고 말았지만 다치지는 않았고, 머리 위로는 화물열차의 유령 같은 실루엣이 지나가고 있었다. 찌그러진 펜더를 편 우리는 더 이상의 사고 없이 버클리에 도착했다. 그 사고 덕분에 우리는 친구가 되었다. 오파는 뒷걸음으로 산을 올라가기를 좋아했고, 내가 식사를 하지 못했을 때에는 "우연인 것"처럼 저녁 식사에 초대했고, 해밀턴 산과 윌슨 산의 천문대에 갈 때에도 나를 데려갔다. 금주령이 내려진 시기였기 때문에 우리는 길버트 루이스[버클리의 유명한 화학자]와 함께 그의 단골 "밀주업자"를 찾아가기도 했다.……당시에 멀리 있는 은하의 적색 편이와 우주 팽창에 대한 아이디어를 연구하던 허블 교수와 대화를 할 수 있었던 윌슨 산 여행은 특히 흥미로웠다.[530]

독일로 돌아간 아서는 2년 후인 1930년에 오파에게 다그마와 결혼하겠다고 청했다. 아서의 기록에 따르면, "오파는 나에게 밀물처럼 밀려드는 반유대주의와 나치의 득세에 대해 경고했지만, 나는 반(反)나치 입장과 길드와 청년운동에 대한 반박문을 썼던 경험을 그에게 알려주었다. 그는 여전히 내가 현명하지 않다고 생각했지만, 다그마의 결정을 따르겠다고 했다."[530] 아서 가족들의 반응은 오파가 예상했던 것과 똑같았다. 아서의 기록에 따르면, "처음에는 아버지, 형제들, 올가[여동생]가 유대인과 결혼하겠다는 나의 생각에 놀랐지만, 나를 끝까지 지지해주었다. 먼 친척들은 분개해서 가족회의를 열자고 주장했다. 제1차 세계대전 중 발칸에 주둔한 육군을 지휘했던 퇴역 장군인 콘라트 폰 히펠만이 나에게 친절한 편지를 보내서 내 편을 들어주었다."[530]

다그마와 결혼한 아서는 몇 년 동안 노벨상을 수상한 알베르트 아인슈타인, 막스 플랑크, 구스타프 헤르츠, 프리츠 하버, 발터 네른스트와 같은 사람들과 교류하면서 과학적으로 의미 있는 경험을 했다.[530] 그와 오파는 자신의 최신 발명과 플랑크가 앉아서 연주했던 전자 피아노를 으스대며 자랑하던 네른스트와도 자주 어울렸다. 그들은 하버와도 교류했고, 아서와 다그마가 독일 남부에 있는 하버의 농장을 방문하기도 했다. 하버의 다임러 자동차를 빌렸던 그들은 천장이 무너지는 바람에 거의 충돌할 뻔한 적도 있었다. 당시 다그마는 나의 아버지인 아른트를 임신하고 있었기 때문에 매우 위험한 사고였다.

얼마 지나지 않아서 가족은 엉망이 되어버렸다. 여기에서는 아서의 자서전을 중심으로 당시에 무슨 일이 일어났는지를 설명해보겠다.

농학 교수이자 열렬한 나치 지지자인 대학의 총장이 교수회의를 소집해서 대학의 정관을 폐기하겠다고 선언했다. 그는 우리에게 독일 국방군과 나치 돌격대가 막 시작된 저항운동을 저지하기 위한 준비를 하고 있는 창밖을 내다보라고 요구했다. 파울 교수의 제1물리학 연구소가 나치를 지지했다. [프랑크가 운영하던] 제2물리학 연구소는 저항했지만, 반란자가 있었던 것으로 밝혀졌다. 박사과정 학생 중 한 명이 내각을 장악하기 위한 나치의 비밀 계획을 감추고 있던 나치 지도자였던 것으로 밝혀졌다.[530]

아서가 우연히 비밀 계획을 찾아냈다고 믿었던 그 학생은 아서를 체포하겠다고 위협했다. "얼마 지나지 않아서 다그마가 유대인이라는 사실 때문에 우리의 생활은 몹시 어려워졌다. 오랜 '친구들'이 갑자기 눈이 나빠져서 더 이상 우리를 알아보지 못했다. 내가 길을 걸어가면, 사람들은 길을 건너서 다른 편으로 가버렸다. 아버지는 자신이 '아리아 출신'임을 밝혀야만 했다. 우리에게 동(東)프로이센 아저씨였고, 주 정부의 고위 관료였고, 가족사 학자였으며, 다그마와의 결혼을 특히 반대했던 발터 폰 히펠은 나치 지구 관리자[정당 주지사] 코흐에 의해서 투옥되었다. 발터는 과거에 무능하다는 이유로 코흐를 해고한 적이 있었다. 발터는 아버지가 독일 대법원에서 변호한 덕분에 석방되었지만, 나치는 다시 그를 투옥했다. 발터 아저씨는 나에게 사과 편지를 보낸 후에 자살하셨다."[530]

"1933년 봄에 공포된 히틀러의 포고령에 따라서, 유대인 학생들은 대학에서 퇴출되었고, [막스] 보른[미래의 노벨상 수상자]과 [리하르트] 쿠란트[유명한 수학자]를 포함한 유대인 교수들도 차례로 해임되었다. 오파 프랑크는 제1차 세계대전에서 철십자 훈장 제1등급을 받은 덕분에 면죄가 되었다. 그는 분명히 그런 혜택을 원하지 않았다. 그래서 우리는 그와 몇몇 친구들과 함께 모여서 사직서를 작성했다."[530] 오파가 정부에 제출한 사직서는 다음과 같다. "장관님, 저는 이런 사유로 저를 괴팅겐 대학교의 정규 교수와 이 대학의 제2물리학 연구소의 소장 자리에서 해임시켜주실 것을 요청합니다. 이런 결정은 독일 유대인에 대한 정부의 입장 때문에 저에게는 본질적으로 필요한 것입니다. 진심을 담아서, 교수 및 박사 제임스 프랑크."[308]

아서는 오파의 사직을 널리 알리기 위해서 자신들의 노력을 소개하는 글을 썼다. "우리는 아침 일찍 우리의 결정을 「괴팅겐 뉴스」에 전화로 알렸다."[530] 신문은 다음과 같은 기사를 실었다.

괴팅겐 대학교의 제2물리학 연구소의 소장인 제임스 프랑크 교수가 프로이센의 과학, 예술, 문화부 장관에게 자신을 공식 업무에서 즉시 해임시켜줄 것을 요청했다. 이 소식은 괴팅겐뿐만 아니라 독일 전체에 화제가 될 것이고, 심지어 세계적으로도 그럴 것이라고 말할 수 있을 것이다. 프랑크는 단순히 지역이나 국가적으로 유명한 강연자가 아니다. 프랑크의 국제적 평판과 세계적 명성은 오늘날 독일의 어느 학자도 넘볼 수 없는 것이다. 그가 몇 년 전에 노벨상을 받았을 때, 독일은 독일 과학자가 다시 한번 독일 과학 연구의 명성을 국경 너머까지 확산시켰다는 이유로 특별히 명예롭게 생각했었다. 이제 고작 쉰 살이 된 그런 사람이 자발적으로 교육과 연구 활동을 포기함에 따라서 발생하는 과학의 손실은 추정조차 할 수 없을 것이다.[308]

훗날 동료 오토 한과 함께 핵분열 현상을 발견한 리제 마이트너는 오파에게 이런 편지를 보냈다. "당신의 소중한 편지는 당연히 내 마음에 충격을 주었지만, 깊이 생각을 해보고, 당신이 총장에게 보낸 편지의 내용을 읽어보고 나서는 저도 당신의 결정이 옳았다고 동의할 수밖에 없습니다. 사람은 자신의 소신을 버리고 살 수는 없습니다."[308] 유명한 과학자인 미카엘 폴라니(그의 아들 존은 1986년 노벨 화학상을 받았다)도 오파에게 편지를 보냈다. "저는 당신의 결정에 대한 소식을 듣고 한편으로는 놀랐고, 다른 한편으로는 즐거웠습니다. 유대인들이 존재하는 한 당신이 그들의 명예를 위해서 한 일은 잊히지 않을 것입니다."[308] 베를린의 랍비 요아힘 프린츠는 다음과 같이 밝혔다. "나는 당신이 이렇게 어려운 시기에 독일 유대인과 독일 국민들에게 보여준 예외적으로 모범적인 결정에 대해 감사드리는 것이 나의 의무이고 필요한 일이라고 생각합니다."[308] 제국유대인 참전자동맹도 오파에게 편지를 보냈다. "존경하는 동료 병사였던 프랑크 교수님께, 우리는 최전선의 병사이며 한 사람의 유대인의 입장에서 당신의 훌륭한 소신에 대한 우리의 감동과 감사를 당신에게 직접 밝혀야 한다는 강한 의욕을 가지고 있습니다. 당신의 소신이 독일 유대인들에게 비교할 수 없는 도덕적 힘을 주었습니다. 당신을 우리 편으로 생각할 수 있게 된 것이 자랑스럽습니다."[308] 오파의 사퇴 소식은 언론을 통해서 영국, 미국, 네덜란드, 이탈리아 등으로 퍼졌다.

아서에 따르면, "1933년 4월에 공개된 오파의 훌륭하고 품위 있는 성명은 그를 용납해준 나치와 대학교 교수진에게 매우 큰 충격이었다. 4월 24일에는 「괴팅겐 신문」에 그의 사임 발표를 비난하는 반박문이 실렸다."[530] 42명의 교수진이 서명한 편지는 "우리는 사임서의 제출이 사보타주에 해당한다는 데에 의견을 같이했고, 그래서 정부가 신속하게 필요한 숙청 조치를 취해줄 것을 기대한다"라고 요구했다.[308] 편지의 서명자들은 유대인이 차지하고 있던 더 고위직의 교수 자리를 차지할 수 있는 기회를 얻게 되었다.

아서에 따르면, "나치가 우리의 전화를 도청하고 있었고, 우리는 나치의 주요 신문이던 「푈키셔 베오바흐터(Völkischer Beobachter)」를 통해서 개인적으로 공격을 당하고 있었다. 나는 너무 화가 나서 의도적으로 '유대인 거리(Jüdenstrasse)'에 있는 괴팅겐의 나치 본부를 찾아가 그곳의 책임자에게 결투를 신청하려고 했다."[530] 나치는 결국 오파의 성명서를 보도한 「괴팅겐 뉴스」를 폐간시켰다.

오파는 독일에서 공직이 아닌 전문직을 찾을 가능성을 고민했다. 그는 막스 보른에게 이렇게 밝혔다. "나는 플랑크에게, 정부의 고용이 아니라면, 독일에서 연구를 할 수 있는 기회와 함께 약간의 수입을 보장해주는 직장을 받아들이겠다고 말했습니다. 나는 유대인에 대한 계엄령이 존재하는 한 공직에서 일하고 싶지는 않습니다."[308] 오파는 카이저 빌헬름 연구소의 객원과학자 직위를 통해서 I. G. 파르벤에서 일할 수 있을지 알아보았다. 카를 보슈는 도움을 주고자 했지만, 당시의 정치적 현실에서는 불가능한 일이었다. 노벨상 수상자이면서 맹렬한 반유대주의자이고, 나치 정부의 상원의원이기도 했던 필리프 레나르트는 상원에 이렇게 청원했다. "나는 다음의 세 가지 질문을 서면으로 상원에 제출한다. 상원은 (1) 유대인 프리츠하버, (2) 유대인 제임스 프랑크, (3) 예수회원 무커만을 즉시 해임하여 카이저 빌헬름 연구소에서 완전히 배제하는 것에 동의하는가?"[308]

독일 사회주의 학생연맹의 회원들은 서점과 도서관에 쳐들어가서 강제로 유대인 저자들의 책을 모조리 폐기했다.[308] 그들은 1933년 5월 10일부터 괴팅겐을 포함한 전국의 도시들에서 거대한 장작불을 피워놓고 책을 불태웠다. 대학의 새 총장은 책을 불태우려고 모인 수많은 군중에게 장작불과 함께 이제 막 시작된 "비(非)독일 정신"에 대항하는 투쟁에 대한 연설을 했다. 독일에는 더 이상 오파를 위한 자리가 없었다.

아인슈타인은 5월 말에 보른에게 편지를 썼다. "당신이 (프랑크와 함께) 자리에서 물러난 것은 기쁜 일입니다. 두 분에게 위험한 일이 없었던 것을 감사하게 생각합니다. 그러나 젊은 사람들을 생각하면 가슴이 아픕니다. 린데만[프레더릭 알렉산더 린데만, 물리학자이며 윈스턴 처칠의 고문]이 직접 괴팅겐과 베를린을 (1주일 동안) 방문했습니다. 어쩌면 당신이 그곳에 있는 그에게 [에드워드] 텔러*를 소개해주는 편지를 쓸 수도 있을 것입니다. 나는 지금 팔레스타인(예루살렘)에 훌륭한 물리학 연구소의 설립 문제가 검토되고 있다고 들었습니다. 지금까지 그곳은 아주 엉망진창의 완전한 허풍이었습니다. 그러나 만약 이 일이 진지하게 진행될 것이라는 판단이 서면 즉시 자세한 내용을 알려드리겠습니다."[308] 보른은 노벨상 수상자 어니스트 러더퍼드의 초청으로 케임브리지로 옮겼다.

---

* 헝가리 출신으로 괴팅겐과 코펜하겐에서 연구를 하다가 1941년 미국으로 귀화하여, 제2차 세계대전 중에 맨해튼 프로젝트의 주역으로 참여하여 원자폭탄과 수소폭탄 개발을 주도한 물리학자이다.

아서에 따르면, "프랑크 교수의 성명서는 영국에서 다시 출판되었고, 옥스퍼드의 린데만 교수가 그를 도와주러 왔다. 린데만은 나를 옥스퍼드로 데려가겠다고 제안했지만, 우리는 우리들 중에 유일하게 유대인 배경을 가진 하인리히 쿤이 더 위험하다고 생각했다. 하이리히와 마리엘은 옥스퍼드로 가서 성공적인 연구 활동을 했다. 그 직후에 취리히의 슈바르츠 교수가 터키의 독재자 가지 무스타파 케말[아타튀르크]을 설득해서 이스탄불에 새로운 유럽식 대학을 세우고, 약 30명의 유럽 교수들을 채용하기로 결정했다. 나는 선택된 '운 좋은 사람들' 중 한 사람이었다.……우리가 괴팅겐에서 함께 보낸 마지막 밤에 엄청나게 많은 별똥별이 떨어졌다. 우리는 베이어라는 친구가 살던 집의 뒷마당에서 그 모습을 지켜보면서 그것이 앞으로 일어날 일들에 대한 징조라고 생각했다."[530]

아서와 마그마는 아들 피터, 아른트와 함께 이스탄불에 정착했다. 아서는 그 이후에 일어난 일에 대해서 이렇게 말했다. "나는 미래의 실험실로 과거 술탄의 궁전 일부를 물려받았고, 식물학자 하일브론과 브라우너는 과거 무함마드 신학교의 건물에 배정되었다.……이틀 후에 우리는 의도적으로 가지 케말이 돌마바흐체 궁전에서 외국인 교수들을 위해서 준비한 큰 축하연에 참가하지 않았다. 우리가 그렇게 했던 것은 이상한 이유 때문이었다. 가지는 자신이 특별히 좋아하는 여성과 도망을 쳐서 며칠을 지낸 후에야 그녀를 합법적인 남편에게 돌려보내는 버릇이 있었다."[530] 아서와 그의 조수가 과거의 전함(戰艦)에서 남은 물자와 그들이 시장에서 구입한 자질구레한 자재들로 새로운 물리학 실험실을 만들기 시작했다.

불행하게도 세계적인 과학자들에게 자리를 만들어주기 위해서라는 핑계로 터키의 교수들이 해고되었고, 그들은 독일에서 도착하는 과학자들을 적대감과 음모의 시선으로 맞이했다.[530] 터키의 전직 교수가 자신의 독일 후임을 독살하려고 시도했지만 다행히 피해자가 살아남은 경우도 있었다. 다

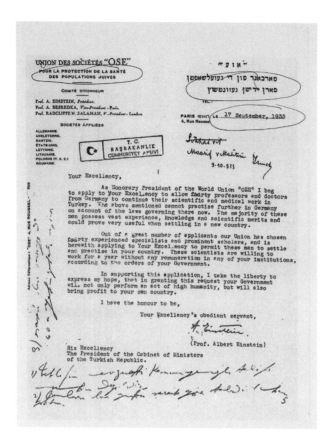

그림 13.1 알베르트 아인슈타인은 자신의 영향력을 이용해서 유대인 교수들에게 터키(와 미국)에서의 일자리를 찾을 수 있도록 도와주었다.[531-533] 나의 할아버지인 아서 폰 히펠도 그런 도움을 받은 사람들 중 한 사람이었다.

이것은 1933년 9월 17일 파리에 본부를 둔 유대인 구호조직의 명의로 터키의 이스메트 이오누 총리에게 보낸 편지이다. 이 편지에 정부 관료가 쓴 메모에 따르면, 그의 시도는 거의 실패였던 것으로 보인다. "이 제안은 [현재의 법률에 따른] 조항들과 맞지 않는다"는 메모도 있고, "현재의 상황 때문에 이것을 수용하는 것은 불가능하다"는 메모도 있다.[532] 아타튀르크 대통령은 그럼에도 불구하고 일을 진행하도록 결정했던 것으로 보인다. 오파와 리하르트 쿠란트는 록펠러 재단의 요청으로 터키의 고등교육 현대화 사업의 성공 가능성을 평가했다. 그들은 "터키의 고등교육 발전에 기여할 수 있는 유망한 과학 연구소를 이스탄불에 설립하는 것에 대한 [터키 관료들의] 확고한 의지"를 보았다고 보고했다.[532]
출처 : collections of Prime Ministry General Directorate of State Archives, Republic of Turkey.

른 전직 교수는 아타튀르크에게 독일 교수들이 사기꾼들이라는 모함을 했고, 공식적인 조사가 진행되기도 했다.

독일어와 프랑스어로 강의했던 아서는 통역사가 발전기에 대한 자신의 강의를 "이 교수는 학생들이 어차피 설계의 자세한 부분을 이해하기에는 너무 멍청하기 때문에 더 이야기하고 싶지 않고, 이 나라에 감자와 오렌지를 심어서 그 수입으로 이런 기계를 외국에서 사오는 것이 더 나을 것이라고 말한다"라고 통역해서 논란에 휘말린 적도 있었다.[530] 분노한 학생들의 파업으로 대학이 문을 닫았다. 아서에 따르면, "솔직한 오해거나 음모였지만 결과는 재앙에 가까웠던 것으로 보였다. 앙카라에서 총리와 교육부 장관이 왔다. 나의 동료들은 공포에 떨었고, 대부분 나를 외면했다. 신문들은 내가 과거에 교수가 아니라 헌 옷을 팔던 사람이라는 기사를 썼다. 아이들을 데리고 산책을 나갔던 다그마는 이웃의 마음씨 좋은 부인들로부터 남편의 어두운 과거에 대한 위로의 소식을 전해 들었다. 결국 당초 5년이던 우리의 계약은 상호 합의하에 1년으로 줄었다."[530]

터키에서 아서의 형편이 엉망이 되었을 때, 오파는 이미 코펜하겐에 있는 보어의 연구소(물리학자 에드워드 텔러도 그곳에 와 있었다)에 합류해서 록펠러 재단의 지원을 받으면서 일하고 있었다.[308] 오파와 보어는 연구를 통해서 끈끈한 인연을 맺고 있었다. 오파는 보어의 원자 구조론(보어는 그 공로로 1922년에 노벨상을 받았다)에 대한 최초의 실험으로 1925년에 (구스타프 헤르츠와 함께) 노벨상을 받았다. 텔러와 오파가 처음 만난 1930년에 오파는 텔러에게 이렇게 말했다. "보어의 아이디어는 정말 이상해 보였지만, 보어는 너무 좋은 사람이라서 나는 적어도 시도는 해봐야 한다고 생각했다."[534]

오파는 광합성의 물리학을 연구하기 위해서 장기간에 걸친 실험을 시작했다.[308] 새로운 분야에서의 발견에 자신이 없었던 그는 1913년에 클로로필

(chlorophyll, 엽록소)의 구조를 알아낸 리하르트 빌슈테터와 편지를 주고받았다. 그리고 오파는 드 헤베시와 보어 등의 과학자들과 함께 방사성 붕괴에 대한 연구도 진행했다.[530]

오파는 아서와 다그마의 어려움에 정신이 팔려 있었다. 그는 자신의 학생이었고, 린데만이 아서의 요구에 따라서 옥스퍼드의 아서의 자리로 데려간 콘은 훗날 맨해튼 프로젝트에 참여한 하인리히 쿤에게 다음과 같은 편지를 보냈다. "우리가 계속 여기에 머물 수 있을지는 아마도 히펠의 운명에 달려 있을 것입니다. 우리는 지금까지 너무 많은 것을 잃었기 때문에 적어도 아이들은 가까운 곳에 두고 싶습니다."[308] 오파는 어려운 시절에 안정적인 생활을 하는 데에 도움이 되기를 바라는 마음에서 노벨상과 함께 받은 상금을 두 딸들에게 주었다.

보어의 초청으로 아서가 가족과 함께 코펜하겐으로 이주해서 1935년 1월부터 1936년 8월까지 연구소에서 일하게 된 것이 오파에게 큰 위안이 되었다.[530] 가족의 재회를 축하하기 위해서 보어는 휴양지의 오두막을 빌려주었다. 역시 훗날 맨해튼 프로젝트에 참여했고, 자신은 원하지 않았지만 "수소폭탄의 아버지"로 알려지게 된 텔러도 절실하게 필요했던 휴가에 가족과 동행했다.[534] 아서는 보어와 함께 연구를 하던 시절에 대해서 이렇게 썼다. "보어는 강의를 할 때 자신이 어떤 언어(덴마크어, 독일어, 또는 영어)를 사용하는지를 몰랐다. 생각을 하던 중에 언어를 바꾸는 일도 있었다. 그러다가 갑자기 그는 한동안 말을 멈추고, 멍한 표정을 짓기도 했다. 그런 후에 그가 행복한 웃음을 지으면 새로운 아이디어가 탄생했다."[530]

아서는 보어가 요청한 고압(高壓) 실험실의 장비를 구하기 위해서 마지막으로 독일로 향했다.[530] 핵 들뜸과 분열 실험을 수행할 실험실에는 100만에서 200만 볼트의 전압을 생성하는 설비가 필요했다. 네른스트는 이미 스위스의 몬테 제네로소에 설치할 천둥 발생 장치에 쓸 거대한 규모의 전기

출력 장치를 고안했지만, 그의 시제품은 보어의 요구에 맞지 않았다. 아서는 200만 볼트의 새로운 종속형 변압기를 생산하는 독일 기업을 방문할 예정이었다.

아서는 이 비극적인 방문에서 자신의 옛 친구들 중 상당수가 이제는 나치가 되었다는 사실을 알게 되었고, 차를 타고 지나가는 히틀러도 보았다.[530] 코펜하겐에 있는 독일 대사관의 직원이 다그마에게 나치가 아서를 체포할 계획이라는 사실을 알려주었고, 다그마는 친구를 통해서 아서에게 메시지를 전해주었다. 아서는 나치 집행관이 기다리고 있던 예정된 기차 대신에 덴마크행 비행기를 타고 독일을 탈출했다.

보어 연구소의 일자리는 임시직이었고, 가족은 미국에서 새로운 생활을 준비하고 있었다. 그가 이민 준비를 마쳤을 때, 오파는 플랑크에게 덴마크에서 며칠을 함께 지내도록 초청했다. 플랑크는 다음과 같은 답장을 보냈다. "불가능합니다. 나는 외국 여행을 할 수 없습니다. 지난번 여행에서 나는 내 자신이 독일 과학의 대표자라고 느꼈고, 그것이 자랑스러웠는데, 이제는 부끄러워서 얼굴을 숨겨야만 합니다."[308]

가족들 중에서 가장 먼저 미국에 도착한 오파는 존스홉킨스 대학의 자리를 수락했고, 다른 식구들이 도착하기 전에 새로운 생활에 필요한 자질구레한 준비를 했다.[308] 그런 후에 그는 1936년 여름 다시 유럽으로 돌아가서 두 딸과 사위와 손자들의 이민을 도왔다.

1936년 8월 말에 보어와 그의 가족은 오파, 아서, 다그마와 두 손자를 미국으로 출항하는 스칸스타테스 호에 데려다주었다. MIT의 총장이던 (과거에 오파가 재직한 괴팅겐 대학교의 방문 교수였고, 우연히도 내 처가의 선조이기도 한) 물리학자 카를 콤프턴이 아서에게 그곳의 일자리를 제안했다.[313] 가족이 미국의 아파트에 정착한 직후에 위층의 이웃들이 나의 아버지와 피터 삼촌을 어린 소녀의 생일 파티에 초대했다. 소녀는 피터에게 "우리 조상은 메이플라워 호로 왔다!"라고 말했다. 피터는 "나의 조상은 스칸스타테스 호로 왔다!"라고 대답했다.[530]

아서와 오파는 제1차 세계대전 중에 독일군으로 참호 전투에 참전했다.[530] 제2차 세계대전이 시작되었을 때에는 두 사람 모두 자신들의 과학적 전문성을 활용해서 나치와 싸우는 미국 군대에 유용한 도구의 개발을 위해서 노력했다. 아서는 카를 콤프턴의 도움과 5,000달러의 지원금을 받아 MIT에 절연 연구실을 만들었다. 그 실험실은 군대의 활동을 지원하는 규모가 가장 큰 재료 연구실 중 한 곳이었다. 아서와 그의 연구진은 레이더에 사용되는 유전체(誘電體) 소재를 개발했고, 그는 동시에 MIT의 방사(放射) 실험실에서 그런 소재를 이용해서 새로운 레이더 기술을 개발하는 연구도 수행했다. 그의 실험실에서는 전쟁 기술로 활용할 수 있는 다양한 플라스틱, 고무, 세라믹, 결정(結晶) 등의 소재도 개발되었고, 반도체와 광소자의 성능을 향상시키기 위한 소재도 개량이 이루어졌다.

아서의 절연 연구실은 육군, 해군, 전쟁 물자 위원회와 함께 전시 유전체 위원회라는 협력 사업을 수행했다.[530] 정부는 이 위원회에 전장에서 확인된 소재(素材)와 관련된 기술 문제를 해결하는 일을 맡겼다. 쥐와 곰팡이가 군복과 장비를 망가뜨리고 연합군에게 전염병을 일으키는 뉴기니의 문제도 그중 하나였다. 아서는 구성 재료를 할로겐화 화합물로 대체하는 성공적인 해결책을 제시했다. 미군은 공급업자와의 계약 때문에 이 해결책을 즉시 활용하지는 못했다. 결국 아서가 제안한 염화폴리비닐(PVC)을 사용해서 해충 문제를 해결했다. 아서에 따르면, "훗날 이 물질을 가정에서 스프레이 형태로 함부로 사용해서 카슨 양의 『침묵의 봄』이 지적한 문제가 발생하게 된 상황은 당시에는 예측할 수 없었다."[530] 아서는 전시의 그런 성과 덕분에 1948년 트루먼 대통령으로부터 미국 대통령 유공증(有功證)을 받았다.[535]

한편 오파는 존스홉킨스에서 시카고 대학교로 옮겨서 텔러와 함께 광합

그림 13.2. 오파 프랑크, 피터 삼촌(오파의 오른쪽), 그리고 나의 아버지, 아른트(오파의 왼쪽)가 스칸스타테스 호로 덴마크를 떠나는 모습. 이 사진은 「엑스트라 블라데트」라는 신문에 실렸다. 미국 관리들이 엘리스 섬에서 가족의 이민 서류를 처리해주었다.

성에 대한 연구를 수행했다.[308] 그러나 전쟁이 시작되면서 그들은 자신들이 좋아하던 기초과학 대신에 나치보다 먼저 핵무기를 개발하는 실용적인 문제로 관심을 돌렸다. 로버트 오펜하이머가 프로젝트를 이끌었다. 몇 년 전에 오파는 괴팅겐에서 오펜하이머의 박사학위 시험에 참여했었다. 훗날 오펜하이머는 이렇게 기억했다. "나는 겨우 시간에 맞춰서 시험을 마쳤다. 그가 질문을 던지기 시작했다."[314] 노벨상 수상자 엔리코 페르미가 대학의 옛날 스쿼시 코트에 우라늄 반응로를 건설했고, 역시 노벨상 수상자 홀리 콤프턴(카를 콤프턴의 동생이고, 역시 나의 처가의 조상)이 시카고에서의 연구를 이끌었다.[308] 나의 가족사에서 또 하나의 우연으로 아서 홀리 콤프턴이 오파를 핵폭탄 연구의 화학 부문 책임자로 임명했다. 오파는 폭탄을 완성한 후에 자신이 고위 정책 입안자에게 폭탄의 사용에 대한 의견을 제시할 수 있도록 허용해줄 것이라는 조건으로 새로운 역할에 동의했다.[313] 오파는 나치가 먼저 폭탄을 개발해서 전쟁에서 승리할 것을 두려워했다.[314] 독일에서 나치를 경험했던 그는 미국 정부가 과학을 통제할 경우에 발생하게 될 결과도 염려했다.

유럽에서는 끊임없이 나쁜 소식이 들려왔다. 스웨덴으로 탈출한 리제 마이트너가 오파에게 독일에 남아 있는 친구들의 운명을 알려주었다.[308] 독일이 실패한 히틀러 암살 시도에 참여했다는 이유로 플랑크의 아들 에르빈을 사형시켰다는 것과 같은 우울한 소식들이 계속 들려왔다. 오파는 마이트너에게 보어의 격려가 그립다는 편지를 보냈다. "나는 여름에 그를 만나고 싶고, 인생에 대한 그의 낙관주의와 긍정적인 자세를 배우고 싶습니다."[308] 마이트너와 마찬가지로 보어도 스웨덴으로 탈출했다.

유럽의 전쟁은 나치 독일의 패배로 끝이 났고, 맨해튼 프로젝트의 과학자들은 자신들이 개발한 새로운 무기가 일본에 사용될 경우에 발생할 불길한 결과들을 걱정하기 시작했다.[308] 오파는 헨리 윌리스 상무부 장관에게 자신과 동료 과학자들의 우려를 전달했다. "그들은 인류가 윤리적이고 정치적으로 그것을 지혜롭게 사용할 준비를 제대로 갖추지도 못한 상태에서 원자력을 사용하는 방법을 알아냈다는 사실을 몹시 걱정할 수밖에 없었다."[314] 오파는 1945년 6월 5일에 맨해튼 프로젝트를 이끌던 사람들에게 새로운 폭탄의 정치적 함의를 설명하는 글을 썼다. "우리는 머지않아 세상이 깜짝 놀랄 정도의 파괴력을 가진 폭탄이 등장할 것이라고 믿었다. 미국이 그런 일을 해내는 데에는 3년 반이 걸렸고, 미국은 그런 성과를 위해서 엄청난 재정적 희생을 감수해야 했고, 거대한 과학적 조직과 산업적 조직이 필요했다."[313]

　다음 날 콤프턴은 오파에게 사회적, 정치적 의미를 분석하는 위원회의 운영을 맡겼다.[313] 그렌 시보그(훗날 핵 에너지 위원회의 위원장을 역임), 리오 질라드(1933년에 핵 연쇄 반응의 아이디어를 알아냈지만, 그 파급 효과에 대해서는 걱정했다), 유진 라비노비치(훗날 「핵 과학자 회보」를 공동 창간)가 위원으로 참여했다. 닷새 만에 완성된 위원회의 보고서는 "프랑크 보고서"로 알려졌다. 오파, 콤프턴, 그리고 물리학자 노먼 힐베리는 그 보고서를 워싱턴 DC의 헨리 L. 스팀슨 전쟁부 장관에게 전달하려고 시도했다. 그들은 보고서와 함께, 일본에 폭탄을 사용하여 종전을 앞당기면 구할 수 있을 생명에 대한 적절한 고려가 보고서에 담겨 있지 않다는 견해를 밝힌 콤프턴의 노트를, 출장 중이던 스팀슨 장관 대신에 그의 비서에게 맡겼다.[313, 536] 콤프턴의 노트는 6월 16일 "우리는 종전을 가능하게 해줄 기술 개발을 제안할 수 없고, 직접적인 군사적 용도로 사용할 수 있는 대안도 가지고 있지 않다"라고 했던 엔리코 페르미, 어니스트 올랜도 로런스, 로버트 오펜하이머의 분석을 기초로 한 것이었다.[314]

　"프랑크 보고서"의 요약은 다음과 같았다.

　원자력의 개발은 미국의 기술력과 군사력에서 중대한 발전이지만, 이 나라의 미래에 대한 엄중한 정치적, 경제적 문제를 제기할 것이다. 핵폭탄을 우리 나라만 독점적으로 사용할 수 있는 "비밀 무기"로 지킬 수 있는 기간은 몇 년뿐일 것이다. 핵폭탄 제조의 근거가 되는 과학적 사실은 다른 나라의 과학자들에게도 잘 알려져 있다. 핵폭탄을 효과적으로 통제하지 못하면, 우리가 핵무기를 가지고 있다는 사실이 세계에 처음 알려진 순간부터 핵무기 경쟁이 시작될 것이 분명하다. 10년 이내에 다른 나라들도 핵폭탄을 보유하게 될 것이고, 1톤도 되지 않는 핵폭탄이 10제곱마일 이상의 도시에 상당하는 지역을 파괴할 수 있을 것이다.……이런 사실을 고려하면, 우리는 일본에 대한 선전포고 없는 공격에서 너무 일찍 핵폭탄을 사용하지 않는 것이 바람직하다고 믿는다. 만약 미국이 인류에 대한 무차별적인 파괴의 새로운 수단을 처음 사용하는 국가가 된다면, 미국은 세계적인 지지를 잃게 되고, 군비 경쟁을 촉발하고, 미래에 그런 무기를 통제하는 데에 대한 국제적 합의에 도달할 가능성에 나쁜 영향을 주게 될 것이다. 궁극적으로 그런 합의에 훨씬 더 유리한 상황을 조성하기 위해서는 처음에는 사람이 살지 않은 지역을 적절하게 선택해서 핵무기의 존재를 세계에 알리는 것이 바람직하다.……요약하면, 우리는 이 전쟁에서 핵폭탄을 사용하는 것은 군사적 이익보다 장기적인 국가 정책의 부담이 될 것이고, 이 정책은 핵무기의 효과적인 국제적 통제를 가능하게 만들어줄 합의를 이루는 것을 주요 목적으로 삼아야 한다는 사실을 강조한다.[537]

물론 "프랑크 보고서"가 정책을 바꾸지는 못했다. 스팀슨은 6월 21일에 권고안을 거부했고, 트루먼 대통령은 그 보고서를 보지도 못했다.[314] 미국은 8월 6일 히로시마에 우라늄탄을 투하했고, 사흘 후에는 나가사키에 플루토늄탄을 떨어뜨렸다. 전쟁은 물리학과 화학의 위력을 극적으로 보여주고 끝나버렸다.

오파는 보복으로 떠들썩한 정치 환경을 경험했던 독일에서 인도적 구호에 관심을 가졌다.[308] 그를 포함한 독일 망명자들은 미국 국민에게 독일의 끔찍한 기근을 해결해줄 것을 요구하는 긴 호소문을 작성했다. 호소문에 따르면, "독일의 이 원칙[나치 이념]의 희생자이거나 그것과의 투쟁에서 존재 이유를 찾고 있는 서명자들은 미국 국민에게 정의의 원칙을 지켜줄 것을 호소한다. 그리고 우리는 관용의 이름으로 미국 국민에게 호소한다. 우리들은 대부분 죽음을 피해서 힘겹게 탈출했고, 우리 모두는 히틀러의 총살형 집행대나 고문 수용소에서 친지와 친구를 잃었다. 지난 12년간 우리는 속수무책의 무력감과 복수조차 할 수 없을 정도의 잔인함의 환영에 시달려왔다. 그런 환영이 오늘날 되살아나고 있다."[308]

오파는 아인슈타인에게 서명을 하도록 설득했지만, 아인슈타인은 거절했다. 그들은 편지를 주고받으면서 그 문제에 대한 논쟁을 이어갔다. 아인슈타인은 마지막으로 거절하는 편지를 보냈다.

프랑크 박사에게

지금도 지난 전쟁 이후 독일의 '눈물 캠페인'을 너무나도 똑똑하게 기억하고 있는 나는 다시는 그런 것에 속아 넘어갈 수가 없습니다. 독일인들은 자리를 빼앗기 위해서 세심하게 고안한 계획에 따라 수백만 명의 시민들을 죽였습니다. 그들은 할 수만 있다면 다시 그런 일을 할 것입니다. 그들 중의 몇몇 흰 까마귀들은 절대적으로 조금도 변하지 않았습니다. 저는 그곳에서 받은 몇 통의 편지에서 독일 사람들이 한 치의 회한도 가지고 있지 않다는 사실을 확인했습니다. 나는 "국제연합"이 이미 독일 사람들에게 식량을 제공하는 일을 처음부터 다시 시작하고 있다는 사실도 알고 있습니다. 독일을 1918년 이후의 상태로 되돌려 놓기 위한 동기와 경향은 영국에서 가장 활발합니다. 그곳에서는 소중한 지갑에 대한 관심이 소중한 조국에 대한 우려보다 훨씬 더 강합니다. 존경하는 프랑크 박사님! 제발 이 더러운 일에서 손을 떼십시오. 그들은 당신의 친절함을 이용해먹은 후에는 당신의 순진함을 조롱거리로 삼을 것입니다. 당신을 구할 수 없다고 하더라도, 나는 절대 이 문제에 관여하지 않을 것입니다. 그리고 적당한 기회가 된다면 나는 그 사실을 공개적으로 밝힐 것입니다.

당신에게 다정한 인사와 함께,

A. 아인슈타인[308]

이런 반응에도 불구하고 그들의 친분은 계속되었고, 오파는 독일을 도와주자는 공개적인 호소에 참여하는 일을 중단했다.[308] 그는 막스 보른에게 "나의 양심이 몇 가지 정치적 이슈에 대한 입장을 밝혀야 하는 경우가 아니라면" 정치 문제에서 완전히 손을 떼고 싶다는 편지를 보냈다. "나는 정치적인 문제에 관여하고 싶지 않습니다. 나는 언론의 주목도 받고 싶지 않습니다. 그렇다고 내가 자유로운 연구를 위해서 상아탑에 숨어서 세상일을 잊어버릴 수는 없습니다. 물론 이 나이의 우리는 젊은 사람들보다 더 비관적일 것입니다. 그렇다고 내가 비관적인 입장을 일관되게 고집하고 있는 것은 아닙니다. 나는 새로 태어난 손주들을 보면서 근본적인 즐거움을 느끼고, 기회가 찾아오기만 하면 나는 일종의 전문적인 할아버지가 되고 맙니다."[313]

오파는 다그마와 아서와 함께 친구와 친지들에게 식품과 돈을 보내고, 러시아에 갇혀 있거나 다른 곳에 투옥되어 있는 사람들을 구해내기 위한 개인적인 노력에 열중했다.[314, 530, 535] 함부르크의 전후(戰後) 연설과 스탈린의 무력 정치 속에서 오파는 이렇게 밝혔다. "많은 사람들이 우리가 인간에게 가치가 있다고 생각하는 모든 것을 억압하고, 잔인한 수단에 맹목적으로 복종하도록 강요하고, 인류 전체에 개미 국가의 경직된 체제를 구축하려는 독재에 시달리고 있다는 것을 우리는 알고 있다. 그 대가로 그들은 유사 종교에 대한 모든 반발을 끝장내기만 하면 지구상에서 천국에서 살게 해줄 것이라고 약속한다."[308]

독일 정부는 1947년 오파에게 하이델베르크의 실험물리학과 주임 교수직을 제안했다.[313] 오파는 그 제안을 거절했다. 이제 그의 가족에게는 미국이 고국이었다. 그는 제안에 대해서 이렇게 말했다. "나는 대부분의 독일 사람들이, 나치가 열등하다고 낙인찍은 유대인과 다른 종족들에게 저지른 살인을 내가 적극적으로 반대했다는 사실을 알고 있다고 믿는다. 그렇다고 나는 그 사람들이 몰록*에게 자신을 받치지 않았다고 나무라지도 않는다.

그런 일은 소용이 없는 것이다. 그러나 상당히 많은 사람들은 아무 관심도 없이 범죄를 지켜보고 있었다. 나는 그런 사람들과는 아무런 관계도 맺고 싶지 않다. 그래서 나는 내가 공식적이거나 개인적인 일을 함께해야 할 이러저러한 사람들이 바로 그들 중 한 사람인지를 자문해야 하는 분위기에서는 의미 있는 교수의 역할을 상상할 수 없다."[313]

오파는 하이델베르크의 주임교수 제안을 거절했지만 전후의 독일과는 화해했다.[313] 막스 플랑크 학회로 이름을 바꾼 카이저 빌헬름 학회는 1948년 그에게 통신회원의 자격을 제안했다. 오파의 친구인 오토 한이 회장이었고, 오파는 그의 제안을 수락했다. 1951년 오파와 헤르츠는 독일 물리학회의 막스 플랑크 메달을 받았다. 2년 후에 오파는 하이델베르크 대학교에서 명예박사 학위를 받았다.[314] 그리고 오파는 보른과 쿠란트와 함께 나치 희생자들을 기리는 뜻에서 괴팅겐의 명예 시민권도 받았다.[313] 오파는 괴팅겐의 한과 보른을 방문하던 중 1964년 5월 21일에 세상을 떠났다.

이런 몇 가지 개인적인 일화들이 나에게 20세기 화학의 이야기에 대한 내 마음속의 혼란을 떠올리게 해주었다. 우리 가족은 제1차 세계대전의 독가스 무기에서부터 제2차 세계대전의 핵무기에 이르기까지 모든 것에 깊이 관여했다. 나는 하버와 아인슈타인은 물론이고 이 책에 소개된 대부분의 20세기 과학자들, 독가스 무기를 이용한 참호 전쟁, I. G. 파르벤의 순진한 시작과 악마적 종말, 나치의 등장과 미국으로의 이민에 대한 이야기를 들으면서 성장했다. 나의 증조할아버지 오파와 할아버지 아서에 대한 이야기는 나에게 가족과 수백만의 다른 사람들을 폭풍 속의 작은 보트에 던져버린 세계사적 사건들을 이해하도록 해주었다. 그런 폭풍에는 대학살, 기아, 세계대전들이 포함되었다. 그런 폭풍에는 매개체로 전파되는 질병에

---

* 셈족이 어린아이를 제물로 바치던 흉포한 신이다.

의한 파괴와 피난민의 삶도 있었다.

그런 일들은 나의 친가에만 한정된 것이 아니었다. 어머니는 빈에서 태어났다. 외할아버지와 외할머니는 프로이트 연구진의 유명한 심리분석가였고, 유대인인 그들 역시 1938년 오스트리아 합병 이후에 피난을 떠나야 했다. 그들은 미국에 있던 한 동료의 도움으로 대부분의 유럽 유대인들이 피할 수 없었던 운명을 벗어날 수 있었다.

나는 레이철 카슨이 사망하고 3년 후에 알래스카에서 태어났다. 우리는 당시 도시의 외곽인 숲에 인접한 소박한 집에서 살았다. 텔레비전도 없었던 집에서 나와 세 형제는 이웃의 다른 아이들과 함께 숲을 돌아다니면서 자랐다. 공기는 깨끗했고, 물은 맑았고, 우리는 가족의 작은 농장에서 직접 동물을 키웠다. 그러나 내 어린 시절은 무차별적으로 사용된 농약을 계기로 모습을 드러내기 시작한 열정을 처음 알게 된 때이기도 했다.

우리가 마당에서 놀고 있던 어느 여름날, 이웃집에서 바람을 타고 가스 구름이 흘러왔다. 이웃이 진디를 죽이려고 해충 구제업자를 고용했다. 나의 아버지는 벨트에 권총을 차고, 해충 구제업자에게 살포를 계속하면 권총을 사용하겠다고 위협했다. 해충 구제업자는 도망을 쳐버렸다. 마을 사람들 중 어느 누구도 마당에 살포를 하지 않을 때까지 아버지는 다른 해충 구제업자에게도 같은 행동을 계속했다. 그것은 멋진 해결책이었다. 그러나 오늘날 알래스카와 같은 개척지에서는 디지털 이전의 시대에 허용되었던 총을 사용한 위협은 더 이상 통하지 않는다.

아버지는 그런 방법으로 나에게 일찍부터 농약에 대한 관심을 일깨워주었다. 작은 가스 구름이 그런 소동을 일으킬 수 있다면, 독가스가 어떤 중요한 의미를 가지고 있는 것이 분명했다. 나는 이웃이 진디를 죽이려고 독가스를 사용한 것이, 어머니가 유대인이라는 이유만으로 다섯 살 때까지 4개의 서로 다른 나라에서 살아야 했던 나의 아버지의 아픈 곳을 특히 심하게 건드렸다고 생각했다. 나의 양가 친지들도 나치의 가스실에서 살해당했다. 그런 뜻에서 그런 독으로부터 자신의 아이들을 지키려고 한 아버지의 반응은 완전히 합리적인 것으로 보였다. 『침묵의 봄』이 알려지기 시작하던 무렵이어서 더욱 그랬다. 사실 전 세계의 사람들은 『침묵의 봄』에 감정적으로 반응했다. 그럴 수밖에 없었다. 어쨌든 자식의 건강과 자연의 균형에서 인간의 위치보다 더 감정적일 수 있는 것이 무엇이겠는가?

감사의 글

나는 시카고 대학교 출판부와 이 책을 18개월 안에 쓰기로 계약을 하던 2011년 9월에는 낙관적이었다. 18개월이 8년으로 늘어났다. 그 오랜 기간 동안 인내를 가지고 기다려준 편집자 크리스트 헨리에게 감사를 전하고 싶다. 이 일에 처음 관심을 보여주고, 제1장의 방향을 잡는 일을 도와준 데에 대해서도 크리스티에게 고맙다. 동생 빌 폰 히펠, 아내 캐시 폰 히펠, 아저씨 프랭크 N. 폰 히펠이 모두 이 책의 초안에 대해서 훌륭한 조언을 해주었다. 나는 사려 깊은 조언을 남겨준 익명의 두 평론가들에게도 감사한다. 노던애리조나 대학교의 과학 사서인 메리 드종이 최근에 비밀문서에서 제외된 문서 등 찾기 어려운 문헌들을 추적해주었다. 이 책의 문체를 다듬어주고, 출판을 도와준 새 편집자 스콧 가스트에게도 감사한다. 원고의 저작권을 세심하게 살펴준 포스트 혹 아카데믹 출판사의 리스 와이스 박사에게도 감사한다.

인용 문헌

1 Loeb, A. P. Birth of the Kettering Doctrine: Fordism, Sloanism and the discovery of tetraethyl lead. *Business and Economic History* **24**, 72–87 (1995).

2 Thomas Midgley, Jr., American chemical engineer. *Encyclopædia Britannica*. https://www. britannica.com/biography/Thomas-Midgley-Jr (2018).

3 Needleman, H. L. The removal of lead from gasoline: historical and personal reflections. *Environmental Research Section* A **84**, 20–35 (2000).

4 McNeill, J. R. *Something New under the Sun: An Environmental History of the Twentieth-Century World*. (W. W. Norton & Co., 2000).

5 Hernberg, S. Lead poisoning in a historical perspective. *American Journal of Industrial Medicine* **38**, 244–54 (2000).

6 Byers, R. K., & Lord, E. E. Late effects of lead poisoning on mental development. *American Journal of Diseases of Children* **66**, 471–94 (1943).

7 Nevin, R. How lead exposure relates to temporal changes in IQ, violent crime, and unwed pregnancy. *Environmental Research* 83, 1–22 (2000).

8 Nevin, R. Understanding international crime trends: the legacy of preschool lead exposure. *Environmental Research* **104**, 315–36 (2007).

9 Needleman, H. L., McFarland, C., Ness, R. B., Fienberg, S. E., & Tobin, M. J. Bone lead levels in adjudicated delinquents: a case control study. *Neurotoxicology and Teratology* **24**, 711–17 (2002).

10 Wright, J. P., et al. Association of prenatal and childhood blood lead concentrations with criminal arrests in early adulthood. *PLoS Medicine* **5**, e101 (2008).

11 Fergusson, D. M., Boden, J. M., & Horwood, L. J. Dentine lead levels in childhood and criminal behaviour in late adolescence and early adulthood. *Journal of Epidemiology & Community Health* **62**, 1045–50 (2008).

12 Hall, W. Did the elimination of lead from petrol reduce crime in the USA in the 1990s? *F1000Research* **2**, 156 (2013).

13 Reyes, J. W. Environmental policy as social policy? The impact of childhood lead exposure on crime. *B. E. Journal of Economic Analysis & Policy* **7** (2007).

14 Boutwell, B. B., et al. The intersection of aggregate-level lead exposure and crime. *Environmental Research* **148**, 79–85 (2016).

15 Mielke, H. W., & Zahran, S. The urban rise and fall of air lead (Pb) and the latent surge and retreat of societal violence. *Environment International* **43**, 48–55(2012).

16 Thompson, R. J. Freon, a refrigerant. *Industrial and Engineering Chemistry* **24**, 620–23 (1932).

17 Wang, L. 1941: Thomas Midgley Jr. (1889–1944). *Chemical and Engineering News* **86** (2008).

18 Molina, M. J., & Rowland, F. S. Stratospheric sink for chlorofluoromethanes: chlorine atom-catalysed destruction of ozone. *Nature* 249, 810–12 (1974).

19 The Nobel Prize in Chemistry 1995. NobelPrize.org. https://www.nobelprize.org/prizes/chemistry/1995/summary/ (1995).

20 Ramanathan, V. Greenhouse effect due to chlorofluorocarbons: climatic implications. *Science* **190**, 50–52 (1975).

21 O'Rourke, J. *The History of the Great Irish Famine of 1847, with Notices of Earlier Irish Famines*. (James Duffy & Co., Ltd., 1902).

22 *Lost Crops of the Incas*. (National Research Council, National Academy Press, 1989).

23 Grubb, E. H., & Guilford, W. S. *The Potato: A Compilation of Information from Every Available Source*. (Doubleday, Page & Co., 1912).

24 Wright, W. P., & Castle, E. J. *Pictorial Practical Potato Growing*. (Cassell & Co., Ltd., 1906).

25 Warolin, C. Homage to Antoine-Augustin Parmentier (1737–1813), first president of the Pharmacy Society of Paris in 1803. *Annales pharmaceutiques françaises* **63**, 340–42(2005).

26 Block, B. P. Antoine-Augustin Parmentier: pharmacist extraordinaire. *Pharmaceutical Historian* **38**, 6–14 (2008).

27 Woodham-Smith, C. *The Great Hunger, Ireland 1845–1849*. (Hamish Hamilton, 1962).

28 Andrivon, D. The origin of *Phytophthora infestans* populations present in Europe in the 1840s: a critical review of historical and scientific evidence. *Plant Pathology* **45**, 1027–35 (1996).

29 Gibbs, C. R. V. *Passenger Liners of the Western Ocean: A Record of North Atlantic Steam and Motor Passenger Vessels from 1838 to the Present Day*. (Staples Press, 1952).

30 Jones, L. R., Giddings, N. J. & Lutman, B. F. Investigations on the potato fungus *Phytophthora infestans*. *Vermont Agricultural Experiment Station Bulletin* **168** (1912).

31 Jensen, J. L. Moyens de combattre et de détruire le *Peronospora* de la pomme de terre. *Mémoires Société Nationale d'Agriculture de France* **131**, 31–156 (1887).

32 Trevelyan, C. E. *The Irish Crisis*. (Longman, Brown, Green & Longmans, 1848).

33 Berkeley, M. J. Observations, botanical and physiological, on the potato murrain. *Journal of the Horticultural Society of London* **1**, 9–34 (1846).

34 Solly, E. Chemical observations on the cause of potato murrain. *Journal of the Horticultural Society of London* **1**, 35–42 (1846).

35 Townley, J. *The Potato.* (Benjamin Lepard Green, 1847).

36 Large, E. C. *The Advance of the Fungi.* (Jonathan Cape, 1940).

37 Fabricius, J. C. Forsøg til en abhandling om planternes sygdomme. *Det Kongelige Norske Videnskabers Selskabs Skrifter* **5**, 431–92 (1774).

38 Whetzel, H. H. *An Outline of the History of Phytopathology.* (W. B. Saunders Co., 1918).

39 Vallery-Radot, R. Louis Pasteur, *His Life and Labours.* (D. Appleton & Co., 1885).

40 Zinsser, H. Rats, *Lice and History: Being a Study in Biography, which, after Twelve Preliminary Chapters Indispensable for the Preparation of the Lay Reader, Deals with the Life History of Typhus Fever.* (Little, Brown & Co., 1934).

41 Darwin, C. *On the Origin of Species by Means of Natural Selection, or the Preservation of Favoured Races in the Struggle for Life.* (John Murray, 1859).

42 Dubos, R. J. *Louis Pasteur, Free Lance of Science.* (Little, Brown & Co., 1950).

43 Ullmann, A. Pasteur-Koch: distinctive ways of thinking about infectious diseases. *Microbe* **2**, 383–87 (2007).

44 Lister, J. On the antiseptic principle of the practice of surgery. *British Medical Journal* **21, September,** 246–48 (1867).

45 De Bary, H. A. *Die gegenwärtig herrschende Kartoffelkrankheit, ihre Ursache und ihre Verhütung.* (Förstner, 1861).

46 Margulis, L., Corliss, J. O., Melkonian, M., & Chapman, D. J. *Handbook of Protoctista.* (Jones & Bartlett, 1990).

47 Compton, D. A. *Potato Culture.* (Orange Judd Co., 1870).

48 Millardet, P. M. A. Traitement du mildiou et du rot. *Journal d'agriculture pratique* 2, 513–16 (1885). Trans. Felix John Schneiderhan, Phytopathological Classics 3, 7–11. Ithaca, NY: Cayuga Press for American Phytopathological Society, 1933.

49 Gayon, U., & Sauvageau, C. Notice sur la vie et les travaux de A. Millardet. *Mémoires de la Société des Sciences Physiques et Naturelles de Bordeaux* **6**, 9–47 (1903).

50 Schneiderhan, F. J. Pierre Marie Alexis Millardet. *Phytopathological Classics* **3**, 4 (1933).

51 Ayres, P. G. Alexis Millardet: France's forgotten mycologist. *Mycologist* **18**, 23–26 (2004).

52 Millardet, P. M. A. Traitement du mildiou par le mélange de sulphate de cuivre et de chaux. *Journal d'agriculture pratique* **2**, 707–10 (1885). Trans. Felix John Schneiderhan, Phytopathological Classics 3, 12–17. Ithaca, NY: Cayuga Press for American Phytopathological Society, 1933.

53 Millardet, P. M. A. Sur l'histoire du traitement du mildiou par le sulfate de cuivre. *Journal d'agriculture pratique* **2**, 801–5 (1885). Trans. Felix John Schneiderhan, Phytopathological

Classics 3, 18–25. Ithaca, NY: Cayuga Press for American Phytopathological Society, 1933.

54 King, A. F. A. Insects and disease: mosquitoes and malaria. *Popular Science Monthly* **23** (1883).

55 Cox, F. E. G. History of human parasitology. *Clinical Microbiology Reviews* **15**, 595–612 (2002).

56 Webb, J. L. A., Jr. *Humanity's Burden: A Global History of Malaria*. (Cambridge University Press, 2009).

57 Hippocrates. *Of the Epidemics* (trans. Francis Adams). (400 BCE). In *The Genuine Works of Hippocrates, Translated from the Greek with a Preliminary Discourse and Annotations by Francis Adams*. (Printed for the Sydenham Society, C. & J. Adlard, Printers, 1849).

58 Manson-Bahr, P. The jubilee of Sir Patrick Manson (1878–1938): a tribute to his work on the malaria problem. *Post-Graduate Medical Journal* **November**, 345–57(1938).

59 Shakespeare, W. *The Tempest*. (Isaac Iaggard & Ed. Blount, 1623). In *The Works of William Shakespeare, the Text Revised by the Rev. Alexander Dyce, In Ten Volumes*, vol. 1. 4th ed. (Bickers & Son, 1880).

60 Hempelmann, E., & Krafts, K. Bad air, amulets and mosquitoes: 2,000 years of changing perspectives on malaria. *Malaria Journal* **12**, 1–13 (2013).

61 Duffy, J. *Epidemics in Colonial America*. (Kennicat Press, 1972).

62 Melville, C. H. The prevention of malaria in war. In *The Prevention of Malaria* (ed. R. Ross). (John Murray, 1910).

63 Russell, P. F. Introduction. In *Preventive Medicine in World War II, Vol. 6: Communicable Diseases: Malaria* (ed. J. Boyd). (Office of the Surgeon General, Department of the Army, 1963).

64 Malaria and the progress of medicine. *Popular Science Monthly* **24**, 238–43 (1884).

65 Ross, R. Researches on malaria. Nobel lecture, **December 12**. (1902).

66 Torti, F. *Therapeutice specialis ad febres quasdam periodicas perniciosas*. (B. Soliani, 1712).

67 Jackson, R. *A Treatise on the Fevers of Jamaica, with Some Observations on the Intermitting Fever of America, and an Appendix, Containing Some Hints on the Means of Preserving the Health of Soldiers in Hot Climates*. (J. Murray, 1791).

68 Pelletier, P. J., & Caventou, J. B. *Recherches chimiques sur les quinquinas*. (Crochard, 1820).

69 *Nobel Lectures, Physiology or Medicine, 1901–1921*. (Elsevier Publishing Co., 1967).

70 Laveran, A. Note sur un nouveau parasite trouvé dans le sang de plusieurs malades atteints de fièvre palustre. *Bulletin de l Académie Nationale de Medicine (Paris)* **9**, 1235–36 (1880).

71 Laveran, A. *Traité des fièvres palustres avec la description des microbes du paludisme*. (Octave Doin, 1884).

72 Manson, P. On the development of Filaria sanguinis hominis and on the mosquito considered

as a nurse. *Journal of the Linnean Society (Zoology)* 14, 304–11 (1878).

73 Manson-Bahr, P. H., & Alcock, A. *The Life and Work of Sir Patrick Manson*. (Cassell & Co., Ltd., 1927).

74 Manson, P. On the nature and significance of crescentic and flagellated bodies in malarial blood. *British Medical Journal* **2**, 1306–8 (1894).

75 Nuttall, G. H. F. On the role of insects, arachnids and myriapods, as carriers in the spread of bacterial and parasitic diseases of man and animals: a critical and historical study. *Johns Hopkins Hospital Reports* **8**, 1–155 (1899).

76 Roos, C. A. Physicians to the presidents, and their patients: a biobibliography. *Bulletin of the Medical Library Association* **49**, 291–360 (1961).

77 Howard, L. O. Dr. A. F. A. King on mosquitoes and malaria. *Science* **41**, 312–15 (1915).

78 Ross, R. *The Prevention of Malaria*. (E. P. Dutton & Co., 1910).

79 Bynum, W. The art of medicine: experimenting with fire: giving malaria. *Lancet* **376**, 1534–35 (2010).

80 Ross, R. Fever with intestinal lesions. *Transactions of the South Indian Branch of the British Medical Association* (1892).

81 Ross, R. Cases of febricula with abdominal tenderness. *Indian Medical Gazette*, 166 (1892).

82 Ross, R. Entero-septic fevers. *Indian Medical Gazette*, 230 (1892).

83 Ross, R. A study of Indian fevers. *Indian Medical Gazette*, 290 (1892).

84 Ross, R. Some observations on haematozoic theories of malaria. *Medical Reporter*, 65 (1893).

85 Ross, R. Inaugural lecture on the possibility of extirpating malaria from certain localities by a new method. *British Medical Journal* **July 1**, 1–4 (1899).

86 Ross, R. Observations on the crescent-sphere flagella metamorphosis of the malarial parasite within the mosquito. *Transactions of the South Indian Branch of the British Medical Association* **December** (1895).

87 Ross, R. Some experiments in the production of malarial fever by means of the mosquito. *Transactions of the South Indian Branch of the British Medical Association* (1896).

88 Guillemin, J. Choosing scientific patrimony: Sir Ronald Ross, Alphonse Laveran, and the mosquito-vector hypothesis for malaria. *Journal of the History of Medicine and Allied Sciences* **57**, 385–409 (2002).

89 Ross, R. On some peculiar pigmented cells found in two mosquitoes fed on malarial blood. *British Medical Journal*, 1786 (1897).

90 Manson, P. Surgeon-Major Ronald Ross's recent investigations on the mosquito-malaria theory. *British Medical Journal* **June 18**, 1575–77 (1898).

91 Ross, R. *Preliminary Report on the Infection of Birds with Proteosoma by the Bites of Mosquitoes*. (Government Press, 1898).

92 Manson, P. The mosquito and the malaria parasite. *British Medical Journal* 2, 849–53 (1898).

93 Bignami. Come si prendone le febri malariche. Bull. Accad. Med. Roma November 15 (1898). Translation: The inoculation theory of malarial infection: account of a successful experiment with mosquitoes. *Lancet* 152, 1461–63 (1898).

94 Manson, P. Experimental proof of the mosquito-malaria theory. *British Medical Journal* **2**, 949–51 (1900).

95 Manson, P. T. Experimental malaria: recurrence after nine months. *British Medical Journal* **July 13**, 77 (1901).

96 G. H. F. N. In memoriam: Patrick Thurburn Manson. *Journal of Hygiene* **2**, 382–83 (1902).

97 Marotel, G. The relation of mosquitoes, flies, ticks, fleas, and other arthropods to pathology. *United States Congressional Serial Set, Annual Report Smithsonian Institution, 1909*, 703–22 (1910).

98 Koch, R. Zweiter Bericht über die Thatigkeit der Malaria-Expedition. *Deutsche medizinische Wochenschrift* **26**, 88–90 (1900).

99 Annett, H. E., Dutton, J. E., & Elliott, J. H. *Report of the Malaria Expedition to Nigeria of the Liverpool School of Tropical Medicine and Medical Parasitology*. (University Press of Liverpool, 1901).

100 Ross, R. The malaria expedition to Sierra Leone. *British Medical Journal* **September 9, 16, 30; October 14** (1899).

101 Ross, R., Annett, H. E., & Austen, E. E. *Report of the Malaria Expedition of the Liverpool School of Tropical Medicine and Medical Parasitology*. (University Press of Liverpool, 1900).

102 Dunlap, T. R. DDT, Silent Spring, *and the Rise of Environmentalism*. (University of Washington Press, 2008).

103 Rush, B. *An Account of the Bilious Remitting Yellow Fever, as it Appeared in the City of Philadelphia, in the Year 1793*. (Thomas Dobson, 1794).

104 Carter, H. R. *Yellow Fever: An Epidemiological and Historical Study of Its Place of Origin*. (Williams & Wilkins Co., 1931).

105 Creighton, C. The origin of yellow fever. *North American Review* **139**, 335–47 (1884).

106 Murphy, J. *An American Plague*. (Clarion Books, 2003).

107 Carey, M. *A Short Account of the Malignant Fever, Lately Prevalent in Philadelphia: with a Statement of the Proceedings that Took Place on the Subject, in Different Parts of the United States*. (Mathew Carey, 1793).

108 Jones, A., & Allen, R. *A Narrative of the Proceedings of the Black People, During the Late Awful Calamity in Philadelphia, in the Year 1793: and a Refutation of Some Censures, Thrown upon Them in Some Late Publications*. (William W. Woodward, 1794).

109 Otter, S. *Philadelphia Stories: America's Literature of Race and Freedom*. (Oxford University

Press, 2010).

110 Washington, G. To James Madison from George Washington. **October 14**, 1793. Founders Online, National Archives. (1793). https://founders.archives.gov/documents/Madison/01−15−02−0081.

111 *Minutes of the Proceedings of the Committee, Appointed on the 14th September, 1793, by the Citizens of Philadelphia, the Northern Liberties, and the District of Southwark, to Attend to and Alleviate the Sufferings of the Afflicted with the Malignant Fever, Prevalent in the City and its Vicinity.* (City of Philadelphia, 1848).

112 Jefferson, T. Letter to Benjamin Rush. **September 23, 1800.** Founders Online, National Archives. (1800). https://founders.archives.gov/documents/Jefferson/01−32−02−0102.

113 Adams, J. Letter to Thomas Jefferson. **June 30, 1813**. Founders Online,National Archives. (1813). https://founders.archives.gov/documents/Jefferson/03−06−02−0216.

114 Stapleton, D. H., & Carter, E. C. I. "I have the itch of botany, of chemistry, of mathematics ... strong upon me": the science of Benjamin Henry Latrobe. *Proceedings of the American Philosophical Society* **128**, 173−92 (1984).

115 Sherman, I. W. *Twelve Diseases That Changed Our World.* (ASM Press, 2007).

116 Choppin, S. History of the importation of yellow fever into the United States, from 1693−1878. *Public Health Papers, American Public Health Association* **4**, 190−206 (1878).

117 The burning of the quarantine hospital on Staten Island. *Harper's Weekly* **September 11** (1858).

118 Message from the president of the United States, transmitting certain papers in regard to experiments conducted for the purpose of coping with yellow fever. Senate Document No. 10, 59th Congress, 2d Session (1907).

119 Faust, E. C. History of human parasitic infections. *Public Health Reports* **70**, 958−65 (1955).

120 Souchon, E. Educational points concerning yellow fever, to be spread broadcast by the press, pulpit, school-teachers and others, and by all men of good will. Louisiana State Board of Health (1898).

121 The yellow fever plot. *New York Times* **May 16**, 4 (1865).

122 Segel, L. "The yellow fever plot": germ warfare during the Civil War. *Canadian Journal of Diagnosis* **September**, 47−50 (2002).

123 Quinn, D. A. *Heroes and Heroines of Memphis, or Reminiscences of the Yellow Fever Epidemics that Afflicted the City of Memphis During the Autumn Months of 1873, 1878, and 1879, to Which is Added a Graphic Description of Missionary Life in Eastern Arkansas.* (E. L. Freeman & Son, 1887).

124 Ffirth, S. *A Treatise on Malignant Fever; with an Attempt to Prove its Non-contagious Nature.* (B. Graves, 1804).

125 Michel, R. F. Epidemic of yellow fever in Montgomery, Alabama, summer of 1873.

Transactions of the Medical Association of the State of Alabama **1874**, 84–111 (1874).

126 Dromgoole, J. P. *Dr. Dromgoole's Yellow Fever Heroes, Honors, and Horrors of 1878.* (John P. Morton & Co., 1879).

127 Mitchell, J. Account of the yellow fever which prevailed in Virginia in the years 1737, 1741, and 1742, in a letter to the late Cadwallader Colden, Esq. of New-York. *American Medical and Philosophical Register* **4**, 181–215 (1814).

128 Rush, B. Letter to Julia Rush. October 27, 1793. In *Letters of Benjamin Rush, Volume 2: 1793–1813* (ed. L. H. Butterfield). (Princeton University Press, 1951).

129 Holt, J. Analysis of the records of yellow fever in New Orleans, in 1876. *New Orleans Medical and Surgical Association* **November 11** (1876).

130 Erskine, J. H. A report on yellow fever as it appeared in Memphis, Tenn., in 1873. *Public Health Papers and Reports* **1**, 385–92 (1873).

131 *Conclusions of the Board of Experts Authorized by Congress to Investigate the Yellow Fever Epidemic of 1878.* (Judd & Detweiler, 1879).

132 Agramonte, A. The inside history of a great medical discovery. *Scientific Monthly* **1**, 209–37 (1915).

133 Reed, W. Letter from Walter Reed to Emilie Lawrence Reed. **December 31, 1900**. Philip S. Hench Walter Reed Yellow Fever Collection, University of Virginia.

134 Nott, J. C. The cause of yellow fever. *New Orleans Medical and Surgical Journal* **4**, 563–601 (1848).

135 Agramonte, A. An account of Dr. Louis-Daniel Beauperthuy, a pioneer in yellow fever research. *Boston Medical and Surgical Journal* **June 18**, 927–30 (1908).

136 Finlay, C. The mosquito hypothetically considered as an agent in the transmission of yellow fever poison. *New Orleans Medical and Surgical Journal* **1881–82**, 601–16 (1882).

137 Reed, W., Carroll, J., Agramonte, A., & Lazear, J. W. The etiology of yellow fever: a preliminary note. *Philadelphia Medical Journal* **October 27**, 37–53 (1900).

138 Finlay, C. *Selected Papers of Dr. Carlos J. Finlay.* (Republica de Cuba, Secretaria de Sanidad y Beneficencia, 1912).

139 Sternberg, G. M. The transmission of yellow fever by mosquitoes. *Popular Science Monthly* **59** (1901).

140 Kelly, H. A. *Walter Reed and Yellow Fever.* (McClure, Phillips & Co., 1906).

141 Smith, T., & Kilborne, F. L. Investigations into the nature, causation, and prevention of southern cattle fever. In *Bureau of Animal Industry, Eighth and Ninth Annual Reports for the Years 1891–1892*, 177–304. (US Government Printing Office, 1893).

142 Bruce, D. *Preliminary Report on the Tsetse Fly Disease or Nagana.* (Bennett & Davis, 1895).

143 Crosby, M. C. *The American Plague.* (Berkley Books, 2006).

144 Sanarelli, G. A lecture on yellow fever, with a description of the *Bacillus icteroides*. *British Medical Journal* **July 3**, 7–11 (1897).

145 Carroll, J. A brief review of the aetiology of yellow fever. *New York Medical Journal and Philadelphia Medical Journal, Consolidated* **February 6, 13** (1904).

146 Reed, W., & Carroll, J. A comparative study of the biological characters and pathogenesis of *Baccillus X* (Sternberg), *Baccillus icteroides* (Sanarelli), and the hog-cholera *Bacillus* (Salmon and Smith). *Journal of Experimental Medicine* 5, 215–70 (1900).

147 Reed, W. Recent researches concerning the etiology, propagation, and prevention of yellow fever, by the United States Army Commission. *Journal of Hygiene* **2**, 101–19 (1902).

148 Craig, S. C. *In the Interest of Truth: The Life and Science of Surgeon General George Miller Sternberg*. (Office of the Surgeon General, Borden Institute, 2013).

149 Petri, W. A. J. America in the world: 100 years of tropical medicine and hygiene. *American Journal of Tropical Medicine and Hygiene* **71**, 2–16 (2004).

150 Lazear, M. H. Letter from Mabel Houston Lazear to James Carroll. **November 10, 1900**. Philip S. Hench Walter Reed Yellow Fever Collection, University of Virginia.

151 Reed, W., Carroll, J., & Agramonte, A. The etiology of yellow fever: an additional note. *Journal of the American Medical Association* **36**, 431–40 (1901).

152 Moran, J. J. Memoirs of a human guinea pig. Philip S. Hench Walter Reed Yellow Fever Collection, University of Virginia (1948).

153 Carey, F. 50 years ago Reed faced "yellow jack" in Havana. Associated Press **June 25** (1950).

154 Reed, W. *The Propagation of Yellow Fever—Observations Based on Recent Researches*. (US Government Printing Office, 1911).

155 Reed, W., Carroll, J., & Agramonte, A. Experimental yellow fever. *American Medicine* **2**, 15–23 (1901).

156 Finlay, C. E. Dr. Carlos J. Finlay's positive cases of experimental yellow fever. *New Orleans Medical and Surgical Journal* **69**, 333–43 (1917).

157 Agramonte, A. Finlay and Delgado's experimental yellow fever (a reply to Dr. C. E. Finlay). *New Orleans Medical and Surgical Journal* **69**, 344–51 (1917).

158 Guiteras, J. Experimental yellow fever at the inoculation station of the Sanitary Department of Havana with a view to producing immunization. *American Medicine* **3**, 809–17 (1901).

159 Reed, W., & Carroll, J. The etiology of yellow fever: a supplemental note. *American Medicine* **February 22**, 301–5 (1902).

160 Adams, C. F. The Panama Canal Zone: an epochal event in sanitation. *Proceedings of the Massachusetts Historical Society* **17**, 1–38 (1911).

161 Halstead, M. *The Illustrious Life of William McKinley our Martyred President*. (By the author, 1901).

162 *Discussion of the Paper of Drs. Reed and Gorgas*. (Berlin Printing Company, 1902).

163 One of McKinley's surgeons passes away. *Hawaiian Star* **December 6**, 2 (1911).

164 Gorgas, W. C. *A Few General Directions with Regard to Destroying Mosquitoes, Particularly the Yellow Fever Mosquito*. (US Government Printing Office, 1904).

165 Gorgas, W. C. *Sanitation in Panama*. (Appleton, 1915).

166 Gorgas, M. D., & Hendricks, B. J. *William Crawford Gorgas: His Life and Work*. (Doubleday, Page & Co., 1924).

167 *The Rockefeller Foundation Annual Report 1926*. (Rockefeller Foundation, 1926).

168 Stokes, A., Bauer, J. H., & Hudson, N. P. Experimental transmission of yellow fever virus to laboratory animals. *American Journal of Tropical Medicine* **8**, 103–64 (1928).

169 Bryan, C. S. Discovery of the yellow fever virus. *International Journal of Infectious Diseases* **2**, 52–54 (1997).

170 *The Rockefeller Foundation Annual Report 1927*. (Rockefeller Foundation, 1927).

171 Hudson, N. P. Adrian Stokes and yellow fever research: a tribute. *Transactions of the Royal Society of Tropical Medicine and Hygiene* **60**, 170–74 (1966).

172 Porterfield, J. S. Yellow fever in west Africa: a retrospective glance. *British Medical Journal* **299**, 1555–57 (1989).

173 Berry, G. P., & Kitchen, S. F. Yellow fever accidentally contracted in the laboratory. *American Journal of Tropical Medicine* **11**, 365–434 (1931).

174 Bauer, J. H. Transmission of yellow fever by mosquitoes other than *Aedes aegypti*. *American Journal of Tropical Medicine* **8**, 261–82 (1928).

175 Delatte, H., et al. The invaders: phylogeography of dengue and chikungunya virus Aedes vectors, on the south west islands of the Indian Ocean. *Infection, Genetics and Evolution* **11**, 1769–81 (2011).

176 Pialoux, G., Gaüzère, B. A., Jauréguiberry, S., & Strobel, M. Chikungunya, an epidemic arbovirosis. *Lancet Infectious Diseases* **7**, 319–27 (2007).

177 Bergstrand, H. *The Nobel Prize in Physiology or Medicine 1951, Award Ceremony Speech*. (Elsevier Publishing Co., 1951).

178 Theiler, M. Susceptibility of white mice to the virus of yellow fever. *Science* **71**, 367 (1930).

179 Theiler, M. Studies on the action of yellow fever virus on mice. *Annals of Tropical Medicine & Parasitology* **24**, 249–72 (1930).

180 Smith, H. H. Yellow fever vaccination with cultured virus (17D) without immune serum. *American Journal of Tropical Medicine and Hygiene* **18**, 437–68 (1938).

181 Theiler, M., & Smith, H. H. The effect of prolonged cultivation in vitro upon the pathogenicity of yellow fever virus. *Journal of Experimental Medicine* **65**, 767–86 (1937).

182 Frierson, J. G. The yellow fever vaccine: a history. *Yale Journal of Biology and Medicine*

83, 77–85 (2010).

183 Cirillo, V. J. Two faces of death: fatalities from disease and combat in America's principal wars, 1775 to present. *Perspectives in Biology and Medicine* **51**, 121–33 (2008).

184 Peltier, M. Vaccination mixte contre la fièvre jaune et la variole sur des populations indigènes du Sénégal. *Annales de l Institut Pasteur (Dakar)* **65**, 146–69 (1940).

185 Durieux, C. Mass yellow fever vaccination in French Africa south of the Sahara. In *Yellow Fever Vaccination* (ed. K. Smithburn), 115–21. (World Health Organization, 1956).

186 Norrby, E. Yellow fever and Max Theiler: the only Nobel Prize for a virus vaccine. *Journal of Experimental Medicine* **204**, 2779–84 (2007).

187 Mathis, C., Sellards, A. W., & Laigret, J. Sensibilité du *Macacus rhesus* au virus fièvre jaune. *Comptes rendus de l'Académie des Sciences* **186**, 604–6 (1928).

188 Rice, C. M. Nucleotide sequence of yellow fever virus: implications for flavivirus gene expession and evolution. *Science* **229**, 726–33 (1985).

189 Snyder, J. C. The typhus fevers. In *Viral and Rickettsial Infections of Man* (ed. T. M. Rivers & F. L. Horsfall). (J. B. Lippincott Co., 1959).

190 Howard, J. *The State of the Prisons in England and Wales.* (Warrington, 1777).

191 *Encyclopedia of Plague and Pestilence from Ancient Times to the Present.* (Facts on File, 2008).

192 Ackerknecht, E. H. *History and Geography of the Most Important Diseases.* (Hafner Publishing Co., Inc., 1965).

193 Cartwright, F. F., & Biddiss, M. *Disease & History*, 2d ed. (Sutton Publishing, 2004).

194 Schultz, M. G., & Morens, D. M. Charles-Jules-Henri Nicolle. *Emerging Infectious Diseases* **15**, 1520–22 (2009).

195 *Nobel Lectures, Physiology or Medicine, 1922–1941.* (Elsevier Publishing Co., 1965).

196 Gross, L. How Charles Nicolle of the Pasteur Institute discovered that epidemic typhus is transmitted by lice: reminiscences from my years at the Pasteur Institute in Paris. *Proceedings of the National Academy of Sciences USA* **93**, 10539–40 (1996).

197 Nicolle, C., Comte, C., & Conseil, E. Transmission expérimentale du typhus exanthématique par le pou du corps. *Comptes-rendus hebdomadaires des séances de l'Académie des Sciences* **149**, 486–89 (1909).

198 Ricketts, H. T., & Wilder, R. M. The transmission of the typhus fever of Mexico (Tabardillo) by means of the louse (*Pediculus vestimenti*). *Journal of the American Medical Association* **54**, 1304–7 (1910).

199 Da Rocha-Lima, H. Zur aetiologie des fleckfiebers. *Berliner Klinische Wochenschrift* **53**, 567–69 (1916).

200 Von Prowazek, S. Ätiologische Untersuchungen über den Flecktyphus in Serbien 1913 und

Hamburg 1914. *Beitrage zur Klinik der Infektionskrankheiten und zur Immunitätsforschung* **4**, 5–31 (1914).

201 Paape, H. Imprisonment and deportation. In *The Diary of Anne Frank: The Critical Edition* (Doubleday, 1986).

202 Zinsser, H. Varieties of typhus virus and the epidemiology of the American form of European typhus fever (Brill's disease). *American Journal of Hygiene* **20**, 513–32 (1934).

203 *The Jerusalem Bible*. (Koren Publishers, 1983).

204 Rosen, W. *Justinian's Flea—Plague, Empire, and the Birth of Europe*. (Viking, 2007).

205 Mommsen, T. E. Petrarch's conception of the "Dark Ages." *Speculum* **17**, 226–42 (1942).

206 Kitasato, S., & Nakagawa, A. Plague. In *Twentieth Century Practice: An International Encyclopedia of Modern Medical Science by Leading Authorities of Europe and America, Vol. 15: Infectious Diseases* (ed. T. L. Stedman). (William Wood & Co., 1898).

207 Aberth, J., ed. *The Black Death: The Great Mortality of 1348–1350: A Brief History with Documents*. (Bedford/St. Martin's, 2005).

208 Gregoras, N. Byzantine History. (1359). In *The Black Death: The Great Mortality of 1348–1350: A Brief History with Documents* (ed. J. Aberth). (Bedford/ St. Martin's, 2005).

209 Derbes, V. De Mussis and the Great Plague of 1348: a forgotten episode of bacteriological warfare. *Journal of the American Medical Association* **196**, 59–62 (1966).

210 Ibn al-Wardī, A. H. U. *Essay on the Report of the Pestilence*. (1348). In *The Black Death: The Great Mortality of 1348–1350: A Brief History with Documents* (ed. J. Aberth). (Bedford/St. Martin's, 2005).

211 Petrarch, F. Letters on Familiar Matters. (1349). In *The Black Death: The Great Mortality of 1348–1350: A Brief History with Documents* (ed. J. Aberth). (Bedford/ St. Martin's, 2005).

212 Boccaccio, G. *The Decameron*. (1349–51). In *The Black Death: The Great Mortality of 1348–1350: A Brief History with Documents* (ed. J. Aberth). (Bedford/ St. Martin's, 2005).

213 D'Agramont, J. *Regimen of Protection against Epidemics*. (1348). In *The Black Death: The Great Mortality of 1348–1350: A Brief History with Documents* (ed. J. Aberth). (Bedford/St. Martin's, 2005).

214 Pedro IV of Aragon. *Response to Jewish Pogrom of Tárrega*. (1349). In *The Black Death: The Great Mortality of 1348–1350: A Brief History with Documents* (ed. J. Aberth). (Bedford/St. Martin's, 2005).

215 *Takkanoth (Accord) of Barcelona*. (1354). In *The Black Death: The Great Mortality of 1348–1350: A Brief History with Documents* (ed. J. Aberth). (Bedford/ St. Martin's, 2005).

216 *Interrogation of the Jews of Savoy*. (1348). In *The Black Death: The Great Mortality of 1348–1350: A Brief History with Documents* (ed. J. Aberth). (Bedford/ St. Martin's, 2005).

217 Mathias of Neuenburg. Chronicle. (1349–50). In *The Black Death: The Great Mortality of*

1348–1350: A Brief History with Documents (ed. J. Aberth). (Bedford/ St. Martin's, 2005).

218 Konrad of Megenberg. *Concerning the Mortality in Germany*. (1350). In *The Black Death: The Great Mortality of 1348–1350: A Brief History with Documents* (ed. J. Aberth). (Bedford/St. Martin's, 2005).

219 Pope Clement VI. *Sicut Judeis (Mandate to Protect the Jews)*. (1348). In *The Black Death: The Great Mortality of 1348–1350: A Brief History with Documents* (ed. J. Aberth). (Bedford/St. Martin's, 2005).

220 Closener, F. *Chronicle*. (1360–62). In *The Black Death: The Great Mortality of 1348–1350: A Brief History with Documents* (ed. J. Aberth). (Bedford/ St. Martin's, 2005).

221 Medical Faculty of the University of Paris. *Consultation*. (1348). In *The Black Death: The Great Mortality of 1348–1350: A Brief History with Documents* (ed. J. Aberth). (Bedford/St. Martin's, 2005).

222 Sanctus, L. Letter. (1348). In *The Black Death: The Great Mortality of 1348–1350: A Brief History with Documents* (ed. J. Aberth). (Bedford/St. Martin's, 2005).

223 Villani, G. *Chronicle*. (1348). In *The Black Death: The Great Mortality of 1348–1350: A Brief History with Documents* (ed. J. Aberth). (Bedford/St. Martin's, 2005).

224 Di Tura, A. Sienese Chronicle. (1348–51). In *The Black Death: The Great Mortality of 1348–1350: A Brief History with Documents* (ed. J. Aberth). (Bedford/ St. Martin's, 2005).

225 Ibn al-Khatīb, L. A. I. A Very *Useful Inquiry into the Horrible Sickness. (1349–52). In The Black Death: The Great Mortality of 1348–1350: A Brief History with Documents* (ed. J. Aberth). (Bedford/St. Martin's, 2005).

226 Da Foligno, G. *Short Casebook*. (1348). In *The Black Death: The Great Mortality of 1348– 1350: A Brief History with Documents* (ed. J. Aberth). (Bedford/ St. Martin's, 2005).

227 Ibn Khātima, A. J. A. *Description and Remedy for Escaping the Plague*. (1349). In *The Black Death: The Great Mortality of 1348–1350: A Brief History with Documents* (ed. J. Aberth). (Bedford/St. Martin's, 2005).

228 Shakespeare, W. *The Most Excellent and Lamentable Tragedie of Romeo and Juliet*. (Thomas Creede & Cuthbert Burby, 1599). In *The Works of William Shakespeare, the Text Revised by the Rev. Alexander Dyce, In Ten Volumes*, vol. 1. 4th ed. London: Bickers & Son, 1880.

229 Liston, W. G. Plague, rats and fleas. *Journal of the Bombay Natural History Society* **16**, 253– 74 (1905).

230 Cantlie, J. The plague in Hong Kong. *British Medical Journal* **2**, 423–27 (1894).

231 The plague at Hong Kong. *British Medical Journal* **2**, 201 (1894).

232 The plague at Hong Kong. *Lancet* **2**, 269–70 (1894).

233 Solomon, T. Hong Kong, 1894: the role of James A. Lowson in the controversial discovery of the plague bacillus. *Lancet* **350**, 59–62 (1997).

234 Lagrange, E., Liège, M. D., & Paris, D. T. M. Concerning the discovery of the plague bacillus. *Journal of Tropical Medicine and Hygiene* **29**, 299–303 (1926).

235 Plague in the Far East. *British Medical Journal* **August 22**, 460 (1896).

236 The plague in Hong-Kong in 1894: a story of Chinese antipathies. *Lancet* **April 4**, 936 (1896).

237 Lowson, J. A. *The Epidemic of Bubonic Plague in Hong Kong 1894*. (Government Printer, 1895).

238 Lee, P.-T. Colonialism versus nationalism: the plague of Hong Kong in 1894. *Journal of Northeast Asian History* **10**, 97–128 (2013).

239 Obituary: Baron Shibasaburo Kitasato. *British Medical Journal* **June 27**, 1141–42 (1931).

240 Kitasato, S. The bacillus of bubonic plague. *Lancet* **2**, 428–30 (1894).

241 Gross, L. How the plague bacillus and its transmission through fleas were discovered: reminiscences from my years at the Pasteur Institute in Paris. *Proceedings of the National Academy of Sciences USA* **92**, 7609–11 (1995).

242 Hawgood, B. J. Alexandre Yersin (1863–1943): discoverer of the plague bacillus, explorer and agronomist. *Journal of Medical Biogeography* **16**, 167–72 (2008).

243 Schwartz, M. The Institut Pasteur: 120 years of research in microbiology. *Research in Microbiology* **159**, 5–14 (2008).

244 Kousoulis, A. A., Karamanou, M., Tsoucalas, G., Dimitriou, T., & Androutsos, G. Alexandre Yersin's explorations (1892–1894) in French Indochina before the discovery of the plague bacillus. *Acta Medico-Historica Adriatica* **10**, 303–10 (2012).

245 The plague at Hong Kong. *Lancet* 1, 1581–82 (1894).

246 Yersin, A. Le peste bubonique à Hong-Kong. *Annales de l'Institut Pasteur* **8**, 662–67 (1894).

247 Crawford, E. A. J. Paul-Louis Simond and his work on plague. *Perspectives in Biology and Medicine* **39**, 446–58 (1996).

248 The plague in China. *Lancet* **August 4**, 266 (1894).

249 The plague at Hong Kong. *Lancet* **2**, 325 (1894).

250 The bacillus of plague. *British Medical Journal* **2**, 369–70 (1894).

251 The plague in Hong-Kong. *Lancet* **2**, 391–92 (1894).

252 Yabe, T. The microbe of plague. *Journal of Tropical Medicine* **4**, 59–60 (1901).

253 The late Baron Shibasaburo Kitasato. *Canadian Medical Association Journal* **August**, 206 (1931).

254 Millott Severn, A. G. A note concerning the discovery of the *Bacillus pestis*. *Journal of Tropical Medicine and Hygiene* **August 15**, 208–9 (1927).

255 Biographical sketch: Alexandre Yersin (1863–1943). Pasteur Institute Archives and Collection. http://www.pasteur.fr/infosci/archives/e_yer0.html.

256 Hawgood, B. J. Alexandre Yersin MD (1863–1943); Suoi Dau near Nha Trang, Vietnam.

Journal of Medical Biogeography **19**, 138 (2011).

257 Simond, P.-L. La propagation de la peste. Annales de l'Institut Pasteur **12**, 625–87 (1898).

258 Köhler, W., & Köhler, M. Plague and rats, the "Plague of the Philistines," and: what did our ancestors know about the role of rats in plague. International Journal of Medical Microbiology **293**, 333–40 (2003).

259 Lowson, J. A. The bacteriology of plague. British Medical Journal **January 23**, 237–38 (1897).

260 Reports on plague investigations in India. Journal of Hygiene **6**, 421–536 (1906).

261 Rennie, A. The plague in the East. British Medical Journal **September 15**, 615–16 (1894).

262 Low, B. Report upon the progress and diffusion of bubonic plague from 1879–1898. In Twenty-eighth Annual Report of the Local Government Board 1898–1899. Supplement Containing the Report of the Medical Officer for 1898–1899. (Darling & Son, Ltd., 1899).

263 Ogata, M. Ueber die Pestepidemie in Formosa. Centralblatt für Bakteriologie und Parasitenkunde **21**, 774 (1897).

264 Biographical sketch: Paul-Louis Simond (1858–1947). Pasteur Institute Archives and Collection. http://www.pasteur.fr/infosci/archives/e_sim0.html.

265 Simond, M., Godley, M. L., & Mouriquand, P. D. E. Paul-Louis Simond and his discovery of plague transmission by rat fleas: a centenary. Journal of the Royal Society of Medicine **91**, 101–4 (1998).

266 Simond, P.-L. Comment fut mis en évidence le rôle de la puce dans la transmission de la peste. Revue d'hygiène **58**, 5–17 (1936).

267 Gauthier, J. O., & Raybaud, A. Recherches expérimentales sur le rôle des parasites du rat dans la transmission de la peste. Revue d'hygiène **25**, 426–38 (1903).

268 Löwy, I., & Rodhain, F. Paul-Louis Simond and yellow fever. Bulletin de la Société de Pathologie Exotique **92**, 392–95 (1999).

269 Bacot, A. W., & Martin, C. J. Observations on the mechanism of the transmission of plague by fleas. Journal of Hygiene **13** (**Plague supplement 3**), 423–39 (1914).

270 Obituary. Arthur Bacot. Nature **109**, 618–20 (1922).

271 Chouikha, I., & Hinnebusch, B. J. Yersinia-flea interactions and the evolution of the arthropod-borne transmission route of plague. Current Opinion in Microbiology **15**, 239–46 (2012).

272 Bacot, A. W. A study of the bionomics of the common rat fleas and other species associated with human habitations, with special reference to the influence of temperature and humidity at various periods of the life history of the insect. Journal of Hygiene **13** (**Plague supplement 3**), 447–653 (1914).

273 Perry, R. D., & Fetherson, J. D. Yersinia pestis-etiologic agent of plague. Clinical Microbiology Reviews **10**, 35–66 (1997).

274 Raoult, D., et al. Molecular identification by "suicide PCR" of *Yersinia pestis* as the agent of Medieval Black Death. *Proceedings of the National Academy of Sciences USA* **97**, 12800–803 (2000).

275 Haensch, S., et al. Distinct clones of *Yersinia pestis* caused the black death. *PLoS Pathogens* **6**, e1001134 (2010).

276 Harbeck, M., et al. *Yersinia pestis* DNA from skeletal remains from the 6th century AD reveals insights into Justinianic Plague. *PLoS Pathogens* **9**, e1003349 (2013).

277 Achtman, M., et al. Microevolution and history of the plague bacillus, *Yersinia pestis*. *Proceedings of the National Academy of Sciences USA* **101**, 17837–42 (2004).

278 Bos, K. I., et al. A draft genome of *Yersinia pestis* from victims of the Black Death. *Nature* **478**, 506–10 (2011).

279 Bos, K. I., et al. Eighteenth-century *Yersinia pestis* genomes reveal the long-term persistence of an historical plague focus. *eLife* **5**, e12994 (2016).

280 Wagner, D. M., et al. *Yersinia pestis* and the Plague of Justinian 541–43 AD: a genomic analysis. *Lancet Infectious Diseases* **14**, 319–26 (2014).

281 Montenegro, J. V. *Bubonic Plague: Its Course and Symptoms and Means of Prevention and Treatment*. (William Wood & Co., 1900).

282 Kupferschmidt, H. History of the epidemiology of plague: changes in the understanding of plague epidemiology since the discovery of the plague pathogen in 1894. *Antimicrobics and Infectious Diseases Newsletter* **16**, 51–53 (1997).

283 Doriga, Dr. The prevention of plague through the suppression of rats and mice. *Public Health* **12**, 92–98 (1899).

284 Pelletier, P. J., & Caventou, J. B. Note sur un nouvel alkalai. *Annales de chimie et de physique* **8**, 323–24 (1818).

285 Bacot, A. W. The effect of the vapours of various insecticides upon fleas (*Ceratophyllus fasciatus and Xenopsylla cheopis*) at each stage in their life-history and upon the bed bug (*Cimex lectularius*) in its larval stage. *Journal of Hygiene* **13** (**Plague supplement 3**), 665–81 (1914).

286 Runge, F. F. Ueber einige Produkte der Steinkohlendestillation. *Annalen der Physik und Chemie* **31**, 65–78 (1834).

287 *Trials of War Criminals before the Nuernberg Military Tribunals, Vol. 1: The Medical Case.* (US Government Printing Office, 1946–49).

288 Richardson, B. W. Greek fire: its ancient and modern history. *Popular Science Review* **3**, 164–77 (1864).

289 Biographical note, Thucydides, c. 460–c. 400 B.C. In *Great Books of the Western World, Vol. 6: The History of Herodotus and The History of the Peloponnesian War of Thucydides*

(ed. R. M. Hutchins). (William Benton; Encyclopaedia Britannica, Inc., 1952).

290 Thucydides. *The History of the Peloponnesian War* (trans. R. Crawley; rev. R. Feetham). In *Great Books of the Western World, Vol. 6: The History of Herodotus and The History of the Peloponnesian War of Thucydides* (ed. R. M. Hutchins). (William Benton; Encyclopaedia Britannica, Inc., 1952).

291 Joy, R. J. T. Historical aspects of medical defense against chemical warfare. In *Medical Aspects of Chemical and Biological Warfare* (ed. F. R. Sidell, E. T. Takafuji & D. R. Franz). (Office of the Surgeon General at TMM Publications, 1997).

292 Gibbon, E. *The History of the Decline and Fall of the Roman Empire, Volume the Tenth.* (Luke White, 1788).

293 Lloyd, C. *Lord Cochrane: Seaman—Radical—Liberator.* (Longmans, Green & Co., 1947).

294 *The Panmure Papers.* Vol. 1. (Hodder & Stoughton, 1908).

295 Mendelssohn, K. *The World of Walther Nernst: The Rise and Fall of German Science 1864–1941.* (University of Pittsburgh Press, 1973).

296 Reid, W. *Memoirs and Correspondence of Lyon Playfair.* (Cassell & Co., Ltd., 1899).

297 Fries, A. A., & West, C. J. *Chemical Warfare.* (McGraw-Hill Book Co., Inc., 1921).

298 Waitt, A. H. *Gas Warfare: The Chemical Weapon, Its Use, and Protection against It.* (Duell, Sloan & Pearce, 1942).

299 Miles, W. D. The idea of chemical warfare in modern times. *Journal of the History of Ideas* **31**, 297–304 (1970).

300 Wöhler, F. Ueber künstliche Bildung des Harstoffs. Annalen der *Physik und Chemie* **88**, 253–56 (1828).

301 Goran, M. *The Story of Fritz Haber.* (University of Oklahoma Press, 1967).

302 Joy, C. A. Biographical sketch of Frederick Wöhler. *Popular Science Monthly* **17** (1880).

303 Russell, E. *War and Nature.* (Cambridge University Press, 2001).

304 *Nobel Lectures, Chemistry, 1922–1941.* (Elsevier Publishing Co., 1966).

305 Willstätter, R. *From My Life: The Memoirs of Richard Willstätter* (trans. L. Hornig). (Verlag Chemie, GmbH, 1949).

306 Renn, J. Introduction. In *One Hundred Years of Chemical Warfare: Research, Deployment, Consequences* (ed. B. Friedrich et al.). (SpringerOpen, 2017).

307 Ertle, G. Fritz Haber and his institute. In *One Hundred Years of Chemical Warfare: Research, Deployment, Consequences* (ed. B. Friedrich et al.). (SpringerOpen, 2017).

308 Lemmerich, J. *Science and Conscience: The Life of James Franck.* (Stanford University Press, 2011).

309 Friedrich, B., & Hoffmann, D. Clara Immerwahr: a life in the shadow of Fritz Haber. In *One Hundred Years of Chemical Warfare: Research, Deployment, Consequences* (ed. B.

Friedrich et al.). (SpringerOpen, 2017).

310 Friedrich, B., & James, J. From Berlin-Dahlem to the fronts of World War I: the role of Fritz Haber and his Kaiser Wilhelm Institute in German chemical warfare. In *One Hundred Years of Chemical Warfare: Research, Deployment, Consequences* (ed. B. Friedrich et al.). (SpringerOpen, 2017).

311 Hill, B. A. History of the medical management of chemical casualties. In *Medical Aspects of Chemical Warfare* (ed. S. D. Tuorinsky). (Borden Institute, Walter Reed Army Medical Center, 2008).

312 Szöllösi-Janze, M. The scientist as expert: Fritz Haber and German chemical warfare during the First World War and beyond. In *One Hundred Years of Chemical Warfare: Research, Deployment, Consequences* (ed. B. Friedrich et al.). (SpringerOpen, 2017).

313 von Hippel, F. James Franck: science and conscience. *Physics Today* **June 2010**, 41–46 (2010).

314 Rice, S. A., & Jortner, J. *James Franck 1882–1964*. (National Academy of Sciences, 2010).

315 Smart, J. K. History of chemical and biological warfare: an American perspective. In *Medical Aspects of Chemical and Biological Warfare* (ed. F. R. Sidell, E. T. Takafuji & D. R. Franz) (Office of the Surgeon General at TMM Publications, 1997).

316 Haber, F. Chemistry in war (a translation of *Fünf Vorträge, aus den Jahren 1920–1923). Journal of Chemical Education* **November**, 526–29, 553 (1945).

317 Carter, C. F. Growth of the chemical industry. *Current History* **15**, 423–28 (1922).

318 Baker, N. D. Chemistry in warfare. *Journal of Industrial and Engineering Chemistry* **11**, 921–23 (1919).

319 Higgs, R. The boll weevil, the cotton economy, and black migration 1910–1930. *Agricultural History* **50**, 335–50 (1976).

320 Dunlap, T. R. *DDT: Scientists, Citizens, and Public Policy*. (Princeton University Press, 1981).

321 Howard, L. O., & Popenoe, C. H. Hydrocyanic-acid gas against household insects. *US Department of Agriculture, Bureau of Entomology Circular* **163**, 1–8 (1912).

322 Howard, L. O. Entomology and the war. *Scientific Monthly* **8**, 109–17 (1919).

323 Had deadliest gas ready for Germans; "Lewisite" might have killed millions. *New York Times* **May 25** (1919).

324 The fly must be exterminated to make the world safe for habitation. *American City* **19**, 12 (1918).

325 Broadberry, S., & Harrison, M. The economics of World War I: an overview. In *The Economics of World War I* (ed. S. Broadberry & M. Harrison). (Cambridge University Press, 2005).

326 Borkin, J. *The Crime and Punishment of I. G. Farben*. (Free Press, 1978).

327 Churchill, W. *Thoughts and Adventures*. (Odhams Press Ltd., 1932).

328 Man versus insects: the next great war. *Advertiser* **August 21**, 18 (1915).

329 Forbes, S. A. The insect, the farmer, the teacher, the citizen, and the state. (Illinois State Laboratory of Natural History, 1915).

330 Arrhenius, S. On the influence of carbonic acid in the air upon the temperature of the ground. *London, Edinburgh, and Dublin Philosophical Magazine and Journal of Science* **5**, 237–76 (1896).

331 *Nobel Lectures, Chemistry, 1901–1921.* (Elsevier Publishing Co., 1966).

332 Arrhenius, G., Caldwell, K., & Wold, S. A tribute to the memory of Svante Arrhenius (1859–1927). *Annual Meeting of the Royal Swedish Academy of Engineering Sciences* (2008).

333 Weindling, P. The uses and abuses of biological technologies: Zyklon B and gas disinfestation between the First World War and the Holocaust. *History and Technology* **11**, 291–98 (1994).

334 Stoltzenberg, D. *Fritz Haber: Chemist, Nobel Laureate, German, Jew.* (Chemical Heritage Press, 2004).

335 *The Treaty of Peace between the Allied and Associated Powers and Germany, the Protocol Annexed Thereto, the Agreement respecting the Military Occupation of the Territories of the Rhine, and the Treaty between France and Great Britain respecting Assistance to France in the Event of Unprovoked Aggression by Germany. Signed at Versailles, June 28th, 1919.* (His Majesty's Stationery Office, 1919).

336 *Nobel Lectures, Physics, 1901–1921.* (Elsevier Publishing Co., 1967).

337 Born, M. Arnold Johannes Wilhelm Sommerfeld, 1868–1951. *Obituary Notices of Fellows of the Royal Society* **8**, 274–96 (1952).

338 *Nobel Lectures, Physics, 1922–1941.* (Elsevier Publishing Co., 1965).

339 The Nobel medals and the medal for the prize in economic sciences. http://www.nobelprize.org/nobel_prizes/about/medals/.

340 Hevesy, G. *Adventures in Radioisotope Research.* (Pergamon Press, 1962).

341 Allen, S. R. *Niels Bohr: The Man, His Science, and the World They Changed.* (Alfred A. Knopf, 1966).

342 Dawidowicz, L. S. *The War against the Jews 1933–1945.* (Holt, Rinehart & Winston, 1975).

343 Tenenbaum, J. Auschwitz in retrospect: the self-portrait of Rudolf Hoess, Commander of Auschwitz. *Jewish Social Studies* **15**, 203–36 (1953).

344 Witschi, H. Some notes on the history of Haber's Law. *Toxicological Sciences* **50**, 164–68 (1999).

345 *Law Reports of Trials of War Criminals: Case No. 9 The Zyklon B Case, Trial of Bruno Tesch and Two Others, British Military Court, Hamburg, 1st–8th March, 1946.* (United Nations War Crimes Commission, 1947).

346 *Convention (IV) respecting the Laws and Customs of War on Land and Its Annex: Regulations*

concerning the Laws and Customs of War on Land. The Hague, 18 October 1907. (1907).

347 Lutz F. Haber (1921–2004). Division of History of Chemistry of the American Chemical Society (2006).

348 Haber, L. F. *The Poisonous Cloud: Chemical Warfare in the First World War.* (Oxford University Press, 1986).

349 Simmons, J. S. How magic is DDT? *Saturday Evening Post* **217** (1945).

350 *Pearl Harbor: America's Call to Arms.* (Life Books, 2011).

351 Leuchtenburg, W. E. *The Life History of the United States, Vol. 11: 1933–1945: New Deal and War.* (Time-Life Books, 1964).

352 *Reports of General MacArthur: The Campaigns of MacArthur in the Pacific, Vol. 1.* (General Headquarters, US Army Forces, Far East, 1966).

353 Leckie, R. *Strong Men Armed: The United States Marines against Japan.* (Da Capo Press, 1962).

354 Bray, R. S. *Armies of Pestilence: The Impact of Disease on History.* (Barnes & Noble, 1996).

355 *Encyclopedia of Pestilence, Pandemics, and Plagues.* (Greenwood Press, 2008).

356 Greenwood, J. T. The fight against malaria in the Papua and New Guinea campaigns. *Army History* **59**, 16–28 (2003).

357 Joy, R. J. T. Malaria in American troops in the South and Southwest Pacific in World War II. *Medical History* **43**, 192–207 (1999).

358 Griffin, A. R. *Out of Carnage.* (Howell, Soskin, Publishers, 1945).

359 Laurence, W. L. New drugs to combat malaria are tested in prisons for Army. *New York Times* **March 5** (1945).

360 Geissler, E., & Guillemin, J. German flooding of the Pontine Marshes in World War II: biological warfare or total war tactic? *Politics and the Life Sciences* **29**, 2–23 (2010).

361 McCormick, A. O. Undoing the German campaign of the mosquito. *New York Times* **September 13** (1944).

362 Jacobsen, A. *Operation Paperclip.* (Little, Brown & Co., 2014).

363 Perkins, J. H. Reshaping technology in wartime: the effect of military goals on entomological research and insect-control practices. *Technology and Culture* **19**, 169–86 (1978).

364 Kaempffert, W. DDT, the Army's insect powder, strikes a blow against typhus and for pest control. *New York Times* **June 4** (1944).

365 Zeidler, O. Verbindungen von Chloral mit Brom-und Chlorbenzol. *Berichte der deutschen chemischen Gesellschaft* **7**, 1180–81 (1874).

366 *Nobel Lectures, Physiology or Medicine, 1942–1962.* (Elsevier Publishing Co., 1964).

367 Müller, P. H. Dichloro-diphenyl-trichloroethane and newer insecticides. Nobel Lecture **December 11** (1948).

368 Knipling, E. F. DDT insecticides developed for use by the armed forces. *Journal of Economic Entomology* **38**, 205–7 (1945).

369 Annand, P. N. Tests conducted by the Bureau of Entomology and Plant Quarantine to appraise the usefulness of DDT as an insecticide. *Journal of Economic Entomology* **37**, 125–26 (1944).

370 Gardner, L. R. Fifty years of development in agricultural pesticidal chemicals. *Industrial and Engineering Chemistry* **50**, 48–51 (1958).

371 Gahan, J. B., Travis, B. V., & Lindquist, A. W. DDT as a residual-type spray to control disease-carrying mosquitoes: laboratory tests. *Journal of Economic Entomology* **38**, 236–40 (1945).

372 DDT for peace. *New York Times* **July 15** (1945).

373 Bishopp, F. C. Present position of DDT in the control of insects of medical importance. *American Journal of Public Health and the Nation's Health* **36**, 593–606 (1946).

374 Kaempffert, W. The year saw many discoveries and advances hastened by the demands of the war. *New York Times* **December 31** (1944).

375 Typhus in Naples checked by Allies. *New York Times* **February 22** (1944).

376 The conquest of typhus. *New York Times* **June 4** (1944).

377 Simmons, J. S. Preventive medicine in the Army. In *Doctors at War* (ed. M. Fishbein). (E. P. Dutton & Co., Inc., 1945).

378 Typhus blockade is set up at Rhine. *New York Times* **April 10** (1945).

379 Long, T. Child evacuation stirs Berlin fear. *New York Times* **October 29** (1945).

380 Gahan, J. B., Travis, B. V., Morton, P. A., & Lindquist, A. W. DDT as a residual-type treatment to control *Anopheles quadrimaculatus:* practical tests. *Journal of Economic Entomology* **38**, 231–35 (1945).

381 Soper, F. L., Knipe, F. W., Casini, G., Riehl, L. A., & Rubino, A. Reduction of *Anopheles* density effected by the preseason spraying of building interiors with DDT in kerosene, at Castel Volturno, Italy, in 1944–45 and in the Tiber Delta in 1945. *American Journal of Tropical Medicine and Hygiene* **27**, 177–200 (1947).

382 Army to use DDT powder on malaria mosquitos. *New York Times* **August 1** (1944).

383 Kirk, N. T. School of battle for doctors. *New York Times* **November 26** (1944).

384 Montagu, M. F. A. Calling all doctors. *New York Times* **May 20** (1945).

385 Text of the review by Prime Minister Churchill on military and political situations, speech in the House of Commons, September 28, 1944. *New York Times* **September 29** (1944).

386 Spraying an island. *New York Times* **December 24** (1944).

387 Saipan cleansed. Airplanes spraying island with DDT, killing every insect. *New York Times* **December 3** (1944).

388 Shalett, S. Plane's-eye view of the Pacific War. *New York Times* **January 14** (1945).

389 Container outlook for 1945 improved. *New York Times* **December 6** (1944).

390 More woolens set for civilian use. *New York Times* **June 30** (1945).

391 DDT cost cut 40% since July. *New York Times* **December 29** (1944).

392 Russell, P. F. Lessons in malariology from World War II. *American Journal of Tropical Medicine and Hygiene* **26**, 5–13 (1946).

393 Pacific bugs face rain of DDT bombs. *New York Times* **August 18** (1945).

394 Fishbein, M. *Doctors at War.* (E. P. Dutton & Co., Inc., 1945).

395 Planes to fight malaria. *New York Times* **August 9** (1945).

396 Chemists say DDT could save 1 to 3 million lives each year. *New York Times* **August 29** (1945).

397 Insect-killing fog is tested at beach. *New York Times* **July 9** (1945).

398 Long Island beaches rid of insects by DDT. *New York Times* **July 25** (1945).

399 Public to receive DDT insecticide. *New York Times* **July 27** (1945).

400 Russell, E. P. "Speaking of annihilation": mobilizing for war against human and insect enemies, 1914–1945. *Journal of American History* **82**, 1505–29 (1996).

401 DDT mixed in wall paint keeps flies from rooms. *New York Times* **August 23** (1945).

402 DDT repels barnacles. *New York Times* **July 17** (1945).

403 Notes of science: DDT spray. *New York Times* **July 22** (1945).

404 Use of big guns urged to kill Jersey "skeeters." *New York Times* **March 31** (1945).

405 Flies on Mackinac Island extinguished with DDT. *New York Times* **August 10** (1945).

406 Spray DDT in polio area. *New York Times* **August 14** (1945).

407 DDT sprayed over Rockford, Ill., in test of power to halt polio. *New York Times* **August 20** (1945).

408 Use of DDT plane sought by Jersey. *New York Times* **August 21** (1945).

409 Macy's display advertisement. *New York Times* **August 19** (1945).

410 Bloomingdale's Sky Greenhouse display advertisement. *New York Times* **September 9** (1945).

411 This time it is the elephant that gets a spraying. *New York Times* **September 13** (1945).

412 Bomb-type insecticide dispensers slated to be more available in the stores here. *New York Times* **September 18** (1945).

413 U.S. tells how to use DDT against insects; plans drive on fraudulent mixtures. *New York Times* **September 25** (1945).

414 Advertising news and notes. *New York Times* **October 15** (1945).

415 Spollen, P. Choosing gifts for gardeners. *New York Times* **November 25** (1945).

416 Macy's display advertisement. *New York Times* **October 1** (1945).

417 Mayor gets fund for Morris talk. *New York Times* **October 14** (1945).

418 Tojo's jail. *New York Times* **October 14** (1945).

419 Lyle, C. Achievements and possibilities in pest eradication. *Journal of Economic Entomology* **40**, 1–8 (1947).

420 Rudd, R. *Pesticides and the Living Landscape.* (University of Wisconsin Press, 1964).

421 Davis, F. R. *Banned: A History of Pesticides and the Science of Toxicology.* (Yale University Press, 2014).

422 Garnham, C., Heisch, R. B., Harper, J. O., & Bartlett, D. DDT versus malaria: a successful experiment in malaria control by the Kenya Medical Department. Film. East African Sound Studios (1947).

423 Macchiavello, A. Plague control with DDT and "1080": results achieved in a plague epidemic at Tumbes, Peru, 1945. *American Journal of Public Health* **36**, 842–54 (1946).

424 Lal, H. Of men and mosquitoes. *Scientist and Citizen* **8**, 1–5 (1965).

425 MacGillivray, A. *Words That Changed the World: Rachel Carson's Silent Spring.* (Ivy Press, Ltd., 2004).

426 *Trials of War Criminals before the Nuernberg Military Tribunals under Control Council Law No. 10, Vol. 7: Nuernberg, October 1946–April 1949.* (US Government Printing Office, 1953).

427 *Arms and the Men.* (Doubleday, Doran & Co., Inc., 1934).

428 Engelbrecht, H. C., & Hanighen, F. C. *Merchants of Death.* (Dodd, Mead & Co., 1934).

429 Barnard, E. Academic freedom demanded by NEA. *New York Times* **July 5**, 5 (1935).

430 Roosevelt moves to gain control of arms traffic. *Spokane Daily Chronicle* **May 18**, 1 (1934).

431 Harris, R., & Paxman, J. *A Higher Form of Killing: The Secret History of Chemical and Biological Warfare.* (Random House Trade Paperbacks, 2007).

432 Military Tribunal VI, Judgment of the Tribunal, Trial 6—I. G. Farben Case. (1948).

433 Bacon, R. *De secretis operibus artis et naturae et de nullitate magiae.* (Frobeniano, 1618).

434 Timperley, C. M. *Best Synthetic Methods Organophosphorus (V) Chemistry.* (Academic Press, 2015).

435 Schrader, G. *The Development of New Insecticides and Chemical Warfare Agents.* British Intelligence Objectives Sub-Committee (B.I.O.S.) Final Report No. 714, Item No. 8, Presented by S. A. Mumford and E.A. Perren, Black List Item 8, Chemical Warfare (BIOS Trip No. 1103). (1945).

436 Baader, G., Lederer, S. E., Low, M., Schmaltz, F., & von Schwerin, A. Pathways to human experimentation, 1933–1945: Germany, Japan, and the United States. *Osiris*, **2d series**, **20** *(Politics and Science in Wartime: Comparative International Perspectives on the Kaiser Wilhelm Institute)*, 205–31 (2005).

437 Preuss, J. The reconstruction of production and storage sites for chemical warfare agents and weapons from both world wars in the context of assessing former munitions sites. In *One Hundred Years of Chemical Warfare: Research, Deployment, Consequences* (ed. B. Friedrich

et al.). (SpringerOpen, 2017).

438 Perry, M., & Schweitzer, F. M. *Antisemitism: Myth and Hate from Antiquity to the Present.* (Palgrave Macmillan, 2002).

439 Better pest control. *Science News Letter* **60**, 340 (1951).

440 Sidell, F. R. Nerve agents. In *Medical Aspects of Chemical and Biological Warfare* (ed. F. R. Sidell, E. T. Takafuji, & D. R. Franz). (Office of the Surgeon General, Department of the Army, United States of America, 1997).

441 Schrader, G. The development of new insecticides. British Intelligence Objectives Sub-Committee (B.I.O.S.), B.I.O.S. Trip No. 1103: B.I.O.S. Target Nos. 08/85, 8/12, 08/159, 8/59(B). (1945).

442 Robinson, J. P. *The Problem of Chemical and Biological Warfare, Vol. 1: The Rise of CB Weapons.* (Stockholm International Peace Research Institute, 1971).

443 Schmaltz, F. Chemical weapons research on soldiers and concentration camp inmates in Nazi Germany. In *One Hundred Years of Chemical Warfare: Research, Deployment, Consequences* (ed. B. Friedrich et al.). (SpringerOpen, 2017).

444 Corey, R. A., Dorman, S. C., Hall, W. E., Glover, L. C., & Whetstone, R. R. Diethyl 2-chlorovinyl phosphate and dimethyl 1-carbomethoxy-1-propen-2-ylphosphate—two new systemic phosphorus pesticides. *Science* **118**, 28–29 (1953).

445 Metcalf, R. L. The impact of the development of organophosphorus insecticides upon basic and applied science. *Bulletin of the Entomological Society of America* **5.1**, 3–15 (1959).

446 Shaw, G. B. *Man and Superman: A Comedy and a Philosophy.* (Archibald Constable & Co., Ltd., 1903).

447 Carson, R. *Silent Spring.* (Houghton Mifflin Co., 1962).

448 Howard, L. O. The war against insects. *Chemical Age* **30**, 5–6 (1922).

449 Russell, L. M. Leland Ossian Howard: a historical review. *Annual Review of Entomology* **23**, 1–15 (1978).

450 Howard, L. O. *Mosquitoes, How They Live; How They Carry Disease; How They Are Classified; How They May Be Destroyed.* (McClure, 1901).

451 Andrews, J. M., & Simmons, S. W. Developments in the use of the newer organic insecticides of public health importance. *American Journal of Public Health* **38**, 613–31 (1948).

452 De Bach, P. The necessity for an ecological approach to pest control on citrus in California. *Journal of Economic Entomology* **44**, 443–47 (1951).

453 Melander, A. L. Can insects become resistant to sprays? *Journal of Economic Entomology* **7**, 167–72 (1914).

454 Quayle, H. J. The development of resistance to hydrocyanic acid in certain scale insects. *Hilgardia* **11**, 183–210 (1938).

455 Quayle, H. J. Are scales becoming resistant to fumigation? *California University Journal of Agriculture* **3**, 333–34, 358 (1916).

456 Livadas, G. A., & Georgopoulos, G. Development of resistance to DDT by *Anopheles sacharovi* in Greece. *Bulletin of the World Health Organization* **8**, 497–511 (1953).

457 *Conference on Insecticide Resistance and Insect Physiology.* (Division of Medical Sciences, National Research Council at the request of the Army Medical Research and Development Board, 1952).

458 Clement, R. C. The pesticides controversy. *Boston College Environmental Affairs Law Review* **2**, 445–68 (1972).

459 Curran, C. H. DDT: the atomic bomb of the insect world. *Natural History* **54**, 401–5, 432 (1945).

460 Teale, E. W. DDT: it can be a boon or a menace. *Nature Magazine* **38**, 120 (1945).

461 Cottam, C., & Higgins, E. *DDT: Its Effects on Fish and Wildlife.* US Department of the Interior, Fish and Wildlife Service, Circular **11** (1946).

462 Barker, R. J. Notes on some ecological effects of DDT sprayed on elms. *Journal of Wildlife Management* **22**, 269–74 (1958).

463 Graham, F. J. *Since Silent Spring.* (Houghton Mifflin Co., 1970).

464 Strother, R. S. Backfire in the war against insects. *Reader's Digest* **74**, 64–69 (1959).

465 Pesticides are good friends, but can be dangerous enemies if used by zealots. *Saturday Evening Post* **September 2**, 8 (1961).

466 Murphy, P. C. *What a Book Can Do: The Publication and Reception of Silent Spring.* University of Massachusetts Press, 2005).

467 Lytle, M. H. *The Gentle Subversive.* (Oxford University Press, 2007).

468 Tennyson, A. *Poems.* (W. D. Ticknor, 1842).

469 Carson, R. Undersea. *Atlantic Monthly* **160**, 322–25 (1937).

470 Carson, R. *Under the Sea-Wind: A Naturalist's Picture of Ocean Life.* (Simon & Schuster, 1941).

471 Brooks, P. *The House of Life: Rachel Carson at Work.* (Houghton Mifflin Co., 1972).

472 Carson, R. *The Sea around Us.* (Oxford University Press, 1951).

473 Leonard, J. N. And his wonders in the deep. *New York Times* **July 1** (1951).

474 Quaratiello, A. R. *Rachel Carson: A Biography.* (Greenwood Press, 2004).

475 Carson, R. *The Edge of the Sea.* (Houghton Mifflin, 1955).

476 Poore, C. Books of the Times. *New York Times* **October 26**, 29 (1955).

477 Galbraith, J. K. *The Affluent Society.* (Hamish Hamilton, 1958).

478 Japanese bid U.S. curb atom tests. *New York Times* **April 1**, 26 (1954).

479 Cow contamination by fall-out studied. *New York Times* **April 14**, 6 (1959).

480 Reiss, L. Z. Strontium-90 absorption by deciduous teeth. *Science* **134**, 1669–73 (1961).

481 New group to seek "SANE" atom policy. *New York Times* **November 15**, 54 (1957).

482 Hunter, M. Arms race opposed—response cheers head of "strike." *New York Times* **November 22**, 4 (1961).

483 Finney, J. W. U.S. atomic edge believed in peril. *New York Times* **October 27**, 1, 7 (1962).

484 Dean, C. Cranberry sales curbed; U.S. widens taint check. *New York Times* **November 11**, 1, 29 (1959).

485 Text of Eisenhower's farewell address. *New York Times* **January 18**, 22 (1961).

486 Mintz, M. "Heroine" of FDA keeps bad drug off market. *Washington Post* **July 15**, 1 (1962).

487 Diamond, E. The myth of the "Pesticide Menace." *Saturday Evening Post* **28 September**, 16, 18 (1963).

488 Decker, G. C. Pros and cons of pests, pest control and pesticides. *World Review of Pest Control* **1**, 6–18 (1962).

489 Keats, J. *The Poetical Works of John Keats.* (DeWolfe, Fiske & Co., 1884).

490 President's Science Advisory Committee. *Use of Pesticides.* (US Government Printing Office, 1963).

491 Lee, J. M. "Silent Spring" is now noisy summer. *New York Times* **July 22**, 87, 97 (1962).

492 Rachel Carson's warning. *New York Times* **July 2**, 28 (1962).

493 Lear, L. *Rachel Carson: Witness for Nature.* (Henry Holt & Co., 1997).

494 Lutts, R. H. Chemical fallout: *Silent Spring*, radiactive fallout, and the environmental movement. In *And No Birds Sing: Rhetorical Analyses of Rachel Carson's* Silent Spring (ed. C. Waddell). (Southern Illinois University Press, 2000).

495 The desolate year. *Monsanto Magazine* **October**, 4–9 (1962).

496 Bean, W. B. The noise of *Silent Spring*. *Archives of Internal Medicine* **112**, 308–11 (1963).

497 Darby, W. J. Silence, Miss Carson. *Chemical and Engineering News* **October 1**, 60–63 (1962).

498 Stare, F. J. Some comments on *Silent Spring*. *Nutrition Reviews* **21**, 1–4 (1963).

499 Wyant, W. K. J. Bug and weed killers: blessings or blights? *St. Louis Post Dispatch* **July 28**, 2–3 (1962).

500 White-Stevens, R. H. Communications create understanding. *Agricultural Chemicals* **17**, 34 (1962).

501 Biology: pesticides: the price for progress. *Time* **September 28**, 45–47 (1962).

502 Hayes, W. J. J., Durharm, W. F., & Cueto, C. J. The effect of known repeated oral doses of chlorophenothane (DDT) in man. *Journal of the American Medical Association* **162**, 890–97 (1956).

503 Vogt, W. On man the destroyer. *Natural History* **72**, 3–5 (1963).

504 Hawkins, T. R. Re-reading *Silent Spring*. *Environmental Health Perspectives* **102**, 536–37

(1994).

505 Leonard, J. N. Rachel Carson dies of cancer; "Silent Spring" author was 56. *New York Times* **April 15** (1964).

506 Critic of pesticides: Rachel Louise Carson. *New York Times* **June** 5, 59 (1963).

507 Kraft, V. The life-giving spray. *Sports Illustrated* **November 18**, 22–25 (1963).

508 Agassiz, L. Professor Agassiz on the *Origin of Species. American Journal of Science* **30**, 143–47, 149–50 (1860).

509 Paine, T. *Rights of Man: Answer to Mr. Burke's Attack on the French Revolution.* (J. S. Jordan, 1791).

510 Atkinson, B. Rachel Carson's "Silent Spring" is called "The Rights of Man" of our time. *New York Times* **April 2**, 44 (1963).

511 *CBS Reports: The Silent Spring of Rachel Carson.* TV program. (1963).

512 Vollaro, D. R. Lincoln, Stowe, and the "little woman/great war" story: the making, and breaking, of a great American anecdote. *Journal of the Abraham Lincoln Association* **30**, 18–34 (2009).

513 Carson, R. Rachel Carson answers her critics. Audubon Magazine **September**, 262–65 (1963).

514 Free, A. C. *Animals, Nature & Albert Schweitzer.* (Flying Fox Press, 1982).

515 White, E. B. Notes and comment. *New Yorker* **May 2** (1964).

516 Lear, L. Introduction. In *Silent Spring* (R. Carson). (Houghton Mifflin Company, 2002).

517 Kinkela, D. *DDT and the American Century.* (University of North Carolina Press, 2011).

518 Cecil, P. F. *Herbicidal Warfare. The Ranch Hand Project in Vietnam.* (Praeger Scientific, 1986).

519 *Veterans and Agent Orange: Health Effects of Herbicides Used in Vietnam.* (National Academy Press, 1994).

520 Meselson, M. From Charles and Francis Darwin to Richard Nixon: the origin and termination of anti-plant chemical warfare in Vietnam. In *One Hundred Years of Chemical Warfare: Research, Deployment, Consequences* (ed. B. Friedrich et al.). (Springer Open, 2017).

521 Lewis, J. G. On Smokey Bear in Vietnam. *Environmental History* **11**, 598–603 (2006).

522 Primack, J., & von Hippel, F. *Advice and Dissent: Scientists in the Political Arena.* (Basic Books, Inc., 1974).

523 Meselson, M. S., Westing, A. H., Constable, J. D., & Cook, J. E. Preliminary report of the Herbicide Assessment Commission of the American Association for the Advancement of Science. **December 30** (1970).

524 Westing, A. H. Herbicides as agents of chemical warfare: their impact in relation to the Geneva Protocol of 1925. *Boston College Environmental Affairs Law Review* **1**, 578–86 (1971).

525 Konrad, K. Lois Gibbs: grassroots organizer and environmental health advocate. *American*

Journal of Public Health **101**, 1558–59 (2011).

526 Gibbs, L. Love Canal: *My Story*. (State University of New York Press, 1983).

527 Brown, M. *Laying Waste: The Poisoning of America by Toxic Chemicals*. (Pantheon Books, 1979).

528 Chávez, C. What is the worth of a man or a woman? Speech at Pacific Lutheran University, Tacoma, Washington. (1989).

529 Goulson, D. An overview of the environmental risks posed by neonicotinoid insecticides. *Journal of Applied Ecology* **50**, 977–87 (2013).

530 von Hippel, A. R. *Life in Times of Turbulent Transitions*. (Stone Age Press, 1988).

531 Reisman, A. Einstein the savior. *Jewish Magazine* **June** (2010).

532 Reisman, A. Jewish refugees from Nazism, Albert Einstein, and the modernization of higher education in Turkey (1933–1945). *Aleph* **7**, 253–81 (2007).

533 Reisman, A. What a freshly discovered Einstein letter says about Turkey today. *History News Network* **November 20** (2006).

534 Teller, E., & Shoolery, J. *Memoirs. A Twentieth-Century Journey in Science and Politics*. (Perseus Publishing, 2001).

535 von Hippel, F. N. Arthur von Hippel: the scientist and the man. *MRS Bulletin* **30**, 838–44 (2005).

536 Smith, A. K. *A Peril and a Hope. The Scientists' Movement in America 1945–47*. (MIT Press, 1965).

537 *The Manhattan Project: A Documentary Introduction to the Atomic Age*. (Temple University Press, 1991).

역자 후기

인류의 역사에서 20세기는 놀라운 세기였다. 고작 16억5,000만 명이던 세계 인구가 한 세기만에 60억 명으로 늘어났고, 2020년에는 78억 명을 넘어섰다. 인구만 늘어난 것이 아니었다. 30세를 겨우 넘었던 평균 수명도 이제는 70세를 훌쩍 넘어섰다. 결과적으로 오늘날 우리는 전체적으로 인류 역사상 가장 풍요롭고, 화려하고, 건강하고, 안전하고, 평등한 삶을 누리게 되었다. 물론 기근과 질병과 차별을 완전히 극복한 것은 아니다. 우리가 반드시 해결해야 할 과제가 산적해 있는 것이 사실이다. 근본적인 해결책을 찾지 못한 문제도 있고, 기존의 문제를 해결하는 과정에서 등장한 새로운 문제도 있다. 더 나은 삶을 위한 인류의 도전은 계속될 수밖에 없다.

인류가 20세기에 이룩한 성과는 저절로 얻어진 것은 절대 아니다. 육체적으로 연약한 인간에게 거칠고 위험한 자연에서의 생존은 절대 보장된 것이 아니었다. 인간이 야생의 다른 짐승들과 다른 삶을 누릴 수 있도록 해준 것은 인간이 개발한 '기술' 덕분이었다. 인류가 기술을 개발하지 못했더라면 현재와 같은 인류 문명을 이룩하는 것은 원천적으로 불가능했을 것이다.

600만 년 전에 두 발로 불안하게 걷기 시작한 인간이 처음 개발한 기술은 '불'이었다. 불씨를 간직하고, 연료를 확보하고, 화로의 불을 관리하는 기술이 핵심이었다. 물론 우연한 발견이었다. 연료가 공기 중의 산소와 화학적으로 결합하는 과정에서 빛과 열이 발생한다는 과학적 사실은 아무도 짐작하지 못했다. 그럼에도 불구하고 불에서 얻은 빛과 열을 이용해서 어둠을 밝히고, 음식을 조리하고, 추위와 맹수를 물리치는 성과를 거둘 수 있었다.

세상에는 공짜가 없는 법이다. 인간이 개발한 기술도 예외가 아니다. 거친 야생에서의 생존을 가능하게 만들어주었던 불도 마찬가지였다. 불을 제대로 관리하지 않으면 심각한 '화재'로 번져서 엄청난 피해가 발생했다. 자칫하면 생명을 앗아가기도 했다. 실제로 인류의 역사는 끔찍한 화재의 기록으로 가득 채워져 있다. 아테네와 로마, 런던과 파리, 뉴욕과 시카고를 비롯한 거의 모든 대도시가 대(大)화재의 아픈 기억을 가지고 있다. 우리의 서울도 예외가 아니다. 그런 불을 전쟁의 수단으로 사용하기도 했다. 화재의 위험은 오늘날에도 크게 줄어들지 않고 있다. 만약 우리가 화재의 위험에 굴복했더라면 인류의 문명은 시작도 하지 못했을 것이다.

거친 야생에서 떠돌이 수렵채취 생활을 하던 인류가 안정적인 정착 생활을 시작하게 된 것도 1만2,000년 전에 우연히 개발한 '육종(育種)'이라는 기술 덕분이었다. 야생에서 자라는 식물과 동물 중에서 재배와 사육에 적절한 형질을 가진 돌연변이 개체의 잡종교배를 통해서 농경과 목축에 필요한 농작물과 가축을 확보하게 되었다. 결과는 놀라웠다. 7,000만 명에 불과했던 인구가 4억 명으로 늘어났고, 화려한 인류 문명이 본격적으로 꽃을 피우기 시작했다. 18세기 후반에 이르기까지 지구에서 발달했던 인류 문명은 모두 전통적인 육종 기술에 의존한 농경과 목축에 의해서 유지되었다.

육종 기술을 기반으로 하는 농경과 목축에도 심각한 부작용이 있었다. 농경과 목축의 생산성이 만족스럽지 못했다. 7명이 노동을 해야 10명이 먹을 수 있는 식량을 생산할 수 있었다. 고대 사회의 고질적이고 극심한 사회적 차별은 전통적인 유기농의 낮은 생산성에서 시작된 부작용이었다. 인구의 70퍼센트가 참혹한 노예 또는 농노의 삶을 살아야만 했다.

자연 생태계에 미치는 부작용도 무시할 수 없다. 육종 기술은 필연적으로 생물종 다양성을 축소시켰고, 대규모 농경과 목축은 직접적으로 생태계를 파괴하는 원인이 될 수밖에 없었다. 생태계의 균형에도 변화가 발생할 수밖에 없었다. 인간이 추구하는 편익을 위해서 유전자가 변형된 농작물과 가축에 기생하는 생물이 걷잡을 수 없이 늘어나기도 했다. 물론 그런 부작용의 심각성을 정확하게 인식하게 된 것은 최근의 일이다. 현대 과학으로 정체를 파악할 수 없었던 시절의 병충해와 감염병은 인간이 감수할 수밖에 없는 자연의 섭리였다. 농경과 목축에 의한 환경 파괴의 결과로 역사에서 사라져버린 고대 문명도 있다.

18세기 후반에 시작된 산업혁명의 핵심은 화학 혁명이었다. 산업혁명의 상징으로 알려진 증기기관은 석탄을 안전하게 연소시키는 화로의 개발에 의해서 가능해진 것이었다. 석탄은 전 세계 거의 모든 곳에 지천으로 널려 있었다. 그러나 석탄은 함부로 사용할 수 없는 위험한 연료였다. 연소 과정에서 맹독성의 일산화탄소가 발생하기 때문이었다. 결국 산업혁명 이전의 석탄은 유용한 연료가 아니라 오히려 은밀한 암살의 수단으로 더 쓸모가 있었다. 증기기관은 석탄의 연소 과정에서 공기를 충분히 불어넣어서 완전 연소가 일어나도록 만들어주는 보일러가 핵심이었다.

산업혁명의 성과는 대단했다. 산업 생산성이 높아지면서 발생한 막대한 사회적 잉여가 곧바로 사회적 차별을 거부하는 민주주의의 출현을 가능하게 만들어주었다. 자유와 평등과 박애를 핵심으로 하는 '인권'과 '민주주의'를 강조하는 '인간과 시민을 위한 권리선언(인권선언)'을 앞세운 1789년의 프랑스 혁명이 가장 대표적인 성과였다. 인구도 급증하기 시작했다.

물론 산업혁명의 부작용도 심각했다. 파리와 런던은 시커먼 매연으로 뒤덮였고, 증기기관을 사용하는 공장에서는 시커먼 콜타르의 고약한 냄새가

진동을 했다. 오염물질을 쏟아내는 공장들이 밀집된 도시에서의 열악한 삶을 견뎌내야 했던 노동자들의 현실도 심각했다. 엄청난 규모의 산업자본에 의한 횡포도 감당하기 어려웠다. 더욱이 인구가 감당할 수 없을 정도로 늘어나서 모두가 기근 때문에 멸망하게 되리라는 암울한 전망도 등장했다.

인류가 20세기에 이룩한 성과의 핵심도 역시 '화학'이었다. 19세기 중엽에 농약의 개발과 석유 산업이 출발했고, 20세기에 본격적으로 등장한 플라스틱, 화학 비료, 반도체가 개발되었다. 20세기의 화학 산업은 인류의 삶을 완전히 바꿔놓았다. 농약과 화학 비료, 그리고 첨단 육종 기술과 농기계에 의해서 실현된 20세기의 '녹색혁명'으로 식량 생산성은 10배 이상 개선되었다. 결국 인류의 역사에서 20세기는 '화학의 세기'가 되고 말았다. 지나치게 급격한 인구 증가로 촉발될 식량 부족에 의해서 발생하게 될 대(大)기근에 대한 19세기의 우려는 화학 기술의 혁신 가능성을 고려하지 못한 섣부른 것이었다.

20세기를 획기적으로 바꿔놓은 화학 산업에도 어두운 그림자가 있다. 지나치게 많은 양을 함부로 사용한 농약과 플라스틱과 화석연료가 생태계를 파괴하고, 환경을 훼손하고 있다. 전 세계가 걱정하고 있는 급격한 지구 온난화에 의한 기후 변화도 감당하기 어려운 것이 사실이다. 식량의 생산량은 늘어났지만 먹거리의 안전에 대한 사회적 불안은 오히려 증폭되는 역설적인 상황도 벌어지고 있다. 인류의 삶을 획기적으로 바꿔놓은 화학기술이 이제는 우리의 건강과 안전과 환경을 위협하는 악마로 전락하고 있다. 심지어 '화학물질이 없는 세상에 살고 싶다'는 '화학혐오증(케모포비아)'이 걷잡을 수 없이 확산되고 있다.

현대 과학을 기반으로 개발된 '기술'이 인간성을 말살시키고, 환경을 파괴한다는 주장이 상당한 설득력을 발휘하고 있다. 그러나 현대 사회의 문제를 기술의 탓으로 돌리는 주장은 사실 비겁하고 패배주의적인 것이다.

현대 사회의 문제는 '기술'에 의해서 발생한 것이 아니다. 오히려 그 책임은 위험하고 더러울 수 있는 기술을 함부로 사용한 '인간'에게 물어야 한다. 지구 온난화를 일으키는 온실가스를 방출하는 책임을 화석연료가 아니라 화석연료를 함부로 사용한 인간에게 그 책임을 물어야 한다는 뜻이다.

기술이 더럽고 위험하기 때문에 포기해야 한다는 인식은 합리적인 것이 아니다. 불도 위험하고, 자동차도 위험하다. 비행기는 더 위험하다. 사실 인간이 개발한 모든 기술은 함부로 사용하면 오염과 사고의 원인이 될 수 있다. 기술을 활용하기 전에 오염과 사고의 가능성을 충분히 검토하는 노력이 반드시 필요하다. 안전을 강화하고, 오염을 방지하는 새로운 기술도 개발해야 하고, 안전과 오염을 예방하기 위한 사회적 제도도 만들어야 한다. 모두 기술을 사용하는 사람들이 책임져야 할 일이다.

조선시대에 경복궁 앞에 거대한 해태 상을 세우고, 창덕궁의 후원에서부터 남산에 이르는 통로에 집을 짓지 못하게 만들었고, 성안에서 사용하는 연료를 제한했던 것이 모두 화재의 위험을 극복하기 위한 노력이었다. 자동차의 안전성을 강화시켜주는 에어백, 안전벨트, 블랙박스를 개발하고, 차도와 인도를 구분하고, 횡단보도와 신호등을 설치하고, 교통법규를 마련하는 노력도 마찬가지이다. 자동차보다 훨씬 더 위험할 수 있는 비행기에 안심하고 탑승할 수 있는 것도 UN 산하의 민간항공기구(ICAO)가 전 세계의 민간 항공기의 안전 운항을 위한 엄격한 관리제도를 운영하고 있기 때문이다.

『화려한 화학의 시대』는 20세기 인류의 삶을 바꿔놓은 '화학기술'의 빛과 그림자를 역사적인 관점에서 정리해놓은 것이다. 농약은 농작물을 황폐화시키는 병충해에 의한 기근을 극복하려는 절박한 노력의 산물이었다. 농작물을 병들게 만드는 바이러스, 박테리아, 곤충의 피해는 인간에게도 심각한 피해를 발생시킨다. 말라리아, 황열을 비롯한 감염성 열병(熱病)과 로마를 멸망시킨 후에도 반복적으로 인류를 괴롭혔던 흑사병의 피해도 막심했다.

　일반적인 역사 기록으로는 기근과 열병에 의한 피해를 정확하게 추정하는 일이 쉽지 않다. 고작 100년 전에 일어났던 스페인 독감의 피해에 대한 정확한 역사 기록도 쉽게 찾기 어렵다. 더욱이 근대 이전의 사회에 대한 역사 기록은 대부분 병충해와 열병을 걱정할 이유가 없는 지배층에게 한정되어 있었다. 결국 대부분의 역사 기록은 이유를 알 수도 없고, 뾰족한 대응도 불가능했던 기근과 감염병을 외면해버렸다.

　병충해와 감염병의 원인을 찾아내는 과학적 방법이 따로 있는 것은 아니다. 새로운 과학의 발달을 기다려야만 했다. 특히 생명의 정체에 대한 현대 과학적 인식이 결정적인 역할을 했다. 19세기 아일랜드를 초토화시켰던 감자 잎마름병을 일으키는 곰팡이는 루이 파스퇴르와 로베르트 코흐가 미생물의 존재를 확인한 덕분에 그 존재를 알아낼 수 있었다. 말라리아가 이집트 숲모기에 기생하는 원충(原蟲)에 의해서 발생한다는 상식적인 사실을 분명하게 확인한 것은 1897년이었다. 흑사병과 황열을 비롯한 감염병의 정확한 원인은 대부분 20세기의 과학을 통해서 밝힐 수 있었다. (참고로 1919년에 발생한 스페인 독감의 정체는 21세기에 들어서야 밝혀졌다.)

　과학자들의 놀라운 상상력과 헌신도 필요했다. 병충해와 감염병의 원인을 밝혀낸 과학자들의 노력은 눈물겨운 것이었다. 깨끗한 실험실에서 하얀 실험복을 입고 진지하게 연구하는 과학자의 정갈한 모습은 찾아볼 수 없었다. 감염병이 창궐하는 비위생적인 환경에서 스스로의 건강과 안전까지 위협받으면서 사투를 벌여야 했다. 과학자들이 인류의 건강과 안전을 위해서 위대한 성과를 이룩한 것은 사실이다. 그렇다고 과학자들이 고고한 수도자들처럼 양심적이고 도덕적이었던 것도 아니었다. 오늘날의 기준으로는 용납하기 어려운 인체 실험도 마다할 수 없었고, 스스로 실험 대상이 되는 경우도 있었다. 과학자들 사이의 경쟁도 치열했다. 때로는 사악한 음모에 희생되기도 했다.

농약의 역사도 순탄하기만 했던 것이 아니다. 인류를 병충해와 감염병의 질곡에서 구원해준 것은 합성 농약이었다. 제충국을 비롯한 천연 농약은 효과도 제한적이었고, 생산량도 한정되어 있었다. 제거해야 할 해충과 세균의 정체가 밝혀지면서 공장에서 값싸게 대량 생산할 수 있는 농약이 본격적으로 개발되기 시작했다. 대표적인 유기염소계 살충제로 알려진 DDT를 개발한 파울 뮐러에게는 노벨 화학상이 주어졌다. 더욱 놀라운 효과를 내는 유기인산계 농약도 등장하면서 현대적 화학 산업이 모습을 드러내기 시작했다.

그런 화학 산업이 두 차례의 세계대전을 통해서 급격하게 성장하게 된 것은 역설적인 일이었다. 군인들도 전투 현장의 해충 제거에 유용했던 농약에 관심을 가지게 되었고, 정치인들도 엉뚱한 목적으로 농약에 관심을 두기 시작했다. 농약으로 해충이 아니라 적군과 유대인을 죽일 수 있다는 사실이 중요했다. 해충을 퇴치하기 위해서 개발하던 살충제가 느닷없이 적군을 공격하고, 유대인을 학살하는 가장 효과적인 '화학무기'로 변신을 해버렸다. 농약을 개발하던 화학자들이 사람을 죽이는 독가스 개발에 동원되었다. 물론 자발적으로 앞장섰던 화학자들도 적지 않았다. 독일군이 유대인 학살에 사용하던 독가스를 실제 전투 현장에서 더욱 적극적으로 사용하지 않았던 것은 정말 다행스러운 일이었다.

제2차 세계대전이 끝난 후에는 새로운 상황이 전개되었다. 화학무기를 개발하던 전문가들이 다시 인류의 기근과 질병을 극복한다는 고상한 명분을 앞세워 농약 개발의 최전선에 화려하게 복귀했다. 농약과 독가스 생산을 위해서 우후죽순처럼 등장했던 화학회사들이 이제는 농약의 개발과 대량 보급을 통해서 막강한 자본을 축적하고, 사회적 영향력을 행사하기 시작했다. 본격적인 '화학의 시대'의 막이 오르게 된 것이다. 물론 부작용도 심각해지기 시작했다. 그렇지만 정치인과 군인, 그리고 화학 산업계는 농약과 살충제의 오용과 남용에 의한 부작용을 애써 외면해버렸다.

화학무기의 개발과 화학 산업의 발전이 인류에게 항상 어두운 그림자만 던져주었던 것은 아니었다. 스스로 유대인의 혈통을 거부하고 자랑스러운 독일인으로 살고 싶어했던 프리츠 하버가 폭약의 원료를 생산하기 위해서 개발했던 질소 고정 기술은 오늘날 화학 비료의 생산에 사용되는 핵심 기술로 자리를 잡았다. 하버의 암모니아 생산기술이 없었더라면 20세기의 녹색 혁명은 감히 꿈도 꿀 수 없었을 것이다. 코로나19 방역에 핵심적인 역할을 하고 있는 질병예방통제센터(CDC)도 전투 현장에서의 감염병 해결을 위해서 노력하는 과정에서 만들어진 정부 기관이었다.

『침묵의 봄』을 통해서 농약의 부작용을 명쾌하게 지적한 레이철 카슨의 입장을 정확하게 이해하는 노력이 필요하다. 바다를 사랑하고, 자연을 아끼던 레이철 카슨의 지적을 맹목적인 농약 거부로 오해해서는 안 된다. 카슨이 인류의 기근과 질병을 가볍게 여겼다고 볼 이유는 어디에서도 찾을 수 없다. 카슨이 거부했던 것은 농약 그 자체가 아니라 농약을 핑계로 눈앞의 이익을 챙기기 위해서 환경에 미치는 피해를 외면하는 비윤리적인 농약 제조사들이었다. 물론 화학회사와의 야합으로 권력을 누리던 정치인들의 폐해도 심각했다. 비윤리적인 기업들을 위해서 자신들의 재능을 함부로 낭비하는 화학자들의 책임도 가볍지 않다. 그럼에도 불구하고 카슨의 주장은 더욱 안전한 농약을 안전하게 생산해야 하고, 환경에 미치는 피해를 줄일 수 있는 방법으로 사용하도록 노력해야 한다는 뜻으로 이해해야만 한다.

『화려한 화학의 시대』는 환경생태학자 프랭크 A. 폰 히펠에게 개인적으로도 소중한 의미가 있는 책이다. 프랭크 A. 폰 히펠은 프리츠 하버의 제자이면서 친구였던 독일의 물리학자 제임스 프랑크의 증손자이다. 제임스 프랑크의 딸이 폰 히펠의 할머니이다. 이 책의 후기는 저자의 가족사를 통해서 제2차 세계대전과 그 직후의 위대한 과학적 성과를 이룩한 과학자들의 복잡한 관계를 파악할 수 있도록 해준다. 히펠의 기록은 과학사적으로도 매우 귀한 자료가 될 것이다.

지난 20여 년 동안 인간적으로 따뜻한 형이었고, 세상 모든 일에 대해서 솔직한 이야기를 나누던 친구이기도 했던 박종만 사장께서 작년 봄 훌훌히 먼 길 떠나신 후에도 여전히 까치와의 소중한 인연을 계속 이어가게 된 것이 역자에게는 더 없는 행운이다.

2021년 7월
문진탄소문화원에서

인명 색인